全国高等学校物联网技术应用系列教材

电子证件物联网

主　编　赵林度　陈　宇　任宗伟
副主编　王　旭

中国物资出版社

图书在版编目（CIP）数据

电子证件物联网/赵林度，陈宇，任宗伟主编．—北京：中国物资出版社，2011.8
（全国高等学校物联网技术应用系列教材）
ISBN 978－7－5047－3906－3

Ⅰ.①电…　Ⅱ.①赵…②陈…③任…　Ⅲ.①互联网络—应用—高等学校—教材②智能技术—应用—高等学校—教材　Ⅳ.①TP393.4②TP18

中国版本图书馆 CIP 数据核字（2011）第 150894 号

策划编辑	王玉霞	**责任印制**	何崇杭
责任编辑	王玉霞	**责任校对**	孙会香　杨小静

出版发行	中国物资出版社		
社　　址	北京市丰台区南四环西路 188 号 5 区 20 楼	**邮政编码**	100070
电　　话	010－52227568（发行部）		010－52227588 转 307（总编室）
	010－68589540（读者服务部）		010－52227588 转 305（质检部）
网　　址	http://www.clph.cn		
经　　销	新华书店		
印　　刷	中国农业出版社印刷厂		
书　　号	ISBN 978－7－5047－3906－3/TP・0072		
开　　本	787mm×1092mm　1/16		
印　　张	18.5	**版　　次**	2011 年 8 月第 1 版
字　　数	462 千字	**印　　次**	2011 年 8 月第 1 次印刷
印　　数	0001—3000 册	**定　　价**	35.00 元

本系列教材编委会

前　言

随着经济国际化进程的不断深入，国家加大了对物联网技术应用的支持力度，物联网技术已渗透到了我们生活的各个领域中。当前发达国家正在积极筹建物联网标准，并试图垄断物联网建设的关键技术，因此我国只有迅速掌握和建立具有自主知识产权的物联网标准和关键技术，才能在这场竞争中获胜。

本书从物联网技术的基础出发，吸收了国外先进的理念、技术和思想，结合近年来物联网在电子证件方面应用的前沿课题而编写的。本书共分十一章，前四章阐述了电子证件物联网概述、射频识别（RFID）技术、电子证件物联网网络安全技术、电子证件物联网网络管理信息系统与管理信息库；后七章主要阐述了物联网技术在校园卡与校园一卡通、路桥隧自动收费、城市公交自动收费系统、大型体育赛事的安全管理系统、电子证照安全管理系统、银行金融信息卡系统及大型会展门禁管理系统等方面的应用。本书内容丰富、翔实，对从事电子证件物联网安全研究、开发及工程实施的人员具有很好的参考价值。

本书由赵林度、陈宇、任宗伟担任主编，王旭担任副主编。其中第一章至第五章由任宗伟编写，第六章至第十章由陈宇编写，第十一章由李楠、杨少东、马丽、陈化飞、王旭编写，全书由赵林度统审。

本书在编写过程中，参考了许多国内外的相关资料，引用了物联网安全领域已有的一些研究成果和文献资料，在此向原作者表示由衷的谢意。

由于物联网安全技术属于新兴领域，物联网又处于多学科交叉并迅速发展之中，加之编者水平有限，书中表述难免出现疏忽之处，敬请各位专家、读者提出批评意见。

编　者

2011 年 2 月

目 录

上篇 理论篇

下篇 实践篇

上 篇

理论篇

第一章　电子证件物联网概述

第一节　物联网简介

一、物联网概念

1. 物联网的概念

物联网是 EPC（Electronic Product Code）技术和互联网结合的产物，是物流企业在进行供应链管理过程中实现信息交流和管理的先进技术。1999 年美国麻省理工大学 Auto-ID实验室首次提出了 EPC 系统及物联网的概念。物联网是在计算机互联网的基础上，利用 RFID（Radio Frequency Identification）、EPC 编码、无线数据通信等技术，构造一个实现全球物品信息实时共享的物的国际互联网络（Internet Of Things，IOT）。

从网络结构看，物联网就是通过 Internet 将众多 RFID 应用系统链接起来并在广域网范围内对物品身份进行识别的分布式系统。将读写器安装到任何需要采集信息的地方，通过 Internet 进行全程跟踪，实现对物品的识别，这样所有的物品和 Internet 就组成了“物联网”网络，其实质就是利用 RFID 技术，通过计算机互联网以实现全球物品的自动识别，达到信息的互联与实时共享。物联网中 RFID 应用系统可以表示如图 1－1 所示的拓扑结构。

2. 物联网的功能

有了各种 RFID 应用系统和已经覆盖全球的 Internet 网络，那么物联网的网络硬件系统就具备了。Internet 上的计算机终端就是 RFID 应用系统中的计算机，通过 Internet，RFID 应用系统的后台信息系统更加丰富和容易理解。但仅具有物联网硬件系统远不能完成物联网的功能，还需要考虑以下功能：

（1）物联网信息服务（IOT-Information Service，IOT-IS）

物联网的目的是实现贴有 RFID 标签的物品在全球广域网范围内进行识别、跟踪和查询，也就是要求在任何一个地方都能找到与物品 ID 号对应的信息资源库。RFID 标签内存储的信息有限，主要是用来存储标识物品身份的 ID 号。虽然 ID 号中的部分字段可以通过事先约定用来表示物品的某些属性，但仅靠 ID 号所能表达的商品属性信息依然十分有限，远不能涵盖物品生产、加工、原材料、产地、运输、仓储等大量的信息。这些物品信息应该存放于 Internet 上，并且与物品的 ID 号一一对应起来，存放物品信息的计算机称之为物联网信息服务器，通过 Internet 可以访问物联网信息服务器，这台服务器提供的服务称之为“物联网信息服务”。

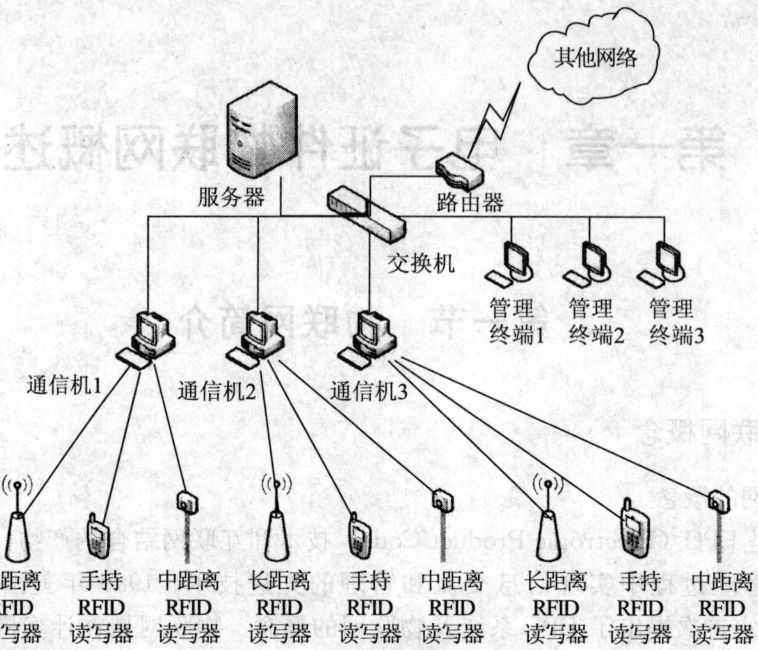

图 1-1　RFID 应用系统拓扑结构

(2) 物联网名称解析服务（IOT-Name Service，IOT-NS）

如果 Internet 上某台计算机 A（或直接连到 Internet 上的读写器）当前获得了一个物品标签的 ID 号，那么其通过什么方式获得“物联网信息服务器”上的这个 ID 号对应的物品属性信息呢？这就需要 Internet 上有另外一台服务器 B。服务器 B 能够将标签的 ID 号转换成其对应的资源地址统一资源标识（Universal Resource Identifier，URI），并将地址返回给计算机 A，计算机 A 再根据资源地址（URI）找到对应的“物联网信息服务器”以获得对应于此 ID 号的物品的属性及相关信息，同时“物联网信息服务器”还可以更新数据库，记录下此物品当前的信息（例如解析时间、标签当前位置、当前识别此标签的读写器的 ID 号等）。这里的名称解析服务器是专门用来解析物联网标签的 ID 的，其提供的服务称为“物联网名称解析服务”。此服务类似于 Internet 上的 DNS 服务，只不过后者是将客户端输入的网址转换成其对应的网络资源地址。

(3) 物联网中间件服务（IOT-Middle Ware Service，IOT-MWS）

物联网上的 RFID 应用系统种类繁多，各 RFID 应用系统中采用的硬件设备（如读写器）是不同厂家生产的，而物联网本身应该是开放和标准的，以方便各种用户接入。这就好比计算机为方便各种外接设备的接入而采用驱动程序的道理一样。在物联网中这种角色称为中间件（Middle Ware）。物联网中间件负责实现与 RFID 硬件以及配套设备的信息交互和管理，同时作为一个软硬件集成的桥梁，完成与上层复杂应用的信息交换。它是 RFID 应用框架中相当重要的一环，总的来说，物联网中间件起到一个中介的作用，它屏蔽前端硬件的复杂性，并把采集的数据发送到后端的 IT 系统，在此将其称之为“物联网中间件服务”。

(4) 物联网中的RFID编码及射频识别

RFID工作的频段很多，典型的有125kHz、134kHz、13.56MHz、433MHz、2.45GHz、5.8GHz等。物联网中并不是都会使用这些RFID频段的标签，物联网主要解决的是物流问题，一般选择适合物流的RFID频段标签，同时这个频段要受到所在国的频率资源规定的限制，例如美国主要考虑的是900MHz和13.56MHz的无源标签，而日本采用2.45GHz频段。中国目前物流频段的选择主要向欧美靠近，稍有不同。物联网中的射频识别部分（包括读写器和标签）也需要针对物联网的需求和特点作出一些规范，而不像其他的RFID应用项目，只要能满足RFID应用需求就可以。

除了频段选择之外，还有一个主要问题就是物联网标签ID号的编码了。要想在Internet上获得自己对应的资源信息，这个ID号必须是唯一的，而且其编码规则和解析方式能够通过和物联网解析服务对应起来，这样才能够通过标签ID号访问其对应的物品的属性等信息。

在该系统中，每一个物品都被赋予了一个独一无二的代码，并存储于物品上的电子标签中，同时将这个代码所对应的详细信息和属性（包括名称和类别、生产日期、保质期等）存储在IOT-IS服务器中。当物品从生产到流通的各个环节中被识别并记录时，通过TOT-NS的解析可获得物品所属信息服务系统的URI，进而通过网络IOT-NS服务器获得其代码所对应的信息和属性，以进行物品的识别和达到对物流与供应链自动追踪管理的目的。

物联网的目标是为每一个物品建立全球可交流识别的、开放的统一标准，智能跟踪与管理的体系。其最终目的是构造"泛在网络社会"（Ubiquitous Network Society）。无处不在的各种传感器与物品产生各种实时信息，这些信息通过互联网进行交换，实现物品"运筹帷幄，决胜千里"的物流与供应链控制与过程管理。所以，"泛在"不但指地域的无处不在，也指涉及我们社会的方方面面，如日常消费、生产运输、安全追踪、物流交通、贸易采购、医疗卫生等。因此，物联网的"泛在"概念一经提出，立即受到了各国政府、行业和学术界的广泛重视。

3. 物联网的特点

物联网是一种在全球范围内对每个物品进行跟踪、监控的全新理念，它将在全球范围内从根本上提高对物品产生、配送、仓储、销售等环节的监控水平，将成为继条码技术之后，再次变革商品零售、物流配送及物品跟踪管理模式的一项新技术，将在根本上改变供应链流程和管理手段。概括来说，物联网具有以下几个特点：

(1) 对物品实现唯一的标识

传统的条码（Bar-code）编码体系，是对每一种商品项目进行编码，对传统的商品包装和物流管理产生了巨大的作用，但由于条码的非唯一标识的属性，使对物品的自动化管理只能够停留在类级别的层面上。而物联网的EPC技术，则是能够对单个而不是对一类物品进行编码，它通过对物品的唯一标识，并借助计算机网络系统，完成对单个物体的访问，突破了传统条码所不能完成的对单品的跟踪和管理任务。

(2) 对物品快速分级进行处理

EPC结构中，沿袭了原有的按不同类型的容器进行编码特点，将物流过程中不同的货品、集装箱、托盘和仓库等进行分层级编码，解决在同一时间进行多种标签识别的问题。如一辆满载贴有 EPC 标签物品的集装箱通过读写器的扫描区时，读写器将会得到大量的不同层级的 EPC 标签信息，此时，EPC 系统可以明确地辨认出货物、包装箱和集装箱的信息，并根据需要对有关信息进行处理，达到快速分级处理的效果，大大提高了工作效率。

（3）对物品物流信息的实时监控

物联网是在互联网的基础上对物流信息进行跟踪、监控的实时网络，任何一个安装有读写器的终端，都可以通过射频扫描技术读取物品的相关信息，并通过互联网的信息传输作用，实现对物品物流信息的实时监控。

（4）对信息实现自动非接触式处理

EPC 系统的一个核心元素就是 RFID 技术，它是利用射频信号及其空间耦合和传输特性进行非接触双向通信，实现对静止或移动物品的自动识别，并进行数据交换的一项自动识别技术。这种自动非接触式处理的特点，可以实现对动态物流与供应链信息进行高效管理，有效地降低物流成本。

（5）可以实现供应链各个环节信息共享

在供应链中的任何一个物品都被贴上唯一标识自己的电子标签，通过互联网和射频技术，可以在供应链中任何一个环节将该物品的信息自动记录下来并实现共享。

二、物联网实现原理

物联网是在计算机互联网的基础上，利用 RFID、无线数据通信等技术，构造一个覆盖世界上万事万物的“Internet of Things”。在这个网络中，物品（商品）能够彼此进行“交流”，而无须人的干预。其实质是利用射频自动识别（RFID）技术，通过计算机互联网实现物品（商品）的自动识别和信息的互联与共享。

而 RFID，正是能够让物品“开口说话”的一种技术。在物联网的构想中，RFID 标签中存储着规范而具有互用性的信息，通过无线数据通信网络把它们自动采集到中央信息系统，实现物品（商品）的识别，进而通过开放性的计算机网络实现信息交换和共享，实现对物品的“透明”管理。

“物联网”概念的问世，打破了之前的传统思维。过去的思路一直是将物理基础设施和 IT 基础设施分开：一方面是机场、公路、建筑物，而另一方面是数据中心、个人电脑、宽带等。而在“物联网”时代，钢筋混凝土、电缆将与芯片、宽带整合为统一的基础设施，在此意义上，基础设施更像是一块新的地球工地，世界的运转就在它上面进行，其中包括经济管理、生产运行、社会管理乃至个人生活。

物联网可分为五层：末梢节点（采集控制）层、接入层、承载网络层、应用控制层和用户层。如图 1－2 所示。

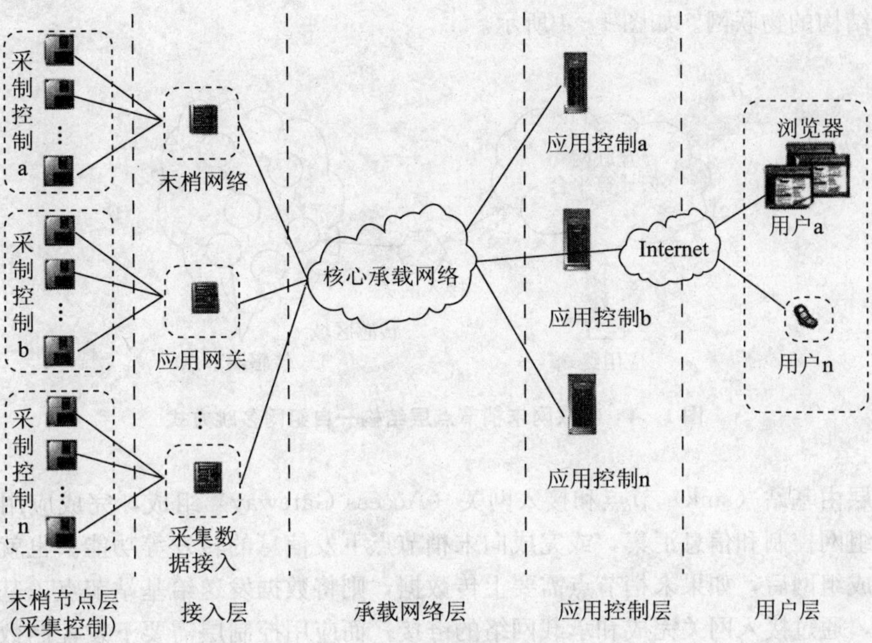

图 1-2　物联网组成示意

末梢节点层是物联网的皮肤和五官识别物体，负责采集信息。末梢节点层包括二维码标签和识读器、RFID 标签和读写器、摄像头、GPS、传感器、终端、传感器网络等，主要是识别物体、采集信息，与人体结构中皮肤和五官的功能相似。

对于目前关注和应用较多的 RFID 网络来说，张贴安装在设备上的 RFID 标签和用来识别 RFID 信息的扫描仪、感应器均属于物联网的末梢节点层。在这一类物联网中被检测的信息是 RFID 标签内容，高速公路不停车收费系统、超市仓库管理系统等都是基于这一类结构的物联网。如图 1-3 所示。

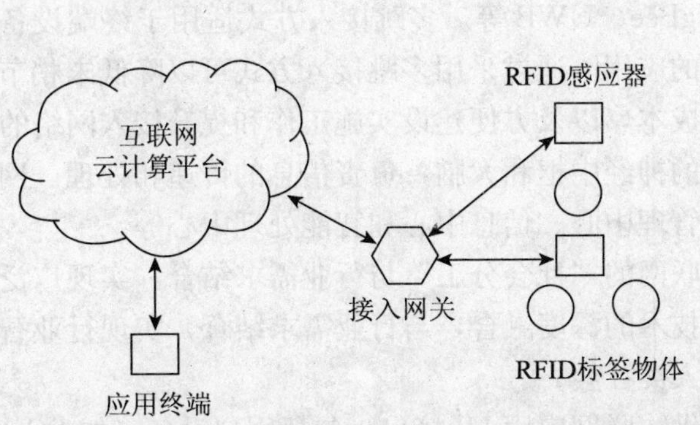

图 1-3　物联网末梢节点层结构—RFID 感应方式

用于战场环境信息收集的智能微尘网络，末梢节点层由智能传感器节点和接入网关组成，智能节点感知信息（温度、湿度、图像等），并自行组网传递到上层网关接入点，由网关将收集到的感应信息通过网络层提交到后台处理。环境监控、污染监控等应用都是基于这一类结构的物联网。如图 1-4 所示。

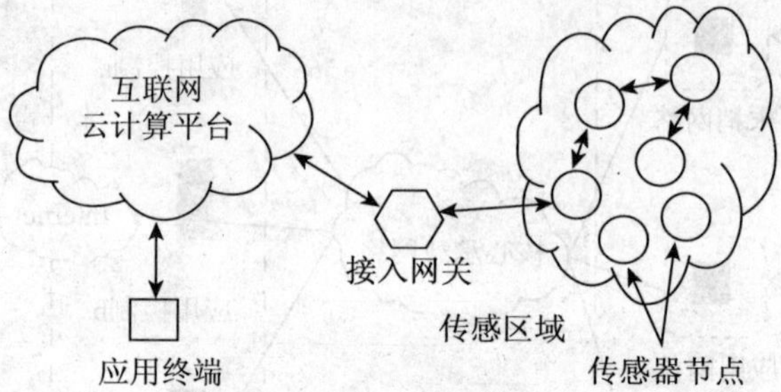

图 1-4　物联网末梢节点层结构—自组网多跳方式

接入层由基站（sink）节点和接入网关（Access Gateway）组成，完成应用末梢各节点信息的组网控制和信息汇集，或完成向末梢节点下发信息的转发等功能。也就是末梢节点之间完成组网后，如果末梢节点需要上传数据，则将数据发送给基站节点，基站节点收到数据后，通过接入网关完成和承载网络的链接；而应用控制层需要下发控制数据时，接入网关接收到承载网络的数据后，由基站节点将数据发送给末梢节点，从而完成末梢节点与承载网络之间的信息转发和交互的功能。

末梢节点与接入层构成了物联网的信息采集和控制，其按照接入网络的复杂性不同可分为简单接入方式和多跳接入方式。简单接入就是在采集设备获取信息后直接通过有线或无线方式将信息直接发送至承载网络，如目前 RFID 读写设备主要采用简单接入方式。简单接入方式可用于终端设备分散数据量的业务应用。而多跳接入是利用无线传感器（WSN）技术，将具有无线通信与计算能力的微小传感器节点通过自组方式，各节点能根据环境的变化，自主地完成网络自适应组织和信息的传递。由于节点间距离较短，一般采用多跳方式进行通信。而后传感器网络最终将信息通过接入网关传递到承载网络。典型的无线传感器设备有 ZigBee、UWB 等。多跳接入方式适用于终端设备分别集中、终端与网络间传递数据量较小的应用。通过采用多跳接入方式可以降低末梢节点、接入层和承载网络的建设投资和应用成本，以及方便建设实施工作和提升接入网络的健壮性。

网络层是物联网的神经中枢和大脑，负责信息的传递和处理。网络层包括通信与互联网的融合网络、网络管理中心、信息中心和智能处理中心等。

应用控制层是物联网的“社会分工”与行业需求结合，实现广泛智能化。应用控制层是物联网与行业专业技术的深度融合，与行业需求结合，实现行业智能化，这类似于人的社会分工，最终构成人类社会。

用户层为用户提供物联网应用 UI 接口，包括用户设备（如 PC、手机）、客户端等。

三、物联网实施步骤

物联网的实施实质是利用 RFID 技术。RFID 是 20 世纪 90 年代开始兴起的一种自动识别技术，也是目前比较先进的一种非接触识别技术。以简单 RFID 系统为基础，结合已有的网络技术、数据库技术、中间件技术等，构筑一个由大量联网的阅读器和无数移动的标签组成的，比 Internet 更为庞大的物联网成为 RFID 技术发展的趋势。

一般来讲，物联网的开展步骤主要有如下几点：

(1) 对物体属性进行标识，属性包括静态的和动态的，静态属性可以直接存储在标签中，动态属性需要先由传感器实时探测；

(2) 需要识别设备完成对物体属性的读取，并将信息转换为适合网络传输的数据格式；

(3) 将物体的信息通过网络传输到信息处理中心（处理中心可能是分布式的，如家里的电脑或者手机，也可能是集中式的，如中国移动的 IDC），由处理中心完成物体通信的相关计算。

第二节　电子证件概述

一、电子证件的定义

证件，顾名思义是一种证明身份或资料的文件（凭证）。证件存在的形式千变万化，从一张纸到一个本子，从一块牌子到一张卡片，但它们的功能不变，即证明持有人的身份或资格。

随着我国经济的高速发展，各行各业对“身份识别类证件”的要求也越来越高，主要体现在证件信息内容的管理，证件安全性、防伪、数字化和信息化等方面。电子证件随之产生，它是指在制作证件的时候加入射频标签，从而使其具有存储容量大、安全性高、无外露触点以及防污、防磁、抗静电、抗射线等技术特点。

二、电子证件的发展

自从 20 世纪磁卡出现以来，电子证件开始稳步发展，大致经历了以下三个阶段：

第一阶段：带有记忆功能的磁性电子证件的出现与发展。从磁卡发明到 20 世纪 80 年代，信用卡、出入证、借书证等使用磁性技术的证件大量出现，用以进行身份识别与信息记录。

第二阶段：带有集成电路芯片的智能电子证件的出现和发展。早在 1968 年德国发明家 Jurger Dethloff 和 Helmut Grotrupp 就提出了将集成电路加入身份识别卡中的设想，并于同年获得了专利权。1970 年，日本人 Kunitaka Arimura 也提出了类似的应用。1978 年，第一张采用 Siemens SIKART 晶片的身份识别及交易卡（Identification and Transaction Cards）诞生了。智能卡（IC 卡）将一个专用的集成电路芯片镶嵌于符合 ISO 7816 标准的 PVC（或 ABS 等）塑料基片中，封装成外形与磁卡类似的卡片形式即制成一张 IC 卡。当然也可以封装成纽扣、钥匙、饰物等特殊形状。

第三阶段：电子证件的无线化、网络化发展。从 20 世纪 80 年代至今，非接触 IC 卡（RFID）的出现是智能卡发展中的重要里程碑：它通过磁耦合或微波的方式来实现能量与信号的非接触传输，从而有效地解决了接触式智能卡使用机械电气触点产生的静电击穿、机械磨损、易受污染或潮湿环境影响等问题。被认为是身份识别、票据物流等方面的重要替代技术。在计算机身份认证、互联网身份验证、电子商务及手机购物的身份认证等方面的需求推动下，含有电子证书及生物特征的电子证件得到快速发展，顺应了网络化发展的趋势。

三、电子证件的分类

目前的证卡主要分为：条码卡（包括一维条码和二维条码）、磁卡、IC卡和RFID卡。表1-1给出了几种卡的性能对比。

表1-1　RFID卡与条码、磁卡、IC卡的性能对比

	信息载体	信息量	读写性	读取方式	保密性	智能性	抗干扰	寿命	成本
条码	纸、塑料薄膜等	小	只读	CCD或激光束扫描	差	无	差	较短	最低
磁卡	磁性物质	一般	读/写	电磁转换	一般	无	较差	短	低
IC卡	EEPROM	大	读/写	电擦除、写入	最好	无	较好	长	较高
RFID卡	EEPROM	大	读/写	无线通信	最好	有	很好	最长	较低

非接触式IC卡又可分为逻辑加密IC卡和CPU卡。逻辑加密IC卡，即在非加密存储卡的基础上增加了加密逻辑电路，加密逻辑电路通过校验密码方式来保护卡内的数据对于外部访问是否开放，但只是低层次的安全保护，无法防范恶意性的供给。非接触式CPU卡，也称智能卡，卡内的集成电路中带有微处理器CPU、存储单元（包括随机存储器RAM、程序存储器ROM、用户数据存储器EEPROM）以及芯片操作系统COS。装有COS的CPU卡相当于一台微型计算机，不仅具有数据存储功能，同时具有命令处理和数据安全保护等功能。几种CPU卡的对比如表1-2所示。

表1-2　几种CPU卡的对比

	加密技术	传输速率	卡容量(kB)	应　用
PIV	PIV-C. 1-C. 69 Cosmo 64 RSA Dual	106kbps	≥32	个人身份证卡等
CAC	RSA. DES	106kbps	≥32	军人身份卡、电子护照等
Inside Contactless	AES	106kbps	≥32	智能卡、身份卡、多用卡
Gemalto	RSA-2k、3-DES、AES、MD5等	223kbps	80	智能卡、SIM、电子护照等
RFID	AES和SHA	650kbps	32～80	护照卡、EDL/EIC

基于Java的智能卡（又称为通用接入卡或CAC卡）被提供给现役、预备役、国民卫队军人和国防部文职人员，对经授权的用户提供全世界军事网站的物理接入，并允许其按一定模式进入国防部网络和计算机系统。当前，CAC卡已经成为美国现役人员的标准身份证明，这种安全可靠、多功能的智能卡主要应用于体征鉴定以及军用设施和网络的通行证。

CAC 卡中植入了一个数码认证系统，该系统可以保证国防部各部门间的保密通信。CAC 卡还有许多功能限制尚未开发使用，卡上的芯片可以支持生物测定技术、电子商务功能，并可在未来扩充其他技术能力。

四、电子证件的优点

从外表看电子证件与普通塑料卡无异，RFID 技术使电子证件隐蔽了用于交换数据的外部电路接口，以免受外部空气、水分和腐蚀性液体的影响；同时，电子证件的数据加密凸显了其智能的数字防伪能力，安全性相比于传统的证件防伪技术具有明显的优势。由于芯片的微处理和逻辑运算功能，使其拥有众多突出优点。

1. 独立存在，无法复制

RFID 技术的电子证件是真正的防伪证件，每张证件芯片皆有唯一、无法修改又独立存在的 IDCode，结合数据加密安全模块的认证功能，证件内嵌芯片的复制难度极高，基本无复制可能。

2. 操作更方便、更快捷

射频识别系统具有防冲突功能，允许、支持多张电子证件进入读卡机的读卡范围，读卡机自动选择其中一张进行交换数据，从而使得机读证件的操作更方便、更快捷。

3. 可反复读写芯片内容

电子证件具有灵活的内部存储空间，可根据需要和权限设置反复读写芯片内容，反复擦写超过 10 万次，且某些存储空间可独立锁定。

4. 使用寿命长

电子证件内嵌芯片与射频天线全封闭，防尘、防水、防静电，无机械磨损，无机械故障，使用寿命长，数据保存时间大于 10 年。

五、美国电子证件技术发展现状

1. 美国现行的电子护照

美国公民可用护照卡代替护照，前往加拿大、墨西哥、百慕大、加勒比海各国等西半球国家旅行。这种护照卡中含有一个嵌入式 RFID 芯片，可以远程被扫描仪读取。护照卡与正式的护照本比较易携带且比申请正式的护照要便宜。护照卡有近距离无线电射频身份识别技术。通过这一技术，美国海关和边境保护的官员可以从政府数据库中调出储存的持卡人的照片和简历等信息。为了保护个人隐私，护照卡本身没有持卡人的个人信息。此外，护照卡外有保护套以防止被盗用或被跟踪的可能。

2. 美国现役军人证

随着世界各国对二维条码技术的密切关注，其技术也迅速成熟。目前应用最广的就是 PDF417 二维条码。PDF417 将持证人的姓名、证件号码、血型、照片、指纹等重要信息进行编码，并且通过多种加密方式对数据进行加密，有效地解决了证件的自动录入及防伪问题。PDF417 卡成本低、使用寿命长，被广泛应用在护照、签证、身份证、驾驶证、暂住证、行车证、军人证、健康证、保险卡等各类证卡上，用于实现数据的自动采集，提高证件的防伪能力。例如埃及、哥伦比亚、巴林等国家在身份证上采用了 PDF417 二维条码技术，以及美国军人证、士兵证、法国军人医疗卡、德国军人医疗救护卡等。

3. 美国的驾驶执照

目前美国的驾驶执照有两种，一种是与军人证采用同种 PDF417 二维条码技术的驾驶执照。美国有包括亚利桑那州、佐治亚州、纽约州等近 20 个州及菲律宾、南非、秘鲁、加拿大等多个国家在驾驶执照上均印制了 PDF417 条码，用于加强对驾驶执照的管理。

另一种是嵌入 RFID 的“加强型驾照”（Enhanced Driver License，EDL），用来发给不开车人士以及 12 岁以上少年的“加强型身份证”（Enhanced Identification Cards，EIC），EDL 卡的外观与普通护照相似，但反面有一条射频识别扫描区。当中记录一个身份识别号码。美国边境官员可通过一种特殊的仪器，在 4.5m 之内接收到该信号，并借此进入数据库，核查持卡人有关信息。EDL 电子驾照目前仅在华盛顿和纽约州发放。

美国边境官员在进入数据库后，读到的信息与普通护照提供的资料大致相同，包括：持卡人照片、姓名、出生日期、性别、国籍、证件签发日期、签发地点等。

六、国内电子证件技术发展现状

我国成功换发第二代居民身份证，成为全球最大的电子身份证件应用案例。经国务院批准，我国在 2009 年开始正式签发电子护照。

内地第二代身份证采用非接触式 IC 技术。非接触式 IC 卡身份证可以通过智能芯片存储丰富的个人信息，并在基本信息视读的基础上，具有机读功能，而且近距离内可被机器识别与读取。我国对香港地区发放的香港特区居民护照上采用的是 PDF417 二维条码技术。

我国电子护照的研制工作同第二代身份证一样采用非接触式 IC 卡技术，将关注点集中在 COS 技术、数字防伪技术、生物特征技术、读写机具技术、制作工艺技术及系统集成技术六个方面。COS 技术是电子护照的核心技术，考虑中国旅行证件的基本情况，目前倾向于开发专用电子护照的 COS 系统。电子护照的数字防伪体系直接关系到全球互操作要求，因此中国电子护照数字防伪体系将按照 ICAO 标准中的要求，开展相应的技术集成工作。生物特征识别技术的目标集中于面部与指纹识别。读写机具研制是各国面临的共性问题——多制式护照以及同读问题和高速读写问题。当然电子护照应用是一个系统工程涉及许多技术的综合集成。为了完成中国电子护照系统应用的评价、演示、实验、培训，我国电子护照研发人员正在整合一个系统平台。

第三节　实现电子证件物联网基础技术

一、RFID 技术

俗称电子标签的 RFID 是电子证件物联网的基础技术，它通过射频信号，自动识别目标对象并获取数据，适用于各种恶劣环境，可识别高速运动物体，亦可同时识别多个标签。借助电子标签，基于互联网，人们身边的各类物品都可升级为“网民”。

由此可以看出，RFID 就是电子证件物联网的重要构件，在电子证件物联网的信息采集、信息存储、信息传递等方面完全可以担当重任。而目前其他可替代 RFID 的技术还未发展成熟，因此RFID技术的成熟与应用的普及对物联网的快速发展至关重要。

二、电子证件物联网安全技术

1. 电子证件安全技术

目前，电子证件安全技术的发展趋势是：从传统证件单一依赖物理防伪技术，过渡到物理防伪、数字防伪（安全）并重，技术方案从个性化逐步趋于标准和统一，技术方法从保密逐步趋于公开，从局部安全保障到全方位安全保障。

电子证件安全的具体实现有两个方面：

（1）电子证件制发环节：证件本身作为信息载体不可仿制，证载信息包含持证人生物特征，证载信息真实性完整性保护，证载信息与证件介质关联绑定；

（2）电子证件应用环节：验证证件本身作为信息载体的真实性，验证证载信息的真实性、完整性，验证“人证同一性”。

电子证件安全技术的组成：

（1）物理防伪技术：通过物理手段确保证件物理介质和证载可视信息不可伪造和变造；

（2）数字安全技术：采用现代密码技术为基础的信息安全技术，确保电子数据不可伪造和变造；

（3）生物特征技术：采用现代生物特征识别技术，进行“人证同一性”判定。

当前安全技术具有如下特点：

（1）大量采用公开的、成熟的密码算法和安全机制；

（2）多种安全机制可选；

（3）多种算法可选；

（4）强调全球互用性；

（5）推崇开放、发展的安全理念；

（6）关注证件防伪的同时关注隐私保护等使用安全；

（7）推崇国际安全行业惯例。

2. 电子证件物联网网络安全技术

物联网和互联网的关系是密不可分、相辅相成的。但是物联网和互联网在网络的组织形态、网络功能以及性能上的要求都是不一样的。互联网基于优先级管理的典型特征使得其对于安全、可信、可控、可管都没有要求，但是，物联网对于实时性、安全可信性、资源保证性等方面却有很高的要求。

传统的网络中，网络层的安全和业务层的安全是相互独立的，就如同领导间的交流方式与秘书间的交流方式是不同的。而物联网的特殊安全问题很大一部分是由于物联网是在现有移动网络基础上集成了感知网络和应用平台带来的，也就是说，领导与秘书合二为一了。因此，移动网络中的大部分机制仍然可以适用于物联网并能够提供一定的安全性，如认证机制、加密机制等。但还是需要根据物联网的特征对安全机制进行调整和补充。

（1）物联网中的业务认证机制

传统的认证是区分不同层次的，网络层的认证就负责网络层的身份鉴别，业务层的认证就负责业务层的身份鉴别，两者独立存在。但是在物联网中，大多数情况下，机器都是拥有专门的用途，因此其业务应用与网络通信紧紧地绑在一起。由于网络层的认证是不可缺少的，那么其业务层的认证机制就不再是必需的，而是可以根据业务由谁来提供和业务的安全敏感程度来设计。

（2）物联网中的加密机制

传统的网络层加密机制是逐跳加密，即信息的发送过程中，虽然在传输过程中是加密的，但是需要不断地在每个经过的节点上解密和加密，即在每个节点上都是明文的。而传统的业务层加密机制则是端到端的，即信息只在发送端和接收端才是明文，而在传输的过程和转发节点上都是密文。由于物联网中网络连接和业务使用紧密结合，那么就面临到底使用逐跳加密还是端到端加密的选择。

由于物联网的发展已经开始加速，对物联网安全的需求日益迫切，需要明确物联网中的特殊安全需求，考虑如何为物联网提供端到端的安全保护，这些安全保护功能又应该怎么样用现有机制来解决？此外，随着物联网的发展，机器间集群概念的引入，还需要重点考虑如何用群组概念解决群组认证的问题。

三、电子证件物联网信息管理技术

物联网软件和中间件处于物联网三层架构的中上层和顶层，如果把物联网系统和一个人体作比较，感知层好比人体的四肢，传输层好比人的身体，那么应用层就好比人的大脑。软件和中间件是物联网系统的灵魂和中枢神经。这也是为什么泛在计算、智慧地球等概念是由作为一个软件和 IT 服务商的 IBM 提出的原因。软件巨头微软老板比尔·盖茨早在 1995 年在其《未来之路》一书中已提到和看到了物联网的潜力。Google 也推出了 Power Meter 等物联网计划。按物联网的定义，任何末端设备和智能物件只要嵌入了芯片和软件都是物联网的连接对象，所以，所有嵌入式软件都是为物联网服务的。

在物联网概念被大众理解和接受以后，大家早已发现，物联网并不是什么全新的东西，上万亿的末端“智能物件”和各种应用子系统早已经存在于工业和日常生活中。笔者认为，物联网产业发展的关键在于把现有的智能物件和子系统链接起来，实现应用的大集成（Grand Integration）和“管控营一体化”，为实现“高效、节能、安全、环保”的和谐社会服务，要做到这一点，软件（包括嵌入式软件）和中间件将作为核心和灵魂起至关重要的作用。在大集成工程中，系统变得更加智能化和网络化，反过来会对末端设备和传感器提出更高的要求，如此循环螺旋上升推动整个产业链的发展。因此，要占领物联网制高点，软件和中间件的作用至关重要，应该得到国家层面决策和扶持政策的高度重视。

第二章　射频识别（RFID）技术

第一节　RFID 概述

RFID 是英文“Radio Frequency Identification”的缩写，中文名称为无线射频身份识别、感应式电子芯片或是近接卡、感应卡和非接触卡等，它是通过射频信号识别目标对象并获取相关数据信息的一种非接触式的自动识别技术。

这项技术诞生于第二次世界大战期间，当时英国主要用来识别进机场的是否为己方的飞机。现代战争中 RFID 的应用更加普及，美国对伊拉克战争期间，美国国防部在军用物资箱上装置 RFID 标签，到前线扫描一秒钟就知道里面装了什么，大大缩短了物流时间。美国太空总署则用这种技术追踪发射到太空中的东西。在民用领域，许多欧美国家高速公路有电子收费站，只要凭着粘贴在车上的 RFID 辨识卡片，就可直接通过收费道，自动扣款，无须停车。借助 RFID 技术，沃尔玛超市率先在全球范围内建立起商品供应链追溯机制，它向供应商要求，所有供应沃尔玛超市的商品包装箱上，都要有应用 RFID 技术的电子商品标签。

从其技术原理上讲，RFID 有诸多的优势，具体表现在如下几个方面：

（1）非接触式数据读写。通过 RFID 解读器（Reader），可无须接触直接读取标签信息至数据库内，且可一次处理多个标签，并可以将物流处理的状态写入标签，供下一阶段物流处理的读取判断之用。

（2）形状容易小型化和多样化。RFID 标签在读取上不受尺寸大小与形状的限制，不需要为了读取精确度而增加投入。此外，RFID 标签更可往小型化与多样化方向发展，以应用于不同产品。

（3）环境适应性强。传统条码的载体是纸张，一受到脏污就会看不到，但 RFID 标签对水、油和药品等物质却有很强的抗污性，在黑暗或脏污的环境中也可以读取 RFID 标签的数据。

（4）可重复使用。由于 RFID 标签储存电子数据，可以反复擦写，因此可以回收标签重复使用。例如，被动式 RFID 标签不需要电池就可以使用，没有维护保养成本。

（5）穿透性强。在被覆盖的情况下，RFID 能够穿透纸张、木材和塑料等非金属或非透明的材质，并能够进行穿透性通信。

（6）数据的记忆容量大。一维条码的容量是 50B，二维条码最大的容量可储存 2～3000字节，RFID 标签最大的容量则有数兆字节。随着记忆载体的发展，数据容量也有不断扩大的趋势。

（7）安全性高。由于 RFID 承载的是电子信息，其数据内容可经由密码保护，使其内容不易被伪造。

RFID 与条码的功能比较如表 2－1 所示。

表 2－1　RFID 与条码的功能比较

功能项目	RFID	条　码
读取数量	可同时读取多个标签的信息	只能一次读取一个标签信息
远距离读取	不需要光线就可以读取或更新	需要光线
信息容量	存储信息的容量大	容量小
读写能力	信息可以被反复覆盖	条码信息不可更新
读取方便性	标签形状可以随意，即使被覆盖也不影响读取信息	条码读取时需要可见并且清楚
信息正确性	可传输信息作为物品跟踪与保全的依据	需要人工读取，有人为疏失的可能性
坚固性	在严酷、恶劣、污染环境中仍可正确读取信息	条码被污染或表面破损后就无法读取信息
高速读取	可以高速移动读取	移动中读取有所限制

第二节　RFID 系统组成及其分类

一、RFID 系统组成

RFID 系统主要包括射频识别标签和读写器。

1. 射频识别标签

(1) 射频识别标签的构成

射频识别标签一般由天线、调制器、编码发生器、时钟、控制器、电源及存储器组成，如图 2－1 所示。

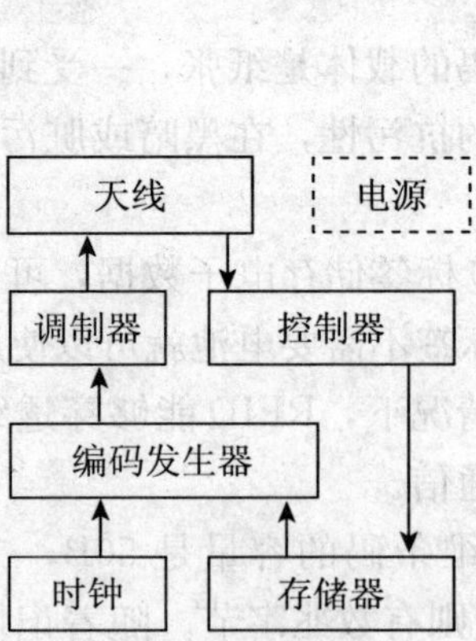

图 2－1　射频识别标签

通过时钟把所有电路功能时序化，使得存储器中的数据能够在精确的时间内被传输到读写器。存储器中保存的数据是应用系统所规定的具有唯一性的编码，在标签安装在识别对象（如车辆、集装箱、动物等）之前就已写入。数据读出时，编码发生器把存储器中存储的数据进行编码，调制器接收由编码发生器编码后的信息并进行调制，然后通过天线部分将此信息发射/反射至读写器。在天线接收到写入数据后，由控制器对收到的数据进行解码，并将其写入存储器。

（2）射频识别标签的功能

通常射频识别标签应具有如下几个功能：

①具有一定容量的存储器，用以存储被识别对象的信息。

②支持标签数据的读出和写入。

③能够维持对识别对象的识别及相关信息的完整。

④进行编程写入后，永久性数据不能再修改。

⑤具有确定的使用期限，使用期限内无须维修。

⑥对于有源标签，通过读写器能够知道电池的工作状况。

2. 射频读写器

（1）射频读写器的构成

射频读写器一般由天线、射频模块和读写模块组成。

①天线。天线用于发射和接收射频载波信号。在确定的工作频率和带宽条件下，天线发射由射频模块产生的射频载波信号，并接收从射频标签发射或反射回来的射频载波信号。

②射频模块。射频模块由射频振荡器、射频处理器、射频接收器及前置放大器构成。射频模块用于发射和接收射频载波信号。射频载波信号由射频振荡器产生并经射频处理器进行放大，然后通过天线发射出去。射频接收器通过天线接收从射频标签发射或反射回来的射频载波信号，经放大后传送给读写模块。

③读写模块。读写模块一般由放大器、解码及纠错电路、微处理器、存储器、时钟电路、标准接口及电源构成，它可以接收射频模块传输过来的信号，经解码后获得射频标签内的信息；或者将要写入射频标签的信息编码后传输给射频模块，进行射频标签的写入。另外，读写模块还可以通过标准接口将射频标签的内容及其他信息传送给计算机系统。

（2）读写器的功能

①与射频识别标签进行通信。读写器具有和射频识别标签进行通信的功能。

②与计算机进行通信。提供标准接口，用于和计算机网络系统进行连接，传输的信息包括以下内容：本读写器的识别码、本读写器读出标签信息时的日期和时间、本读写器读出的标签信息。

在某些应用系统中，读写器还具有下列功能：能在读写区内对多个标签进行查询，并能正确区分各个标签；对固定和移动对象均适用；能对读写过程中发生的错误进行提示；对于有源标签，能读出标签内电池的有关信息，如电池电量指示。

二、射频识别标签的分类

1. 按标签供电方式分类

根据供电方式的不同可分为有源标签和无源标签。

（1）有源标签

有源标签是指标签内含有电池，这种标签的作用距离较远，但使用寿命有限、体积较大、成本高，且不适合在恶劣环境下工作。

（2）无源标签

无源标签内没有电池，它利用波束供电技术将接收到的射频能量转化为直流电为标签内的电路供电，其作用距离相对有源标签要短，但其使用寿命长且对工作环境要求不高。

2. 按标签的工作频率分类

根据标签工作频率的不同可分为低频标签、高频标签和微波标签。

（1）低频标签

其工作频率在500kHz以下。典型的工作频率有125kHz、225kHz等，这种标签的成本较低，标签内保存的数据量较少，阅读距离较短。这种标签常见的有行李识别标签、动物识别标签等。

（2）高频标签

其工作频率为500kHz～1GHz。常见的有门禁控制标签、电子门票等。

（3）微波标签

其工作频率在1GHz以上，如高速公路不停车收费标签、集装箱自动识别标签等。

3. 按调制方式分类

按调制方式的不同可分为被动式标签和主动式标签。

（1）被动式标签

被动式标签使用调制散射方式发射数据，它必须利用读写器的载波来调制自己的信号，适合用在门禁或交通中，因为读写器可以确保只激活一定区域内的标签。在有障碍物的情况下，用调制散射方式，读写器的能量必须来去穿过障碍物两次，衰减比较大。

（2）主动式标签

主动式标签含有电源，它通过自身的射频能量主动地发送数据给读写器。在有障碍物的情况下，主动式标签发射的信号仅穿过障碍物一次，能量衰减较小，因此主动式标签主要用于有障碍物的应用中，其工作距离可达30m。

4. 按作用距离分类

根据射频识别标签的作用距离，可以大致把射频标签分成3种类型：密耦合标签、遥耦合标签和远距离标签。

（1）密耦合标签

具有很小作用距离的射频识别标签属于密耦合标签，其典型的工作距离是0～1cm。工作时必须把标签插入阅读器中，或者放置在阅读器为此设定的表面上。

在密耦合系统中，射频标签工作时不必发射电磁波。射频标签与阅读器之间的紧密耦合能够提供较大的能量，甚至可支持电流消耗较大的微处理器进行工作。密耦合系统应用于对安全性要求较高，但不要求作用距离的设备中，如电子门锁系统。

（2）遥耦合标签

遥耦合标签的工作距离为 1～100cm。所有的遥耦合系统工作时都要通过电磁（感）耦合进行通信。目前，90%～95%的商用射频识别系统都属于遥耦合系统。

遥耦合系统的工作频率一般在 135kHz 以下，也可以使用 6.75MHz、13.56MHz 以及 27.125MHz 的频率。就射频标签到阅读器的距离而言，通过电感耦合可传输的能量是很小的，所以只使用耗电很少的只读数据载体。使用微处理器射频标签的高档系统也属于遥耦合系统范围之内。

（3）远距离标签

远距离标签典型的工作距离为 1～10m，个别的系统可达更远的作用距离。所有的远距离系统都是在微波范围内用电磁波工作的，其发送频率通常为 2.45GHz，也有些系统使用的频率为 915MHz、5.8GHz 和 24.125 GHz。为了射频标签和阅读器之间的联系，只能使用高频能量，该能量由阅读器接收。通常采用反向散射方法作为射频标签到阅读器的数据传输的标准方法。

三、射频识别应用系统的分类

根据射频识别系统完成的功能不同，可以大致将射频识别系统分成 4 种类型：电子商品监视系统、便携式数据采集系统、物流控制系统和定位系统。

1. 电子商品监视系统

电子商品监视系统（Electronic Article Surveillance，EAS）是一种设置在需要控制物品出入的门口的无线射频识别技术。这种技术通常被用在超市、商场、图书馆等场所。当未被授权的人从这些地方取走物品时，EAS 系统会发出警告。应用 EAS 技术时，首先要在物品上粘贴 EAS 标签，当物品被正常购买或合法移出时，在结算处通过一定的装置使 EAS 标签失活，物品就可以取走。在物品经过装有 EAS 系统的门口时，EAS 装置能自动检测标签的活动性，当发现活动性标签时，EAS 系统就会发出警告。EAS 技术的应用可以有效防止物品被盗，不管是大件的物品，还是小件的物品。通过应用 EAS 技术，商场中的商品不用再被锁在玻璃橱柜中并由专人管理，而是可以让顾客自由地查看、选择商品，这大大提高了顾客购物的便利性。

典型的 EAS 系统由三个部分组成：

（1）附着在物品上的电子标签；

（2）电子标签灭活装置，以便授权商品能正常出入；

（3）监视器，在出口形成一定区域的监视空间。

EAS 系统的基本工作原理是：在监视区，发射器以一定的频率向接收器发射信号。发射器与接收器一般安装在超市、商场、图书馆的出入口，形成一定的监视空间。当具有特殊特征的标签进入该监视区域时，会对发射器发出的信号产生干扰，这种干扰信号也会被接收器接收，再经过微处理器的分析和处理，就会控制警报器的鸣响。根据发射器所发出信号的不同以及标签对信号干扰的原理不同，可以将 EAS 分成许多种类型。EAS 技术最新的研究方向是如何制作成本低、使用方便的标签，即研究 EAS 标签能不能像条码一样，在产品的制作或包装过程中加入，从而成为产品的一部分。

2. 便携式数据采集系统

便携式数据采集系统是使用带有射频识别阅读器的手持式数据采集器采集射频识别标签上的数据。这种便携式系统使用非常灵活，适于在不宜安装固定式射频识别系统的环境中使用。手持式数据采集器可以在读取标签数据的同时，实时地将数据通过无线方式传送给主计算机系统，也可暂时将数据保存在数据采集器的存储器中，然后再分批将采集到的数据传送给主计算机系统。

3. 物流控制系统

在物流控制系统中，固定安放的射频读写器分散布置在一定的区域内，这些读写器直接与数据管理信息系统相连接，而射频识别标签是移动的，通常安装在移动的物体或人体上面。当物体和人体经过读写器时，读写器会自动读取标签上的信息并把数据输入到数据管理信息系统中进行存储、分析和处理，从而达到控制物流的目的。

4. 定位系统

定位系统用于自动化加工系统中的定位以及对车辆、轮船等进行定位支持。例如在自动化加工系统中，可以将读写器放置在自动化流水线中移动的物料、半成品或成品上，而将射频识别标签嵌入到操作环境的地表下面。在射频标签上存储有位置识别信息，供读写器进行读取，读写器一般以无线或有线的方式连接到信息管理系统的主计算机上。

第三节　RFID 工作原理及工作流程

一、RFID 工作原理

识读器在一个区域发射能量形成电磁场，射频标签经过这个区域检测到识读器的信号后发送存储的数据，识读器接收射频标签发送的信号，解码并校验数据的准确性以达到识别的目的。RFID 的工作方式可分为电磁感应方式和微波方式，如图 2－2、图 2－3 所示。

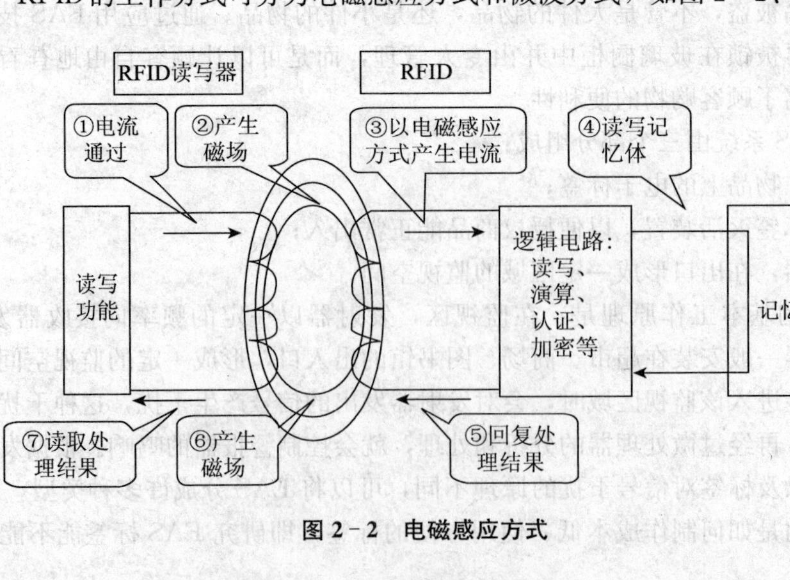

图 2－2　电磁感应方式

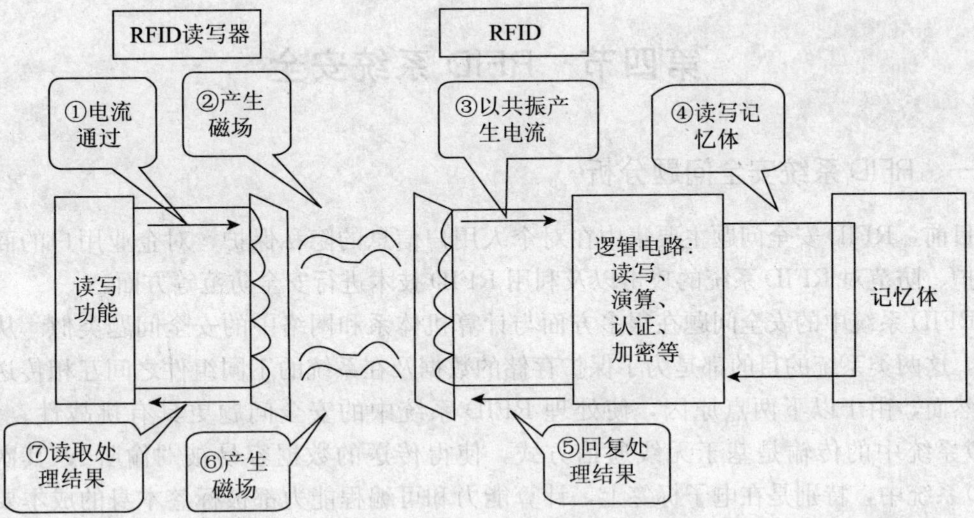

图 2－3　微波方式

二、RFID 工作流程

射频识别系统工作流程，如图 2－4 所示：

（1）射频识读器经过天线向外发射无线电载波信号；

（2）当射频标签进入发射天线的工作区时，射频标签被激活后即将自身信息经天线发射出去；

（3）系统的接收天线接收到射频标签发出的载波信号，经天线的调节器传给识读器。识读器对接到的信号进行解调、解码，送后台计算机控制器；

（4）计算机控制器根据逻辑运算判断射频标签的合法性，针对不同的设定做出相应的处理和控制，发出指令信号控制执行机构的动作；

（5）执行机构按计算机的指令动作；

（6）通过计算机通信网络将各个监控点连接起来，构成总控信息平台，根据不同的项目可以设计不同的软件来实现不同的功能。

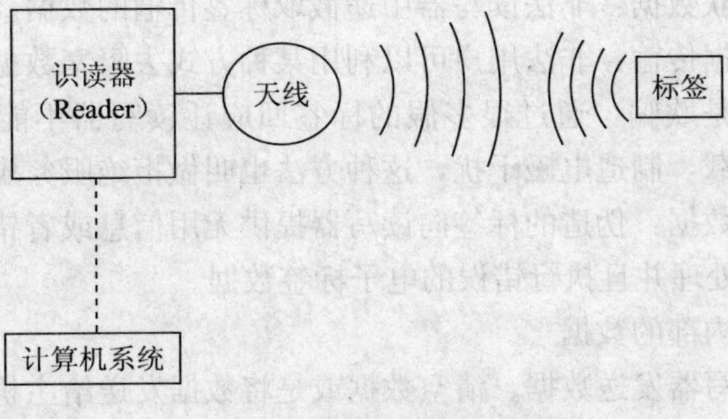

图 2－4　射频识别系统工作流程

第四节 RFID 系统安全

一、RFID 系统安全问题分析

目前，RFID 安全问题主要集中在对个人用户信息的隐私保护、对企业用户的商业秘密保护、防范对 RFID 系统的攻击以及利用 RFID 技术进行安全防范等方面。

RFID 系统中的安全问题在很多方面与计算机体系和网络中的安全问题类似。从根本上说，这两类系统的目的都是为了保护存储的数据及在系统的不同组件之间互相传送的数据。然而，由于以下两点原因，使处理 RFID 系统中的安全问题更具有挑战性。首先，RFID 系统中的传输是基于无线通信方式，使得传送的数据容易被“偷听”；其次，在 RFID 系统中，特别是在电子标签上，计算能力和可编程能力都被标签本身的成本要求所约束。更准确地讲，在一个特定的应用中，标签的成本越低，它的计算能力也就越弱，可防止安全被威胁的可编程能力也越弱。下面我们将讨论 RFID 系统面临的主要入侵，提供获取安全破坏风险的手段，并且给出一些防护措施，同时探讨所存在的挑战和限制。

1. RFID 组件中的安全侵犯方面

在 RFID 系统中，当数据存储在电子标签、读写器和主机中，或者从一个组件向另一个组件传送时，很容易被非法截取。通常将安全侵犯分为四类，在下面将逐个阐述。

（1）电子标签数据的获取侵犯

每个电子标签通常都包含一个集成电路，其本质上说是一个带内存的微芯片。电子标签上数据的安全和计算机中数据的安全都同样会受到威胁。当未授权方不管在进入一个授权的读写器还是设置一个读写器与某一特定的电子标签通信时，电子标签的数据都会受到攻击。在这种情况下，未经授权使用者可以像一个合法的读写器一样去读取电子标签上的数据。在可写标签上，数据甚至可能被非法使用者修改甚至删除。

（2）电子标签和读写器之间的通信侵入

当电子标签向读写器传送数据，或者读写器从电子标签上查询数据时，数据是通过无线电波在空中传播的。在这个通信过程中，数据容易受攻击，这类无线通信易受攻击的特性包括以下几个方面：

①非法读写器截获数据：非法读写器中途截取标签传输的数据。

②第三方堵塞数据传输：非法用户可以利用某种方式去阻塞数据和读写器之间正常的传输。最常用的方法是欺骗，通过很多假的标签回应让读写器不能区分出正确的标签回应，从而使读写器负载，制造电磁干扰，这种方法也叫做拒绝服务攻击。

③伪造标签发送数据：伪造的标签向读写器提供无用信息或者错误数据，可以有效欺骗 RFID 系统接收、处理并且执行错误的电子标签数据。

（3）侵犯读写器内部的数据

当电子标签向读写器发送数据、清空数据或是将数据发送给主机系统之前，都会先将信息存储在内存中，并用它来执行一些功能。在这些处理过程中，读写器功能就像其他计算机一样存在传统的安全侵入问题。目前，市场上大部分读写器都是私有的，一般不提供相应的可扩展接口让用户自行增强读写器安全性。因此挑选可二次开发、具备可扩展开发接口的读写器将变得非常重要。

（4）主机系统侵入

电子标签传出的数据，经过读写器到达主机系统后，将面临现存主机系统所有可能的侵入。这些侵入已超出了这本书的范围，有兴趣的读者可参考计算机或网络安全方面的相关书籍。

2. RFID 系统应用的安全风险分类

RFID 数据安全可能遭受的风险取决于不同的应用类型。鉴于本章的讨论目的，这里将 RFID 应用广泛地分为两类：消费者应用和企业应用，下面将详细讨论每种类型的风险。

（1）消费者应用的风险

RFID 应用包括收集和管理有关消费者的数据，或者说消费者“被感知”。其中最典型的应用包括门禁控制、电子收费和零售商店中其他任何包括对商品附加电子标签的应用。在消费者应用方面，安全性破坏风险不仅会对配置 RFID 系统的商家造成损害，也会对消费者造成损害。我们将在下一节讨论对商业可能造成的危害，而对消费者的危害大多和侵犯个人的隐私有关——这也包含直接或间接的经济损失。

即使是在那些 RFID 系统没有直接收集或维护消费者个人数据的情况下，如果消费者携带具备电子标签的物体，也存在创建一个消费者和电子标签之间联系的可能性。由于这种关系承载消费者的私人数据，就存在隐私方面的风险。例如，汽车的电子标签车钥匙并不包含车主的任何信息，但所有者仍然存在被跟踪的风险。

（2）企业应用的风险

企业 RFID 应用基于那些单个商务的内部数据或者很多商务的数据收集。典型的企业应用包括任意数量供应链管理的处理增强应用（如财产清单控制或后勤事务处理），另外一个应用是工业自动化领域，RFID 系统可被用来追踪工厂场地内的生产制造过程。这些安全隐患可以使得商业交易和运行变得混乱，或危及机密的公司信息。

举例来说，计算机黑客可以通过欺诈和实施拒绝服务攻击来中断商业合作伙伴之间基于 RFID 技术的供应链处理。此外，商业竞争对手可以窃取机密的存货数据或者获取专门的工业自动化技术。其他情况下，黑客还可以获取并公开类似的企业机密数据，这将危及公司的竞争优势。如果几家企业共同使用一个 RFID 系统，即在供应商和生产商之间创建一个更有效的供应链，电子标签数据安全方面的破坏很可能对所有关联的商家都造成危害。

3. 安全缺陷类型

实际上，尽管与计算机和网络的安全问题类似，但 RFID 所面临的安全问题要严峻得多。这不仅仅表现在由于 RFID 产品的成本极大地限制了 RFID 的处理能力和安全加密措施，而且 RFID 技术本身就包含了比计算机和网络中更多和更容易泄密的不安全因素。一般的，RFID 在安全缺陷方面除了与计算机网络有相同之处外，还包括以下 3 种不同的安全缺陷类型：

（1）标签本身的访问缺陷

由于标签本身的成本所限，标签本身很难具备能够足以保证安全的能力。这样，就面临了很大的问题。非法用户可以利用合法的读写器或者自构一个读写器，直接与标签进行通信，就可以很容易地获取标签内的所存数据，而对于读写式标签，还面临数据被改写的风险。

（2）通信链路上的安全问题

RFID的数据通信链路是无线通信链路，与有线连接不一样，无线传输的信号本身是开放的，这就给非法用户的侦听带来了方便。实现非法侦听的常用方法包括：

①黑客非法截取通信数据。

②业务拒绝式攻击，即非法用户通过发射干扰信号来堵塞通信链路，使得读写器过载，无法接收正常的标签数据。

③利用冒名顶替标签来向读写器发送数据，使得读写器处理的都是虚假的数据，而真实的数据则被隐藏。

（3）读写器内部的安全风险

在读写器中，除了中间件被用来完成数据的遴选、时间过滤和管理之外，只能提供用户业务接口，而不能提供能够让用户自行提升安全性能的接口。

由此可见，RFID所遇到的安全问题要比通常的计算机网络安全问题复杂得多，如何应对RFID的安全问题，这一直是许多专家争论的焦点。虽然在ISO和EPC Gen2中都规定了严格的数据加密格式和用户定义位，RFID技术也具有比较强大的安全信息处理能力，但仍然有一些专家认为RFID的安全性非常糟糕。美国的密码学研究专家Adi Shamir表示，目前RFID毫无安全可言，简直是畅通无阻。他声称已经破解了目前的大多数主流电子标签的密码口令，并可以对目前几乎所有的RFID芯片进行无障碍攻击。当前，安全仍被认为是阻碍RFID技术推广的一个重要原因之一。

二、安全策略

1. 匿名性和不可链接性

在讨论RFID系统的安全策略之前，先介绍跟RFID系统安全相关的两个属性：匿名性和不可链接性。

匿名性，即保证不能根据RFID系统里的数据来追溯使用者。从另一个角度举例来说明这个问题，如果未授权者能够根据商品ID得知商品购买者的信息，那么购买者和商品对于未授权者来说就是非匿名的。

不可链接性，即保证不能根据RFID系统内的数据追溯该系统以前的使用者的任何行为记录。从另一个角度举例来说明这个问题，如果商品的RFID标签输出某固定值，那么对该商品进行操作人的行为如果能够被非授权者探知的话，此时的合法用户和商品对于非授权者就不满足不可链接性。

如果对非授权者不满足匿名性，那么非授权者可以通过比较用户的身份来链接探知其过去和现在的使用记录。因此，满足不可链接性就满足匿名性；但不满足不可链接性则不一定不满足匿名性。比如这样的情形，用户ID经合适的加密存储在RFID标签中，虽然该加密ID对于非授权者来说是固定的，而且是可链接的，但由于非授权者不知道原始的ID，匿名性得到保持。所以可以得出，不可链接性要比匿名性更难实现。

匿名性和不可链接性这两个属性对于 RFID 系统的安全性很重要，在后面讲述实施保护策略时还会提到。在讨论对 RFID 系统中个人信息保护前，要认清 RFID 系统相对于其他信息系统的两个特征，这对于认识 RFID 系统的特殊性和采取相应保护策略十分重要。这两个特征是：其一是由于 RFID 使用看不见、摸不着的射频信号，对方可以不知不觉地对标签进行操作；其二是 RFID 系统里对标签成本的要求非常严格。

2. 各种安全对策

针对 RFID 系统应用中出现的各种安全问题，结合上面讨论安全的两个属性，产生了各种安全对策。

（1）防止信息截获方法

攻击者们常常通过信息链路截获有用的信息，针对这个特点，也产生了种种防止信息截获的方法，如：

①物理破坏 RFID 芯片，大多数 RFID 芯片都可以通过物理方法破坏天线或电路回路而失效。

②阻止 RFID 应答器接收功率。这可以通过阻止提供功率来实现，一种方法是用金属罩罩住 RFID 标签，从而破坏标签和读写器之间的正常通信，非授权者就无法探取有用信息。

③去除标签天线。用户将芯片和其天线拆分开，这样芯片将不能正常工作，非授权者也不能探取有用信息。

④使用强电磁脉冲。使得 RFID 读写器和天线感应出高电流，从而干扰电路正常工作，甚至使标签报废。此办法的效果跟电磁波的频率和天线的形状有关。

⑤发送与 RFID 无线信号相关联的伪装信号（与 RFID 信号同频段）来干扰信号相对微弱的读写器信号，从而阻滞系统。

⑥在受保护的标签附近放置廉价的被动 RFID 设备来实时模拟各种标签信号，将有用信号隐藏起来，从而使非授权者的设备不能准确地识别有用信号，起到混淆作用。

以上方法统称为物理隔离法，这类方法可以阻止非授权者正常访问 RFID 标签，从而满足 RFID 系统的匿名性和不可链接性。但是这类方法有很大的缺点：用户自己也将不能开展 RFID 的正常服务，因为用户的正常操作也会像非授权者的一样受到破坏。除此之外，防止信息截获的方法还有：

①破坏窃听者的侦听天线。先利用无线电准确地定位侦听天线位置，再用大功率 RFID 发射机破坏侦听天线电路，使得侦听应答器的有效范围显著减小。

②使用存储芯片来确认指令的合法性。指令信号可以被记录在存储器中并用于返回信号中，读写器以此特征信号为依据来辨别信号的合法性。

③很多 RFID 标签包含内置“kill”功能，当输入合适的代码时，标签能被重新编码或者失效。

④新出现的 RFID 标签可能包括一些内置的控制转换或者隐私增强技术，使用噪声抑制或者不可链接协议来确保使用者能够控制和阻止 RFID 的链接。

（2）重置 ID 法

这类方法需有永久 RAM（随机存取存储器）嵌入每个 RFID 标签，用于存储标签 ID，而且该ID能够被服务器重写。这里列举出两类方法。

①更新ID法。这类方法采用重新加密机制，利用公钥将密文M转换成新的不可链接的密文M′，而不用改变明文。标签将RAM中的加密ID广播出去，且其存储的加密ID须更新，更新的过程为：首先读写器获取标签中的加密ID，然后读写器利用公钥对加密ID重新加密，接着读写器用新的加密ID重写旧的加密ID。读取过程为：读写器从标签获取加密ID并将其发送到服务器，然后服务器用私钥解密出加密ID，从而获取标签的ID。

②双ID法。每个标签有一个ROM（Read-Only Memory，只读存储器）和一个永久性RAM。标签的永久ID被生产商存于ROM中，用户一般不能读取ROM中存储的永久ID，永久ID用于公共用途，比如供应链、回收链等；RAM中存储的临时ID可以被用户修改，仅当RAM没有存储数据时才可以读取ROM中存储的永久ID，临时ID则用于私人用途。

(3) 智能标签法

对信息进行加密，使得攻击者很难破获信息的内容。在大型信息技术系统中广泛使用加密技术，这些加密方法常常是一类复杂的数学问题。而这些数学问题不仅是求解的问题，更要考虑到实际应用情况，尤其是解决一些问题时耗费的资源和时间相对过大时，这些数学问题的解必须符合现实情况，解决问题的开销应该在可以容忍和承受的范围内。这类方法要求每个RFID标签都嵌有加密功能和ROM。标签自动运用加密函数定时改变其输出，加密方法主要有：公钥加密、共同密钥加密和Hash函数加密。

公钥加密也运用重置ID，由于标签不断地改变输出，这种方法的个人信息保护功能很强。但是问题是这种标签很昂贵，因为公钥加密复杂而且成本高。

共同密钥加密要求有共同的密钥函数、RAM和伪随机数生成器嵌入每个RFID标签，其步骤为：①标签的ID生成随机数R，把$X=E_k$（ID || R）发送到服务器；②服务器利用通用密码K解密X，从而得到ID。

Hash函数加密法将Hash函数当做加密函数。由于Hash计算的特点使得它很适合RFID系统这种成本低的标签应用。

三、安全技术

要确保电子证件的身份确认唯一性，往往要借助于现代信息安全技术的应用，如数字加密技术、数字水印技术、生物特征识别技术等。下面就此3种技术进行简单描述。

1. 数字加密技术

随着高质量的数字读取及复制设备数量的剧增，数字信息被复制的风险随之增加。当冒险者可以不费吹灰之力地读取复制证件数字信息时，我们就需要寻取有效保护数字信息内容的技术。密码大概是保护数字信息最常见的，也是最有效的方法之一。今天，密码学已发展得相当完善。

数字加密技术被用来认证电子证件的真实有效性，它可验证是否是发证机关发出的。电子证件中数字信息的安全性依赖于加密体系的安全性。

常用的密码又有很多种类，如分组密码（对称密码）、公钥密码（非对称密码）、摘要（Hash函数）、数字签名和序列密度等。由于在电子证件物联网网络安全方面也用到该技术，所以该技术在下一章节会有更加详细的介绍。

2. 数字水印技术

作为传统加密技术的有效补充方法，从 1993 年 Caronni 正式提出数字水印到现在短短十年间，无论是国内还是国外，任何对数字水印的研究都引起人们极大的关注。但数字水印技术的发展还不是很成熟，应用也处于初级阶段。目前，德国护照上采用数字水印技术，欧美国家也准备在电子护照中应用数字水印技术作为加密的一种补充，来保护数字信息的真实性和完整性。

数字水印算法一般可分为两种：空域法和频域法。空域法有 LSB 算法、Patchwork 算法等。频域法有 DCT（离散余弦变化）、DFT（离散傅里叶变换）、分形等算法。频域法有以下优点：

（1）嵌入的水印信号能力可以分步到空域的所有像素上，有利于保证水印的不可见性；

（2）视觉系统（HVS）的某些特征（如频率的掩蔽特性）可以更加方便地结合到水印编码过程中；

（3）频域法可与国际数据压缩标准兼容，从而实现压缩域（compressed domain）内的水印编码。

数字水印嵌入过程如图 2－5 所示，数字水印的检测/提取过程如图 2－6 所示。

图 2－5　数字水印嵌入过程

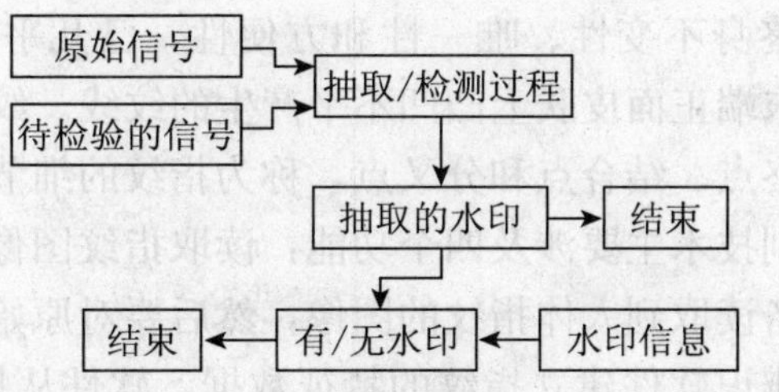

图 2－6　数字水印的检测/提取过程

数字水印技术可有效防止证件被伪造。数字水印在证件中的应用有两种形式，一种是在图像中嵌入隐藏信息，另一种是在文字资料中嵌入信息。在文字中嵌入信息的方法，多利用变化取消字的曲线节点位置来隐藏信息，通过比较特定位置的差异，来判断隐藏的信息。

在图像中嵌入隐藏信息，以制作个人身份证为例，一般要经过照片扫描、签名、制证机输入、打印和塑封等过程。上述新技术是在打印证件前，在照片上附加一个暗藏的数字水印。具体做法是在照片上对人所不感知的信息进行处理，处理后的照片用肉眼看与原来完全一样，必须用专门的扫描器才能检测出数字水印。这种方法可以迅速、无误地确定证件的真伪。德国已经研究了在打印和印刷的纸介质证件上加入隐藏标记的技术，这种技术通过专用软件将水印信息打印并隐藏于证件之中，人眼从证件表面上是察觉不出有隐藏标记的。当需要验证证件的真伪时，利用专用的光电检测设备便可检测出真伪。目前，研究该技术的研究所还在开发另一种新的系统。新系统即可在照片上加上牢固的数字水印，也可以经改动让数字水印消失，使任何伪造企图都无法得逞。

在文字中嵌入隐藏信息，是用专用软件产生与标准字库不同的曲线化字形，并输出到介质上，通过扫描仪或数字摄像机等数字化设备录入，水印提取器识别曲线字节点的位置，并将位置的具体变化转换为数据，从而提取出嵌入的信息。汉字字库的曲线远远比 26 个字母丰富，因而在汉字中嵌入信息也更为方便。北大方正编制的特制字库，及专门打印识别软件，实现了数字水印在文字中的嵌入与提取。在证件运用中，如能够提取出制证人、打印机等管理信息，则可以认定证件出自合法途径，判定为真；如无专门软件及特制字库，则制作出的个性化信息中提取不出隐藏信息，此时就能认定其为非法制作，判定为假。美国和日本正在研制可隐藏入数字水印信息的打印机，使用该打印机，只要检验打印文档中的数字水印信息，就能检验出打印文档的打印机是哪一台。

3. 生物特征识别技术

人的生物特征信息千差万别，如指纹在 10 多亿人中才出现一个相同的，在真实生活中出现相同的概率几乎为零。通过计算机技术，实现生物特征信息的录入、处理、比对及存储就能很好地对身份进行唯一性认定。目前，生物特征识别技术被认为是一种最好的身份唯一性认定的方法。下面就生物特征识别技术作一介绍。

主要的生物特征识别技术有指纹识别、掌纹识别、面部特征识别、虹膜识别、视网膜识别、DNA 识别等。

(1) 指纹识别

指纹，由于其具有终身不变性、唯一性和方便性，已几乎成为生物特征识别的代名词。指纹是指人的手指末端正面皮肤上凸凹不平产生的纹线。纹线有规律的排列形成不同的纹型。纹线的起点、终点、结合点和分叉点，称为指纹的细节特征点（minutiae）。

其原理为：指纹识别技术主要涉及四个功能：读取指纹图像、提取特征、保存数据和比对。通过指纹读取设备读取到人体指纹的图像，然后要对原始图像进行初步的处理，使之更清晰，再通过指纹辨识软件建立指纹的特征数据。软件从指纹上找到被称为“节点”（minutiae）的数据点，即指纹纹路的分叉、终止或打圈处的坐标位置，这些点同时具有 7 种以上的唯一性特征。通常手指上平均具有 70 个节点，所以这种方法会产生大约 490 个数据。这些数据，通常称为模板。通过计算机模糊比较的方法，把两个指纹的模板进行比较，计算出它们的相似程度，最终得到两个指纹的匹配结果。采集设备（即取像设备）分成：光学、半导体传感器和其他类别。

指纹识别系统是一个典型的模式识别系统，包括指纹图像获取、处理、特征提取和比对等模块。如图 2-7 所示。

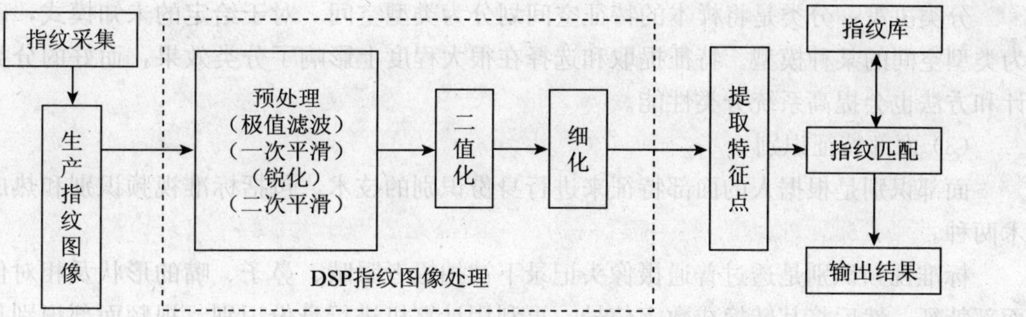

图 2-7　指纹识别系统

指纹图像获取：通过专门的指纹采集仪可以采集活体指纹图像。目前，指纹采集仪主要有活体光学式、电容式和压感式。对于分辨率和采集面积等技术指标，公安行业已经形成了国际和国内标准，但其他还缺少统一标准。根据采集指纹面积大体可以分为滚动捺印指纹和平面捺印指纹，公安行业普遍采用滚动捺印指纹。另外，也可以通过扫描仪、数字相机等获取指纹图像。

指纹图像压缩：大容量的指纹数据库必须经过压缩后存储，以减少存储空间。主要方法包括 JPEG、WSQ、EZW 等。

指纹图像处理：包括指纹区域检测、图像质量判断、方向图和频率估计、图像增强、指纹图像二值化和细化等。

（2）掌纹识别

掌纹识别是近几年提出的一种较新的生物特征识别技术。掌纹是指手指末端到手腕部分的手掌图像。其中很多特征可以用来进行身份识别：如主线、皱纹、细小的纹理、脊末梢、分叉点等。掌纹识别也是一种非侵犯性的识别方法，用户比较容易接受，对采集设备要求不高。

掌纹识别系统同其他生物特征识别系统在结构上是一样的，它们都由两个部分构成：训练样本录入阶段和测试样本分类阶段。训练样本录入阶段可以描述如下：首先对采集的掌纹训练样本进行预处理，然后进行特征提取，把提取的掌纹特征存入特征数据库中留待与被分类样本进行匹配。测试样本分类阶段是对获取的测试样本经过与训练样本相同的预处理、特征提取步骤后，送入分类器进行分类。这两部分都包括以下四步：掌纹图像采集、预处理、特征提取和分类决策，下面将分别进行介绍。

掌纹图像采集：掌纹图像采集的目的就是利用某种数字设备实现把掌纹转换成可以用计算机处理的矩阵数据。一般采集的都是二维灰度图像。

预处理：预处理的目的是使所采集的掌纹图像能方便地对图像后续处理，如去除噪声使图像更清晰，对输入测量引起或其他因素所造成的退化现象进行复原，并对图像进行归一化处理。

特征提取：经过预处理的信息数据往往十分庞大。因此需要对信息数据进行特征提取和选择，即用某种方法把数据从模式空间转换到特征子空间。使得在特征子空间中，数据具有很好的区分能力。

分类决策：分类是将样本的特征空间划分为类型空间。对于给定的未知模式，确定其为类型空间的某种模型。特征提取和选择在很大程度上影响了分类效果，而好的分类器设计和方法也会提高系统分类性能。

（3）面部特征识别

面部识别是根据人的面部特征来进行身份识别的技术，包括标准视频识别和热成像技术两种。

标准视频识别是透过普通摄像头记录下被拍摄者眼睛、鼻子、嘴的形状及相对位置等面部特征，然后将其转换成数字信号，再利用计算机进行身份识别。视频面部识别是一种常见的身份识别方式，现已被广泛用于公共安全领域。

热成像技术主要透过分析面部血液产生的热辐射来产生面部图像。与视频识别不同的是，热成像技术不需要良好的光源，即使在黑暗情况下也能正常使用。

（4）虹膜识别

虹膜是位于人眼表面黑色瞳孔和白色巩膜之间的圆环状区域，在红外光下呈现出丰富的纹理信息，如斑点、条纹、细丝、冠状、隐窝等细节特征。虹膜从婴儿胚胎期的第 3 个月起开始发育，到第 8 个月虹膜的主要纹理结构已经成形。除非经历危及眼睛的外科手术，此后几乎终生不变。

虹膜识别通过对比虹膜图像特征之间的相似性来确定人们的身份，其核心是使用模式识别、图像处理等方法对人眼睛的虹膜特征进行描述和匹配，从而实现自动的个人身份认证。英国国家物理实验室的测试结果表明：虹膜识别是各种生物特征识别方法中错误率最低的。

从普通家庭门禁、单位考勤到银行保险柜、金融交易确认，应用后都可有效简化通行验证手续、确保安全。如果手机加载“虹膜识别”，即使丢失也不用担心信息泄露。机场通关安检中采用虹膜识别技术，将缩短通关时间，提高安全等级。

（5）视网膜识别

视网膜是眼睛底部的血液细胞层。视网膜扫描是采用低密度的红外线去捕捉视网膜的独特特征，血液细胞的唯一模式就因此被捕捉下来。

视网膜识别的优点就在于它是一种极其固定的生物特征，因为它是“隐藏”的，故而不可能受到磨损、老化等影响；使用者也无须和设备进行直接的接触；同时它是一个最难欺骗的系统，因为视网膜是不可见的，故而不会被伪造。另外，视网膜识别也有一些不完善的地方，如视网膜技术可能会给使用者带来健康的损坏，这需要进一步的研究；设备投入较为昂贵，识别过程的要求也高，因此视网膜扫描识别在普遍推广应用上具有一定的难度。

（6）DNA 识别

在早期，基因识别的主要手段是基于活的细胞或生物的实验。通过对若干种不同基因的同源重组的速率的统计分析，我们能够获知它们在染色体上的顺序。若进行大量类似的分析，我们可以确定各个基因的大致位置。现在，由于人类已经获得了巨大数量的基因组信息，依靠较慢的实验分析已不能满足基因识别的需要，而基于计算机算法的基因识别得到了长足的发展，成为了基因识别的主要手段。

识别具有生物学功能的片段与判定该片段（或其对应的产品）的功能是两个不同的概念，后者通常需要通过基因敲除等实验手段来决定。不过，生物信息学的前沿研究正在使得由基因序列预测基因功能变得越发可能。

在基因的间接识别法（Extrinsic Approach）中，人们利用已知的 mRNA 或蛋白质序列为线索在 DNA 序列中搜寻所对应的片段。由给定的 mRNA 序列确定唯一的作为转录源的 DNA 序列；而由给定的蛋白质序列，也可以由密码子反转确定一族可能的 DNA 序列。因此，在线索的提示下搜寻工作相对较为容易，搜寻算法的关键在于提高效率，并能够容忍由于测序不完整或者不精确所带来的误差。BLAST 是目前以此为目的使用最广泛的软件之一。

鉴于间接识别法的种种缺陷，仅仅由 DNA 序列信息预测蛋白质编码基因的从头计算法（Ab Initio Approach）就显得十分重要了。一般意义上基因具有两种类型的特征：一类特征是“信号”，由一些特殊的序列构成，通常预示着其周围存在着一个基因；另一类特征是“内容”，即蛋白质编码基因所具有的某些统计学特征。使用 Ab Initio 方法识别基因又称为基因预测。通常我们仍需借助实验证实预测的 DNA 片段是否具有生物学功能。

由于多个物种的基因组序列已完全测出，使得比较基因组学得以发展，并产生了新的基因识别的方法。该方法基于如下原理：自然选择的力量使得基因和 DNA 序列上具有生物学功能的其他片段较其他部分有较慢的变异速率，在前者的变异更有可能对生物体的生存产生负面影响，因而难以得到保存。因此，通过比较相关的物种的 DNA 序列，我们能够取得预测基因的新线索。2003 年，通过对若干种酵母基因组的比较，人类对原先的基因识别结果作了较大的修改；类似的方法也正在应用于人类的基因组研究，并可能在将来的若干年内取得成果。

当然，生物特征识别技术也有局限性，如识别准确率还不能达到足够高，采用两个指纹的准确率达到 99.7%。面部特征识别的准确识别率在 90%，三维立体面部特征的准确识别率在 99%。生物特征信息的采集也不是 100%可以实现的。人群中有 5%的人，指纹很难采集，特别是老年人及体力劳动者，指纹会被一定程度的磨平，就更难获取，而且一种指纹采集器可以取出指纹而另一种指纹采集器却不一定能采集。也就是说，采用多种指纹采集器就能获得更多人的指纹。此时就要有一个标准，使不同指纹采集器采集出的指纹图像或指纹特征点相互兼容。现在通行的做法是用相同的采集分辨率及相同的指纹特征采集算法，针对成年人采集分辨率为 500dpi，对于小孩则使用采集分辨率为 700dpi。为了能采集更多人的指纹，往往在指纹采集点使用多种不同的指纹采集器，并采集多个指纹。常用的指纹采集器有压感式、电感式、电容式、CMOS 式、光学式、接触式、非接触式、LED 式、LD 式等。为了解决老年人指纹难获取的问题，还出现了红外透视式的指纹采集器。

随着生物技术的不断发展，检测 DNA 的技术不再是一个很难的事情。随着生物芯片的不断涌现，检测 DNA 在未来可能就像今天我们检验血型一样简单。到那时验明身份唯一性的最好方法可能就是检测 DNA 了。

第五节 RFID 系统的软硬件实现

一、RFID 读写器的总体设计

1. 设计目标

通常情况下，RFID 读写器应根据电子标签的读写要求以及应用需求情况来设计。随着 RFID 技术的发展，读写器也形成了一些典型的系统实现模式。目前国际推动和制定 RFID 标准的各组织对于各频段的利用都有了基本相应的标准，以及这些频段的建议利用场合。因此，一个 RFID 系统应该根据使用的目的、使用的环境以及各种条件来进行设计。

读写频率是系统设计所要考虑的极其重要的目标之一，电子标签的工作频率很大程度上可以决定系统读写器的研制。此外，在 RFID 应用系统中，通过读写器实现对电子标签数据的无接触收集或由读写器向电子标签中写入的标签信息均要返回到应用系统中或来自应用系统，这就形成了电子标签读写设备与应用系统程序之间的接口——API。一般情况下，要求读写器能够接收来自应用系统的命令，并且能够根据应用系统的命令或约定的协议作出相应的响应（返回收集到的标签数据等）。

读写器本身从电路实现角度来说，又可划分为两大部分，即射频模块（射频通道）与基带模块。

射频模块实现的功能主要有两项：第一项是将读写器欲发往电子标签的命令调制（装载）到射频信号（也称为读写器/电子标签的射频工作频率）上，经由发射天线发送出去。发送出去的射频信号（可能包含有传向标签的命令信息）经过空间传送（照射）到电子标签上，电子标签对照射到其上的射频信号作出响应，形成返回读写器天线的反射回波信号。第二项是实现将电子标签返回到读写器的回波信号进行必要的加工处理，并从中解调（卸载）提取出电子标签返回的数据。

基带模块实现的功能也包含两项：第一项是将读写器智能单元（通常为计算机单元 CPU 或 MCU）发出的命令编码（加工）实现为便于调制（装载）到射频信号上的编码调制信号。第二项是实现对经过射频模块解调处理过的标签返回数据信号进行必要的处理（包含解码），并将处理后的结果送入读写器智能单元。

一般情况下，读写器的智能单元也划归基带模块部分。智能单元从原理上来说，是读写器的控制核心单元。从实现角度来说，通常采用嵌入式 MCU，并通过编制相应的 MCU 控制程序实现对收发信号的智能处理。

射频模块与基带模块的接口为调制（装载）/解调（卸载）。在系统实现中，通常射频模块包括调制/解调部分，并且也包括解调之后对回波信号的必要加工处理（如放大、整形）等。射频模块的收发分离是采用单天线系统时射频模块必须处理好的一个关键问题。

RFID 读写器在设计中也会面临一些难点，主要包括：

（1）标准和频率较多，选择较为困难。每一个标准都对应一定的技术和产品，用户可以根据特定的应用和使用环境进行选择。例如：433MHz、860～930MHz 一般用于供应链管理，包括仓库管理、资产跟踪和存货清单控制，而微波 2.45GHz 和 5.8GHz 一般用于工业自动化和道路桥梁电子收费，以上这两个频段在金属和潮湿的环境中应用性能不是很好。而 135kHz 则在这种环境下应用较好，可用于动物识别和接入控制。

（2）超高频段产品设计复杂，容易受环境影响，造价高。随着 RFID 技术不断普及和国际标准日趋完善，RFID 在物流上的应用越来越广泛。目前这种应用主要是托盘级，对应频段是 UHF，该频段对于环境中的一些因素比较敏感，例如潮湿和金属。目前在低频和高频频段，半导体厂家都有对应的读写器芯片将标准和射频部分集成，客户可以比较轻松地进行个性化的读写器设计。但是在 UHF 频段，由于标准制定相对较晚，目前尚未有集成化的读写器芯片解决方案。其主要的读写器都是由分立元件构成，读写器的稳定性还不够完善。

（3）读写器的开发目前仍然是国外公司处于前列，国内的读写器开发厂商还比较落后。现在的读写器普遍要求具有部分计算机的功能，因此读写器中加入嵌入式操作系统已经成为技术发展的必然。读写器设计包含了射频技术、单片机软件技术、嵌入式操作系统技术和软件开发技术等，对设计研究人员的技术要求也较高。

2. 硬件选择

在系统组成确定后，就需要考虑具体的硬件选择。如前所述，读写模块的硬件核心是射频读写芯片以及主控 MCU。读写器与电子标签的通信是通过读写器的射频模块进行，射频模块主要是一些滤波放大电路和天线，现在的射频模块都是集成在一块芯片模块上面。

（1）射频读写芯片

对于不同类型的电子标签，由于采用的通信协议不同，相应的射频读写芯片也不同。目前在我国的市场上，RFID 射频读写芯片主要的厂商有：我国的华虹、复旦微电子、荷兰 Philips、瑞士 LEGIC、法国意法半导体（ST）、日本索尼等公司，其中基于 Philips 公司 MIFARE 芯片的产品在市场上占有绝对的优势。

对于电子标签采用的不同工作频率，在不同的应用场合都有相应的标准，特别是中、低频段，读写器应该根据电子标签的工作频率对应的标准来进行设计。除非要开发新的系列的产品，读写器的射频模块一般直接采用市场上已有的技术成熟的芯片来实现，因此读写器的设计工作则变成了集中在控制模块设计上面，控制模块则主要是根据应用选择适合的微处理器（或微控制器），然后根据这些微处理器的功能以及系统的要求，结合射频模块的技术手册设计 RFID 读写器。

（2）嵌入式微处理器

不同的微处理器面向不同的应用领域，对于微处理器的选择应该参考 RFID 系统所要实现的功能来进行。微处理器的选择有 3 种：

①嵌入式微处理器，就是和通用计算机的微处理器对应的 CPU。在应用中，一般是将微处理器装配在专门设计的电路板上，在母板上只保留和嵌入式相关的功能即可，这样可以满足嵌入式系统体积小和功耗低的要求。目前的嵌入式处理器主要包括：PowerPC、Motorola68000、ARM 系列等。

②嵌入式微控制器，又称为单片机，它将 CPU、存储器（少量的 RAM、ROM 或两

者都有）和其他接口I/O封装在同一片集成电路里。常见的有HOITEK MCU系列、Microchip MCU系列及8051等。

③嵌入式DSP，专门用来处理对离散时间信号进行极快的计算，提高编译效率和执行速度。在数字滤波、快速傅里叶变换（Fast Fourier Transform，FFT）、频谱分析、图像处理的分析等领域。

3. 软件选择

硬件的选择和连接是读写器设计的基础，而软件是真正控制整个读写器如何工作的核心。运行在读写器里面的软件不同于运行在上位机上的应用软件，这些软件基本上都是采用低层语言进行编写，比如C语言或者汇编语言，不过现在有不少很好的集成开发环境（Integrated Development，IDE），比如Keil C51等，采用这些IDE能提高软件的实现速度。运行于上位机上面的应用软件的设计和实现都相对较为简单，因为基本上都是采用高级语言进行编写。部分读写器厂商也提供了一些RFID读写器参考设计和开发套件用于支持客户的二次开发，这样可以加快进度并熟悉开发过程，如图2-8所示。

图2-8　读写器开发套件

二、射频天线设计

天线处于RFID读写器系统的最前端，是RFID读写器的重要组成部分，读写器天线所形成的电磁场有效作用范围、强度和形状决定了标签感应的强度、作用距离和范围大小。读写器天线的输入参数，如阻抗、带宽，则影响RFID读写器与天线的匹配程度，影响读写器的有效功率及数据发送和接收的好坏，因此天线性能对整个射频识别系统的性能具有重要影响。

RFID应用的频率范围相当宽，就工作方式而言大致可分为磁场耦合和电磁后向散射两大类，工作原理有很大不同，天线设计时所关注的内容也有很大不同，下面将分别介绍两种工作方式下天线的设计方法。

1. 磁场耦合式RFID天线

（1）磁场耦合式天线概述

磁场耦合式天线是低频和高频频段RFID应用中广泛采用的天线形式，其基本形式是由线圈绕制而成，在实际应用中，存在多种制作方法，可以用金属线绕制，也可以是在介质板上印刷而成，当交变电流在线圈中流动时，就会在线圈周围产生较强的磁场，磁场穿过线圈的横截面和线圈周围空间，由于电磁波的波长比读写器和标签之间的距离大得多，可以把读写器与传感器之间的电磁场简化为交变磁场来研究，读写器就是通过磁场耦合的方式与标签通信的。磁场耦合式天线设计具有不同于一般天线设计的特点，在设计过程中主要关心的参数有：

①天线线圈的电感 L

天线线圈的电感 L 是设计时应主要关心的参数，要想使天线获取较大的电流，通常将天线线圈的电感 L、电容器 C 和电阻 R 串联在一起，组成串联谐振电路，因此在设计时必须确定线圈的电感值 L，然后根据谐振频率求得所要求的电容 C，计算公式如下：

$$C=\frac{1}{(2\pi f_0)^2L}$$

电感值 L 可以通过线圈的具体形式计算出来，对于特殊的结构，如圆形、方形线圈，有一些经验公式可以估算其电感值，而对于更一般的结构，一些商用的电磁计算软件提供了计算其电抗的仿真方法，该方法具有较高的精度，可以满足设计的需要。

利用测试的方法可以获取天线线圈的具体电感参数。利用 LCR 表可以测量电抗和电阻值，可以用来近似代替在谐振频率时的值；对于精确的测量，可以利用射频阻抗分析仪，例如，惠普 HP4192A 或安捷仑 4294A，测量天线在谐振频率下的电抗和电阻值。

②天线线圈的面积

实验和计算表明，线圈天线的磁场分布与线圈的面积具有直接的关系：在与线圈天线距离很小时（$x\leqslant R$）的情况下，场强的变化比较缓慢，当超出这个范围后开始显著下降，较小的天线在近处呈现较高的场强，而面积较大的天线线圈在较远处（$X>R$）的场强明显较高。

③线圈天线的 Q 值

线圈天线的性能与线圈的 Q 值具有很大关系，一方面，线圈的 Q 值越高，谐振电流就越大，周围的场强也就越强，由此改善标签的功率传输特性。另一方面，线圈天线的带宽与品质因数成反比，过高的品质因数会导致带宽缩小从而明显地降低标签收到的调制边带。许多系统给出 $Q=10\sim30$ 为最佳的品质因数值，事实上品质因数取决于所需的带宽和调制的方法，需要根据具体的应用以达到最佳的效果。图 2-9 给出了一款 13.56 MHz 天线的品质因数与调制带宽关系的示意图。

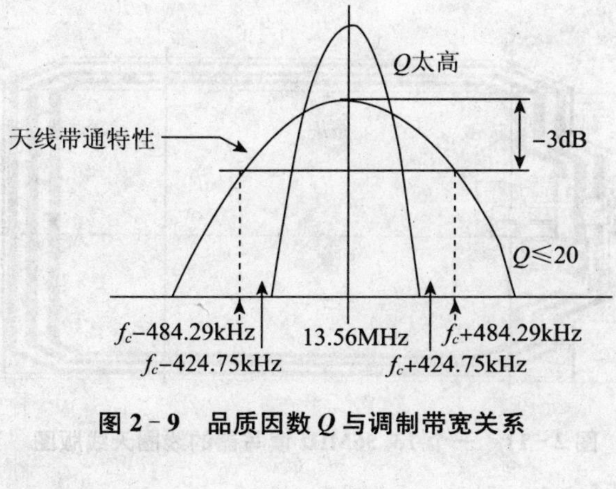

图 2-9　品质因数 Q 与调制带宽关系

（2）低频磁场耦合天线

低频磁场耦合天线的构选比较简单，通常可以采用线圈绕制或在印制电路板上印制的方法，与高频线圈相比，低频线圈天线具有较多的线圈匝数，135kHz 线圈天线一般为 100～1000 匝，而 13.56MHz 线圈天线的典型值则仅有 3～5 匝。此时，天线导线与天线线圈的尺寸比高频电流的波长（2200m）小若干个数量级，因此信号可按稳态信号来处理，高频电流的电波特性可忽略不计，可以不考虑阻抗匹配的问题。天线设计时，只需要考虑线圈的电感是否满足谐振的要求。同时，对于某些读写器还要考虑串联电阻，以确定线圈中的电流。图 2－10 为一个带有天线的 135kHz 读写器的示意图。

图 2－10　带有天线的 135kHz 读写器的示意

（3）13.56MHz 读写器天线设计举例

13.56MHz 属于高频频段，此时高频电流的电波特性比较明显，谐振和阻抗匹配是天线设计的主要问题，下面分别介绍近距离读写器天线和远距离读写器天线的设计实例。

①近距离读写器线圈天线

近距离读写器线圈天线多在 PCB 上腐蚀而成，其制作方法简单，有利于大规模生产。线圈天线一般由印刷线圈和匹配电路构成，图 2－11 是一个 13.56MHz 读写器的线圈天线版图，图 2－12 为该天线的原理图。

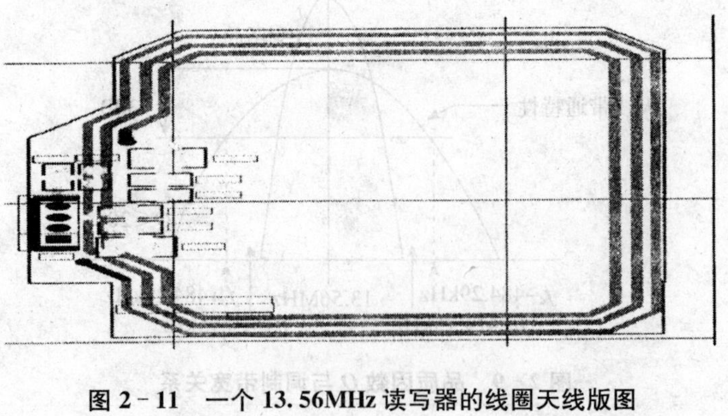

图 2－11　一个 13.56MHz 读写器的线圈天线版图

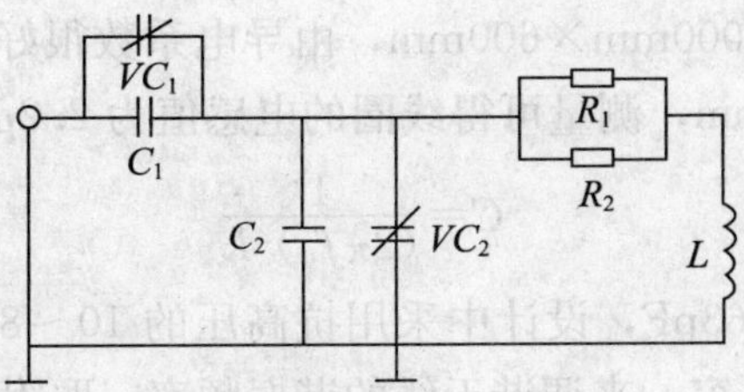

图 2-12 读写器线圈天线原理图

图 2-12 中 L 为印刷线圈电感，尺寸大约为 50mm×60mm，印刷的圈数为 3 匝；C_1、C_2、VC_1、VC_2 为匹配电容，其作用是将天线的输入阻抗设计为 50Ω，与读写器的输出阻抗相匹配。R_1、R_2 为外加阻尼电阻，与天线线圈的损耗电阻一起，使天线电感线圈的 Q 值在要求的范围内。

元器件的值是在线圈电感 L 和 R_s 测定的情况下计算出来的，假定 C_1、VC_1 的并联值为 C_{10}；C_2、VC_2 的并联值为 C_{20}；R_1、R_2 的并联值为 R_a；则有

$$R_a = \omega L/Q_a - R_s$$

$$C_{10} = 1/\omega\ (R_{in}\omega LQ_a)^{1/2}$$

$$C_{20} = 1/\omega^2 L - C_{10} - C_s$$

假定测得的线圈电感 $L=0.86\mu\text{H}$，$R=1.24\Omega$，将 $f=13.56\text{MHz}$，$\omega=2\pi f$，$R_{in}=50\Omega$，$Q_a=35$ 代入上述公式得到：$R_a=0.85\Omega$，$C_{10}=33\text{pF}$，$C_{20}=128\text{pF}$。$R_1=R_2=1.6\Omega$，$C_1=27\text{pF}$，$VC_1=10\text{pF}$（可调电容），$C_2=110\text{pF}$，$VC_2=30\text{pF}$（可调电容）。

②远距离读写器天线设计

13.56MHz 读写器常用于门禁管理等远距离射频识别系统中，在这些系统中应用的线圈天线具有较大的体积，一般采用铜箔带或铜管制成，圈数只有一匝，线圈工作时，具有较高的电流，与之匹配的电容和电阻要承受较高的电压和功率。图 2-13 是一个用于门禁的 13.56MHz 天线的实例图，图 2-14 为该天线的原理图。

图 2-13 用于门禁的 13.56MHz 天线实例

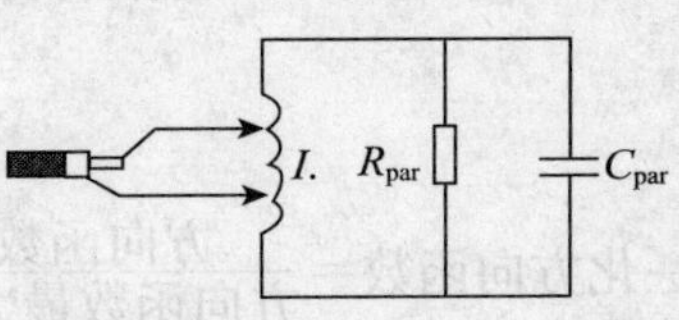

图 2-14 用于门禁的 13.56MHz 天线原理

该线圈天线的大小为 1000mm×600mm，由导电系数很好的铜箔带在硬介质板上绕制而成，铜箔带的宽度为 50mm，测量可得线圈的电感值为 2.2μH，根据公式：

$$C=\frac{1}{(2\pi f_0)^2 L}$$

可求得谐振电容 C_{par}=63pF，设计中采用抗高压的 10～80pF 可调云母电容，也可采用固定云母电容并联可调电容，来调谐天线的谐振频率。取附加 R_{par}=10kΩ，此时 Q 值约为 20。电阻应采用高功率的电阻，根据天线输入功率确定。

T 型匹配电路由 12mm 宽的铜箔带构成，同轴线的分支至少要分开 50mm。

天线设计基本完成，最后的工作是调节可调电容使天线处于谐振状态，具体的方法是：将天线接于 13.56MHz 读写器或信号发生器，两者之间串接驻波分析仪，调节可调电容，使天线的输入驻波比在要求的范围内。注意，在接通电源的情况下，不要接触线圈谐振电容，因为在工作状态下，电容会由于谐振而产生高压，调节电容的工作应在断电后进行。

2. 电磁波后向散射式 RFID 天线

(1) 天线设计概述

电磁波后向散射式天线工作在超高频和微波波段，该波段的天线具有多种不同的形式，也有许多成熟的理论和实际方法，RFID 系统对天线的带宽、增益、大小、相对位置都提出了特殊的要求，这些参数都会对数据的发射和接收产生很大的影响，需要专业人员对系统的天线进行设计、安装。下面着重介绍天线的基本原理和应用于该波段 RFID 系统天线的常见形式及基本设计方法。

①方向函数和方向图

通常使用方向函数来描述天线在空间不同位置的辐射情况。如图 2－15 所示，在三维空间中可以将方向函数的图形画出来，以形象地描述天线在立体空间的辐射。场强方向函数通常用 $f(\theta, \varphi)$ 表示。

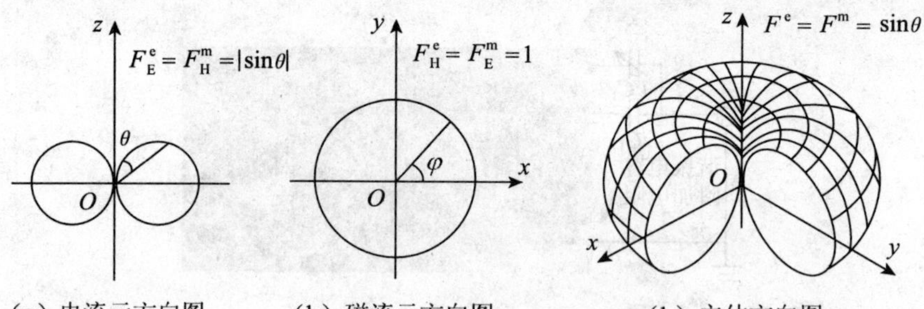

图 2－15　电流元、磁流元方向

归一化的方向函数定义为

$$\text{归一化方向函数}=\frac{\text{方向函数}}{\text{方向函数最大值}}$$

归一化场强方向函数为

$$F(\theta, \varphi)=\frac{|f(\theta, \varphi)|}{\max|f(\theta, \varphi)|}$$

方向图包括立体方向图和平面方向图，归一化方向函数 $F(\theta, \varphi)$ 的三维立体图形称为立体方向图，立体方向图在某一平面上的投影称为平面方向图。对线极化天线，包含最大辐射方向且平行于 E 的平面称为 E 面；包含最大辐射方向且平行于 H 的平面称为 H 面。E 面和 H 面合成主面。作为例子，图 2－15 给出了电流元、磁流元的方向图。

②天线增益

为了描述天线辐射功率，考虑了损耗因素在空间集中的程度后，先引入天线增益的概念。在输入功率相同的条件下，定向天线在空间某方向 (θ, φ) 的辐射功率密度 $S(\theta, \varphi)$ 与无损耗的点源天线在该方向辐射功率密度 S_0 之比，称为天线增益，记为 $G(\theta, \varphi)$。即

$$G(\theta, \varphi)=\frac{S(\theta, \varphi)}{S_0}$$

方向系数 $D(\theta, \varphi)$ 和天线效率 η 的关系为

$$G(\theta, \varphi)=\eta D(\theta, \varphi)$$

③天线输入阻抗和辐射阻抗

发射时，天线相当于读写器输出馈线的终端负载，其输入阻抗 Z_{in} 定义为天线输入电压 V_0 与输入电流 I_0 之比。$Z_{in}=V_0/I_0=R_{in}+\mathrm{j}X_{in}$，其中，$R_{in}$、$X_{in}$ 分别为阻抗的实部和虚部。

天线的辐射功率 P_Σ 相当于在一个等效阻抗上所产生的损耗。这个等效阻抗称为辐射阻抗 Z_Σ，$Z_\Sigma=2P_\Sigma/I^2=R_\Sigma+\mathrm{j}X_\Sigma$。其中，$I$ 为参考电流，R_Σ 和 X_Σ 分别为输入阻抗的实部和虚部。

④天线带宽

天线的主瓣宽度、增益、方向图、匹配特性和极化特性等参数严格地说都是频率的函数。因而天线频带取决于各天线参数对频率的敏感性，同时也与总体设计对各天线参数变化范围的要求有关。一般而言，由天线的各电参数所允许的变化量所确定的频率范围即是天线的带宽。工程上一般的带宽定义为：以中心频率（最佳工作频率，也称谐振频率）为基准，向两边增加和减小而引起功率下降 3dB 的频率范围称为带宽，例如 EPC 给出的带宽范围为 895MHz±35MHz。我国目前物流射频识别暂用带宽为 915MHz～13MHz，表示中心频率为 915MHz，带宽为 26MHz。

⑤天线输入驻波比

天线有效工作的一个重要因素就是读写器输出的源信号能通过天线发射出去，这就要求读写器的馈电系统与天线之间要匹配好。天线驻波比是反映馈电系统与天线匹配程度的参数。驻波比的定义为

$$\rho=\frac{|V|_{\max}}{|V|_{\min}}=\frac{1+|\Gamma_L|}{1-|\Gamma_L|}$$

式中：$\Gamma_L=\frac{Z_{in}-Z_0}{Z_{in}=Z_0}$，称为终端反应系数；

Z_0——馈线的特性阻抗。

当 $Z_0=Z_{in}$ 时，$\Gamma_L=0$，理论上 $\rho=1$，这时馈电系统输送给天线的能量就可以全部发射出去。在实际情况下，由于设计出现的误差和损耗，很难达到这个要求。

(2) 后向散射式 RFID 系统常用的几种天线形式

①振子天线

在远距离 RFID 应用系统中，一种常用的天线是对称振子天线（又称偶极子天线），振子天线及其演化形式如图 2-16 所示，其中振子天线由两段同样粗细和等长的直导线排成一条直线构成，信号从中间的两个端点馈入，在偶极子的两臂上将产生一定的电流分布，这种电流分布就在天线周围的空间激发起电磁场。

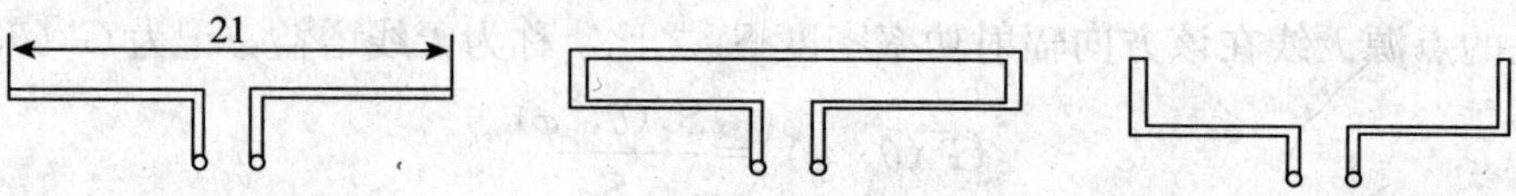

（a）对称振子天线　（b）折合振子天线　（c）变形偶极子天线

图 2-16　振子天线及其演化形式

利用麦克斯韦方程就可以求出其辐射场方程：

$$E_\theta=\int_{-1}^{1}\mathrm{d}E_\theta=\int_{-1}^{1}\frac{60kI_z}{r}\sin\theta\cos(kz\cos\theta)\,\mathrm{d}z$$

式中：I_z——沿振子臂分布的电流；

k——相位常数；

r——振子中点到观察点的距离；

θ——振子轴到 r 的夹角；

I——单个振子臂的长度。

同样，也可以得到天线的输入阻抗、输入回波损耗、阻抗带宽和天线增益等特性参数。

当单个振子臂的长度 $l=\lambda/4$（半波振子）时，输入阻抗的电抗分量为零，天线输入阻抗可视为一个纯电阻。在忽略天线粗细的横向影响下，简单的偶极子天线设计可以取振子的长度 l 为 $\lambda/4$ 的整数倍，如工作频率为 915MHz 的半波偶极子天线，其长度约为 16cm。当要求偶极子天线有较大的输入阻抗时，可采用图 2-16 中（b）所示的折合振子天线。

图 2-17 给出了一款应用于 915MHz 射频识别系统的振子天线的实例图。

图 2-17　应用于 915MHz 射频识别系统的振子天线实例

②微带天线

微带天线也是一种常用的天线形式，在许多领域中得到了广泛的应用，图 2－18 给出了一种常见的微带天线的形式。一般情况下，微带天线是在敷铜板的一个表面上腐蚀出一定形状的贴片。它利用微带线或同轴线等馈电，在导体贴片与接地板之间激励起射频电磁场，并通过贴片四周与接地板间的缝隙向外辐射。因此微带天线也可看做是一种缝隙天线。微带天线具有抛面薄、体积小、重量轻和平面结构等优点，便于获得圆极化，容易实现双频段、双极化等，在 RFID 系统中得到了广泛的应用。

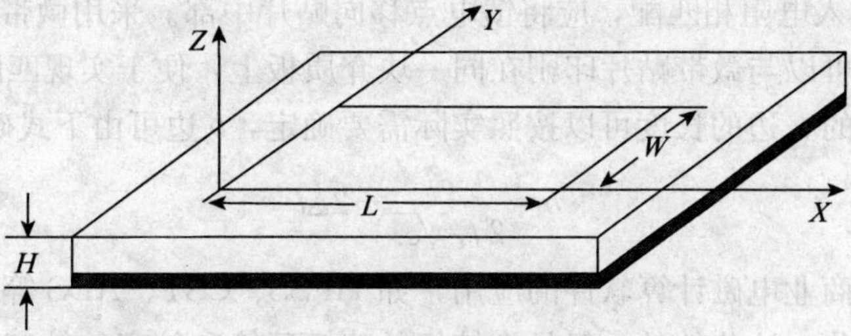

图 2－18　矩形微带天线

③天线阵

单元天线是天线设计的基础，在实际应用中，为了提高天线的增益，改善方向图，提高有效作用距离，需要设计天线阵。天线阵是将多个同类天线按照一定规律排列起来形成一个整体的天线。天线阵的方向函数是由单元天线的方向函数乘以阵因子的方向函数得到的。例如二元天线阵的方向函数为

$$F(\theta,\varphi)=F_e(\theta,\varphi)\cdot F_{12}(\theta,\varphi)$$

式中：$F_e(\theta,\varphi)$——单元天线的方向函数；

$F_{12}(\theta,\varphi)$——二元阵因子的方向函数。

对于对称振子构成的等幅同相二元阵有

$$F_e(\theta,\varphi)=\frac{\cos(kl\cos\theta)-\cos kl}{\sin\theta},\quad F_{12}(\theta,\varphi)=2\cos(kd\cos\psi)$$

式中：θ——垂直方位角；

φ——水平方位角；

k——相位常数；

l——单个振子臂的长度；

d——两天线之间的距离；

ψ——观察点方向与两天线中点连线的夹角。

3. 矩形微带天线设计

矩形微带天线是微带天线中最常见的一类，它的结构比较简单，理论分析和工程设计的方法都比较成熟，被广泛地应用在 RFID 系统中。介绍该类天线的设计方法，具有重要的实用价值。

微带天线可以采用同轴线、微带等多种方式馈电，频率较低；单元面积较大的微带天

线采用同轴馈电较为方便，对于工作在 TM_{01} 模的矩形微带天线，输入电阻 R_{01} 的公式为

$$R_{01}=\frac{120\lambda_0 hQ}{\varepsilon_r ab}\cos^2\left(\frac{\pi y_0}{b}\right)=R_a\cos^2\left(\frac{\pi y_0}{b}\right)$$

式中：a、b——分别为微带贴片的两边；

h——介质厚度；

y_0——馈电位置到谐振边 a 边的距离；

R_{01}——随 y_0 的增大而减小；

R_a——a 边上的谐振阻抗，一般为 100～400Ω。

为了与 50Ω 输入电阻相匹配，应将馈电点移向贴片中部。采用微带线馈电也是一种简单的方法，微带线可以与微带贴片印刷在同一块介质板上，便于实现匹配。

矩形微带天线的 a 边的长度可以按照实际需要确定，b 边可由下式确定：

$$b=\frac{c}{2f_r\sqrt{\varepsilon_e}}-2\Delta l$$

随着一些大型商业电磁计算软件的应用，如 HFSS、CST、ADS 等，天线的设计方法也发生了很大的变化，这些软件一般具有较好的建模环境和较高的精度，设计者可以在加工之前仿真给定天线尺寸的各种参数，如输入阻抗、方向图和增益等，实际测试的结果与仿真的结果非常接近。

上述微带天线的设计流程可改为：首先计算出微带贴片大致的尺寸，然后在仿真软件中仿真天线谐振的增益，找出最大增益的天线尺寸。若采用同轴馈电，根据计算的大致位置，再利用仿真软件寻找最佳的匹配位置；若采用微带馈电，则可利用仿真软件设计匹配电路。

4. 微带天线实现圆极化的方法

圆极化天线的接收随天线的相对位置变化较小，因此广泛应用于标签可能任意放置的场合。同时，圆极化天线具有较好的抗多径的能力，因此目前高速公路电子不停车收费系统（EFC）使用的是圆极化天线。微带天线实现圆极化的方法很多，可以采用单贴片单馈点、单贴片双馈点、多单元阵等多种方法，其基本原理都是产生两个简并的正交模式，从而产生两个在空间正交的圆极化辐射场并使二者振幅相等、相位相差 90°。

单馈点圆极化微带天线无须任何外加的相移网络和功率分配器就能实现圆极化辐射，它是基于空腔模型理论，利用两个辐射正交极化的简并模工作。一个形状规则的单片微带天线一点馈电可以产生极化正交幅度相等的两个简并模，但不能形成相位差。为了在简并模之间形成 90°的相差，在规则形状的单片微带天线上附加简并模分离单元，使正交模的谐振频率产生分离。工作频率选在两个谐振频率之间，当简并模分离单元大小选择合适时，对工作频率而言，一个模的等效阻抗相角超前 45°，另一个模的等效阻抗相角则滞后 45°，这样就形成了圆极化辐射。选择合适的模分离单元的大小和位置，以及恰当的馈点位置是设计的主要内容。图 2－19 为一个典型的单贴片单馈点圆极化微带天线示意图。

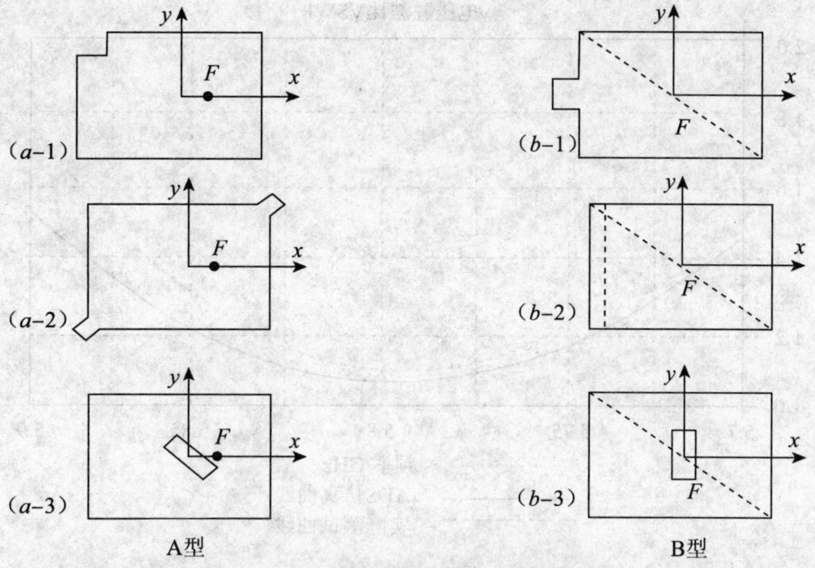

图 2－19 单贴片单馈点圆极化微带天线示意

单贴片双馈点微带天线利用两个馈电点来激励一对正交的简并模，由馈电网络来保证圆极化工作条件，最简单的方式是采用 T 形分支，使两条支路有 1/4 波长的路程差。图 2－20为该类微带天线的示意图。

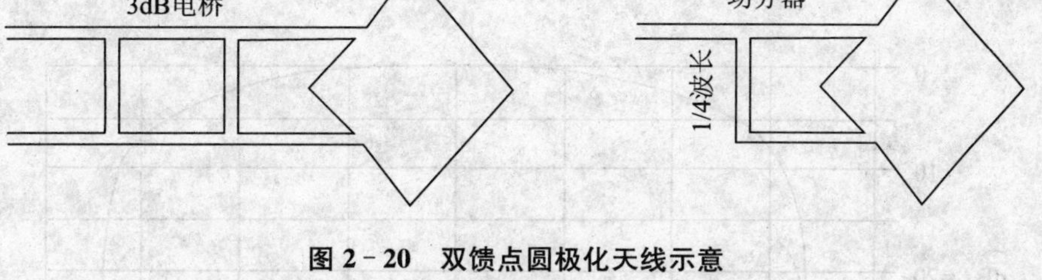

图 2－20 双馈点圆极化天线示意

5. RFID 圆极化微带天线设计举例

图 2－21 是一款 5.8GHz 右旋圆极化微带天线的示意图。它采用双馈点方式，如图中 A、B 两点馈电，在微带天线上激发起兼容的 TE 模和 TM 模，从而形成圆极化辐射。该天线由双面敷铜的介质板腐蚀而成，包括贴片单元和馈电网络两部分，天线仿真和测试的结果如图 2－22 所示。

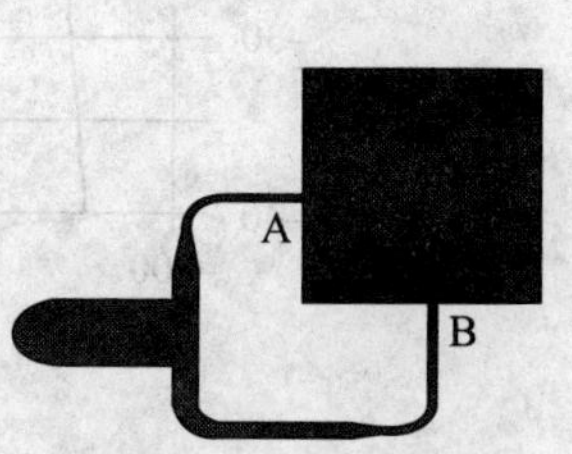

图 2－21 右旋圆极化微带天线示意

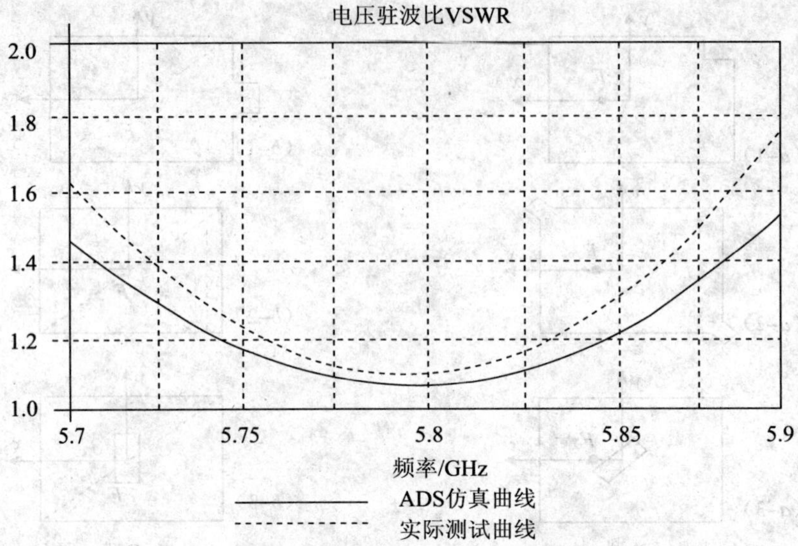

图 2－22　微带天线驻波比仿真

由图 2－22 看出，图 2－21 所示天线驻波比仿真与测试的结果非常相近，可以做到与系统的较好匹配，实际测试的天线由于引入了馈电馈线等的反射，从而使驻波稍大一点。图 2－23 所示是该天线方向图在 ADS 仿真的结果，任意极化天线的辐射都可以分解为左旋极化和右旋极化的和，如图 2－23 中所示在±50°范围内右旋圆极化波幅度比左旋圆极化幅度超过 20dB，因此该天线为右旋圆极化天线，实际的测试结果与仿真非常接近。

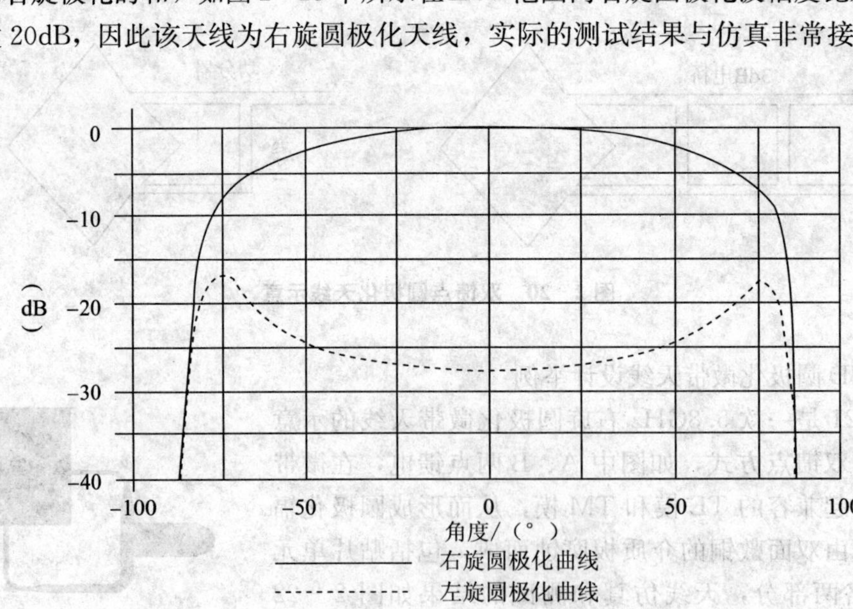

图 2－23　ADS 仿真结果

以图 2－21 所示天线为单元，设计一个 5.8GHz 右旋 4 单元天线阵如图 2－24 所示，4 个单元馈电的相位分别为 0°、90°、180°、270°，通过一个微带馈电网络来满足上述要求。该天线阵具有大于 200MHz 的带宽、超过 13dB 的增益和比单元天线更好的方向图。图

2-25为图 2-24 所示天线阵方向图在 ADS 下的仿真结果。将一单元右旋微带天线应用在 ETC 标签端，将 4 单元天线阵应用在 ETC 读写器端，制作成的高速公路不停车收费 ETC 产品，经测试取得了良好的效果。目前国标 ETC 采用了左旋圆极化的方式。

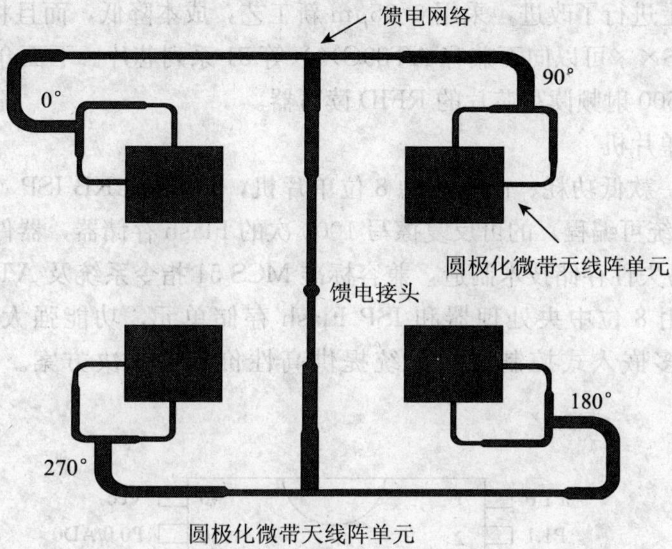

图 2-24　右旋 4 单元天线阵

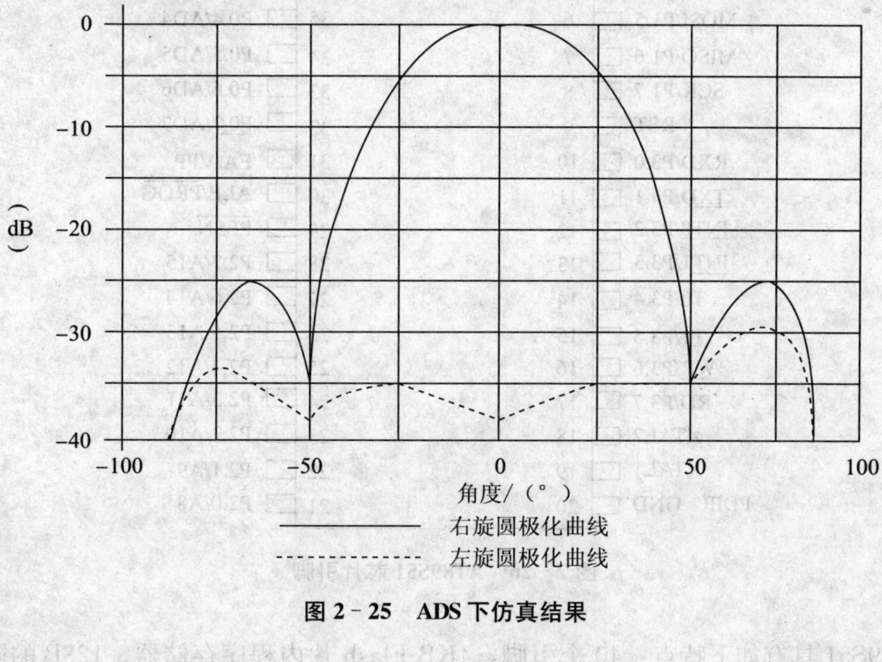

图 2-25　ADS 下仿真结果

三、基于 MCS 51 系列单片机的 RFID 读写器

MCS 51 是指由美国 Intel 公司生产的一系列单片机的总称。这一系列单片机包括了很

多类型，如 8031、8051、8751、8032、8052、8752 等。其中 8051 是最早、最典型的产品，该系列其他单片机都是在 8051 的基础上进行功能的增、减、改变而来的，所以又称为 MCS 51 系列。

ATMEL 公司的 AT89S51 目前已经成为了实际应用市场上占有率第一的单片机，AT89S51 在工艺上进行了改进，采用 0.35μm 新工艺，成本降低，而且将功能提升，增加了竞争力。AT89S××可以向下兼容 AT89C××等 51 系列芯片。下面介绍基于 AT89S51 单片机和 MF RC500 射频读写芯片的 RFID 读写器。

1. AT89S51 单片机

AT89S51 是一款低功耗、高性能的 8 位单片机，片内含 4KB ISP（In－System Programmable，在系统可编程）的可反复擦写 1000 次的 Flash 存储器，器件采用 ATMEL 公司的高密度、非易失性存储技术制造，兼容标准 MCS 51 指令系统及 AT80C51 引脚结构。芯片内集成了通用 8 位中央处理器和 ISP Flash 存储单元，功能强大的微型计算机的 AT89S51 可为许多嵌入式控制应用系统提供高性价比的解决方案。AT89S51 芯片如图 2－26所示。

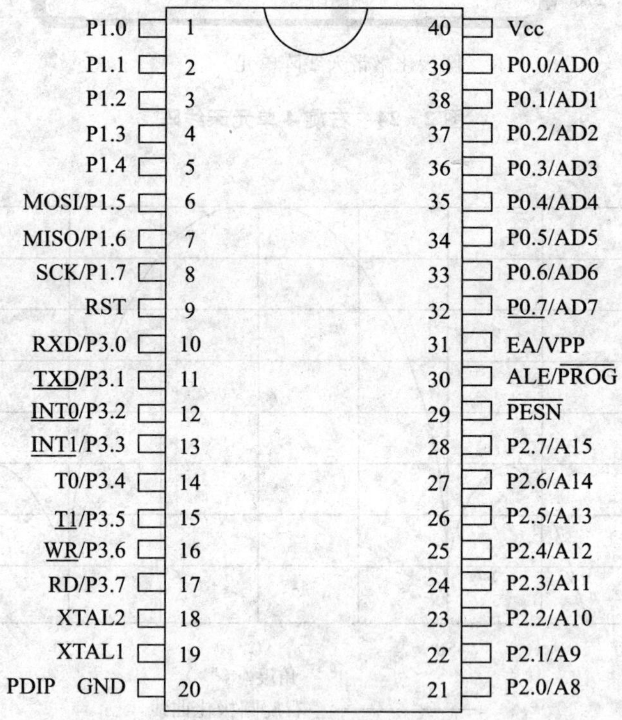

图 2－26 AT89S51 芯片引脚

AT89S51 具有如下特点：40 个引脚，4KB Flash 片内程序存储器，128B 的随机存取数据存储器（RAM），32 个外部双向输入/输出（I/O）口，5 个中断优先级 2 层中断嵌套中断，2 个 16 位可编程定时计数器，2 个全双工串行通信口，看门狗电路，片内时钟振荡器。AT89S51 相对于 AT89C51 增加了很多功能，性能有了较大提升，价格却基本不变。

新增加的新功能包括：

（1）ISP 在线编程功能，这个功能的优势在于改写单片机存储器内的程序不需要把芯片从工作环境中剥离，是一个强大易用的功能。

（2）工作频率为 33MHz，AT89C51 的极限工作频率 24MHz，而 AT89S51 具有更高工作频率，从而具有了更快的计算速度。

（3）具有双工 UART 串行通道。内部集成看门狗计时器，不再需要像 AT89C51 那样外接看门狗计时器单元电路，双数据指示器和电源关闭标识。

（4）全新的加密算法，这使得对于 AT89S51 的解密变为不可能，程序的保密性大大加强，这样就可以有效地保护知识产权不被侵犯。

（5）兼容性方面：向下完全兼容 51 全部子系列产品，例如：8051、AT89C51 等早期 MCS 51 兼容产品。

2. MF RC500 射频读写芯片

Philips 公司的 MIFARE 非接触智能标签在非接触标签应用领域占有全球 80%的市场份额，是目前非接触智能标签的工业标准，也成为 ISO/IEC 14443－2－2001 的工作草案。在 MIFARE 这一作为工业标准的技术平台基础上生产出来的 3000 万张智能标签及 10 亿多次交易覆盖着全球众多领域。随着其应用范围的不断扩大，如公共交通、路桥收费、电子机票、身份证、付费电话、付费电视等，再加上应用装置的增加，与 MIFARE 相关的行业得到了长足的发展。

Philips 公司的 MF RC500 是一款高度集成的读写器芯片，工作于 13.56MHz。该读卡 IC 系列利用先进的调制和解调概念，完全集成了在 13.56MHz 下所有类型的被动非接触式通信方式和协议。内部的发送器部分不需要增加有源电路就能够直接驱动近距离工作的天线（可达 100mm），接收器部分提供一个坚固而有效的解调和解码电路，用于 ISO/IEC 14443 兼容的应答器信号；数字部分处理 ISO/IEC 1444－3－2－2001 帧和错误检测（奇偶校验和 CRC）。此外，还支持快速 CRYPT01 加密算法用于验证 MIFARE 系列产品。方便的并行接口可直接连接到任何 8 位微处理器，给读写器的设计提供了极大的灵活性。MF RC500 可方便地用于各种基于 ISO/IEC 14443－1 标准并且要求低成本、小尺寸、高性能以及单电源的非接触式通信的应用场合。MF RC500 的功能框图如图 2－27 所示。

由图 2－27 可知，MF RC500 内部包括并行微控制器接口、双向 FIF0 缓冲区、中断、数据处理单元、状态和控制单元、安全和密码控制单元、模拟电路接口及天线接口。MF RC500的外部接口包括数据总线、地址总线、控制总线（包含读写信号和中断等）和电源等。MF RC500 的并行微控制器接口自动检测连接的 8 位并行接口的类型，它包含一个易用的双向 FIFO 缓冲区和一个可配置的中断输出，为连接各种 MCU 提供了很大的灵活性，即使采用成本非常低的器件也能满足高速非接触式通信的要求。数据处理部分执行数据的串/并行转换。支持的校验包括 CRC 和奇偶校验。MF RC500 以完全透明的模式进行操作，因而支持 ISO/IEC 14443－2－2001 的所有层。状态和控制部分允许对器件进行配置以适应环境的影响，并将性能调节到最佳状态。当与 MIFARE Standard 和 MIFARE 通信时，使用高速 CRYPT01 流密码单元和一个可靠的非易失性密钥存储器。模拟电路包含一个具有阻抗非常低的桥驱动器输出的发送部分，这使得最大操作距离可达 100mm。

接收器可以检测到并解码非常弱的应答信号。MF RC500 引脚排列如图 2-28 所示。

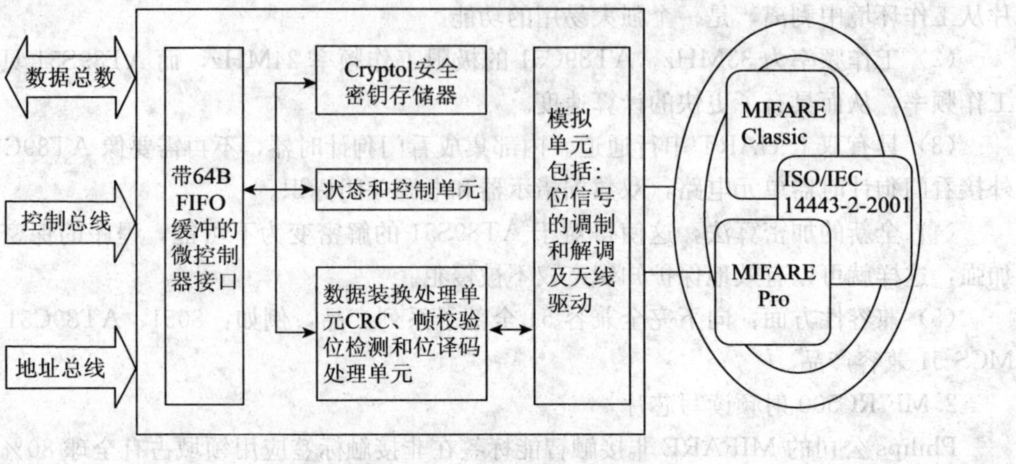

图 2-27 MF RC500 的功能框图

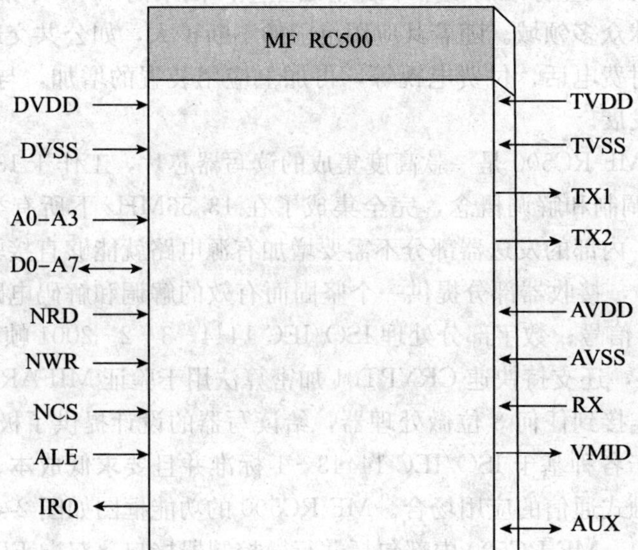

图 2-28 MF RC500 引脚排列

该器件为 32 引脚小外形封装（Small Outline Package，SOP）。器件使用了三个独立的电源以实现在 EMC 特性和信号解耦方面达到最佳性能。MF RC500 具有出色的 RF 性能并且模拟和数字部分可适应不同的操作电压。

（1）MF RC500 的特性

MF RC500 的特性具有如下特征：①高集成度模拟电路用于电子标签应答的解调和解码。②缓冲输出驱动器使用最少数目的外部元件连接到天线。③近距离操作（可达 100mm）。④用于连接 13.56MHz 石英晶体的快速内部振荡器缓冲区。⑤时钟频率监视。⑥带低功耗的硬件复位。⑦软件实现掉电模式。⑧并行微处理器接口带有内部地址锁存和 IRQ 线。⑨自动检测微处理器并行接 I=1 类型。⑩易用的发送和接收 FIFO 缓冲区；支持防碰撞过程；面向位和字节的帧。⑪唯一的序列号。⑫片内时钟电路。⑬支持 MIFARE PRO 和 ISO/IEC 14443-2-2001（透明模式且 T＝“CL”）。⑭支持 Mifare Clasic。⑮CRYPTO1以及可靠的内部非易失性密钥存储器。⑯支持 MIRFARE 有源天线。⑰适合于高安全性的终端。

（2）应用方面

MF RC500 适用于各种基于 ISO/IEC 14443－2－2001 标准并且要求低成本、小尺寸、高性能以及单电源的非接触式通信的应用场合。如公共交通终端、手持终端、板上单元、非接触式 PC 终端、计量、非接触式公用电话等。

3. 基于 51 系列单片机的 RFID 读写器

基于 AT89S51 和 MF RC500 的 RFID 读写器结构框图如图 2－29 所示。

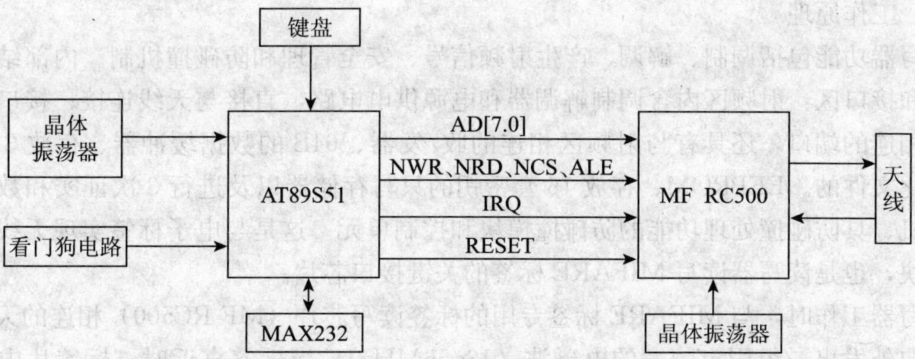

图 2－29 基于 AT89S51 和 MF RC500 的 RFID 读写器结构框图

系统主要由 AT89S51、MF RC500、时钟电路、看门狗电路、MAX232 和矩阵键盘等组成。系统的工作方式是先由 MCU 控制 MF RC500 驱动天线对 MIFARE 标签，也就是对应答器（PICC）进行读写操作。然后与 PC 通信，把数据传给上位机。主控电路采用 AT89S51，采用 ATMEL 公司的 AT24C256 型，I^2C 总线 EEPROM 存储系统的数据。为了防止系统“死机”，主控电路使用 MAX813 作为看门狗来实现系统上电复位、按键的热重启及电压检测等。主控电路与上位机的通信采用 RS232 方式，整个系统由 9V 电源供电，再由稳压模块 7805 稳压成 5V 的电源。

MFRC500 和单片机 AT89S51 都是采用标准 TTL 电平，不需电平转换。由于单片机 AT89S51 与 PC 串口电平不匹配，使用 MAX232 型电平转换器进行电平转换。系统硬件设计中的关键接口部分连接如下：

①MF RC500 的 AD0～AD7（13～20 引脚）为带施密特触发器的双向数据和地址复用总线，接单片机 AT89C51 的 AD0～AD7（39～32 引脚）。

②MF RC500 的 NWR/RNW（10 引脚）为带施密特触发器的写禁止/只读信号，接单片机的写信号 WR（16 引脚）。

③MF RC500 的 NRD/NDS（11 引脚）为带施密特触发器的读禁止，数据选通禁止信号，接单片机的读信号 RD（17 引脚）。

④MF RC500 的 NCS（19 引脚）为带施密特触发器的片选禁止信号，接单片机的 I/O 口线 P2.7（28 引脚）。

⑤MF RC500 的 ALE（21 引脚）为带施密特触发器的地址锁存使能信号，接单片机的地址锁存信号（30 引脚）。

⑥MF RC500 的 IRQ（2 引脚）为带施密特触发器的中断请求信号，接单片机的中断 0（12 引脚）。

为了驱动 MF RC500 的天线，MF RC500 通过 TX1 和 TX2 提供 13.56MHz 的能量载波。根据寄存器的设定对发送数据进行调制来得到发送的信号，采用菲利浦 S50 芯片的电子标签通过 RF 场的负载调制进行响应。天线拾取的信号经过天线匹配电路送到 RX 引脚，MF RC500 的内部接收器对信号进行检测和解调并根据寄存器的设定进行处理，然后将数据发送到并行接口，由微控制器进行读取。MF RC500 对驱动部分使用单独电源供电。

（1）工作原理

读写器功能包括调制、解调、产生射频信号、安全管理和防碰撞机制。内部结构分为射频区和接口区：射频区内含调制解调器和电源供电电路，直接与天线连接；接口区有与单片机相连的端口，还具有与射频区相连的收/发器、64B 的数据缓冲器、存放 3 套寄存器初始化文件的。EEPROM、存放 16 套密钥的只写存储器以及进行 3 次证实和数据加密的密码机、具防碰撞处理功能的防碰撞模块和控制单元。这是与电子标签实现无线通信的核心模块，也是读写器读写 MIFARE 标签的关键接口芯片。

读写器工作时，与 MIFARE 标签专用的标签读写芯片（MF RC500）相连的天线线圈不断地向外发出一组固定频率的电磁波（13.56MHz）。当标签靠近时，标签片内有一个 LC 串联谐振电路，其频率与读写器的发射频率相同。这样在电磁波的激励下，LC 谐振电路产生共振，从而使电容充电有了电荷。在这个电容另一端，接有一个单向导电的电子泵，将电容内的电荷送到另一个电容内存储。当电容充电达到 2V 时，此电容就作为电源为标签上的其他电路提供工作电压，将标签内的数据发射出去或接收读写器发来的数据与保存。

（2）标签读写程序设计

标签读写过程是一个很复杂的程序执行过程，要执行一系列的操作指令，调用多个 C51 函数，包括装载密码、标签查询、防碰撞、标签选取、验证密码、标签读写和读写停止，这一系列的操作必须按固定的顺序进行。在没有 MIFARE 标签进入射频天线有效范围时，低 5 位显示当前时钟；当有 MIFARE 标签进入到射频天线的有效范围，标签读写程序验证标签及密码成功后，将标签 ID 和标签读取时间及相关数据作为一条记录存入 EEP-ROM 存储器中。

程序设计采用单片机汇编语言和 Keil C51 混合编程。看门狗定时器中断服务程序采用汇编语言编写，其他程序采用 C 语言编写。程序的每一部分按模块化设计成一个文件，单独调试通过后，再在 Keil C51 环境下加入到工程文件中汇编生成 HEX 文件，用仿真器进行仿真通过后，写入 AT89S51 芯片中脱离仿真器运行。

（3）系统工作流程

除了复位以外，对 MF RC500 的绝大多数控制是通过读写 MF RC500 的寄存器来实现的。MF RC500 共有 64 个寄存器，分为 8 个寄存器页，每页 8 个，每个寄存器都是 8 位。单片机将这些寄存器作为片外 RAM 进行操作，最常用的是数据堆栈（Fifodata）、命令（Command）、堆栈长度（Fifolength）和标记（Primarystatus）等。要实现某个操作，只需将该操作对应的代码写入对应地址即可。例如 MF RC500 休眠模式对应的控制寄存器名为 Contr01，地址为 09H 的 bit4 且为 1 有效，那么让 MF RC500 进入休眠模式的指令为：mov RO，＃OgH；mov @ RO，＃Oxxxx lxxxb。

当对应的电子标签 $50 进入读写器的有效范围时，天线的能量使电子标签耦合出自身工作的能量，并建立通信。MF RC500 对标签的操作主要是通过写通信命令、参数和数据到 FIFODATA，再通过写命令到 COMMAND，实现与电子标签的通信。系统工作流程如图 2-30 所示。

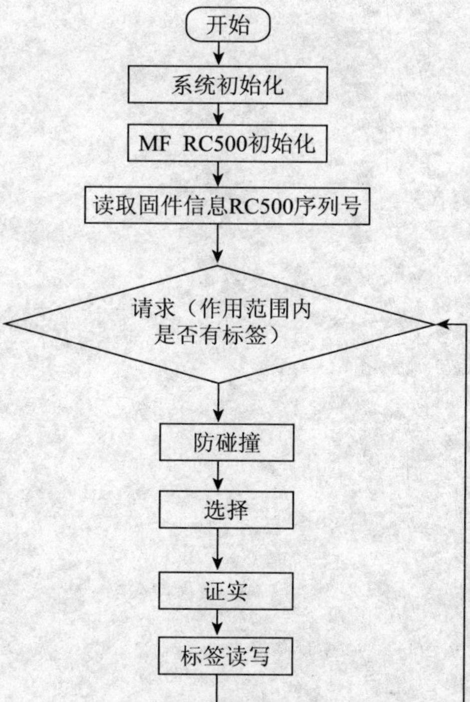

图 2-30　基于 AT89S51 和 MF RC500 的 RFID 读写器工作流程

以上介绍了基于 Philips 公司 MF RC500 型读卡器和 AT89S51 型单片机的 RFID 读写

器的低成本软硬件设计。经实践验证，该系统可成功实现对符合 ISO/IEC 14443 协议的 MIFARES50 卡的读写，并且能对范围内的多个电子标准确无误地读写，读写距离达到 8cm。如果对天线系统进行优化还可以达到 9～10cm。本系统成本低廉，可靠性高，操作便利，可以方便地和包括在内的有串口的设备连接。

第三章　电子证件物联网网络安全技术

第一节　安全服务及安全机制

电子证件物联网网络安全技术是一个相对复杂的课题，它是一门涉及计算机技术、网络技术、通信技术、密码技术、应用数学、数论和信息论等多种技术的边缘性、综合性学科。电子证件物联网网络安全的保证是以计算机网络安全为基础的。

计算机技术和通信技术发展的同时，计算机网络技术也得到飞速的发展。网络安全已经成为影响互联网发展的重要问题。伴随而来的网络安全也提上日程，有网络的地方就存在安全隐患，而 Internet 所具有的开放性、国际性和自由性在增加应用自由度的同时，对网络安全也提出了更高的要求。2007 年 1 月举行的达沃斯世界经济论坛上，与会者不但讨论了全球经济和气候变暖的问题，而且首次触及了互联网安全问题，这主要表现在以下几个方面：

(1) 网络安全所面临的是一个国际化的挑战。网络的攻击不仅仅来自本地网络的用户，它也可以来自 Internet 上的任何一个机器。

(2) 自由化强。自由意味着网络最初对用户的使用并没有提供任何的技术约束，用户可以自由地访问网络，自由地使用和发布各种类型的信息。

(3) 开放性的网络导致网络技术是全开放的，任何一个人、团体都可能获得，因而网络所面临的破坏和攻击可能是多方面的。

开放的、自由的、国际化的 Internet 的发展给政府机构、企事业单位带来了前所未有的变革，使得他们能够利用 Internet 提高办事效率和市场反应能力，以便更具竞争力。通过 Internet，他们可以获取重要数据，同时又要面对 Internet 开放所带来的数据安全的新挑战和新危险。对于任何一个信息系统，信息共享与信息安全总是互相矛盾的。Internet 的发展又使信息安全的概念发生了根本性的变化：人们不再把信息安全局限于局部范围，而是扩展到由计算机网络关联的世界范围。网络安全技术也得到新的发展，内容极为丰富。计算机犯罪的日益增多也对网络的安全运行和进一步发展提出了挑战。因此如何保护企业的机密信息不受黑客和工业间谍的攻击，已成为政府机构、企事业单位信息化健康发展所要解决的一项重要工作。如何保证网络的安全运行以及如何保证网络上数据的完整性等问题也越来越受到高度重视。

目前随着信息技术的发展，网络病毒和黑客工具软件具有隐蔽性强、技术先进、传播速度快、破坏力强等特点。如何针对企业的具体网络结构设计出先进的安全方案并选配合理的网络安全产品搭建有效的企业网络安全防护体系是摆在计算机工作者面前的巨大难题。

保证网络信息的保密性、完整性、网络服务可用性和可审查性。即要求网络保证其信息系统资源的完整、准确，具有一定的传播范围，并能及时提供所有用户所选择的网络服务被称为计算机网络的安全性。

一、安全服务

安全服务是用以保证系统或数据传输有足够的安全性。根据 ISO 7498—2 中提出的建议，一个安全的计算机网络应当能够提供以下的安全服务：

1. 认证

认证安全服务是防止主动攻击的重要措施。认证就是识别和证实，即识别一个实体的身份和证实该实体身份的真实性。验证服务致力于保证信息的可靠性。在只有一条消息的情况下，验证服务的功能就是要保证信息接收方接收的消息确实是从它声明的来源发出的。

身份认证是授权控制的基础，它必须能准确地将对方识别出来，同时还应提供双向认证。单机状态下的身份认证一般有用户口令、一次性密码和生理特征等方法；而网络环境下的身份认证要采用高强度的密码技术，一般用对称密钥加密或公开密钥加密的方法。

2. 数据完整性

数据完整性是针对非法篡改信息、文件和业务流等行为而设置的防范措施，以保证资源可获得性。与保密性相同，完整性也可以应用到信息流、单个信息或消息中选定的字段。而且，最有用和最直接的保护方式是对整个信息流进行保护。面向连接的完整性服务可以处理消息流，保证接收与发出的内容一致，没有经过复制、插入、修改、记录或重放。数据破坏也属于数据完整性的管辖内容。所以，面向连接的完整性服务可以解决信息流修改和拒绝服务的问题。另外，数据完整性可以区分为有恢复和无恢复的服务。无链接的完整性服务只适于处理与其他大型文本无任何关系的单个信息，通常提供对信息修改的保护。因为完整性服务与主动攻击，与预防相比，我们更注意检测。如果检测到对完整性的破坏，服务可能只能报告出破坏的存在，而需要软件的其他部分或人工介入以从破坏中恢复过来。

3. 访问控制

访问控制是确定不同用户对信息资源的访问权限，也是针对越权使用资源的防御措施。在网络安全环境中，访问控制能够限制和控制通过通信链路对主机系统和应用的访问。为了达到这种控制，每个想获得访问的实体都必须经过鉴别或身份验证，这样才能根据个体来定制访问权利。

4. 数据保密性

数据保密性是针对信息泄露的防御措施。即系统只对授权的用户提供信息，对于未被授权的使用者，这些信息是不可获得的。保密性一方面是为了防止被动攻击而对传送数据的保护。根据分布消息的内容不同，可以使用几种保护级别。最为广泛的服务可以保护两个用户之间在一段时间内传送的所有用户数据。保密性的另一方面是保护通信流，以防止分析。这就要求使攻击者看不到通信设备上通信流的来源和目的地、频率、长度或其他特性。

5. 不可否认性

不可否认性防止发送方或接收方否认消息的传送。因此，如果当消息发出时，接收方可以证实消息确实从声明的发送方发出。与此类似，当接收方接收到消息时，发送方也能证实消息确实由声明的接收方接收了。

6. 可用性

各种攻击都会导致可用性的损失或降低。一些攻击可以通过自动对策进行管理，如机密性和加密，但其他攻击则需要用某种形式的物理操作来防止或恢复分布式元素可用性的损失。

二、安全机制

安全机制有对安全系统的管理和实现安全服务两种类型。国家ISO 7498—2 规定的安全机制有以下几种类型：

1. 访问控制机制

访问控制机制是根据实体的身份及其有关信息来决定该实体的访问权限。一般采用访问控制信息库、认证信息（口令等）和安全标签等技术。

2. 数据完整性机制

数据完整性机制是用来保证数据的完整性。发送方根据要发送的信息产生一条额外的信息（如校验码），并将其加密后随信息本体一同发出；接收方收到信息本体以后，产生相应的额外信息，并与接收到的额外信息进行比较，以判断在通信过程中信息本体是否被篡改过。

3. 加密机制

加密机制主要用于加密数据或流通中的信息。它可以单独使用，也可以同其他机制结合使用。加密手段一般有软件加密和硬件加密两种。硬件加密效率高且本身安全性高；软件加密成本低、实用灵活且更换方便。

4. 认证机制

认证机制可通过认证信息（如口令、指纹等）实现同级之间的认证。

5. 数字签名机制

数字签名机制是由对信息进行签字和对已签字的信息进行证实这样两个过程组成。实现时必须保证签字只能由签字者的私有信息产生。

6. 路由控制机制

路由控制机制预先安排网络中的路由或对其动态地进行选择，以使用安全的子网和链路。

7. 公证机制

公证机制是由第三方（公证方）参与的签名机制。基于对第三方的绝对信任，通信双方让公证方备有适用的数字签名、加密或完整性机制等。公证方可以利用公证机制对实体间的通信进行实时的或非实时的公证，可防止伪造签字和抵赖等。

8. 通信业务填充机制

通信业务填充机制通过填充冗余的业务流来防止攻击者进行业务流量分析。填充过的信息要经过加密保护方为有效。

第二节　网络安全体系及评估标准

网络安全就是指网络系统的硬件、软件及其系统中的数据受到保护，不因为偶然的或者恶意的原因而遭到破坏、更改、泄露，系统能连续、可靠、正常地运行，网络服务不中断。从本质上来说，网络安全就是网络上的信息安全。而信息的安全就是要保障数据的保密性、完整性、可用性和合法使用性。广义来说，凡是涉及网络上信息的保密性、完整性、可用性、真实性和可控性的相关技术和理论都是网络安全所要研究的领域。

计算机网络安全是随着使用者角度的变化而变化的。从网络运行和管理者角度来说，希望对本地网络信息的访问、读写等操作受到保护和控制，避免出现"陷门"、非法存取、拒绝服务、病毒、网络资源非法占用和非法控制等威胁，制止和防御网络黑客的攻击。从个人或企业角度来说，希望避免其他用户的非授权访问和破坏，同时还希望那些涉及个人隐私或商业利益的信息在网络中传输时受到机密性、完整性和真实性的保护，防止其他人或对手利用窃听、冒充、篡改、抵赖等手段侵犯其利益和隐私。如何更有效地保护重要的信息数据、提高计算机网络系统的安全性已经成为所有计算机网络应用必须考虑和必须解决的重要问题。

网络安全是一个综合、交叉学科领域，它要综合利用数学、物理、通信和计算机诸多学科的长期知识积累和最新发展成果，进行自主创新研究，加强顶层设计，提出系统的、完整的、协同的解决方案。与其他学科相比，信息安全的研究更强调自主性和创新性。网络安全涉及的内容既有管理方面的问题，也有技术方面的问题，两方面相互补充，缺一不可。管理方面则侧重于内部人为因素的管理，技术方面则主要侧重于防范外部非法用户的攻击。

一、网络安全体系

网络体系结构是不同计算机之间的互联，是计算机用户之间的互操作相应的规范和标准。为了降低设计复杂性、便于维护、提高运行效率，网络设计一般都采用层次结构。通过分层结构，对等实体可以进行虚拟通信；下层向上层通信提供服务；实际通信总在最底层完成。在分层结构中，对等实体表示不同系统内同一层次上的两个实体。

目前最具有代表性的网络体系结构是 OSI 参考模型和 TCP/IP 参考模型。TCP/IP 参考模型是互联网的基础。

TCP/IP 参考模型分为四层：应用层、传输层、网络层和网络接口层。

OSI 参考模型从上到下依次为：

应用层：与用户应用进程的接口；

表示层：提供上层用户数据格式的转换；

会话层：利用传输层提供的无差错的连接具体实施会话，协调、组织、管理通信双方的会话过程；

传输层：端到端可靠的数据传输，任何在网络层以下解决不了的问题，在传输层都必须得到解决；

网络层：将数据设法从源端经过若干个中间节点传送到目的端，从而向传输层提供端到端的透明数据传送服务；

数据链路层：通过一定手段，将有差错的物理链路转化成对网络层来说是没有传输错误的数据链路；

物理层：在物理媒介上传输原始的数据比特流。

在现实中理想的安全体系结构应该在分层模型的任何一层都能提供安全服务，但是由于要兼顾到网络通信的成本（如对通信双方的认证、信息的加密和解密等需要消耗大量资源），这种想法是不现实的。合理的做法是针对各层完成的任务，制订不同的安全服务目标，为实现这些目标而采用不同的安全机制。因此在现实网络世界里，TCP/IP 协议获得了更为广泛的应用。在计算机网络中，主要的安全防护措施被称作安全服务。安全服务主要包括：访问控制服务、数据完整性服务、认证服务、机密性服务和非否认服务。

（1）访问控制服务：防止对任何资源（如计算资源、通信资源或信息资源）进行未经授权的使用。举例来说，防止非法用户进入系统及合法用户对系统资源的非法使用，这就是访问控制的基本任务。

（2）数据完整性服务：防止数据在存储或传输过程中被非法更改或删除。

（3）认证服务：当某个实体（如人或事物）声称具有一个特定的身份时，认证服务将提供某种方法来证实这一声明是正确的。口令是提供认证服务的一种常用方法。

（4）机密性服务：保护信息不泄露给那些没有权限掌握这一信息的实体。加密是提供机密性服务的一种常用方法。

（5）非否认服务：防止发送方或接收方事后否认消息的发送或接收。数字签名是提供非否认服务的一种常用方法。

无论是网络本身还是操作系统和应用程序，最终都是由人来操作和使用的，那么一个重要的安全问题就是用户的安全性。因此，在考虑网络安全问题的过程中，应从主要用户安全、应用程序安全、数据安全、操作系统安全和网络安全五个方面进行分析。通常系统是将这些主要的安全机制组合起来使用。下面具体介绍 TCP/IP 安全体系结构。

1. 用户层安全

一般情况下我们对用户进行分组管理，即根据不同的安全级别将用户分为若干等级。而用户层安全主要考虑的是使用系统中资源和数据的用户是否是真正被授权的用户。用户层安全包括保护合法用户的安全权限和限制非法用户的不安全进入，它主要涉及对用户的识别、认证和数字签名等问题。如 Windows 网络操作系统中的用户、组和管理员。每一等级的用户只能访问与其等级相对应的系统资源和数据。

2. 应用程序安全

网络的目的是便于资源访问，由于网络的安全与用户密切相关，人们通常关心如何保护网络资源，以确保非法用户不能访问它们。所以，商用网络操作系统都提供了一些安全措施来限制对共享文件、打印机等资源及系统本身的访问。

（1）受口令保护的共享特定的资源：该资源受口令保护，而不用授权过程。操作系统只检查用户口令的正确性。

（2）授权：用户访问系统前必须提供用户名和口令。

访问特定许可的资源：操作系统检查文件、目录等的访问列表以确定一个用户是否有权访问它。

3. 数据链路层安全

数据链路层安全主要涉及传输过程中的数据加密及数据完整性问题。此外，还涉及物理地址盗用的问题。目前主要解决数据链路层问题的方法有：采用防火墙技术；对数据和IP地址进行加密后传输；加强内部管理人员的法律意识；使用用户认证和数据签名技术。

4. 操作系统层安全

无论是服务器还是客户机，目前常用的操作系统主要是UNIX系列和Windows系列。由于应用系统都在操作系统上运行，大部分的安全工具或软件也都在操作系统上运行。而操作系统层安全是指对用户口令的设置与保护以及同一LAN或VLAN内的共享文件和数据库的访问控制权限的设置等。因此，操作系统的安全性直接影响网络安全。

为了安全级别的标准化，美国国防部技术标准将操作系统的安全等级由低到高分成了D、C_1、C_2、B_1、B_2、B_3、A_{14}七个级别。这些标准发表在一系列的书上，因为每本书的封面颜色不同，人们通常称之为“彩虹系列”。其中最重要的是《橘皮书》，它定义了上述一系列标准。目前主要操作系统的安全等级都是C_2级，其特征为如下：

（1）系统识别用户必须通过用户名和口令。

（2）可以创建其他具有系统管理权限的用户。

（3）系统可以根据用户名确定用户访问资源的权限。

（4）系统可以对发生的每一件事进行审核并记录。

5. 网络层安全

网络层安全的核心问题是网络是否能得到控制，这也是Internet网络安全中最重要的部分。它涉及三个方面：网络管理协议的安全性、IP协议本身的安全性、交换设备的安全性。

二、网络安全评估标准

网络由网络硬件、网络操作系统和应用程序构成，要实现网络的整体安全，还需要考虑数据的安全性问题。1983年由美国国家计算机安全中心发布的《橘皮书》，即可信计算机系统评估标准，规定了安全计算机系统的基本准则和评估标准。

许多政府与组织通常不会与未经第三方标准证实其安全性的另一方进行交流，也就是说安全性往往是一个局部的概念。不同的生产商、组织、国家政府具有不同的安全措施与标准体系。近些年，人们试图建立一个全球性的ISO安全档案。下面的标准档案并不专门针对UNIX或Windows NT，它旨在为不同类型的网络提供一个框架。

1. 欧洲信息技术安全评估标准

在欧洲，欧洲信息技术安全评估标准列出了网络威胁的种类以及各种可以降低攻击的危害的方法。欧洲信息技术安全评估标准档案于1999年重写，增加了以下内容：审计过程，对文件系统审计，评估风险，保持对病毒的控制，正确处理日常事务及安全保护的IT信息。

2. 可信计算机系统评估标准

在美国，美国国家计算机安全中心（NCSC）负责制定关于可信的计算机产品的安全标准。NCSC 创立了可信计算机系统评估标准（TCSEC）、Department of Defense（DOD）Standard 5200.28 用于建立信任级别。这一标准用于标明一个系统的安全特性和安全防护能力。

在标准中，系统安全程度分为四类，每类又分为若干等级，如 A_1、B_1、B_2、B_3、C_1、C_2，数字越大，表示安全性越好。D 级系统的安全程度最低，通常为无密码保护的个人计算机系统。A 级别最高，用于军队计算机。具体描述如下：

D 级为安全保护欠缺级。凡经检测安全性能达不到 C_1 级的均划为 D 级。

C_1 级为自主安全保护级。实施机制允许命名用户和用户组的身份规定并控制资源共享，防止非授权用户读取敏感信息，提供基本的访问控制。

C_2 级为受控存取保护级。与 C_1 级相比，C_2 级系统实施了粒度更细的自主访问控制。系统级的保护主要在资源、数据、文件和操作上。通过登录规程，系统不仅要识别用户还要考虑其唯一性，并通过审计安全性相关事件以及隔离资源，使用户能对自己的行为负责。Windows NT 属于 C_2 级的系统。

B_1 级为标记安全保护级。除具有 C_2 级的所有功能外，B_1 级系统还提供更多的保护措施。UNIX 的 MLS 及 IBM 的 MVS/ESA 属于 B_1 级系统。

B_2 级为结构化保护级。支持硬件保护，加强了鉴别机制，并增强了配置管理控制。B_2 级系统具有相当的抗渗透能力。HoneywellMULTICS 和 XENIX 属于 B_2 级系统。

B_3 级为安全域级。提出数据隐藏和分层，扩充审计机制，提供系统恢复机制。B_3 级系统具有很高的抗渗透能力。HoneywellXTS-200 属于 B_3 级系统。

A_1 级为验证设计级。其安全功能与 B_3 相同，同时可以严格而准确地证明系统安全功能的正确性。HoneywellSCOMP 属于 A_1 级系统。

第三节　网络安全威胁

网络安全威胁主要是指两个方面：自然威胁和人为威胁。

自然威胁是我们日常生活中比较常见的，可能来自于各种自然灾害、恶劣的场地环境、电磁辐射和电磁干扰、网络设备自然老化等。正是这些随机的事件，有时可能会直接威胁网络的安全，影响信息的存储媒体。比如说水灾、火灾、地震、闪电、雷击等自然灾害往往给系统造成难以恢复的破坏，不但有可能使硬件设备毁于一旦，而且也可能使各类宝贵数据丢失。此外，计算机工作环境不适或工作环境发生改变时也会造成计算机工作的不稳定，甚至出现差错。

人为威胁主要是指人为的失误或故意破坏对网络安全的影响。由于人的过失改变了机房的温度、湿度环境，或突然中止供电，偶然撞断线路等，对网络系统都会造成影响，甚至使信息泄露或丢失。人为错误操作也容易使系统出错，造成数据损害或信息无意泄露。恶意的攻击者（如黑客、有组织的犯罪集团和国家情报机构）会采用各种攻击手段对网络安全进行破坏，达到破坏、欺骗、窃取数据的目的，甚至会造成经济上和政治上不可估量的损失。

一、安全威胁分类

随着计算机网络的普及与广泛应用，计算机已经成为21世纪知识经济社会的必要条件和基础设施。而网络系统的开放性，以及现有网络协议和软件系统固有的安全缺陷，使网络系统不可避免地存在一定的安全隐患和风险。特别是目前Internet在使用和管理上还没有统一的要求，处于无政府状态，这就使人们在拥有网络所带来方便和效益的同时，也面临着网络信息安全方面的巨大挑战。各种计算机病毒和黑客攻击已经对网络安全构成严重的威胁，信息安全事件屡有发生。网络安全所面临的威胁越来越大，并且随着时间的变化而变化。这些威胁既有来自网络外部的，也有来自网络内部的；有些是恶意的，也有非恶意的。归纳起来，针对网络安全的威胁主要有以下几种：

1. 人为的无意失误

这种威胁是由一些并无恶意的用户造成的，他们的某些行为有时成为对系统的一种威胁。例如，当一个用户拨号进入一个系统时，可能碰巧进入前一用户未完全结束的UNIX已登录区。这样一来，第二个用户就有可能访问并破坏前一用户访问过的任何重要信息。比如，操作员安全意识不强造成的安全漏洞、用户口令选择简单或不慎、用户将自己的账号随意转借他人或与别人共享等都会对网络安全带来威胁。

2. 人为的恶意攻击

恶意破坏性程序是针对计算机系统及其资源实施破坏的一类程序。现在，因特网上有很多种类的恶意代码，如病毒、逻辑炸弹、特洛伊木马及间谍软件等。它们的破坏性有的大，有的小，小的只是通过窗口显示一些信息，大的可能造成整个网络的瘫痪。这些恶意破坏性程序以不同的方式进入用户系统，如网页浏览、下载软件和电子邮件等。这是计算机网络所面临的最大威胁，敌手的攻击和计算机犯罪就属于这一类。此类攻击又可以分为以下两种：一种是主动攻击，它以各种方式有选择地破坏信息的有效性和完整性；另一类是被动攻击，它是在不影响网络正常工作的情况下，进行截获、窃取、破译以获得重要机密信息。这两种攻击均可对计算机网络造成极大的危害，并导致机密数据的泄露。当一个黑客试图寻找、刺探并控制系统资源时为有目的的威胁。这种威胁包括从简单地查看数据并不对其进行修改到系统地篡改数据以造成恶意破坏，它们的危害程度不一样，有时能造成重大损失。

3. 网络软件的漏洞和“后门”

漏洞也称陷阱，是进入程序的秘密入口。掌握陷阱的人可以不经过通常的安全访问程序而访问该程序。最初，陷阱是程序员为了方便调试而设置的通用账户和口令，这样维护人员也可以使用这个口令进入计算机。TCP/IP协议本身存在设计缺陷，另外，许多安全漏洞都源于代码，许多操作系统和应用程序都存在安全漏洞。网络软件不可能是百分之百的无缺陷和无漏洞的，就算是微软的操作系统都要经常打补丁，然而，这些漏洞和缺陷恰恰是黑客进行攻击的首选目标，曾经出现过的黑客攻入网络内部的事件，这些事件的大部分就是因为安全措施不完善所招致的苦果。通过无线网卡登录Internet，也极有可能造成机密的泄露。

4. 信息网络面临的威胁

信息网络面临的威胁主要有以下几种：

（1）网络威胁

网络威胁是保护信息避免被窃听，以及伪造身份和数据的发生。常见的网络威胁有窃听、拨号、冒名顶替、窃取和欺骗。

（2）身份鉴别威胁

身份鉴别是计算机判断授权的过程。在计算机系统当中，口令是最常见，也是最简单的鉴别手段。常见的身份鉴别威胁有：算法本身存在缺陷（如系统中隐藏有万能口令）；口令过于简单，经受不住用密码字典或其他工具软件的蛮力破解；此外，口令圈套也是获取口令的一种方法。

（3）物理威胁

计算机网络主要由传输介质、网络交换机和路由器等互联设备、大/中/小型计算机、PC及终端设备组成。物理安全是指保护计算机硬件、软件和资源不被盗窃、人为破坏和信息泄露。常见的物理威胁主要有偷窃、废物搜寻和间谍活动。对于物理威胁行为来说，计算机中存储的数据价值可能远远超过计算机本身，因此必须采取很严格的防范措施确保计算机软、硬件及资源不被盗窃和破坏。

二、黑客分类

黑客攻击手段可分为非破坏性攻击和破坏性攻击两类。破坏性攻击是以侵入他人电脑系统、盗窃系统保密信息、破坏目标系统的数据为目的；非破坏性攻击一般是为了扰乱系统的运行，并不盗窃系统资料，通常采用拒绝服务攻击或信息炸弹。通常人们会认为黑客是聪明、不成熟而又藐视权威的年轻人，但是将黑客按其态度与动机进行分类更为有效。恶意行为有许多原因，可以依据黑客攻击网络与计算机系统时的态度分为偶然攻击者与顽固攻击者两类。

1. 偶然攻击者

偶然攻击者大多数情况下是一些寻求刺激的人，他们通常具有“亢奋”心理，有时也是一些寻找信息的人。一般而言，偶然攻击者入侵你的系统仅仅是为了好玩。大多数黑客都属于这种类型，采取适当的安全措施就可以阻止他们。

2. 顽固攻击者

顽固攻击者会不顾困难、不考虑后果地入侵计算机系统，他们会利用Internet或通过某种方式入侵。顽固攻击者的动机多种多样。有的黑客是工业间谍，有的因为个人原因收集消息，有的是对公司心怀不满的雇员，甚至还有的黑客发动攻击仅仅是因为他们讨厌庞大而成功的公司。另外有些黑客的攻击原因还与他们的个人经历有关。这些黑客都是顽固攻击者，他们可以花费相当长的时间和精力来获取专门用于入侵网络系统的方法和工具，因此即使我们使用了有效的工具和明确的安全策略，但是这类黑客会不惜代价利用所有可以利用的方式入侵网络系统，而且往往会成功。

三、攻击类型

1. 特洛伊木马攻击

“特洛伊木马程序”技术是黑客常用的攻击手段。特洛伊木马是病毒、代码炸弹、蠕虫和诸如此类的恶意代码的通称。一特洛伊木马攻击是天窗攻击方式的变种，它将一个未经授权的命令隐藏在一个常用的功能内，借此进行破坏。攻击者可以佯称自己为系统管理员（邮件地址和系统管理员完全相同），将这些东西通过电子邮件的方式发送给你。特洛伊木马程序使自己被安装到不知情的机器上并运行，经常会摧毁数据。比如一个看上去合法的命令（例如列出文件名或打开一个常用程序）被放置在一个全局目录中，当用户查看这个全局目录或运行这一程序时便不知不觉地将特洛伊木马程序调入了内存。随后，特洛伊木马程序便会执行未经授权的命令，例如将文件内容发送给黑客。如某些单位的网络管理员会定期给用户免费发送防火墙升级程序，这些程序多为可执行程序，这就为黑客提供了可乘之机，很多用户稍不注意就可能在不知不觉中遗失重要信息。

2. 信息炸弹

信息炸弹是指使用一些特殊工具软件，短时间内向目标服务器发送大量超出系统负荷的信息，造成目标服务器超负荷、网络堵塞、系统崩溃的攻击手段。目前常见的信息炸弹有邮件炸弹、逻辑炸弹等。比如向未打补丁的 Windows 95 系统发送特定组合的 UDP 数据包，会导致目标系统死机或重启；或向某型号的路由器发送特定数据包致使路由器死机；或向某人的电子邮件发送大量的垃圾邮件将此邮箱“撑爆”等。

3. 社会工程攻击

黑客在这种攻击方式中使用的是最简单骗局刺探网络信息，他就像一个骗子会使用某种方式让受害者不在意他从而骗取信息。比如假造一个含有咨询内容的社会调查表格，然后将其调查表送给有关人员，向他们询问一些看上去无关紧要的内容，例如父母、子女的姓名、宠物的名字等。由于大多数人会使用这些姓名作为口令，黑客就可利用这些信息入侵你的计算机系统。

4. 重放攻击

在重放攻击方式中，黑客已经截获并修改了消息的重要部分，他通过重发这一消息，可以得到有价值的信息，或获得系统的访问权。

5. 蛮力攻击

蛮力攻击也称为前门攻击。使用这种攻击的黑客试图以一个合法用户的身份进行访问。如果一个黑客掌握了能将他自己伪装成一个合法用户所需的所有信息，就可以轻松地“走进”系统的前门。

在蛮力攻击中，黑客使用他所能想到的所有字符、词汇或字母来破解授权。黑客通常会利用一种包含大量常用口令与名字的“字典程序”进行攻击，试图将一个网络的口令系统破解。如果发现了许多登录失败信息，就需考虑这可能是一个蛮力攻击。他或许知道了用户的账户名，但并不知道口令。

6. 内部攻击

内部攻击非常普遍而且攻击方式多种多样。内部攻击的方法是窃听应用程序之间发送的消息和危害已有的控制机构。内部攻击同样可以进行未经授权的访问，这一点同外部攻击是一样的，但是内部攻击更加有效。

7. 欺骗攻击

欺骗攻击是针对那些正在确认另一网络设备（即一台主机）的合法主机（或一个程序、一个应用）而言的。欺骗攻击使这些主机相信它们正在与一台可信的主机通信。

8. 网络监听

网络监听是一种监视网络状态、数据流以及网络上传输信息的管理工具，它可以将网络接口设置在监听模式，并且可以截获网上传输的信息。也就是说，当黑客登录网络主机并取得超级用户权限后，若要登录其他主机，使用网络监听可以有效地截获网上的数据，这是黑客使用最多的方法。但是，网络监听只能应用于物理上连接于同一网段的主机，通常被用做获取用户口令。

9. 寻找系统漏洞

许多系统都有这样那样的安全漏洞，其中某些是操作系统或应用软件本身具有的，这些漏洞在补丁未被开发出来之前一般很难防御黑客的破坏。还有就是有些程序员设计一些功能复杂的程序时，一般采用模块化的程序设计思想，将整个项目分割为多个功能模块，分别进行设计、调试，这时的后门就是一个模块的秘密入口。在程序开发阶段，后门便于测试、更改和增强模块功能。正常情况下，完成设计之后需要去掉各个模块的后门，不过有时由于疏忽或者其他原因（如将其留在程序中，便于日后访问、测试或维护）后门没有去掉，一些别有用心的人会利用专门的扫描工具发现并利用这些后门，然后进入系统并发动攻击。

10. 拒绝服务攻击

拒绝服务攻击是最常见的攻击类型，又叫分布式 DOS 攻击，它是使用超出被攻击目标处理能力的大量数据包消耗系统可用系统、带宽资源，最后致使网络服务瘫痪的一种攻击手段。拒绝服务攻击的危害很大，有时甚至可以使整个系统瘫痪。作为攻击者，首先会通过常规的黑客手段侵入并控制某个网站，然后在服务器上安装并启动一个可由攻击者发出的特殊指令来控制进程，攻击者把攻击对象的 IP 地址作为指令下达给进程的时候，这些进程就开始对目标主机发起攻击。这种方式可以集中大量的网络服务器带宽，对某个特定目标实施攻击，因而威力巨大，顷刻之间就可以使被攻击目标带宽资源耗尽，导致服务器瘫痪。

SYN flood 也是一类拒绝服务攻击。这类攻击启动一个称为 TCP 的握手过程，但并不结束这一过程。SYN 是“synchronize”（同步）的缩写。一个 SYN flood 攻击可以看成以下过程：一个人伸出手开始与别人握手，在对方也伸出手时，他却将手收回。如果这一过程重复下去，对方将利用所有资源试图结束这一握手过程，最终导致服务器瘫痪。

邮件炸弹是另一类拒绝服务攻击。它会使用户收到大量邮件，从而导致邮件服务器瘫痪。黑客有时使用邮件炸弹来报复那些通过电子邮件大量发送广告的人。

Robert Morris Internet 蠕虫事件是另一个拒绝服务攻击的例子。1988 年，Internet 蠕虫入侵了大量平台，降低了处理速度，使许多网络访问被拒绝。

网络的开放性决定了它的复杂性和多样性，随着技术的不断进步，各种各样高明的黑客还会不断诞生，同时，他们使用的手段也会越来越先进。我们唯有不断提高个人的安全意识，再加上必要的防护手段，斩断黑客的黑手。当我们对黑客们的这些行为有所了解后，就能做到“知己知彼，百战不殆”，从而更有效地防患于未然，拒黑客于“机”外。相信通过大家的努力，黑客们的舞台将会越来越小，个人用户可以高枕无忧地上网冲浪，还我们一片宁静的天空。

第四节　协议层安全

一、物理层

物理层上的安全保护措施不多。如果一个潜在的黑客可以访问物理介质，如搭线窃听和探测，那么他也可以复制所有传送的信息。使用加密和流量填充等技术可以有效地防止黑客利用探测器来获得信息。

网络拓扑结构反映了网络的所有布局，安全管理人员应对其进行保护。黑客最常用的一种攻击方法是在该企业内部的主机上安装一个包探测器，它能记住物理介质上传输数据的电子信号。

二、网络层

这里的网络层指的是 TCP/IP 的 IP 层。IP 层主要用于寻址和路由，它并不提供任何错误纠正和流控制的方法。绝大多数安全威胁并不来自于这一层。TCP/IP 协议叫做传输控制/网际协议，又叫网络通信协议，这个协议是 Internet 国际互联网络的基础。TCP/IP 是网络中使用的基本的通信协议。虽然从名字上看 TCP/IP 包括两个协议，传输控制协议（TCP）和网际协议（IP），但 TCP/IP 实际上是一组协议，它包括上百个各种功能的协议，如：远程登录、文件传输和电子邮件等，而 TCP 协议和 IP 协议是保证数据完整传输的两个基本的重要协议。通常说 TCP/IP 是 Inetrnet 协议族，而不单单是 TCP 和 IP。

1. IP 协议

Internet 上使用的一个关键的底层协议是网际协议，通常称 IP 协议。我们利用一个共同遵守的通信协议，从而使 Internet 成为一个允许链接不同类型的计算机和不同操作系统的网络。要使两台计算机彼此之间进行通信，必须使两台计算机使用同一种“语言”。通信协议正像两台计算机交换信息所使用的共同语言，它规定了通信双方在通信中所应共同遵守的约定。

计算机的通信协议精确地定义了计算机在彼此通信过程的所有细节。例如，每台计算机发送的信息格式和含义，在什么情况下应发送规定的特殊信息，以及接收方的计算机应做出哪些应答等。网际协议 IP 协议提供了能适应各种各样网络硬件的灵活性，对底层网络硬件几乎没有任何要求，任何一个网络只要可以从一个地点向另一个地点传送二进制数据，就可以使用 IP 协议加入 Internet 了。

如果希望能在 Internet 上进行交流和通信，则每台连上 Internet 的计算机都必须遵守 IP 协议。为此使用 Internet 的每台计算机都必须运行 IP 软件，以便时刻准备发送或接收信息。

IP协议对于网络通信有着重要的意义：网络中的计算机通过安装IP软件，使许许多多的局域网络构成了一个庞大而又严密的通信系统。从而使Internet看起来好像是真实存在的，但实际上它是一种并不存在的虚拟网络，只不过是利用IP协议把全世界上所有愿意接入Internet的计算机局域网络连接起来，使得它们彼此之间都能够通信。

IP地址是一个32位的地址，可以在TCP/IP网络中唯一地指明一台主机。一个IP包头为20字节，其中包含一些信息和控制字段，如IP的版本号、长度、服务类型和其他配置。每一个IP数据报文都是单独的信息，从一台主机传递到另一台主机。这种开放式的构造使得IP层很容易成为黑客攻击的目标。

黑客经常利用一种叫做IP欺骗的技术，把源IP地址替换成一个错误的IP地址。接收主机不能判断源IP地址是否正确，因此必须利用上层协议执行一些检查来防止这种欺骗。

使用IP欺骗的一种很有名的攻击是Smurf攻击。这种攻击是向大量的远程主机发送一系列的ping请求，黑客把其中的源IP地址替换成想要攻击的目标主机的IP地址。所有的远程计算机都响应这些ping请求，但对请求的响应不是回复给攻击者，而是回复给目标主机，目标主机将被大量的ICMP包淹没而不能有效地工作。Smurf攻击是一种拒绝服务攻击。

2. ICMP协议

ICMP在IP层用于检查错误和查询。例如，ping一台主机以确定其是否运行时，就产生了一条ICMP消息。远程主机使用ICMP消息对ping请求作出回应。这种通信过程在多数网络中是正常的。然而，黑客可以用ICMP消息攻击远程网络或主机，如利用ICMP来消耗带宽从而有效地摧毁站点。至今，微软的站点对ping不作响应，因为微软已经过滤了所有的ICMP请求。有些公司现在也在其生产的防火墙上过滤了ICMP请求。

三、传输层

传输层控制主机之间数据流的传输。传输层存在两个协议，即传输控制协议（TCP）和用户数据包协议（UDP）。

1. TCP协议

TCP是一个面向连接的协议，保证数据的可靠传输。TCP协议用于多数的互联网服务，如HTTP、FTP及SMTP。最常见的传输层安全技术为安全套接字层协议（SSL），它由Netscape通信公司设计，结构分为两层：

SSL协商层：双方通过协议层约定有关加密的算法，进行身份认证等。

SSL记录层：将上层的数据进行分段、压缩后加密，由TCP传送出去。

对于SSL交换过程的管理，协商层通过三个协议给予支持。SSL采用公钥方式进行身份认证，用对称密钥方式进行大量数据传输。通过双方协商，SSL可以支持多种身份认证、加密和检验算法。两个层次对应的协议功能如下：

SSL记录协议：其对应用程序提供的信息进行分段、压缩、数据认证和加密。SSL中的握手协议用于协商数据认证和数据加密的过程。SSLv3支持用MD5和SHA进行数据认证以及用 DES 对数据加密。

SSL 协商协议：用于交换版本号、加密算法、身份认证并交换密钥。

在 TCP 协议之上实现安全性，可将 SSL 作为基本协议组的一部分，因此对于应用程序来说是透明的。另一种实现方法是将 SSL 嵌套在特定的数据包中，如 Netscape 和 Internet Explorer 浏览器和大多数的 Web 服务器都装有 SSL。它是提供 Web 安全性的各种协议之一。

尽管计算机通过安装 IP 软件，从而保证了计算机之间可以发送和接收资料，但 IP 协议还不能解决资料分组在传输过程中可能出现的问题。因此，若要解决可能出现的问题，连上 Internet 的计算机还需要安装 TCP 协议来提供可靠的并且无差错的通信服务。TCP 协议被称作一种端对端协议。这是因为它为两台计算机之间的连接起了重要作用：当一台计算机需要与另一台远程计算机连接时，TCP 协议会让它们建立一个连接、发送和接收资料以及终止连接。

传输控制协议 TCP 协议利用重发技术和拥塞控制机制，向应用程序提供可靠的通信连接，使它能够自动适应网上的各种变化。即使在 Internet 暂时出现堵塞的情况下，TCP 也能够保证通信的可靠。

众所周知，Internet 是一个庞大的国际性网络，网络上的拥挤和空闲时间总是交替不定的，加上传送的距离也远近不同，所以传输资料所用时间也会变化不定。TCP 协议具有自动调整“超时值”的功能，能很好地适应 Internet 上各种各样的变化，确保传输数值的正确。

因此，从上面我们可以了解到：IP 协议只保证计算机能发送和接收分组资料，而 TCP 协议则可提供一个可靠的、可流控的、全双工的信息流传输服务。综上所述，虽然 IP 和 TCP 这两个协议的功能不尽相同，也可以分开单独使用，但它们是在同一时期作为一个协议来设计的，并且在功能上也是互补的。只有两者的结合，才能保证 Internet 在复杂的环境下正常运行。凡是要连接到 Internet 的计算机，都必须同时安装和使用这两个协议，因此在实际中常把这两个协议统称作 TCP/IP 协议。

2. UDP 协议

UDP 是一个非面向连接的协议，经常被用做广播类型的协议，如音频和视频数据流。它比 TCP 更快且占用带宽更少，但不保证可靠传输。基于 UDP 之上的应用层协议要比基于 TCP 的协议简单，如 TFTP 比 FTP 简单。因为主机发出一个 UDP 消息时并不期望收到一个回复，在这种数据报文里面嵌入恶意代码是很困难的，所以 UDP 有很少的安全隐患。

3. 端口

TCP 和 UDP 都使用端口的概念。一台运行 TCP/IP 的机器几乎总是同时有不同的应用程序在运行，它们必须都能够同时通信。例如，一台计算机既可以充当 Web 服务器也可以充当 FTP 或电子邮件服务器。需要一种机制使进来的数据包能够指向各自相对应的程序，就像一个海港有不同的港口或码头能使不同的船只停到相应的位置。

为了使信息能够被正确地引导，每个程序被赋予了特别的 TCP 或 UDP 端口号。进入计算机的网络数据包都包含了一个端口号并且被操作系统发送到相应的程序。几十年来，主要的端口号已经标准化了，例如，FTP 使用 TCP 的 20 和 21 端口号，DNS 使用 TCP 和 UDP 的 53 端口号，HTTP 使用 80 端口号，SNMP 使用 UDP 的 161 和 162 端口号，SMTP 使用 TCP 的 25 端口号，等等。

TCP 和 UDP 都有 65536 个可用的端口。IANA 规定前 1023 个端口作为知名端口。知名端口专门为服务器端的应用程序保留，一个服务器应用程序能够使用任何未被限定的端口以及那些大于 1023 的端口，而不需要向 IANA 申请。安全在很大程度上依赖于控制网络数据包的能力，要能够准确地确定数据包流向哪些计算机和程序。

四、应用层

应用层是最难保护的一层，大约有 130000 个应用程序可以运行 TCP/IP 之上。保护网络上的每一个应用程序是不太可能的，只允许一些特殊的应用程序通过网络进行通信是一个有效的方法。

1. 文件传输协议（FTP）

FTP 用来建立 TCP/IP 连接后发送和接收文件。FTP 由服务器和客户端组成，几乎每一个 TCP/IP 主机都有内置的 FTP 客户端，并且大多数的服务器都有一个 FTP 服务器程序。FTP 用两个端口通信：利用 TCP 的 21 端口来控制连接的建立，控制连接端口在整个 FTP 会话中保持开放，用来在客户端和服务器之间发送控制信息和客户端命令；数据连接使用一个短暂的临时端口。在客户端和服务器之间传输一个文件时每次都建立一个数据连接。

有的 FTP 服务器不需要对客户端进行认证；当需要认证时，所有的用户名和密码都以明文传输。黑客的破坏行为之一就是寻找允许匿名连接并且有写权限的 FTP 服务器，然后上传不正确的信息以塞满整个硬盘空间，导致操作系统不能正常运行。还可能使日志文件没有空间再记录其他事件，这样黑客就能进入操作系统或访问其他服务而不被日志文件所检查到。

2. 简单邮件传输协议（SMTP）

通过 SMTP 协议黑客将破坏 E-mail 服务器。黑客通常对 SMTP 服务器采用不同方式的攻击。比如黑客经常向 SMTP 服务器发送大量的电子邮件，使得服务器不能处理合法用户的邮件发送请求，导致 SMTP 服务器不可用，从而对合法用户造成拒绝服务。

SMTP 的风险在于它可能发送或接收病毒和特洛伊木马，病毒和木马经常出现在附件中。因此，SMTP 服务器应能扫描所有邮件信息。

3. 简单网络管理协议（SNMP）

SNMP 允许管理员检查状态并且修改 SNMP 代理的配置。管理者收集所有由 SNMP 代理发送的 trap，并且直接从这些代理查询信息。SNMP 通过 UDP 的 161 和 162 端口传递所有的信息。

SNMP 所提供的唯一认证就是团体名。若有相同的团体名，代理将允许管理者所有的 SNMP 查询。如果一个黑客得到了团体名，他将能够查询和修改网络上所有使用 SNMP 的节点。另一个安全问题是所有的信息都是以明文传输的。一个黑客用 SNMP 管理器连接到网络中的任何位置上都可以得到这些信息。因此所有的 SNMP 流量都要在防火墙上过滤掉。目前 SNMPv3 版本的应用能解决上述问题。

4. 超文本传输协议（HTTP）

HTTP 是互联网上应用最广泛的协议，互联网上大约有一半的流量与 HTTP 相关。HTTP 使用 80 端口来控制连接和一个临时端口传输数据。HTTP 有两种明显的安全问题，即客户端浏览应用程序和 HTTP 服务器外部应用程序。HTTP 客户端使用浏览器访问和接收从服务器端返回的页面。若下载了有破坏性的 ActiveX 控件或 Java Applets，这些程序可能在用户的计算机上执行含有病毒或特洛伊木马的代码。针对这种破坏的最佳方法是警告用户不要下载未被检验过的应用程序。

为了扩展 HTTP 服务器的功能，一些扩展的应用程序加入到 HTTP 服务器中，如 Java、CGI、ASP 等。这些程序都有一些安全漏洞，一旦 HTTP 服务器开始执行代码，系统就可能遭到破坏。

5. 远程登录协议（Telnet）

远程登录协议是用于远程终端访问的并可用来管理 UNIX 机器的应用层协议。导致远程登录协议安全问题的首要因素是它允许远程用户登录；其次是远程登录协议以明文的方式发送所有的用户名和密码。应用程序能够使用任何未被限定的端口以及那些大于 1023 的端口，而不需要向 IANA 申请。安全在很大程度上依赖于控制网络数据包的能力，要能够准确地确定数据包流向哪些计算机和程序。

6. 域名解析服务（DNS）

DNS 在解析域名请求时使用 UDP 的 53 端口。但是，在进行区域传输时使用 TCP 的 53 端口。区域传输包括以下两种情况：

（1）客户端利用 nslookup 命令向 DNS 服务器请求进行区域传输；

（2）从属域名服务器向主服务器请求得到一个区域文件。

黑客可以攻击一个 DNS 服务器并得到它的区域文件，其结果是黑客可以知道这个区域中所有系统的 IP 地址和计算机名称。

保护 DNS 服务器就是要把服务器放到防火墙后面，然后配置防火墙阻止所有的区域传输，还可配置系统只接受特定主机的区域传输。

第五节　认证机制

认证过程是验证一个用户、系统或系统进程的身份。在认证执行时，根据系统管理员制定的参数，真正的用户或系统能够获得相应的权限。例如在计算机网络系统中，每一个用户都有一个口令，每次登录到系统中时，都要输入自己的口令，这个过程实际上就是一种认证。一般来说，认证的目的是保证消息被正确地接收和正确地发送。数字签名的使用可以保证消息的精确认证。

一、认证方法

用户或系统能够通过 4 种方法来证明其身份，即密码认证、实物认证、位置认证和生物特征认证。

1. 密码认证

在计算机网络系统中密码认证通常采用口令。在局域网中任何一个监视数据传输的人都能用特别的口令操作程序在口令通过网络时将其记录下来。可见在以口令作为唯一认证方法的系统中，一旦口令被盗，系统将变得十分脆弱，数据资源将被偷窃，系统资源将被摧毁。

2. 实物认证

实物认证是采用基于所拥有的某些东西作为认证的方法。如使用标准信用卡，其认证是建立在这张卡之上的。如果保证只有持卡人使用有效，则要在卡上加密码认证。在计算机领域中实物认证的方法是智能卡和数字认证的使用。智能卡包含持卡人的一些个人信息，通过智能卡的读卡进行操作。在计算机网络系统中，实物认证是利用智能卡技术进行的。

3. 位置认证

该认证的策略是根据用户的位置来决定其身份。比如，UNIX 的 rlogin 和 rsh 程序通过源 IP 地址来验证一个用户、主机或执行过程，还有反向：DNS 查询可以在允许访问前判断传输源位置。

4. 生物特征认证

该方法可以使用指纹、声音、图像以及签名等方式进行认证。更为复杂的系统采用视网膜扫描、人脸识别、声音分析以及数字签名等手段来认证。

二、认证类型

为了进行认证，应设置认证服务器并授权认证，数字证书的类型有以下 4 种：

(1) 软件出版商认证：允许 Applet 或 ActiveX 控件的开发者公开他们的身份。

(2) 个人证书：给用户授权的证书，运行 S/MIME、SSI 以及 SET。

(3) CA 证书：CA 证书是签发并管理正式使用的公用密钥并与用户相关的证书。该证书只在某一时间内有效，因而 CA 保存一份有效证书及其有效期清单。

(4) 服务器证书：运行在 Web 服务器上，其保证服务器和浏览器间的加密的 SSI 会话。

三、实用认证技术

通过前面所介绍的认证方法，可以看到单独使用某一种认证机制的安全性是有限的。Kerberos 和一次性密码是用于加强认证系统的两项技术。其结合使用加密技术和其他策略来检查身份，有效地防止了一些恶意破坏，这些认证手段得到广泛应用。

1. Kerberos 认证系统

Kerberos 系统是美国麻省理工学院为 Athena 工程而设计的，为分布式计算环境提供了一种对用户双方进行验证的认证方法。在开放的分布式环境中，用户希望访问网络中的服务器，而服务器则要求能够认证用户的访问请求，并仅允许那些通过认证的用户访问服务器，以防止未授权用户得到服务和数据。Kerberos 系统建立了一个中心认证服务器，用以向用户和服务器提供相互认证。Kerberos 系统不仅可以提供服务器对客户机的认证，同时还强调了客户机对服务器的认证。其他的身份认证技术往往只解决了服务器对客户机的认证。Kerberos系统有效地防止了来自假冒服务器的欺骗。

Kerberos系统的设计是针对以下要求实现的：

可扩充性：系统应能够支持更多数目的服务器。

可靠性：对基于Kerberos系统访问控制的所有服务来说，Kerberos系统的瘫痪则意味着它所支持的所有服务的瘫痪。因此Kerberos系统应是高度可靠的，其使用分布式服务结构，其中一个系统能支持另一个系统。

安全性：网络中的窃听者不能够获得必要的信息以假冒网络中的用户。

透明性：用户除了被要求输入口令外，不会觉察出认证的进行过程。

在开放环境中，为了减轻服务器对用户认证的负担，引入一个认证服务器来承担对用户的认证，AS知道每个用户的口令，并将口令保存于一个中心数据库。用户如果想访问某一服务器，首先向AS发出请求，AS将收到的用户口令与中心数据库存储的口令相比较以验证用户的身份。如果验证通过，AS则向用户发放一个允许用户得到服务器服务的票据，用户则根据这一票据去获取服务器的服务。

如果用户需要多次访问同一服务器，为了避免每次都重复以上获取票据的过程，再引入另一个服务器，称为票据许可服务器。FGS向已经过AS认证的用户发放用于获取服务器服务的票据。

2. 一次性密码

为了解决固定口令的诸多问题，安全专家提出了一次性密码（OneTime Password，OTP）的密码体制，以保护关键的计算资源。

OTP的主要思路是：在登录过程中加入不确定因素，使每次登录过程中传送的信息都不相同，以提高登录过程安全性。例如，登录密码＝MD5（用户名＋密码＋时间），系统接收到登录口令后做一个验算即可验证用户的合法性。

第六节　加密技术

随着计算机网络的不断发展以及各种通信网络的集成，数据安全面临着严峻的挑战。网络连接使通信和信息共享变得更为容易，同时也将系统暴露在更多的能损坏计算机系统和数据的攻击之中。若不使用安全技术进行保护将造成不可忽视的损失。为了确保网络的安全，可以使用数据认证技术、加密技术、网络防病毒技术以及防火墙技术等。

加密是指对数据进行编码，使其看起来毫无意义，同时仍保持其可恢复的形式。它是保护机密的基本方法，也可以用来协助完成认证过程。目前有以下3种加密的方法：

（1）单向加密：又称Hash加密。其使用一个叫Hash函数的数学方程式去加密数据。理论上Hash函数把信息进行混杂，使得它不可能恢复原状。

（2）非对称加密：又称公钥加密。使用一对密钥来加密数据，一个用于加密，另一个用于解密。

（3）对称加密：使用同样的密钥进行加密和解密。

一个密码系统由以下两个基本组件构成：

（1）算法：一个复杂的数学函数。

（2）密钥：一个或多个秘密的或公开的数值。

密钥是只希望进行密码通信的一组人掌握的一串二进制数，而算法则是公开发表的，任何人都可以获取。有两类基本的加密算法：对称加密和非对称加密。

一、对称加密

在对称加密方法中，用于加密和解密的密钥是相同的，接收方和发送方使用相同的密钥，即私钥。双方必须小心翼翼地保护密钥，不让外人得知。密钥的最初传输是非常重要的。如果密钥被他人截获，那么保密的信息就不再受到保护了。

1. 对称算法

产生一个对称密钥可以用许多算法，RSA 算法是最常用的商业算法。RSA 算法是 1978 年由 R. RJvest、A. Shamir 和 L. Adleman 提出的一种用数论构造的、迄今为止理论上最成熟完善的公钥密码体制。它易于理解和操作，得到广泛使用。它是第一个既能用于数据加密又能用于数字签名的算法，该算法可以使用 40～128 位的密钥。

在商业应用程序中，RSA 算法中的 RC2 和 RC4 是最常用的对称密钥算法，其密钥长度为 40 位。RC2 是由 RonRivest 开发的，是一种块模式密文，即将信息加密成 64 位的数据。

RC5 类似于 RC2，也是块模式密文，但是这种算法采用不同大小的块和密钥。算法中数据所通过的轮数也不同。轮是在加密过程中一个离散部分。通常一种算法要经过很多轮次的运算。大多数对称加密算法的一轮是先对未加密数据的一半进行运算，再对另一半处理，然后将每一半加密后的数据再重新运算以达到更复杂的结果。对信息分开进行加密使对称加密速度更快。一般建议使用 128 位密钥的，RC5 算法有 12～16 轮次。

RC4 是由 Rivest 在 1987 年开发的，是一种流式的密文，即实时地把信息加密成一个整体，密钥的长度也是可变的。在美国一般密钥长度是 128 位，因为受到美国出口法规的限制，向外出口时密钥长度限制到 40 位，Lotus Notes 和 Oracle SecureSQL 都使用 RC4 的算法。

RC6 加密算法为一个系列算法，在 RC5 算法提出后，经调查发现其在对特殊的轮上加密时存在一个理论上的漏洞。RC6 在 1998 年被提出，其设计弥补了这种漏洞。

Twofish 算法使用 128 位的块且速度要比 Blowfish 快得多。Twofish 支持 28 位、192 位和 256 位的密钥，是一种有前途的加密算法并可用于智能卡上。Skipjack 是由美国国家安全机构设计的一种加密程序。MARS 是由 IBM 提出的一种算法，速度比 DES 快，主要也是为智能卡而设计的。Blowfish 是由 Bruce Schneier 开发的一种非常灵活的对称算法，在个人的加密领域非常有名，作了很大的贡献。它使用不同的轮密文，并且密钥的长度大可支持到 448 位。

2. 优点和缺点

对称加密的优点在于它的高速度和高强度。用该加密方法可以在一秒钟之内加密大量的信息，但是所有的接收者和发送者都必须具有同样的密钥，而所有的用户必须绝对安全地保存密钥以防被窃。为了使信息在网络上传输，用户必须找到一个安全传递密钥的方法，如用户可以直接见面转交密钥。也可以使用电子邮件传输密钥，但容易被窃取而无法保证其安全性，从而影响了加密的效果。

定期改变密钥可改进对称密钥加密方法的安全性，但是改变密码并及时通知其他用户是相当困难的。黑客也可以通过字典程序来破译对称密钥。

3. 数据加密标准

最著名的对称加密技术是 IBM 于 20 世纪 70 年代为美国国家标准局研制的数据加密标准（DES）。DES 采用 64 位长的密钥（包括 8 个校验位，密钥长度为 56 位），能将原文的若干个 64 位块变换成加密的若干个 64 位代码块。其原理是将原文经过一系列的排列与置换所产生的结果再与原文异或合并。该加密过程重复 16 次，每次所用的密钥位排列不同。即使按照目前的标准，采用该方法的加密结果也是相当安全的。但是，美国在 1998 年 12 月决定将不再使用 DES。这是因为 1998 年 5 月美国电子边界基金会宣布，他们的一台专用解密机用 56 小时破译了 56 位密钥的 DES。在此情况下，美国国家标准技术协会又制定了 AES（Advanced Encryption Standard）这一新的加密标准。尽管如此，DES 对于推动密码理论的发展和应用起了重大的作用。

二、非对称加密

非对称加密在加密的过程中使用相互关联的一对密钥，一个归发送方，一个归接收方。密钥对中的一个必须保持秘密状态，称为私钥；另一个则被广泛发布，称为公钥。这一组密钥中的一个用于加密，另一个用于解密。

例如，用户 A 要向用户 B 发送一条消息，A 就必须用 B 的公钥对信息进行加密，然后再发送；B 接收到经过加密的消息之后，用自己的私钥加以解密获取原始信息。在传输的过程中，任何想窃取信息的人都会因为没有 B 的私钥而无法获取信息。尽管公钥和私钥是相关的，但要想从公钥确定私钥还是极端困难的。

优点：由于公钥是公开的，而私钥则由用户自己保存，所以对于非对称密钥来说，其密钥管理相对比较简单。

缺点：因为加密算法比较复杂，使得非对称密钥加密速度较慢，即使一个很简单的非对称加密也是很费时间的。

三、单向加密

单向加密包括一个含有 Hash 函数的 Hash 表，由这个表确定用来加密的 16 位进制数。使用单向加密对信息加密，在理论上加以解密是不可能的。Hash 加密用于不想对信息解读或读取而只需证实信息的正确性的情况。这种加密方式适用于签名文件。例如，ATM 自动取款机不需要解密用户的身份证号码，可以对用户的身份证号码进行计算产生一个结果，即磁条卡将用户的身份证号单向加密成一段 Hash 值，一旦插卡，ATM 机将计算用户身份证号的 Hash 值并产生一个结果，然后再将其结果与用户卡上的 Hash 值比较，以此进行认证。

1. Hash 算法

单向加密使用复杂的数字算法来实现有效的加密。目前使用的几种标准算法为 MD2、

MD4 和 MD5，它们是一组基于单向 Hash 功能的算法。MD4 和 MD5 要比 MD2 更快且使用更广。

2. 安全 Hash 算法

安全 Hash 算法（SHA）是另一种 Hash 功能的应用。它可以从任意长度的字符串摘取 160 位的 Hash 值。SHA 在结构上类似于 MD4 和 MD5，其产生的消息摘要比 MD5 长 25%，从而比 MD5 的速度要慢，但对于攻击来说是更安全的。

3. 数字签名

信息鉴别的方法可以使信息接收方确定：信息发送方的身份以及信息在传送过程中是否被改动过。鉴别技术可以保证在信息传送过程中对信息内容的任何改动都可以被检测出来，并且能够正确地鉴别出信息发送方的身份。如果信息的收发双方对该信息的内容及发送方的身份没有争执的话，那么只采用鉴别技术也就足够了。但是，当信息的收发方对信息的内容及发送方的身份产生争执时，只用鉴别技术就不够了。

接收方可以伪造一份信息，从中获得非法利益，并且自称该信息是由发送方发过来的。例如，银行通过通信网络传送一张支票，接收方就可以对支票数额进行改动，并且声称他已收到了这张支票。利用前面的鉴别技术是无法解决这个问题的，因为鉴别使用了一个收发双方共享的秘密密钥，发送方产生一个鉴别码而接收方又能对该鉴别码进行校验。但是接收方也能对他伪造的信息产生一个合法的鉴别码，这给整个系统带来严重的安全问题。

在许多情况下，特别是商业系统中，通常都利用书面文件来规定契约性的责任，虽然鉴别技术可以完全有效地防止第三方的介入，但是却丝毫不能防止接收方的伪造。另外，若发送方不诚实，发送的信息变得对其很不利时而要逃避责任，那么发送方就可能谎称从未发过这个信息。在整个争执过程中，第三方也无法分辨哪种情况是真实的。

为了解决上述问题，就必须利用另外一种安全技术即数字签名。数字签名必须达到如下效果：

(1) 签名还必须保证发送方事后不能根据自己的利益否认他所发送过的报文，而接收方也不能根据自己的利益来伪造报文或签名；

(2) 在信息通信的过程中，接收方能够对公正的第三方证明其收到的报文内容是真的，而且确实是由那个发送方发过来的。

对于数字签名的产生过程来说，必须有足够的信息才能对报文和签名进行验证。没有足够的信息就会给伪造或否认报文提供可乘之机。但是收发双方用来产生与校验的签名的信息不能完全相同，因为一旦接收方能够用发送方用来产生签名的相同信息（算法和参数）来证实报文和签名，那么接收方同样也能够用它来伪造报文和签名。所以签名产生者与签名证实者之间的相同信息绝对不能太多。如果发送方事后担心接收方否认接收到了他所发送的报文，那么发送方应能够请求获得报文证明，也就是说由接收方对发送方提供收到报文的证据。例如，如果甲方把报文发送给乙方，那么乙方就要向甲方发送一份签了名的报文证明收到了，由于这份报文有乙方的签名，所以乙方是不能抵赖他所收到的报文的。

随着信息经济和知识经济的迅猛发展，无纸办公彻底改变了过去手工操作的各种不便，显得安全、有效、迅速、简便。数字签名以其独特的优势适应了这种发展，在无纸办公中占有十分重要的地位。

数字签名的功能如下：

(1) 保证数据的完整性，防止截获者在文件中加入其他信息。

(2) 数字签名有一定的处理速度，能够满足所有的应用需求。

(3) 对数据和信息的来源进行保证，以保证发送方的身份。

(4) 接收方能够核实发送方对报文的签名。

(5) 任何人不能伪造对报文的签名。

(6) 发送方事后不能抵赖对报文的签名。

四、实用加密

为确保信息在网上长距离的安全传输，通常将对称加密、非对称加密和单向加密综合使用。PGP、S－MIME 等应用程序都是用对称密钥对原始信息加密，再用非对称密钥加密所使用的对称密钥，最后用一个随机码标记信息确保不被篡改。这样可兼有各种加密方式的优点：非对称加密虽然速度慢，但只对对称密钥进行加密，并不加密原始信息；而对称密钥的速度很快，可用来加密原始信息；同时单向加密又可以有效地标记信息。

五、Web 服务器加密

目前对于加密 Web 服务器有两种模式，即安全超文本传输协议（Secure HTTP）和安全套接字层。这两种协议都允许自发的进行商业交易，Secure HTTP 和 SSI 都使用对称加密、非对称加密和单向加密，并使用单向加密的方法对所有的数据包签名。

Secure HTTP 使用非对称加密保护在线传输，大多数浏览器都支持这个协议，包括 Netscape Navigator 和微软的 IE。

SSI 比其他方法更加安全，其加密的过程发生在网络的较低层。与 Secure HTTP 相比，SSI 可加密更多的内容，因为 Secure HTTP 只能加密 HTTP 流量，而 SSI 可加密所有的数据包。SSI 协议允许应用程序在互联网上秘密地交换数据，因此防止了窃听、破坏和信息伪造。SSI 允许两个应用程序通过使用数字证书认证后在网络中进行通信，还使用加密及信息摘要来保证数据的可靠性。

以上的加密仅考虑在文件级别上进行加密，而文件级加密只是在互联网上使用加密的一方面。例络级协议和加密算法通过提供机密性、完整性以及认证可以保证在网络层上有一安伞通道。

第七节　网络防病毒技术

在日常生活中，很多种疾病都是由病毒引起的。生物界的病毒存活在活的生物体（寄主）体内，一旦进入细胞，就会给寄主带来不同程度的伤害。计算机病毒与生物病毒有相似之处，也有不同之处，它是人们利用计算机硬件和软件编写的一段程序，它也有传播机制，会给计算机系统带来各种危害。在《中华人民共和国计算机信息系统安全保护条例》

中，计算机病毒被定义为“编制或者在计算机程序中插入的破坏计算机功能或者破坏数据、影响计算机使用并且能够自我复制的一组计算机指令或者代码”。对于生物病毒来说，它们一般会经历潜伏阶段、传染阶段、触发阶段和发作阶段，计算机病毒也有类似的特征。虽然计算机病毒各种各样，特征各异，但是它们一般都具有寄生性、传染性、潜伏性、隐蔽性、触发性和破坏性等特征。

最早的计算机病毒和现在的不同，并不是恶意的。20 世纪 60 年代，美国电话电报公司和贝尔实验室中出现了一种叫做磁芯大战的游戏。游戏双方各写一套程序，输入同一计算机中，让其互相进行厮杀，直至一方的程序被另一方完全“吃掉”。这就是计算机病毒最早的雏形。但是，现在人们编写病毒的初衷已经改变了。最单纯的可能是一些淘气的青少年，他们靠编写计算机病毒进行破坏来娱乐自己，也有一些人故意编写病毒进行破坏；有些人为了经济上的利益编写计算机病毒或者木马等来收集敏感数据，如他人的银行账号信息等，各国黑客也可能采用计算机病毒窃取机密信息；有些软件制作者会把恶意代码嵌入到常规程序中，从而通过这种隐蔽的方式来获取用户的信息。

计算机病毒以各种方式侵入计算机系统并复制自己，对计算机和计算机网络的正常使用造成了极大危害。这些危害主要包括：

（1）攻击系统，造成系统瘫痪或者操作异常。

（2）危害数据文件的安全存储和使用。

（3）泄露文件、配置或者隐私信息。

（4）肆意占用资源，影响系统或者网络的性能。

（5）攻击应用程序，例如影响邮件的收发。

例如，1988 年，一些公司和大学遭遇了“耶路撒冷”病毒的突然发作，摧毁了计算机上重要的执行文件。早期病毒主要由移动介质传播，例如，病毒可能首先潜伏在软盘或者光盘上，待有主机使用它，就侵入主机，已经侵入的病毒还会复制自己到移动介质上继续传播。20 世纪末，随着 Internet 的发展和普及，各种病毒开始利用网络进行传播，破坏范围和威力也一次次增大。例如，1999 年 3 月，“梅丽莎”病毒席卷欧洲，它伪装成一封来自朋友或同事的电子邮件，当用户打开邮件后，病毒会让受感染的计算机向外发送 50 封携带病毒的邮件，继续复制自己。在网络环境下，执行下载的恶意文件很容易感染病毒；浏览恶意网页时，计算机可能通过使用网页脚本，控件感染病毒；当计算机存在安全漏洞时，很可能由于遭受了网络攻击而感染病毒。在一些情况下，大量复制的网络病毒甚至可能引起服务器和网络通信的瘫痪。

一、典型的计算机病毒

广义的计算机病毒不但包括面向破坏主机系统的病毒，还包括蠕虫（Worm）和木马（Froian. Horse）、网络钓鱼（Phishing）等恶意程序。僵尸网络（Botnet）被认为是一种新的恶意网络系统，也可以被看做一种新的网络病毒。

1. 计算机病毒

这里所说的计算机病毒是狭义的，即面向破坏主机系统的病毒。这类病毒程序一般由感染模块、触发模块、破坏模块和主控模块组成。感染模块是病毒进行感染的部分，主要作用是将病毒代码传染到特定的计算机部位或者文件中，主要包括计算机的引导区、可执行文件和有宏指令的文档等，这些被感染的对象都有个特点：有可能被执行而使得病毒有机会获得执行权。请注意，病毒的执行获得了合法用户或者系统的身份，绕过了前述的访问控制机制，因此具有很大的破坏力。病毒触发机制主要取决于感染方法，它通过判断感染时预定的触发条件是否满足来控制病毒的发作和破坏，病毒的触发受到很多客观条件的影响，主要包括日期触发、键盘触发、启动触发等形式。病毒触发后，首先运行的是主控模块，并由它来控制病毒的运行，而破坏模块主要负责实施病毒的破坏操作，可能会破坏文件、数据、硬件，也可能是增加计算机的运行开销使计算机的运行速度变慢。

引导型病毒是破坏力非常强的一类计算机病毒。在每次计算机启动中，BOIS首先被执行，之后主引导记录和分区引导记录中的代码被依次执行，这是操作系统启动的“必经之路”，因此引导型病毒将引导记录作为感染目标。感染方法一般是将原来的引导代码存储到其他扇区，用病毒代码替换它，这样在系统启动中，病毒程序先于原引导程序被执行，在执行中，病毒程序可以直接实施破坏，或者直接将病毒代码驻留内存，伺机破坏。典型的引导型病毒有大麻病毒、火炬病毒等，它们由于具有系统的执行权限，因此具有很大的破坏能力。

病毒代码可以以不同的方式感染可执行文件，常见的外壳型病毒并不改变被攻击宿主文件的主体，而是将病毒依附于宿主的头部或者尾部，这类似于给程序加壳，恶意代码将在程序开始或者结束时截获系统控制权；而嵌入型恶意代码寄生在文件中间，隐蔽性更强。感染可执行文件的病毒数量最为庞大，CIH病毒可以说是其典型代表。1998年爆发的CIH病毒是由一名中国台湾大学生编写的，病毒的感染对象是可执行文件，发作后能侵入主板上的BIOS系统，破坏其内容而使主机不能启动。

微软提供宏语言Word Basic来编写宏，允许Word等一些常用的结构化文档包含宏以实现一些自动的文档处理。宏病毒是一些制作病毒的人员利用Word Basic编程接口制作的具有病毒性质的宏指令集，它们会影响到计算机的使用。例如，在打开一个带宏病毒的文档或模板时，激活了病毒宏，病毒宏还将自身复制到相关文档或者模板中。由于Word Basic语言提供了许多系统底层调用，宏病毒可能对系统直接构成威胁。几种典型的宏病毒包括Wazzu、Concept和13号病毒等。

2. 网络蠕虫

蠕虫是一种通过网络传播的计算机病毒，具有计算机病毒的一些共性，如传播性、隐蔽性和破坏性等。它虽然可以算是计算机病毒的一种，但是它与普通的面向破坏主机的计算机病毒有些区别。首先，普通病毒通过将自己注入到寄宿程序中来进行复制，而蠕虫是一个独立的程序个体，它通过自身的复制达到传播目的。其次，普通病毒的传染主要是针对计算机内的文件系统或者引导系统，而蠕虫的传染目标是网络计算机。再次，由于两者感染目标的不同，影响也不一样。蠕虫的感染范围是整个网络，它对网络的破坏性要远远大于普通的病毒。在网络高度普及的今天，蠕虫可在短时间内蔓延到整个网络，使得网络瘫痪，造成巨大的经济损失。

蠕虫一般通过以下步骤来进行自我复制：

（1）搜索系统或者网络，确定感染目标；

(2) 建立与待感染目标的连接；

(3) 利用目标计算机的漏洞实施攻击，将自己复制到待感染目标，并尽可能激活它们。

例如，2004 年 4 月发现的震荡波蠕虫病毒针对 Microsoft LSA 服务缓冲区溢出漏洞进行攻击，该蠕虫攻击主要针对 Windows 2000 Professional、Windows 2000 Server 和 WindowsXP Professional 等操作系统有效，它的传播不需要人为的干预，自动搜索网络上含有以上漏洞的系统并引导这些有漏洞的系统下载并执行病毒文件，中毒计算机出现机器 CPU 资源被消耗殆尽、系统反复重启等症状。

3. 木马

木马最早见于《荷马史诗》中记载的特洛伊战争。战争中，希腊人围攻特洛伊城十年仍未得手，于是有人献计制造一只高二丈的大木马，假装作战马神，让士兵藏匿于巨大的木马中，大部队假装撤退而将木马摈弃于特洛伊城下。城中得知解围的消息后，遂将“木马”作为奇异的战利品拖入城内，全城饮酒狂欢。到午夜时分，全城军民进入梦乡，匿于木马中的将士开秘门由绳而下，开启城门及四处纵火，城外伏兵涌入，部队里应外合，焚屠特洛伊城。后世称这只大木马为“特洛伊木马”。如今黑客攻击程序借用其名，有“一经潜入，后患无穷”之意。

现在说的木马程序是指位于受害者系统中的恶意程序或者为攻击者服务的代理，它伪装成能够提供正常功能的程序。通过木马，黑客可以窥视用户计算机内的文件、盗取计算机中的各种口令并对计算机进行各种遥控操作等。一旦黑客将木马植入了用户的计算机，那么他就可以像使用自己的计算机一样遥控受害者系统。多数木马本身不具有传染性，平时处于休眠状态，并不影响系统的正常工作。只有它们被激活并接受控制端的命令时，才会执行编写者预先设计的活动。

木马的设计者为了防止木马被用户发现，会采取很多手段来隐藏木马，例如，将木马乔装改扮为其他程序，或者对进程进行隐藏。此外，非授权访问是木马的主要实现目的，它指当木马控制端与木马建立连接后，控制端可以获取到受害计算机的很多操作权限，例如，修改注册表、文件，控制鼠标、键盘，监视用户操作，窃取信息等。典型的木马包括网络游戏木马、网络银行木马、即时通信软件木马、代理类木马等，它们的编写目的主要是窃取敏感信息或执行非法操作，例如窃取游戏账号、银行账号和即时通信软件账号，或使得受害计算机成为黑客的代理。

4. 网页病毒

为了丰富网页的表现力，各种浏览器均不同程度地支持脚本的运行。网页脚本病毒是使用脚本语言编写的恶意代码，它编写简单、传播快、破坏范围广，一旦用户访问相关网页即被感染。网页脚本病毒主要分为两类：第一种专门用于修改注册表，从而修改浏览器主页、锁定主页、隐藏桌面、禁用或添加浏览器功能按钮和禁止使用注册表编辑程序等；第二种可以在用户计算机上读、写文件，并执行指定的命令。在各种脚本病毒中，以 VBS 脚本病毒最为普遍，破坏力也较大。

VBS 病毒是用 VBScript 脚本语言编写的，该语言的功能强大，它们利用 Windows 系统的开放性特点，通过调用一些 Windows 对象、组件，可以直接对文件系统、注册表等进行修改。

支持ActiveX控件的浏览器也可能遭受恶意控件的侵袭。ActiveX控件可以理解为嵌入在网页上的二进制小程序，这些程序可以用很多开发语言开发，它们更加丰富了网页的表现力和功能，但是一旦浏览器为了执行某项功能，在网页的引导下安装了一个恶意的控件，则可能遭受该控件带来的破坏。

5. 网络钓鱼

网络钓鱼是通过大量发送声称来自银行或其他权威机构的欺骗性垃圾邮件，试图引诱收信人给出敏感信息的一种攻击方式。网络钓鱼攻击者利用欺骗性的电子邮件和伪造的Web站点来进行网络诈骗活动，受骗者往往会泄露自己的私人资料，如信用卡号、银行账户信息、身份证号等内容。

6. 僵尸网络

僵尸网络是指采用一种或者多种传播手段，使得大量主机感染Bot程序，即僵尸程序，从而在控制者和被感染主机之间形成一个可一对多控制的网络，前者可以利用后者执行恶意行为。Botnet的工作过程包括传播、加入和控制三个阶段，随着Bot程序的不断传播，不断有新的僵尸主机添加到这个网络中来。Bot程序主要通过攻击漏洞、邮件病毒、恶意网页等手段进行传播。在加入阶段，每一个被感染的主机都会被感染的Bot程序控制而加入到Botnet中去，加入的方式根据控制和通信协议的不同而不同。

在控制阶段，攻击者通过中心控制端发送预先定义好的控制指令，让那些被感染主机执行恶意行为，如分布式拒绝服务攻击（DDOS）、发送垃圾邮件等，这些主机就如同“僵尸”一般，因此被称为僵尸主机，而这种网络也被称为僵尸网络。此外，Botnet的控制者还可以从僵尸主机中窃取用户的各种敏感信息，或者利用Botnet从事各种需要消耗网络资源的活动，从而使用户网络的性能受到影响，甚至带来经济损失。

二、网络病毒的特点

随着数字技术及Internet技术的日益发展，病毒技术也在不断地发展。它们的传播途径越来越广，传播速度越来越快，造成的危害越来越大，几乎到了令人防不胜防的地步。很多单位在建立了一个完整的网络平台之后，亟须一个切实可行的防病毒解决方案来确保整个企业的业务数据不受到病毒的破坏，日常工作不受病毒的侵扰。

目前，互联网已经成为病毒传播最大的来源，电子邮件和网络信息传递为病毒传播打开了高速的通道。网络化带来了病毒传染的高效率，而病毒传染的高效率也对防病毒工作提出了新的要求。近几年，全球的网络饱受网络病毒的不断侵袭，如“熊猫烧香”、“扫荡波”及“灰鸽子”病毒。这些病毒的破坏性极大，引起了人们对于网络防毒的高度重视。下面以熊猫烧香、扫荡波、灰鸽子三个典型病毒为例，来说明网络病毒的特点。

1. 熊猫烧香

熊猫烧香其实是一种蠕虫病毒的变种，而且是经过多次变种而来的。由于中毒电脑的可执行文件会出现“熊猫烧香”图案，所以也被称为“熊猫烧香”病毒。用户计算机中毒后可能会出现蓝屏、频繁重启以及系统硬盘中数据文件被破坏等现象。被感染的用户系统中所有可执行文件图标全部被改成一只手捧三柱香的熊猫形象。同时，该病毒的某些变种可以通过局域网进行传播，进而感染局域网内所有计算机系统，最终导致局域网瘫痪而无法正常使用。它能感染系统中 exe、com、html、asp 等格式文件，还能中止大量的反病毒软件进程，并且会删除扩展名为 .gho 的文件（该文件是系统备份工具 GHOST 生成的备份文件），使用户的系统备份文件丢失。除了通过带毒网页感染用户之外，此病毒还会在局域网中传播，在极短时间之内就可以感染几千台计算机，严重时可以导致网络瘫痪。在硬盘各个分区下生成 autoran. inf 和 setup. exe，可以通过 U 盘和移动硬盘等方式进行传播，并且利用 Windows 系统的自动播放功能来运行，搜索硬盘中的可执行文件并感染该病毒，还可以通过共享文件夹、系统弱口令等多种方式进行传播。该病毒会在中毒计算机中所有的网页文件尾部添加病毒代码。一些网站编辑人员的计算机如果被该病毒感染，上传网页到网站后，就会导致用户浏览这些网站时也被病毒感染。

2. 扫荡波

"扫荡波"运行后遍历局域网的计算机并发起攻击，攻击成功后，被攻击的计算机会下载并执行一个下载者病毒，而下载者病毒还会下载"扫荡波"，同时再下载一批游戏盗号木马。被攻击的计算机中的"扫荡波"再向其他计算机发起攻击，如此在互联网中蔓延开来。之前发现的蠕虫病毒一般通过自身传播，而"扫荡波"则通过下载者病毒进行下载传播。由于其已经具备了自传播特性，因此被确认为新型蠕虫。

"扫荡波"如果对局域网内计算机的攻击失败，这些计算机上则会出现"svchost. exe"出错的提示，警告"svchost. exe 中发生未处理的 win32 异常"，同时网络连接中断。用户要是发现自己的计算机中出现此情况，就说明计算机所处的局域网内有机器中毒。此时，计算机并没有中毒，但千万不可以有侥幸心理，应该立即打上 MS08. 067 补丁，因为该病毒的攻击不会仅仅一次，随着病毒作者对其进行升级，"扫荡波"会拥有更强的攻击力。

3. 灰鸽子（木马）

木马程序是目前比较流行的病毒文件，与一般的病毒不同，它不会自我繁殖，也并不刻意地去感染其他文件，而是通过将自身伪装吸引用户下载执行，向施种木马者提供打开被种者计算机的门户，使施种者可以任意毁坏、窃取被种者的文件，甚至远程操控被种者的计算机。木马与计算机网络中常常用到的远程控制软件有些相似，但由于远程控制软件是"善意"的控制，因此通常不具有隐蔽性；木马则完全相反，木马要达到的是秘密的远程控制，如果没有很强的隐蔽性，那是毫无价值的。"灰鸽子"自带文件捆绑工具，寄生在图片、动画等文件中，一旦用户打开此类文件即可中招。此木马为内嵌式木马，使用 DLL 进行监听，一旦发现控制端的连接请求就激活自身，绑在一个进程上进行木马操作，打开计算机的 8225 端口，偷窃各种密码，监视计算机的一举一动。

一般来说，计算机网络的基本构成为网络服务器和网络节点站（包括有盘工作站、无盘工作站和远程工作站）。计算机病毒一般首先通过有盘工作站传播到软盘和硬盘，然后进入网络，进一步在网上传播。其传播方式有如下几种：

（1）病毒首先传染工作站并驻留内存，等运行网络盘内程序时再传染给服务器，或在运行时直接通过映像路径传染到服务器；

（2）病毒直接从有盘站复制到服务器中；

（3）若远程工作站被病毒侵入，病毒则可通过通信中数据交换进入网络服务器中。

由病毒在网络上的传播方式可以看出，在网络环境下，网络病毒除了具有可传播性、可执行性、破坏性、可触发性等计算机病毒的共性外，还具有一些新的特点：

（1）感染速度快：在单机环境下，病毒只能通过软盘从一台计算机带到另一台，而在网络中则可以通过网络通信机制进行迅速扩散。

（2）扩散面：由于病毒在网络中扩散速度非常快，扩散范围很大，不但能迅速传染局域网内所有计算机，还能在瞬间通过远程工作站将病毒传播到千里之外。

（3）传播的形式复杂多样：计算机病毒在网络上一般是通过“工作站—服务器—工作站”的途径进行传播的，但传播的形式复杂多样。

（4）难于彻底清除：单机上的计算机病毒有时可通过删除带毒文件、低级格式化硬盘等措施将病毒彻底清除。而在网络中，只要有一台工作站未能彻底清除病毒，就可能使整个网络重新被病毒感染，甚至刚刚完成清除工作的一台工作站就有可能被网上另一台带病毒工作站所感染。

（5）破坏性大：网络上病毒将直接影响网络的工作，轻则降低速度，影响工作效率，重则使网络崩溃，破坏服务器信息，使多年工作毁于一旦。

第八节　防火墙技术

防火墙作为网络安全的一种防护手段得到了广泛的应用，已成为各企业局域网络中实施安全保护的核心。防火墙通过选择性地拒绝进出网络的数据流量，增强了对网络的保护作用。本章将讨论防火墙技术及应用。

一、防火墙的定义

防火墙的英文名称为“FIRE WALL”，在当前的网络应用中起到了越来越重要的作用，已经成为现代网络架构中最为重要的组成部分之一。防火墙工作在网络应用的最前沿，通过它可以有效地把整个网络划分成内网和外网两个部分，内外网之间的信息交换都要经过防火墙，防火墙可以根据内部的安全策略设置，自动地隔离潜在的攻击行为，屏蔽外网的有害信息，最大程度地保证内网安全、稳定地工作。

在建筑上，防火墙被设计用来防止火势从建筑物的一部分蔓延到另一部分。网络防火墙则防止互联网的损坏波及内部网络，但必须提出的是它不能防止来自内部网络发生的问题。它的作用是：限制人们进入一个被严格控制的点；防止进攻者更接近其他的防御设备；限制人们离开一个被严格控制的点。

目前，还没有一个非常准确、标准的关于防火墙的定义，根据防火墙的工作性质和工作内容，我们可以这样认为：防火墙是指设置在不同网络或网络安全域（公共网和企业内部网）之间的一系列部件的组合。它是不同网络（安全域）之间的唯一出入口，能根据企业的安全政策控制（允许、拒绝、监测）出入网络的信息流，且本身具有很高的抗攻击能力，它是提供信息安全服务，实现网络和信息安全的基础设施。

防火墙是一种将内部网络和外部网络分开的方法，它实际上是一种隔离技术，一种有效的网络安全机制。防火墙如图 3－1 所示。

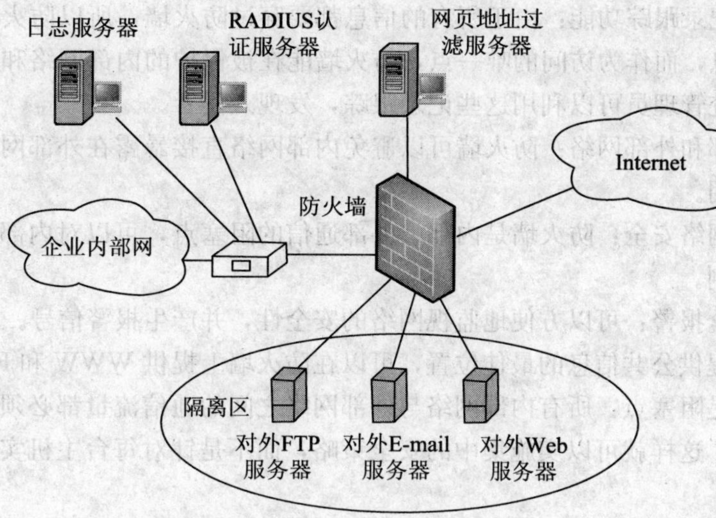

图 3-1　防火墙示意

防火墙是在两个网络通信时执行的一种访问控制手段，它能允许你“同意”的人和数据进入你的网络，同时将你“不同意”的人和数据拒之门外，最大限度地阻止网络中的黑客来访问你的网络，防止他们更改、复制和破坏你的重要信息。它位于计算机和它所连接的网络之间的软件或硬件的统称，用来保护由许多台计算机组成的内部网络，可以识别并屏蔽非法请求，有效防止跨越权限的数据访问。防火墙可以是非常简单的过滤器，也可以是精心配置的网关，但都可用于监测并过滤所有内部网络和外部网络之间的信息交换。

防火墙从结构上把网络划分成内、外两个部分。内部是可信网络，通过对外部不受信网络与受信网络之间信息交换的监控，来达到对内部可信网络保护的目的，从物理结构上把整个网络划分成内、外两个部分，从信任程度上把整个网络划分为信任网络和不信任网络，从这个意义上看，防火墙就是一个分离器；防火墙对流经它的数据要根据预设好的规则进行严格审核，对符合规则的数据放行，不符合规则的数据进行阻断，从这个意义上看，防火墙是一个限制器；在数据交换过程中，所有内部网络与外部网络之间的数据交换全部要流经防火墙，防火墙是内、外网络之间的唯一通道，在防火墙内部，根据不同的适用场合和安全需求，需要设置一系列的安全规则，只有经过防火墙审核并放行的数据才能够正常地进行交换，从这个意义上看，防火墙是一个分析器。

防火墙对流经它的网络数据流进行扫描，这样能够过滤掉一些攻击，以免其在目标计算机上被执行。防火墙还可以关闭不使用的端口，而且它还能禁止特定端口的流量，封锁特洛伊木马。最后，它可以禁止来自特殊站点的访问，从而阻止不明入侵者的所有通信。

一个网络防火墙通常安装在被保护的内部网与 Internet 的连接点上，作为内部网与外部网之间的一种访问控制设备。从 Internet 或从内部网上产生的任何活动都必须经过防火墙。它具有以下一些主要特性：

(1) 强大的日志功能：防火墙可以监控内部网络与外部网络之间的通信，具有强大的日志功能。

(2) 信息的记录跟踪功能：由于所有的信息都要穿过防火墙，所以防火墙非常适合于收集网络上的信息，而作为访问的唯一点，防火墙能在被保护的内部网络和外部网络之间进行记录，而系统管理员可以利用这些记录跟踪，发现入侵者。

(3) 隔离内部和外部网络：防火墙可以避免内部网络直接暴露在外部网络面前，从而起到了隔离的作用。

(4) 集中的网络安全：防火墙是内部、外部通信的阻塞点，可以对内部、外部网络进行严格的统一限制。

(5) 产生安全报警：可以方便地监视网络的安全性，并产生报警信号。

(6) 向外部提供公共信息的最佳位置，可以在防火墙上提供 WWW 和 FTP 服务。

(7) 防火墙是阻塞点：所有内部网络与外部网络之间的通信流量都必须经过这个唯一而狭窄的检查点，这样就可以实施集中的安全策略，而不是针对每台主机实施单独的安全策略。

(8) 防火墙可以实施强制的安全策略：它执行严格的站点安全策略，仅仅允许许可的和符合规则的网络服务通过，而拒绝其他的网络服务。

二、防火墙的特征

1. 集中化的安全管理

通过以防火墙为中心的安全方案配置，能将所有安全软件（如口令、加密、身份认证、审计等）配置在防火墙上。与将网络安全问题分散到各个主机上相比，防火墙的集中安全管理更经济。例如在网络访问时，一次一密口令系统和其他的身份认证系统完全可以不必分散在各个主机上，而集中在防火墙身上。

2. 保护脆弱和有缺陷的网络服务

一个防火墙能极大地提高一个内部网络的安全性，并通过过滤不安全的服务而降低风险。由于只有经过精心选择的应用协议才能通过防火墙，所以网络环境变得更安全。如防火墙可以禁止诸如众所周知的不安全的 NFS 协议进出受保护网络，这样外部的攻击者就不可能利用这些脆弱的协议来攻击内部网络。防火墙同时可以保护网络免受基于路由的攻击，如 IP 选项中的源路由攻击和 ICMP 重定向中的重定向路径。防火墙应该可以拒绝所有以上类型攻击的报文并通知防火墙管理员。

3. 加强对网络系统的访问控制

一个防火墙的主要功能是对整个网络的访问控制。比如防火墙可以屏蔽部分主机，使外部网络无法访问，同样可以屏蔽部分主机的特定服务，使得外部网络可以访问该主机的其他服务，但无法访问该主机的特定服务。控制对特殊站点的访问：如有些主机或服务能被外部网络访问，而有些则需要被保护起来，防止不必要的访问。

4. 加强隐私

隐私是内部网络非常关心的问题。一个内部网络中不引人注意的细节可能包含了有关安全的线索而引起外部攻击者的兴趣，甚至因此而暴露了内部网络的某些安全漏洞。使用防火墙就可以隐蔽那些透漏内部细节如 Finger、DNS 等服务。Finger 显示了主机的所有用户的注册名、真名，最后登录时间和使用 Shen 类型等。但是 Finger 显示的信息非常容易被攻击者所获悉。攻击者可以知道一个系统使用的频繁程度，这个系统是否有用户正在连线上网，这个系统是否在被攻击时引起注意等。防火墙可以同样阻塞有关内部网络中的DNS信息，这样一台主机的域名和IP地址就不会被外界所了解。

5. 对网络存取和访问进行监控审计

如果所有的访问都经过防火墙，那么，防火墙就能记录下这些访问并做出日志记录，同时也能提供网络使用情况的统计数据。当发生可疑动作时，防火墙能进行适当的报警，并提供网络是否受到监测和攻击的详细信息。另外，收集一个网络的使用和误用情况是非常重要的。这样可以清楚防火墙是否能够抵挡攻击者的探测和攻击，并且清楚防火墙的控制是否充足。网络使用统计对网络需求分析和威胁分析等而言也是非常重要的。

三、防火墙的基本要求

防火墙在网络中的作用十分重大，大部分网络安全事件的发生都是以防火墙被攻克作为开始的，网络攻击的第一个步骤往往也是从防火墙开始的，为了使防火墙在网络中发挥最大的作用，对于防火墙的部署、配置就要遵循一定的原则，使之符合以下要求：

1. 内部和外部之间的所有网络数据流必须经过防火墙

如前所述，防火墙的主要工作原理就是对流经它的数据进行分析，把不符合策略要求的数据阻隔于内网之外，因此，防火墙的部署位置就显得至关重要了。在防火墙的部署之前，一定要对网络的结构进行深入的分析，从信任程度上划分出内网和外网，把防火墙部署在内网和外网的结合点上，只有这样，才能保证内外网的所有交换数据都流经防火墙，接受防火墙的检测。在一般情况下，内网与外网都是通过路由器进行连接的，路由器上有内网接口和外网接口，路由器的外网接口接在ISP所提供的外网接口上，内网接口接在内网的核心交换机上，通过一定的路由设计，内外网就连通了。为了维护网络的安全，防火墙大部分时候会部署在路由器与内网核心交换机之间，即把防火墙的外网接口接在路由器的内网接口上，把防火墙的内网接口接在内网的核心交换机上，通过这样的连接，就可以保证内外网的交换信息都流经防火墙了。但是，在这种连接方法中，路由器和防火墙在网络中形成了单点，一旦路由器或者防火墙发生故障，就会导致整个外网无法访问，同时，路由器和防火墙的数据转发速率也将直接影响内外网数据交换的效率，从这里不难看出，安全是要付出一定代价的。

2. 防火墙自身应对渗透免疫

如前所述，对一个网络展开恶意攻击的第一步往往是从防火墙开始的，因为防火墙是内网的门户和屏障，有了防火墙，外网是无法知道内网的网络结构和漏洞的，要攻击内网，就必须先从防火墙入手，而防火墙一旦被攻陷，内网基本就完全暴露在攻击者面前了。因此，对防火墙进行渗透是恶意攻击者们经常采用的手段。从实现角度来说，防火墙也是一台计算机，也有其自身的操作系统，也要使用常用的网络协议，而操作系统和网络协议难免是要有漏洞的，这就给攻击者渗透防火墙提供了可乘之机。由于防火墙是一个网络中承受攻击最多的部件，防火墙本身必须对渗透具备一定的免疫功能。现在的高级防火墙，往往采用了安全级别很高的专用操作系统，同时提供了基本的安全策略，且具备一定的升级能力，最大限度地提高了对渗透的免疫力。

3. 只有符合安全策略的数据流才能通过防火墙

在防火墙配置之初，它的作用从逻辑角度看等同于一根导线，也就是说，它会直接把内外网之间的交换数据转发出去。很明显，这样做是不符合防火墙部署的初衷的。为了让防火墙发挥其应有的作用，网络管理员需要对防火墙进行相应的配置，也就是安全政策的制定。通俗地说，就是网络管理员要告诉防火墙，哪种信息是安全的，可以放行，哪种信息是不安全的，应予以阻断，这就是制定安全策略。不同的网络结构是有差异的，对于安全的要求也是不同的，这就要求网络管理员对本网的实际情况进行深入分析，根据实际情况制定出符合本网络安全要求的安全策略。在对防火墙进行完安全策略的配置之后，防火墙就可以按照事先制定好的安全策略进行工作了，在这里，防火墙就像邮包检验员一样，认真地对包裹进行检验，没有问题的包裹放行，有问题的包裹要截留。另外，由于网络安全是一个动态的过程，几乎每天都有新的攻击方法出现，网络管理员不能满足于防火墙目前的正常工作，还应该密切注意网络安全的新动向，一旦发现了新的攻击方法，要实时地对防火墙的安全策略进行调整，这样才能最大限度地保证内网的安全。

四、防火墙的作用

毋庸置疑，防火墙的主要作用就是用于最大限度地保护内网的安全，但是，随着技术的不断进步，今天的防火墙在完成保护内网安全这一基本任务的同时，还可以完成一些额外的功能，一方面可以进一步维护内网的安全，另一方面也可以为网络管理员方便地维护网络提供最大的方便。这些功能主要表现在下面四个方面：

（1）防火墙可以强化网络安全策略。

（2）防止内部信息的外泄。

（3）对网络存取和访问进行监控审计。

（4）防火墙是网络安全的屏障。

五、防火墙的主要缺点

由于引入了防火墙，网络的安全性得到了大幅度的提升，利用防火墙提供的附加功能，可以进一步增加网络的安全性和易用性，可以说，防火墙在整个网络中占据着非常重要的地位，发挥了巨大的作用。但是，防火墙技术也并非是十全十美的，也存在着一定的缺点与不足，主要表现在以下几个方面：

1. 防火墙无法防范不经由防火墙的网络攻击

按照防火墙的工作原理，它只能对流经它的数据包进行过滤，如果防火墙的部署有问题，没有处在网络的单点出口上，就有可能发生绕过防火墙而产生的网络访问，给整个网络的安全带来隐患。要解决这样一个问题，网络管理人员必须确保防火墙的安装位置，防范绕过防火墙的网络攻击。

2. 防火墙无法防范来自内部网络的攻击

如前所述，防火墙是部署在内外网连接处的单点设备，也就是说，它的保护范围是它后面的内网。近几年来，网络的应用不断增多，内网的规模也在飞速增长，内网计算机的数量变得越来越多，内网中计算机之间相互攻击而造成的安全事件飙升（占整个网络安全事件的85%以上)，由于内网中计算机之间的数据交换是不经过防火墙的，所以防火墙是无法防范来自网络内部的攻击的，依靠一台防火墙既解决外网的攻击又解决内网的安全问题是不可行的。

作为补救措施，很多规模较大的网络，都按照地域或者部门，把网络划分成若干子网，在每个子网的出口处都部署防火墙，来保障每个子网的安全。

3. 防火墙无法检测加密的数据

通过加密的方法，对应用层的数据进行加密，然后在网络中进行传送，由于恶意代码已经经过加密，其代码是无法与防火墙特征库中的特征代码相匹配的，待数据成功通过防火墙进入内网后，再进行解密操作，就可以成功地使恶意代码绕过防火墙。

4. 防火墙无法防范数据驱动式攻击

所谓数据驱动式攻击，是指通过大规模的垃圾信息的传送，达到拥塞被攻击主机的目的的攻击方式。在数据驱动式攻击中，单独来看，每个数据包都是合法的，所有的传送信息也都是合法的，所以都可以顺利地通过防火墙的检测而抵达目的网络和主机，从而达到攻击的目的。由于目前大部分防火墙只是逐包对数据包检测，没有建立在统计学基础上的分析功能，因此。对这类攻击方式是无法防范的。

5. 防火墙无法防范感染了病毒的文件的传输

防火墙对流经它的数据采取的主要检测方式就是静态特征匹配，通过把数据包的内容与特征库的数据进行匹配来决定是否放行。由于病毒文件的特征码大部分不在防火墙的特征库中，防火墙对于大部分感染了病毒的文件会认为是正常的数据传输而放行。同时，利用数据压缩和加密技术，也可以达到隐藏病毒特征码、逃避防火墙检测的目的。

6. 防火墙限制了一些有用的网络服务

防火墙技术本身就是一把双刃剑，维护网络安全是要付出易用性代价的。在保护内网安全的同时，防火墙也会在一定程度上限制某些网络服务，网络安全是需要付出代价的，采用了防火墙技术，一些原来可以使用的网络服务就有可能由于防火墙的引入而无法正常使用。

7. 防火墙无法防范新的网络安全问题

由于设计等多方面的原因，网络协议和服务器系统会存在各种各样的漏洞，主要表现在协议漏洞、操作系统漏洞、数据库漏洞和应用软件漏洞等，这些漏洞会逐步被攻击者发现和利用，产生新的网络安全问题。由于在制定防火墙的安全策略的时候，新的攻击方式还没有被人们发现，因此防火墙的安全策略不会有关于新的攻击方式的描述，这种攻击行为的数据就会轻而易举地通过防火墙，达到攻击的目的，也就是说，防火墙只能对已知的攻击行为免疫。

六、防火墙的基本术语

1. 双宿主机

双宿主机(Dual-Homed Host)是有两个网络接口的计算机系统，其中一个接内网，一个接外网。有的防火墙是多宿主机，可以连接多个网络，实现多个网络之间的访问控制。如图3-2所示。

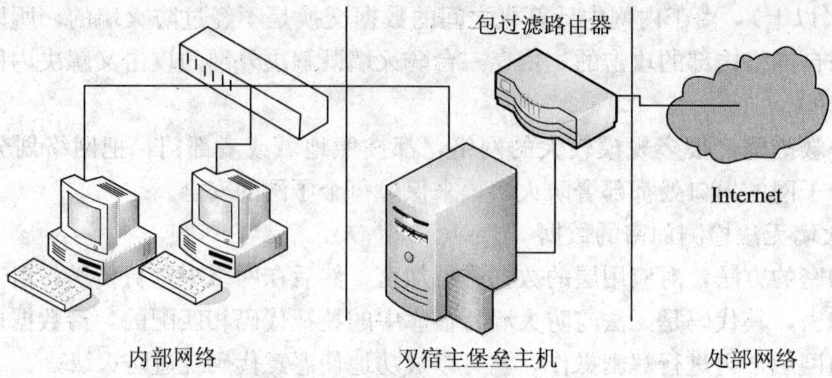

图 3-2　双宿主机

2. 数据包过滤

一些设备，如路由器、网关或者双宿主机，可以有选择地控制网络上往来的数据流。当数据包要经过这些设备的时候，可以检查 IP 数据包的相应选项，根据规则决定是否允许数据包通过。如图 3-3 所示。

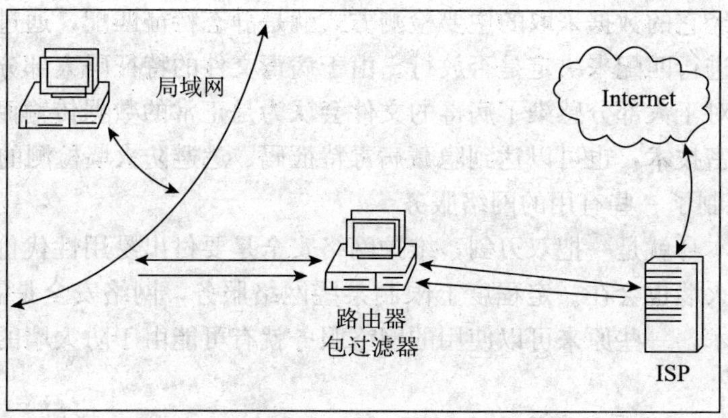

图 3-3　数据包过滤

3. 堡垒主机

堡垒主机（Bastion Host）是高度暴露于 Internet 中的，也是网络中最容易受到攻击的主机。堡垒主机是指任何对网络安全至关重要的运行防火墙系统的主机，堡垒主机必须由网络管理员严密监视。它把敌人的火力吸引到自己身上，从而达到保护其他主机的目的。堡垒主机的设计思想就是检查点原则，把整个网络的安全问题集中在某个主机上解决，从而省时省力，不用考虑其他主机的安全。通常情况下，堡垒主机上运行一些通用的操作系统。

4. 屏蔽路由器

屏蔽路由器（Screened Router）也叫过滤路由器，是一种可以根据过滤原则对数据包进行阻塞和转发的路由器。现在有很多路由器都具备包过滤功能。

5. 屏蔽子网

屏蔽子网（Screened Subnet）指位于屏蔽路由器后面的子网。

6. IP 地址欺骗

IP 地址欺骗（IP Spoofing）是黑客的一种攻击形式，黑客使用一台机器上网，而用另一台机器的 IP 地址，从而冒充另一台机器和服务器打交道。防火墙可以识别其中一种 IP 地址欺骗。

7. 屏蔽主机

被放置到屏蔽路由器后面网络上的主机称为屏蔽主机（Screened Host），该主机能被访问的程度取决于路由器的屏蔽规则。

8. DNS 欺骗

DNS 欺骗（DNS Spoofing）通过破坏被攻击机器上的域名服务器的缓存，或破坏一个域名服务器来伪造 IP 地址和主机名的映射，从而冒充其他机器。DNS 欺骗现在也是黑客攻击服务器的常用手段。

9. 隧道路由器

隧道路由器是一种特殊的路由器。它可以对数据包进行加密，让数据能通过非信任网网络，如 Internet；然后在另一边用同样的路由器进行解密。如图 3－4 所示。

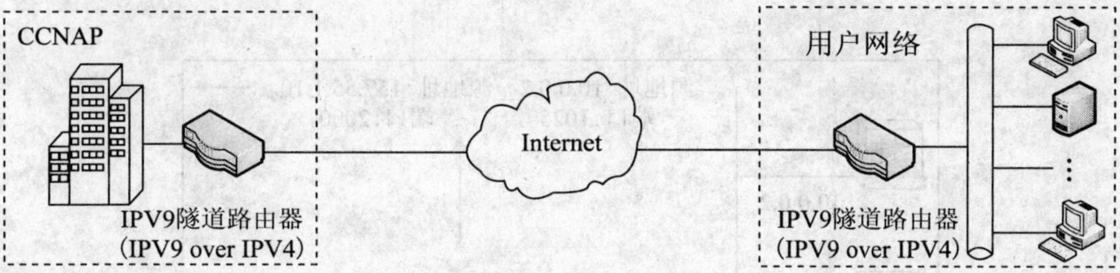

图 3－4 隧道路由器

10. 电路级网关

电路级网关用来监控可信任的客户或服务器与不可信任的主机间的 TCP 握手信息，以此来决定该会话是否合法。电路级网关是在 OSI 模型中会话层上来过滤数据包。电路级网关还提供网络地址转换（NAZI）的安全功能。

11. 网关

网关是在两个设备之间提供转发服务的系统。其概念范围很广，可以是互联网应用程序，也可以是两台主机间处理流量的防火墙网关。如图 3－5 所示。

12. 应用级网关

应用级网关能够检查进、出的数据包，通过网关复制来传递数据，防止在可信任服务器或客户机与不可信任的主机间直接建立联系。应用级网关能够理解应用层上的协议，做一些复杂的访问控制。通常通过在特殊的服务器上安装软件来实现。

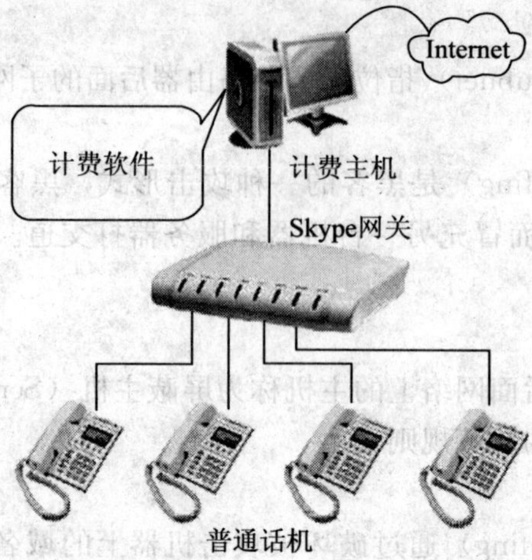

图 3-5　网关

13. 网络地址转换

网络地址转换（NAT）是对 Internet 隐藏内部地址，防止内部地址公开。这一功能可以克服 IP 寻址方式的诸多限制，完善内部寻址模式。把未注册 IP 地址映射成合法地址，就可以对 Internet 进行访问。如图 3-6 所示。

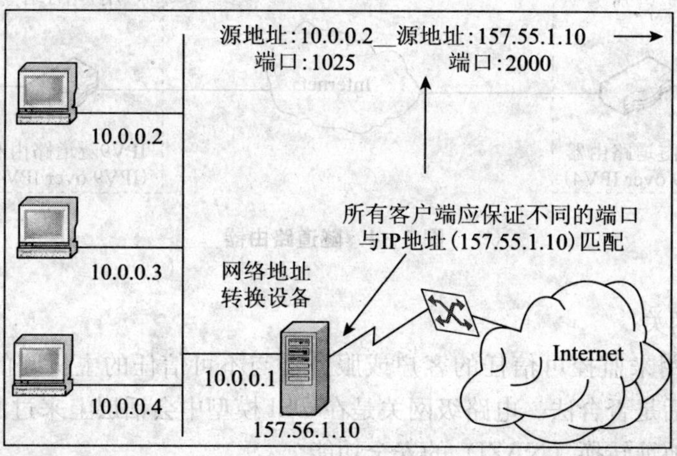

图 3-6　网络地址转换

14. 代理服务器

代理服务器代替内部客户端与外部的服务器通信。代理服务器这个术语通常是指一个应用级的网关，电路级网关也可作为代理服务器的一种。如图 3-7 所示。

15. 强化操作系统

防火墙要求尽可能只配置必需的少量的服务。为了加强操作系统的安全性，防火墙安装程序要禁止或删除所有不需要的服务。多数的防火墙产品，包括 Axent Raptor、Check Point 和 Network Associates Gauntlet，都可以在目前流行的操作系统上运行。理论上讲，让操作系统只提供最基本的功能，可使他人不容易利用系统漏洞来攻击系统。另外还要注意除了 TCP/IP 协议外不要把任何协议绑定到外部网卡上。

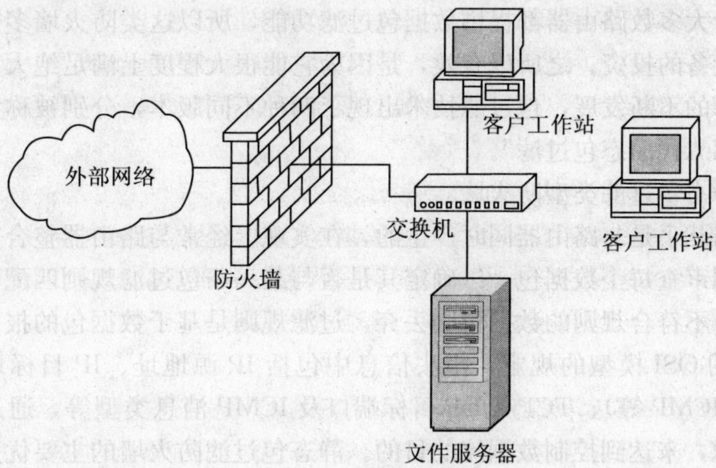

图 3-7　代理服务器

七、防火墙类型

1. 按照防火墙采用的技术划分

(1) 包过滤防火墙

最基本形式的防火墙检查每一个通过的网络包，或者丢弃，或者放行，取决于所建立的一套规则。这种防火墙称为包过滤防火墙。如图 3-8 所示。

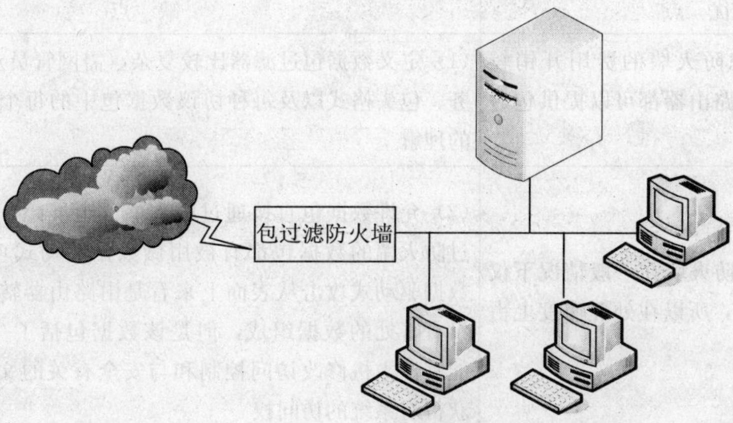

图 3-8　包过滤防火墙

包过滤型防火墙工作在 OSI 网络参考模型的网络层和传输层，它根据数据包头源地址、目的地址、端口号和协议类型等标志，与事先制定好的安全策略进行对比，来确定是否允许当前数据包通过。只有满足安全策略过滤条件的数据包才被转发到相应的目的地，其余的数据包则被丢弃。包过滤方式是一种通用、廉价和有效的安全手段。之所以通用，是因为它不是针对各个具体的网络服务采取特殊的处理方式，适用于所有网络服务；之所以廉价，是因为大多数路由器都提供数据包过滤功能，所以这类防火墙多数是与路由器集成的，节省了设备的投资；之所以有效，是因为它能很大程度上满足绝大多数网络的安全需求。随着技术的不断发展，包过滤技术出现了两种不同版本，分别被称为“第一代静态包过滤”和“第二代动态包过滤”。

①第一代静态包过滤类型防火墙

这类防火墙几乎是与路由器同时产生的，在实现上经常与路由器整合在一起，根据定义好的过滤规则审查每个数据包，以确定其是否与某一条包过滤规则匹配，符合规则的数据包进行转发，不符合规则的数据包则丢弃，过滤规则是基于数据包的报头信息进行制定的。根据 ISO 的 OSI 模型的规定，报头信息中包括 IP 源地址、IP 目标地址、传输协议（TCP、UDP、ICMP 等）、TCP/UDP 目标端口及 ICMP 消息类型等，通过对数据包的报头信息进行过滤，来达到控制数据流的目的。静态包过滤防火墙的主要优点就是效率比较高，缺点在于灵活性不好。

②第二代动态包过滤类型防火墙

这类防火墙采用动态设置包过滤规则的方法，避免了静态包过滤所具有的灵活性不好的问题。这种技术后来发展成为包状态监测（Stateful Inspection）技术。采用这种技术的防火墙对通过其建立的每一个连接都进行跟踪，并且根据需要可动态地在过滤规则中增加、删除或更新条目。通过动态包过滤，规则的制定和更改变得更加方便，防火墙的灵活性较好。如表 3-1 所示。

表 3-1　　第二代动态包过滤类型防火墙优缺点

优　点	缺　点
（1）实现包过滤防火墙的费用开销较低，因为一般的路由器都可以提供包过滤功能	（1）定义数据包过滤器比较复杂，需网管员对各种 hitemet 服务、包头格式以及每种协议数据包中的每个域的意义有深入的理解
（2）由于包过滤防火墙在一般情况下仅仅检查数据包头，所以在处理速度上占有一定的优势	（2）允许数据包直接通过防火墙这道屏障，但是任何直接经过防火墙的数据包都有被用做数据驱动式攻击的潜在危险。数据驱动式攻击从表面上来看是由路由器转发到内部主机上没有害处的数据组成，但是该数据包括了一些隐藏的指令，能够让主机修改访问控制和与安全有关的文件，使得入侵者获得对系统的访问权
	（3）IP 包过滤器可能无法对网络上流动的信息进行全面的控制。包过滤路由器能够允许或拒绝特定的服务，但是不能理解特定服务的上下文环境

（2）状态/动态检测防火墙

状态/动态检测防火墙，试图跟踪通过防火墙的网络连接和包，这样防火墙就可以使用一组附加的标准，以确定是否允许通信。它是在包过滤防火墙上应用一些技术来做到这点的。一个状态/动态检测防火墙可截断所有传入的数据流，而允许所有传出的流。因为防火墙跟踪内部出去的请求，所有按要求传入的数据被允许通过，直到连接被关闭为止。只有未被请求的传入数据被截断。

将某些类型的连接重定向到审核服务中去。例如，到专用 Web 服务器的连接，在 Web 服务器连接被允许之前，可能被发到审核服务器（用一次性口令来使用）。拒绝携带某些数据的网络通信，如带有可执行程序附件的传入电子邮件，或包含 ActiveX 程序的 Web 页面。如表 3－2 所示。

表 3－2　状态/动态检测防火墙优缺点

优　点	缺　点
（1）检查 IP 包的每个字段的能力，并遵从基于包中信息的过滤规则	所有这些记录、测试和分析工作可能会造成网络连接的某种延迟，特别是在同时有许多连接的时候，或者是有大量的过滤网络通信的规则存在时。可是，硬件速度越快，这个问题就越不易察觉，而且防火墙的制造商一直致力于提高他们产品的速度
（2）识别带有欺骗性源 IP 地址包的能力	
（3）包过滤防火墙是两个网络之间访问的唯一来源。因为所有的通信必须通过防火墙，绕过是困难的	
（4）基于应用程序信息验证一个包的状态的能力	
（5）具有记录通过的每个包的详细信息的能力	

（3）应用程序代理防火墙

应用程序代理防火墙实际上并不允许在它连接的网络之间直接通信。相反，它接受来自内部网络特定用户应用程序的通信，然后建立与公共网络服务器单独的连接。网络内部的用户不直接与外部的服务器通信，所以服务器不能直接访问内部网络的任何一部分。

应用程序代理型防火墙把一次数据通信变成了两次，内外网计算机不能直接通信，它们之间的所有数据通信都必须由防火墙代理完成，这就从架构上屏蔽了内网。在保证正常数据通信的前提下，在外网面前隐藏了内网的结构，同时可以提供对应用层数据的监控，极大地提高了安全性。

另外，如果不为特定的应用程序安装代理程序，这种服务是不会被支持的，不能建立任何连接。这种建立方式拒绝任何没有明确配置的连接，从而提供了额外的安全性和控制性。应用程序代理防火墙可以配置成允许来自内部网络的任何连接，它也可以配置成要求用户认证后才建立连接。要求认证的方式具有只为已知的用户建立连接的限制，为安全性提供了额外的保证。如果网络受到危害，这个特征使得从内部发动攻击的可能性大大减少。

在代理型防火墙技术的发展过程中，它也经历了两个不同的版本，即第一代应用网关型防火墙和第二代自适应代理型防火墙。

①第一代应用网关型防火墙

应用网关型防火墙是通过一种代理（Proxy）技术参与到一个 TCP 连接的全过程。从内部发出的数据包经过这样的防火墙处理后，就好像是源于防火墙外部网卡一样，从而可以达到隐藏内部网结构的作用。这种类型的防火墙被网络安全专家和媒体公认为是最安全的防火墙。它的核心技术就是代理服务器技术。但是，此类防火墙中，由于引入了代理技术，把一次数据通信变成了两次数据通信，性能上要受到一定的影响。

②第二代自适应代理型防火墙

自适应代理型防火墙是近几年才得到广泛应用的一种新防火墙类型。它可以结合代理类型防火墙的安全性和包过滤防火墙的高速度等优点，在基本不损失安全性的基础上将代理型防火墙的性能提高 10 倍以上。组成这种类型防火墙的基本要素有两个：自适应代理服务器（Adaptive Proxy Server）与动态包过滤器（Dynamic Packet Filter）。在“自适应代理服务器”与“动态包过滤器”之间存在一个控制通道。在对防火墙进行配置时，用户仅仅将所需要的服务类型和安全级别等信息通过相应 proxy 的管理界面进行设置就可以了。然后，自适应代理就可以根据用户的配置信息，决定是使用代理服务从应用层代理请求还是从网络层转发包。如果是后者，它将动态地通知包过滤器增减过滤规则，满足用户对速度和安全性的双重要求。代理型防火墙的最突出的优点就是安全。由于它工作于最高层，所以它可以对网络中任何一层数据通信进行筛选保护，对应用层的控制得到了极大的增强，而不是像包过滤那样，只是对网络层的数据进行过滤。另外，代理型防火墙采取的是一种代理机制，它可以为每一种应用服务建立一个专门的代理，所以内外部网络之间的通信不是直接的，而都需要先经过代理服务器审核，通过后再由代理服务器代为连接，根本没有给内部、外部网络计算机任何直接会话的机会，从而避免了入侵者使用数据驱动类型的攻击方式入侵内部网。代理型防火墙的最大缺点就是速度相对比较慢，当用户对内外部网络网关的吞吐量要求比较高时，代理型防火墙就会成为内外部网络之间的瓶颈，对网络的整体性能影响较大。那些因为防火墙需要为不同的网络服务建立专门的代理服务，在自己的代理程序为内部、外部网络用户建立连接时需要时间，所以给系统性能带来了一些负面影响，但随着防火墙软硬件技术的不断提高，这种影响通常不会很明显。如表 3 - 3 所示。自适应代理型防火墙如图 3 - 9 所示。

表 3 - 3　　　　第二代自适应代理型防火墙优缺点

优　点	缺　点
(1) 防火墙内置了一些为提高安全性而编制的 proxy 应用程序。这些应用程序能够透彻地理解每一个相关服务命令，对来往数据包进行安全化处理，而不是简单地中断数据	(1) 新的 Internet 服务在不断增加，为了让这些类型的服务通过防火墙而又不失代理防火墙的高级别的安全性，防火墙厂商必须不断推出相应于每一种新服务的新的代理应用程序。这就要求厂商有足够的研发能力和整体实力，以及具有一个代理应用程序相当完备的防火墙产品

续 表

优 点	缺 点
(2) 代理型防火墙不允许数据包直接通过防火墙，可以隐藏内部服务器和客户机的实际IP和身份，避免数据驱动式攻击的发生	(2) 代理型防火墙中的代理应用程序要对来往数据进行细的检查和审计，对计算机的性能上有一定的要求。对于运行ATM或千兆位以太网等高速网络的环境之间架设防火墙的情况下，则除了提高防火墙机器的配置之外，还要通过防火墙阵列等方式来提高处理速度

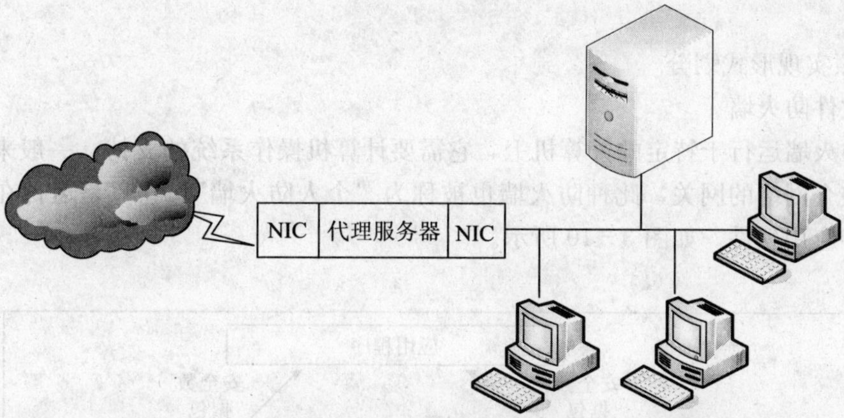

图3-9 自适应代理型防火墙

(4) 网络地址转换

网络地址转换（NAT）经常用于小型办公室网络、家庭网络等，供多个用户分享单一的IP地址，并为Internet连接提供一些安全机制。

当内部用户与一个公共主机通信时，NAT追踪是哪一个用户发出的请求，修改传出的包，这样包就像是来自单一的公共IP地址，然后再打开连接。一旦建立了连接，在内部计算机和Web站点之间来回流动的通信就都是透明的了。当从公共网络传来一个未经请求的连接时，NAT有一套规则来决定如何处理它。如果没有事先定义好规则，NAT只是简单地丢弃所有未经请求的传入连接，就像包过滤防火墙所做的那样。此外，像包过滤防火墙一样，可以将NAT配置为仅接受某些特定端口的传入连接，并将它们送到一个特定的主机地址。如表3-4所示。

表 3－4　　　　网络地址转换优缺点

优　点	缺　点
（1）所有内部的 IP 地址对内网外面的人来说是隐蔽的	NAT 的缺点和包过滤防火墙的缺点是一样的。虽然可以保障内部网络的安全，但它也有一些类似的局限，内网可以利用现在流传比较广泛的木马程序，通过 NAT 与外部连接
（2）如果因为某种原因，公共 IP 地址资源比较短缺，NAT 可以使内部网络共享一个 IP 地址	
（3）可以启用基本的包过滤防火墙安全机制，因为所有传入的包如果没有专门指定配置到 NAT，那么就会被丢弃，内部网络的计算机就不可能直接访问外部网络	

2. 按照实现形式划分

（1）软件防火墙

软件防火墙运行于特定的计算机上，它需要计算机操作系统的支持，一般来说这台计算机就是整个网络的网关，此种防火墙也被称为“个人防火墙”，它只是运行在操作系统之上的一种应用软件。如图 3－10 所示。

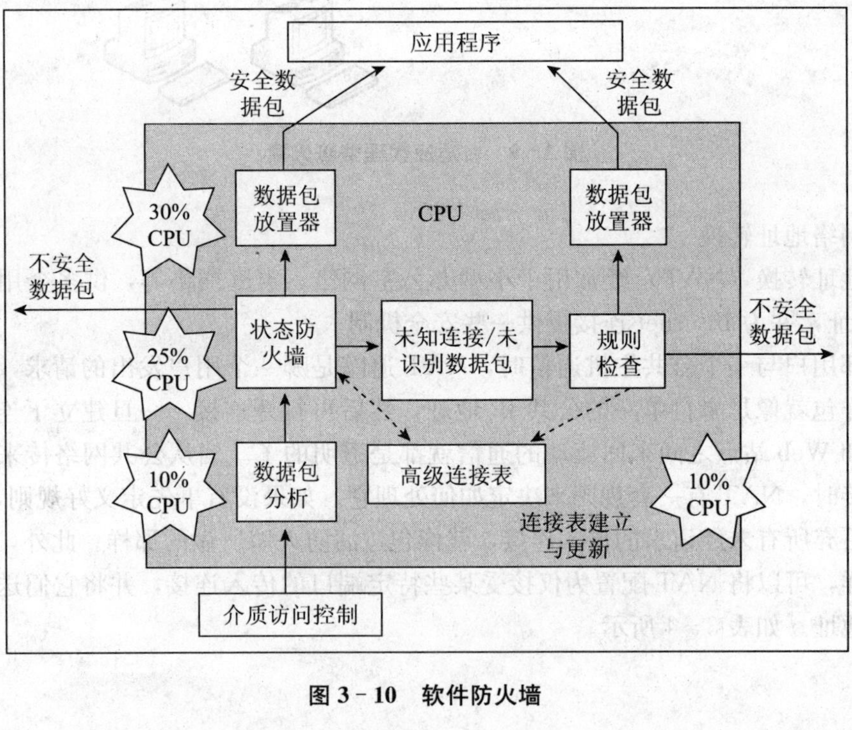

图 3－10　软件防火墙

软件防火墙又分为两种类型：

①企业级软件防火墙，主要用于大型网络上并执行路由选择功能。

②SOHO（Small Office Home Office）级软件防火墙。软件防火墙通常会提供全面的防火墙功能，对于企业级软件防火墙来说，它可以安装在服务器操作系统之上，也称为基于服务器的防火墙。

和其他应用软件一样，软件防火墙需要先在网关计算机上安装并进行配置才可以使用，软件防火墙的典型代表包括 Checkpoint、天网和瑞星等。使用这类防火墙，需要网络管理员对网关计算机的操作系统平台和网络安全策略比较熟悉。

（2）硬件防火墙

硬件防火墙，顾名思义，指的是采用硬件作为工作平台的防火墙。因为硬件路由器也要使用软件，所以将硬件防火墙又称为设备防火墙。它通常设计成一种总体系统，不需要复杂的安装或配置就可以提供防火墙功能。硬件防火墙中，最为简单的解决方案是采用 PC 架构（区别于基于专用的硬件平台的芯片级防火墙）。目前市场上大多数防火墙都是这种基于 PC 架构的防火墙，从本质上来说，此类硬件防火墙和普通的 PC 没有太大区别。在这些 PC 架构计算机上运行一些经过裁剪、简化和自定义的操作系统，最常用的有老版本的 UNIX、Linux 和 FreeBSD 系统。值得注意的是，由于此类防火墙采用的依然是公用操作系统的内核，因此依然会受到 OS（操作系统）本身的安全性影响。

硬件防火墙一般至少应具备两个端口，分别接内网、外网和 DMZ 区（非军事化区），现在一些新的硬件防火墙往往扩展了端口，常见的四端口防火墙一般将第四个端口作为配置口、管理端口，用来对防火墙进行配置。很多防火墙还可以通过扩展槽，以插卡的方式进一步扩展端口数目，从而连接多个网络。如图 3－11 所示。

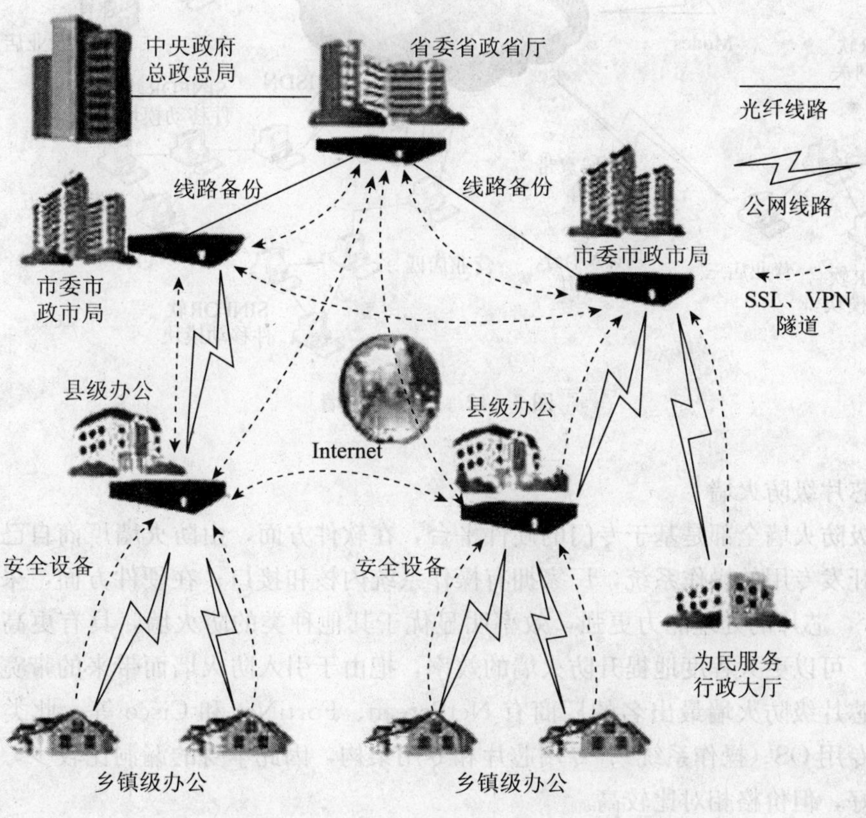

图 3－11　硬件防火墙

(3) 集成防火墙

基于设备的防火墙也称为集成解决方案，是指运行在专用的硬件和软件上的防火墙产品。如CiscoPIX防火墙就属于这种集成设备，其整个系统不能实现除防火墙之外的其他任何功能，并且也没有类似服务器一样的硬件配置。由于它的集成性和专用性，其速度、稳定性和安全性方面都比基于服务器的防火墙更好。但基于服务器的防火墙可以提供一些额外的配置和支持选项，并且价格比集成解决方案要便宜。如图3-12所示。

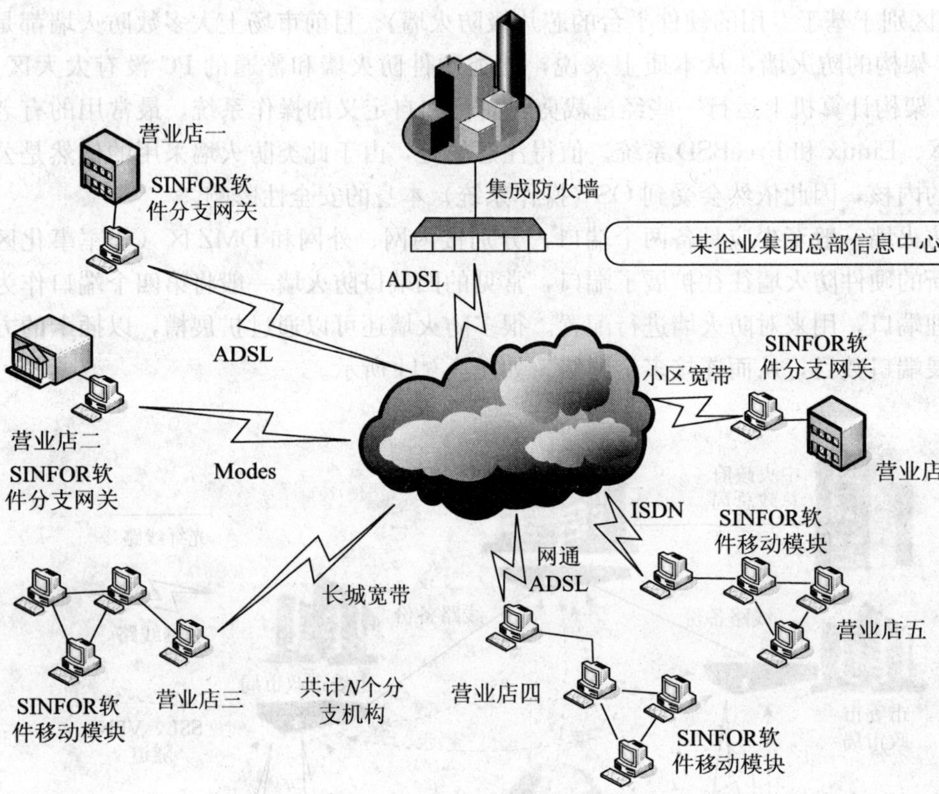

图3-12 集成防火墙

(4) 芯片级防火墙

芯片级防火墙全部是基于专门的硬件平台，在软件方面，由防火墙厂商自己或委托专门的公司开发专用的操作系统，厂家拥有操作系统内核和接口；在硬件方面，采用专有的ASIC芯片，芯片的处理能力更强，效率明显优于其他种类的防火墙，具有更高的过滤和转发性能，可以更大程度地提升防火墙的效率，把由于引入防火墙而带来的带宽损失降低到最低。芯片级防火墙最出名的厂商有NetScreen、FortiNet和Cisco等。此类防火墙由于是采用专用OS（操作系统）、专用芯片和专用架构，因此本身的漏洞比较少，安全性和效率比较好，但价格相对比较高。

(5) 应用程序防火墙

应用程序防火墙经常是作为现有硬件或软件防火墙的组件实现的。它的主要目的是提供一种复杂的内容层次过滤，用来对应用层传输的数据进行过滤。随着防火墙功能的提高，对于数据的过滤已经越来越多地集中到了应用层，应用程序防火墙的针对性也越来越强。

虚拟专用网是企业内部网络在 Internet 等公共网络上的延伸，通过一个专用的通道来创建一个安全的专用链接，从而可将远程用户、企业分支机构、公司的业务合作伙伴等与公司的内部网连接起来，构成一个扩展的企业内部网络。

通过 VPN，网络服务提供商可使用 Internet 或服务器使自己的 IP 主干网向企业提供远程访问和分支机构互连等业务，从而扩大了自己网络的地域范围，增加了商业服务机会。而且可很大程度地降低费用，减少网络管理和终端用户的需求，并可使自己的安全规则更为灵活。

3. 按照防火墙结构划分

防火墙按结构划分，主要有单一主机防火墙、分布式防火墙和个人防火墙三种。

（1）单一主机防火墙

单一主机防火墙包括 CPU、主板、内存、硬盘等基本组件，甚至主板上也有南、北桥芯片。它与一般计算机最主要的区别就是此类防火墙上都集成了两个以上的以太网卡，因为它至少需要连接一个以上的内部、外部网络。防火墙中的硬盘就是用来存储防火墙所用的基本程序，如包过滤程序和代理服务器程序等，有的防火墙还把审计日志也记录在硬盘上。尽管如此，仍不能认为它就与普通的 PC 机一样，由于防火墙的工作性质，决定了它要具备非常高的稳定性、实用性，具备非常高的系统吞吐能力。正因为如此，此类防火墙与配置近似的 PC 价格相去甚远。

（2）分布式防火墙

随着防火墙技术的发展及应用需求的不断提高，原来作为单一主机的防火墙现在已发生了许多变化。最明显的变化就是现在许多中、高档的路由器中已集成了防火墙功能，还有的防火墙已不再是一个独立的硬件实体，而是由多个软、硬件组成的系统，这种防火墙往往被称为“分布式防火墙”。

单一主机的防火墙由于价格非常昂贵，仅有少数大型企业才能承受得起，为了降低企业网络投资，现在许多中、高档路由器中集成了防火墙功能。但这种防火墙通常是较低级的包过滤型。这样企业就不用再同时购买路由器和防火墙，大大降低了网络设备购买成本。

分布式防火墙再也不只是位于网络边界，而是渗透于网络的每一台主机，对整个内部网络的主机实施保护。在网络服务器中，通常会安装一个用于防火墙系统的管理软件，在服务器及各主机上安装有集成网卡功能的 PCI 防火墙卡，这样一块防火墙卡同时兼有网卡和防火墙的双重功能，就可以彻底保护内部网络。各主机把任何其他主机发送的通信连接都视为“不可信”的，都需要严格过滤，而不是传统边界防火墙那样，仅对外部网络发出的通信请求“不信任”，这就很好地解决了内网之间计算机相互攻击的问题。

（3）个人防火墙

个人防火墙是一种能够保护个人计算机系统安全的软件，它可以直接在用户的计算机上运行，使用与状态/动态检测防火墙相同的方式，保护一台计算机免受攻击。通常，这些防火墙是安装在计算机网络接口的较低级别上，使得它们可以监视传入传出网卡的所有网络通信。

一旦安装上个人防火墙，就可以把它设置成“学习模式”，这样对遇到的每一种新的网络通信，个人防火墙都会提示用户一次，询问如何处理这种通信。然后个人防火墙便记住响应方式，并应用于以后遇到的相同网络通信。基本上，可以将个人防火墙想象成在用户计算机上建立了一个虚拟网络接口。计算机的操作系统不再是直接通过网卡进行通信，而是通过与个人防火墙对话，仔细检查网络通信，然后再通过网卡通信。

①个人防火墙的优点。

a. 增加了保护级别，不需要额外的硬件资源。

b. 个人防火墙除了可以抵挡外来攻击的同时，还可以抵挡内部攻击。

c. 个人防火墙对公共网络中的单个系统提供了保护。例如，一个家庭用户使用 Modem 或 ISDN/ADSI 上网，可能硬件防火墙对于他来说过于昂贵或麻烦。而个人防火墙已经能够为用户隐蔽暴露在网络上的信息，如 IP 地址等。

②个人防火墙的缺点。

个人防火墙主要的缺点就是对公共网络只有一个物理接口。要记住，真正的防火墙应当监视并控制两个或更多的网络接口之间的通信。这样，个人防火墙本身可能会容易受到威胁，网络通信可以绕过防火墙的规则。

任何一种防火墙只是为网络通信或者是数据传输提供了更有保障的安全，但是并不能完全依赖防火墙。除了靠防火墙来保障安全之外，我们也要加强系统的安全性，提高自身的安全意识。这样数据和通信以及 Web 站点才会更有安全保障。

4. 按照防火墙性能划分

如果按防火墙的性能来分，可以分为百兆级防火墙和千兆级防火墙两类。

这主要是指防火墙的通道带宽（Band Width），或者说是吞吐率。防火墙的通道带宽越宽，性能就越高，这样的防火墙因包过滤或应用代理所产生的延时也越小，对整个网络通信性能的影响也就越小。防火墙最常见的部署位置是网络的边界，负责网络进出流量的控制，它的数据吞吐能力直接影响着网络的总体性能，所以不可能只是十兆级的，随着网络规模的不断扩大，百兆防火墙甚至千兆防火墙成为网络的首选。

八、防火墙体系结构及其应用

防火墙体系结构通常分为四类：屏蔽路由器（Screening Router）、屏蔽主机网关（Screened Host Gateway）、双宿主机网关（Dual-Homed Gateway）、屏蔽子网（Screened Subnet）。

1. 屏蔽路由器

屏蔽路由器是防火墙最基本的构件，被认为是最好的第一道防线。因为屏蔽路由器是实施包过滤的路由器，可以根据 IP 地址和 TCP/IP 端口拒绝所有进出的流量。屏蔽路由器遵守安全策略，配置路由器可接受的数据流：屏蔽路由器可配置拒绝的 IP 地址或网络地址范围，还可配置过滤禁止的 TCP/IP 应用程序，如图 3－13 所示。

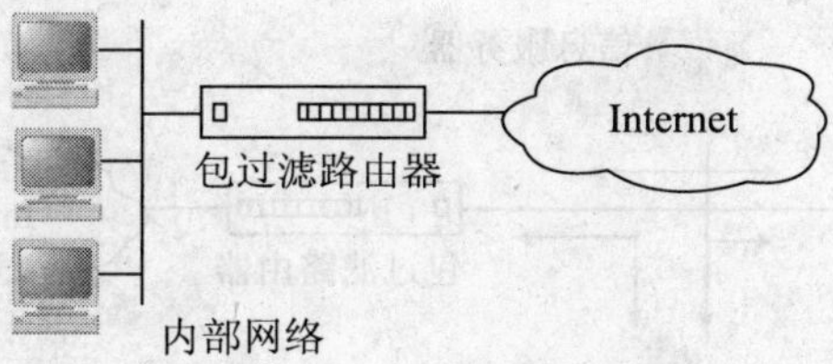

图 3－13　屏蔽路由器

包过滤路由器具有在网络之间完成数据包转发的普通路由功能，并可以利用包过滤规则来允许或拒绝数据包。通常过滤规则定义为：内部网络上的主机可以直接访问 Internet，Internet 上的主机对内部网络上的主机进行访问是有限制的，即没有特别允许的数据包都被拒绝。

屏蔽路由器的优点是价格低且易于使用，但也有一些缺点：

（1）需要掌握 TCP/IP 知识才能创建相应的过滤规则，若有配置错误将会导致不期望的流量通过或拒绝一些应接受的流量；

（2）包过滤路由器不隐藏内部网络的配置，因此任何允许访问屏蔽路由器的用户都可看到网络的布局和结构。同时其监视和日志功能较弱，通常也没有警报的功能。这就意味着网络管理员要不断地检查网络以确定其是否受到攻击。防火墙一旦被攻陷后很难发现攻击者。

2. 屏蔽主机网关

屏蔽主机网关防火墙系统是采用了包过滤路由器和堡垒主机组成的防火墙，该防火墙系统提供的安全等级比包过滤防火墙要高，其实现在网络层安全（包过滤）和应用层安全（代理服务）。堡垒主机可以通过网络地址解析来隐藏内部网络的配置信息。

屏蔽主机防火墙是针对所有进出的信息都要经过堡垒主机而设计的。在这种结构中，分组过滤路由器或防火墙与 Internet 相连，同时一个堡垒机安装在内部网络，通过在分组过滤路由器或防火墙上设置过滤规则，使堡垒机成为 Internet 上其他节点所能到达的唯一节点，这确保了内部网络（堡垒主机除外）在未授权的情况下，不会遭到外部用户的攻击。堡垒主机配置在内部网络上，而包过滤路由器则放置在内部网络和 Internet 之间。在包过滤路由器上进行过滤规则配置，使得外部系统只能访问堡垒主机，内部系统的其他主机的信息全部被屏蔽，确保了内部网络不会受到未被授权的外部攻击。

对于这种防火墙系统，堡垒主机配置在内部网络上，而包过滤路由器则放置在内部网络和 Internet 之间，通过在路由器上进行规则配置，使得外部系统只能访问堡垒主机，发往内部系统其他主机的信息全部被阻塞。由于内部主机与堡垒主机处于同一个网络，所以由防火墙的安全策略来决定内部系统是否允许直接访问 Internet，或者是否要求使用堡垒主机上的代理服务来访问 Internet。通过对路由器的过滤规则进行配置，使它只接受并转发来自堡垒主机的内部数据包，就可以强制内部用户使用代理服务。如图 3－14所示。

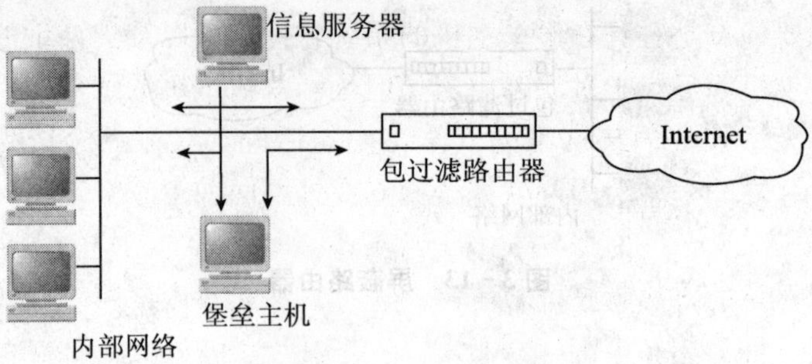

图 3-14　屏蔽主机网关

该防火墙系统的优点之一是，如果受保护的网络是一个虚拟扩展的本地网，即没有子网和路由器，则内网的变化不影响堡垒主机和屏蔽路由器的配置。另一个优点是提供公开的信息服务的服务器（如 Web、FTP 等），可将其放置在由包过滤路由器和堡垒主机共用的网段上。如果要求有特别高的安全特性，可让堡垒主机运行代理服务，使得内部和外部用户在与信息服务器通信之前，必须先通过堡垒主机。如果安全等级较低，则可将路由器配置成让外部用户直接访问公共的信息服务器。

3. 双宿主机网关

双宿主机网关指的是在一台主机上安装两个或两个以上的网卡，用来连接两个或多个网络，安装两个网卡的主机称为双宿主主机，安装两个以上网卡的主机则称为多宿主主机，这里面所提到的宿主，指的是主机可以同时存在于不同的网络当中。

这种配置是用一台装有两块网卡的堡垒主机作为防火墙，一块与内部网络相连，一块与外部网络相连。双宿主主机内外的网络均可与双宿主主机实施通信，但内外网络之间不可直接通信，内外部网络之间的 IP 数据流被双宿主主机完全切断。双宿主主机可以通过代理或让用户直接注册到其本身上等方式来提供更高程度的网络控制。

在单宿主堡垒主机结构上，所有外部的流量直接转发到堡垒主机上执行。黑客可修改路由器而不把数据包转发给堡垒主机，这样将会绕过堡垒主机且直接进入到内部网络中。

双宿堡垒主机有两个网络接口，但主机不能在两个端口之间直接转发信息。这种物理结构强行让所有去往内部网络的信息经过堡垒主机。如图 3-15 所示。

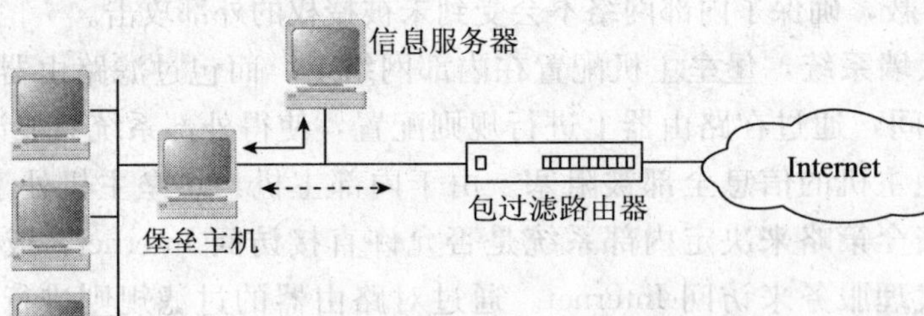

图 3-15　双宿主机网关

双宿主机的主要优点是：具有堡垒主机的系统软件，可以维护详细的系统日志，从这层意义上说，双宿主机明显优于过滤路由器。但是，双宿主机的致命弱点是：一旦入侵者侵入堡垒主机，则无法保证内部网络的安全，换句话说，双宿主机是网络安全的唯一屏障，一旦双宿主机被攻陷，整个内网就完全暴露在外网面前了。

4. 屏蔽子网

实施防火墙最常见的方法就是屏蔽子网。这种方法是在内部网络和外部网络之间建立一个被隔离的子网，称为非军事区（DMZ）。它是用两台包过滤路由器将这一子网分别与内部网络和外部网络分开，网络管理员将堡垒主机、信息服务器以及其他公用服务器放在DMZ 网络中。

非军事化区（DMZ）：为了配置管理方便，内网中需要向外提供服务的服务器往往放在一个单独的网段，这个网段便是非军事化区。防火墙一般配备三块网卡，在配置时一般分别连接内部网、Internet 和 DMZ。

内部网络和外部网络均可访问屏蔽子网，但禁止其穿过屏蔽子网直接通信。屏蔽子网中的堡垒主机是唯一可访问点，并作为应用级网关代理。屏蔽子网防火墙结构：适于通信量很大或高速网络通信的内部网络；能强化安全，但配置较为复杂。如图 3－16 所示。

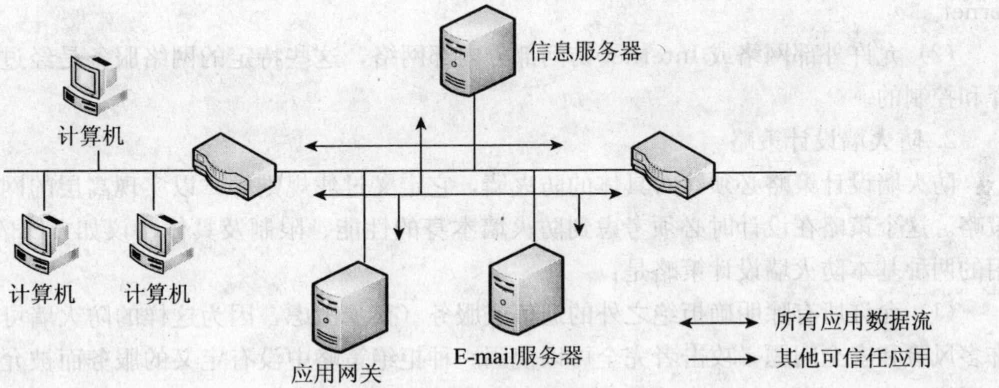

图 3－16　屏蔽子网

屏蔽子网防火墙系统有以下几个优点：

（1）入侵者必须突破三个不同的设备才能侵袭内部网络，即外部路由器、堡垒主机和内部路由器。

（2）内部网络对 Internet 来说是不可见的，因为所有进出的数据包都会直接送到 DMZ，并且只有在 DMZ 网络上选定的系统才对 Internet 开放。这使黑客想得到内部系统的信息几乎不太可能。

（3）由于外部路由器只能向 Internet 通告 DMZ 网络的存在，Internet 上的系统不需要有路由器与内部网络相连。这样，网络管理员就可以保证内部网络是“不可见”的，并且只有在 DMZ 网络上选定的系统才对 Internet 开放（通过路由表和 DNS 信息交换）。

（4）外部路由器直接将数据引向 DMZ 网络上所指定的系统，不必设置双宿堡垒主机。

（5）内部路由器作为内部网络与公网之间的防火墙系统并支持比双宿堡垒主机更大的数据包吞吐量。

（6）由于DMZ网络是一个与内部网络不同的网络，网络地址变换（NAT）可以安装在堡垒主机上，从而避免在内部网络上重新编址或重新划分子网。

在实际应用中，具体采用哪一种防火墙主要取决于网络向用户提供什么样的服务及网络所接受的风险等级，还取决于经费、技术人员的水平、时间等因素。

九、防火墙的实现

1. 防火墙实现策略

对防火墙系统而一言，共有两层网络安全策略：

（1）网络服务访问策略：是高层策略，定义了受保护网络明确允许和明确拒绝的网络服务，分析网络服务的可用性（包括可用条件）、风险性等。

（2）防火墙设计策略：是低层策略，描述了防火墙如何根据高层的网络服务访问策略中定义的策略来具体地限制访问和过滤服务。

常用的网络服务访问策略：

（1）不允许外部网络或Internet访问内部网络，但允许内部网络访问外部网络或Internet。

（2）允许外部网络或Internet访问部分内部网络，这些特定的网络服务是经过严格选择和控制的。

2. 防火墙设计策略

防火墙设计策略必须针对具体的防火墙，它定义过滤规则等，以实现高层的网络服务策略。这个策略在设计时必须考虑到防火墙本身的性能、限制及具体协议如TCP/IP。常用的两种基本防火墙设计策略是：

（1）允许所有除明确拒绝之外的通信或服务（很少考虑，因为这样的防火墙可能带来许多风险和安全问题。攻击者完全可以使用一种拒绝策略中没有定义的服务而被允许并攻击网络）。

（2）拒绝所有除明确允许之外的通信或服务（常用，但操作困难，并有可能拒绝网络用户的正常需求与合法服务）。

所以作为一个安全策略的设计者，懂得以下问题的要点是非常重要的：

（1）哪些Internet服务是本网络系统打算使用或提供的？

（2）这些Internet服务在哪或哪个范围内使用？

（3）可能有哪些额外或临时的服务或需求？

（4）提供这些服务和访问有哪些风险和总的花费？

3. 防火墙技术的设计实现

（1）应用代理服务器（Application Gateway Proxy）

在网络应用层提供授权检查及代理服务。当外部某台主机试图访问（如Telnet）受保护网时，它必须先在防火墙上经过身份认证。通过身份认证后，防火墙运行一个专门为Telnet设计的程序，把外部主机与内部主机连接。在这个过程中，防火墙可以限制用户访问的主机、访问时间及访问的方式。同样，受保护网络内部用户访问外部网时也需先登录到防火墙上，通过验证后，才可使用 Telnet 或 FTP 等有效命令。

（2）回路级代理服务器

套接字服务器（Sockets Server）就是回路级代理服务器。当受保护网络客户机需要与外部网交互信息时，在防火墙上的套服务器检查客户的 User ID、IP 源地址和 IP 目的地址，经过确认后，套服务器才与外部的服务器建立连接。对用户来说，受保护网与外部网的信息交换是透明的，感觉不到防火墙的存在。

（3）代管服务器

代管服务器技术是把不安全的服务放到防火墙上，使它同时充当服务器，对外部的请求作出回答。与应用层代理实现相比，代管服务器技术不必为每种服务专门写程序。而且，受保护网内部用户想对外部网访问时，也需先登录到防火墙上，再向外提出请求。

（4）IP 通道（IP Channels）

一个大公司的两个子公司相隔较远，通过 Internet 通信时会用到这种代理。

（5）网络地址转换器（NAT Network Address Translate）

网络地址转换器就是在防火墙上装一个合法 IP 地址集。当内部某一用户要访问 Internet 时，防火墙动态地从地址集中选一个未分配的地址分配给该用户，该用户即可使用这个合法地址进行通信。同时，对于内部的某些服务器如 Web 服务器，网络地址转换器允许为其分配一个固定的合法地址。外部网络的用户就可通过防火墙来访问内部的服务器。

（6）隔离域名服务器（Splitnomain Name Server）

这种技术是通过防火墙将受保护网络的域名服务器与外部网的域名服务器隔离，使外部网的域名服务器只能看到防火墙的 IP 地址。

（7）邮件技术（Mail Forwarding）

从外部网络发来的邮件，只能送到防火墙上。这时防火墙对邮件进行检查，只有当发送邮件的源主机是被允许通过的，防火墙按邮件的目的地址进行转换，送到内部的邮件服务器，由其进行转发。

十、防火墙技术的发展

目前网络安全的三大主要问题：

（1）以拒绝访问（DDOS）为主要目的的网络攻击；

（2）以蠕虫（Worm）为主要代表的病毒传播；

（3）以垃圾电子邮件（SPAM）为代表的内容控制。

传统防火墙解决不了这三大安全问题。首先是传统防火墙计算能力的限制，传统的防火墙是以高强度的检查为代价，检查的强度越高，计算的代价越大。传统防火墙的访问控制机制是一个简单的过滤机制，它是一个简单的条件过滤器，不具有智能功能，无法应对复杂的攻击。传统的防火墙无法识别善意和恶意的行为，该特征决定了传统的防火墙无法解决恶意的攻击行为。

1. 新一代防火墙

新一代防火墙综合包过滤和代理技术，克服二者在安全方面的缺陷，能从数据链路层一直到应用层施加全方位的控制，实现 TCP/IP 协议的微内核，从而在 TCP/IP 协议层能进行各项安全控制。基于上述微内核，使速度超过传统的包过滤防火墙，提供透明代理模式，减轻客户端的配置工作，支持数据加密、解密（DES 和 RSA），提供对虚拟网 VPN 的强大支持，内部信息完全隐藏；产生一个新的防火墙理论。

新一代防火墙是应该加强放行数据的安全性，既有包过滤的功能，又能在应用层进行代理。除了访问控制功能外，新一代的防火墙应当还集成了其他许多安全技术。

（1）分布式防火墙

分布式防火墙是在目前传统的边界式防火墙基础上开发的。它是一种主机驻留式的安全系统，用以保护企业网络中的关键节点服务器、数据及工作站免受非法入侵的破坏。分布式防火墙通常是内核模式应用，它位于操作系统 OSI 栈的底部，直接面对网卡，它们对所有的信息流进行过滤与限制，无论是来自 Internet，还是来自内部网络。

①分布式防火墙的基本原理

分布式防火墙仍然由中心定义策略，但却由分布在网络中的端点实施这些制定的策略。策略语言、系统管理工具和 IP Sec 协议是分布式防火墙的基本原理组成。策略语言用来描述哪一类连接可以被允许或被禁止。系统管理工具用于将形成的策略文件分发给被防火墙保护的所有主机，该防火墙是逻辑上的分布式防火墙。

IP Sec 协议能对 TCP/IP 协议的网络层进行加密保护，可以分别对 IP 包头和整个 IP 包进行认证，并可以防止各类主动攻击。

②工作过程

首先由制定防火墙接入控制策略的中心通过编译器将策略语言描述转换成内部格式，形成策略文件；然后中心采用系统管理工具把策略文件。

分布式防火墙最重要的优势在于它能够保护物理位置上不属于内部网络，但逻辑上位于“内部”网络的那些主机。这种需求随 VPN 的发展也越来越多。传统的处理方法是将远程“内部”主机和外部主机主要的通信依然通过防火墙隔离来控制接入，而远程“内部”主机和防火墙之间采用“隧道”技术来保证安全性。这种方法使原本可以直接通信的双方必须经过防火墙才能通信，不仅效率低而且还增加了防火墙过滤规则设置难度。与此相反，分布式防火墙本身就是基于逻辑网络的概念，远程“内部”主机与物理上的内部主机并没有任何区别，它从根本上防止了这种情况的发生。

总之，分布式防火墙打破了许多传统防火墙的限制，通过将传统防火墙中的中心策略控制技术与 IP Sec 协议结合起来，实现了更为安全的防火墙。随着内部网络与外部网络划分标准的改变，分布式防火墙将越来越受到关注。如图 3-17 所示。

（2）新一代嵌入式防火墙技术

嵌入式防火墙就是内嵌于路由器或交换机的防火墙。优点主要是不论企业局域网的拓扑结构如何变更，防护措施都能延伸到网络边缘为网络提供保护；基于硬件，能够防范入侵的安全特性能独立于主机操作系统与其他安全性程序运行，甚至在安全性较差的宽带链路上都能实现安全移动与远程接入，可管理的执行方式使企业安全性能够被用户策略而非物理设施来进行定义。

为那些需要在家访问公司局域网的远程办公用户提供了保护。帮助企业确保网络最薄弱和未保护领域的安全，如笔记本电脑和远程PC机，实行集中式管理的嵌入式客户机方案，并实现了跨越企业边缘防火墙的可靠网络连接，为企业和政府站点提供天衣无缝的安全性。

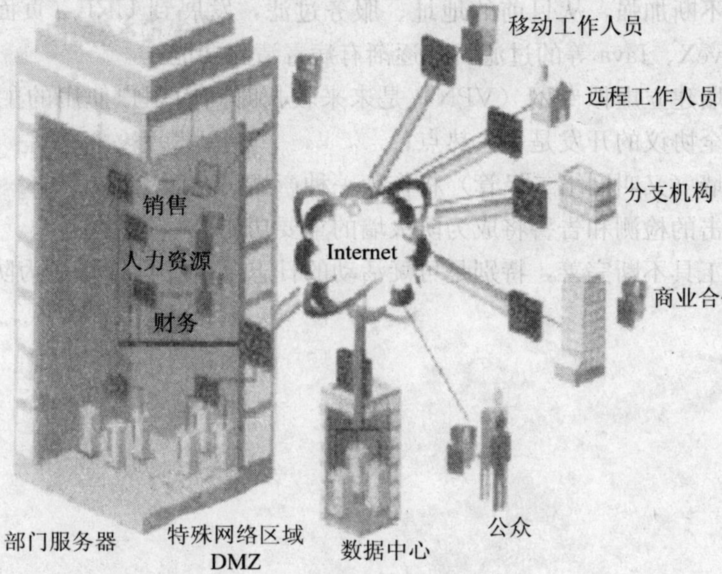

图3-17 分布式防火墙

(3) 新一代智能防火墙技术

从技术特征上，是利用统计、记忆、概率和决策的智能方法来对数据进行识别，并达到访问控制的目的。它包含的关键技术有防攻击技术、防扫描技术、防欺骗技术等。

优点是成功地解决了普遍存在的拒绝服务攻击（DDOS）的问题、病毒传播问题和高级应用入侵问题，代表着防火墙的主流发展方向。主要应用领域包括防范恶意数据攻击、防范黑客攻击、防范MAC欺骗和IP欺骗、入侵防御、防范潜在风险。如图3-18所示。

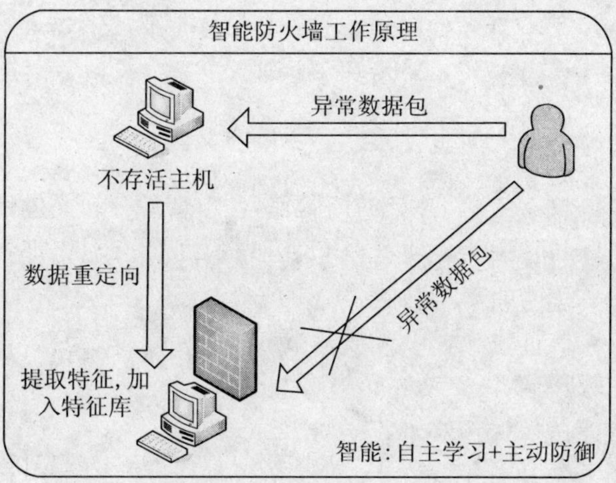

图3-18 智能防火墙技术

2. 防火墙技术展望

从防火墙产品及功能上，下面几点是防火墙下一步的走向：

（1）防火墙将从目前对子网或内部网管理方式向远程上网集中管理的方式发展；

（2）过滤深度不断加强，从目前的地址、服务过滤，发展到 URL（页面）过滤、关键字过滤和对 ActiveX、Java 等的过滤，并逐渐有病毒清除功能；

（3）利用防火墙建立虚拟专网（VPN）是未来较长时间内用户使用的主流，IP 加密需求越来越强，安全协议的开发是一大热点；

（4）单向防火墙（又叫网络二极管）将作为一种产品门类而出现；

（5）对网络攻击的检测和告警将成为防火墙的重要功能；

（6）安全管理工具不断完善，特别是可疑活动的日志分析工具等将成为防火墙产品中的一部分。

第四章 电子证件物联网网络管理信息系统与管理信息库

物联网作为一个跨组织、跨行业、全球化的物的联通，决定了管理系统对安全性的要求极高；同时，为能够支撑全球供应链网络的电子数据，需要系统有很好的伸缩性，满足在多层面、多节点上实施灵活的伸缩能力；更要提供足够的可用性，使得这一系统能够全面商用；另外，提到维护和管理如此庞大的跨全球的物联网，如何简化系统管理也是系统建设者所需要面对的；分布环境下的信息交互和同步需要可靠的消息传递功能；如何更有效地使用这些电子数据，发挥数据的最大业务价值，则需要与企业内部业务系统整合。

近年来，计算机网络的发展异常迅速。特别是随着国际互联网络 Internet 的不断推广应用，计算机网络的发展越来越成为人们所关注的全球性热点之一。随着对计算机网络使用的越来越广泛，计算机用户对网络的依赖性也越来越大。未来社会是信息的社会，而信息社会是离不开计算机网络的，由此，计算机网络在人们生活中的地位也将越来越重要。

网络管理的需求是多方面的，从技术角度来说，一个好的网络管理信息系统应该能够实现网络的故障诊断、计费功能、网络的安全管理功能、网络流量控制以及网络路由选择策略管理等功能；从用户角度考虑，一个网络管理系统应该满足的要求有：同时支持网络监视和控制，能够管理所有的网络协议，尽可能大的管理范围和尽可能小的系统开销，可容纳不同的网络管理信息系统、网络管理的标准化等。

网络管理的发展也是经历了一个从无到有、从简单到复杂的过程，这个过程是伴随着网络和通信技术的发展而发展的。特别是全球范围内 Internet 的繁荣，为网络管理提供了条件和迅速发展的动力。早期的 Internet 网络管理工作并没有得到重视，网络管理员利用诸如 ping 命令等简单的工具来了解网络连通情况，判断故障所在的位置。在网络发展的最初，连在 Internet 网上的计算机和各种网络设备都很少，且种类单一，因此这种方式在计算机网络发展早期能够胜任网络的管理任务。

到了 20 世纪 80 年代后期，由于连入 Internet 的计算机数量爆增，而且 Internet 中使用的路由器、协议、应用软件都是由许多不同的厂商提供的，所以，那种早期的、由建设和使用 Internet 的研究人员协商就能完成的网络管理工作，显然已不能再由少数专家来完成了，而需要有一种自动的、独立于厂商的通用机制来为网络管理员提供监控整个网际网通信状态的能力，这就要有一个比 ping 功能强大的网络管理标准协议来支持。在网络管理发展的先期，由于人们对网络管理的看法不一致，从而导致了许多厂商设计和实现专有的网络管理体系结构和网络管理产品。这些系统在特定的单一同构网络中也许工作得很好，但是当面对大规模、复杂和多厂家互连的异构计算机网络时，使用传统的网络管理方法往往不能胜任，而专用的网络管理系统也是远远不够的。因此，需要有标准的网络管理协议才能对庞大的、异构的和多厂家产品混合的异构网络进行有效的管理。

在过去的十几年里，国际标准化组织和 Internet 工作组在这方面都做了大量的工作，并提出了各自的网络管理框架、协议标准和服务。其中最主要的两种就是国际标准化组织/开放系统互联（ISO/OSI）提出的公共管理信息服务及协议（CMIS/CMIP）和由因特网网络工程任务组 IETF 制定的 Internet 简单网络管理协议（SNMP）。

CMIP 体系结构和 SNMP 体系结构具有各自的优点。CMIP 的优点是通用和完备，而 SNMP 的优点是简单和实用。在实际中，CMIP 在电信网管标准 TMN 中得到了应用，而 SNMP 在计算机网络管理尤其是 Internet 的管理中得到了应用。随着 Internet 的迅猛发展，SNMP 的影响也日益强大，成为事实上的 Internet 网络管理标准协议。

第一节　网络管理系统的功能定义

网络管理主要是关于规划、监督、设计和控制网络资源的使用和网络的各种活动。对于网络管理的定义，是从它具体的功能域的定义来实现的。

国际标准化组织（ISO）定义了网络管理的五个功能域（ISO/IEC 7498－4），分别是故障管理（即失效管理）、配置管理、安全管理、性能管理和计费管理。这五个功能域组成了网络管理的基本内容。五个功能域的基本内容如下：

（1）故障（失效）管理（Fault Management）是网络管理中最基本的功能之一。用户都希望有一个可靠的计算机网络。当网络中某个组成失效时，网络管理系统必须迅速找到故障并及时排除。分析网络故障原因是网络故障管理的核心内容。网络故障管理包括故障检测、隔离和纠正三个方面，包括以下典型功能：维护并检查错误日志；接受跟踪检测报告并作出相应反应；跟踪，辨认错误；纠正错误。对网络故障的检测依据对网络组成部件状态的检测。不严重的简单故障通常被记录在错误日志中，并不作特别处理；而严重一些的故障则需要通知网络管理系统，即所谓的报警。一般网络管理应用应根据有关信息对报警进行处理，当网络故障比较复杂时，网络管理系统应能够执行一些诊断测试来辨别故障原因。

（2）配置管理（Configuration Management）同样相当重要。它初始化网络，并配置网络，以使其提供网络服务。配置管理是一组对辨别、定义、控制和监视组成一个通信网络的对象所必须的相关功能，目的是为了实现某个特定功能或使网络性能达到最优。这包括：设置开放系统中有关路由操作的参数；被管对象和被管对象组的管理；初始化或关闭被管对象；根据要求收集系统当前状态的有关信息；获取系统重要的信息；更改系统配置。

（3）安全管理（Security Management），安全性一直是网络的薄弱环节之一，而用户对网络安全的要求又相当高，因此网络安全管理非常重要。网络中主要有以下几大安全问题：网络数据的私有性（保护网络数据不被侵入者非法获得），授权（Authentication）（防止侵入者在网络上发送错误信息），访问控制（控制对网络资源的访问）。相应地，网络安全管理应包括对授权机制、访问控制、加密和加密关键字的管理，另外还要维护和检查安全日志，包括：创建、删除、控制安全服务和机制；与安全相关信息的分布；与安全相关事件的报告。

（4）性能管理（Performance Management）性能管理估计系统资源的运行状况及通信

效率等系统性能。其能力包括监视和分析被管网络及所提供服务的性能机制。性能分析的结果可能会触发某个诊断测试过程或重新配置网络以维护网络的性能。性能管理收集分析有关被管网络当前状态的数据信息，并维持和分析性能日志。一些典型的功能包括：收集统计信息；维护并检查系统状态日志；确定自然和人工状态下系统的性能；改变系统操作模式以进行系统性能管理的操作。

(5) 计费管理（Accounting Management）记录网络资源的使用，目的是控制和检测网络操作的费用和代价。它对一些公共网络尤为重要。它可以估算出用户使用网络资源可能需要付出的费用和代价，以及控制用户过多占用网络资源。这也从另一方面提高了网络的效率。另外，当用户为了一个通信目的需要使用多个网络中的资源时，计费管理可计算总体费用。

第二节 管理信息结构 SMI

SNMP 的规范（Structure of Management Information，SMI）为定义和构造 MIB 提供了一个通用的框架。同时也规定了可以在 MIB 中使用的数据类型，说明了资源在 MIB 中怎样表示和命名。

为了让管理进程与代理进程交换数据，双方都必须理解它，不管它们内部各自是如何表示数据信息的。为此，有两项必须标准化：抽象语句和传输语句。抽象语句定义数据信息标识的规范，传输语句定义抽象语句中组件的编码。因特网 SMI 确定由抽象语法表示法（ASN. 1）为消息定义抽象语句，即 ASN. 1 定义基本语言组件并提供将组件与消息结合的规则。基本编码规则（BER）提供传输语句。BER 与抽象语句相联系，提供机器之间比特级的通信。

一、简明 SMI 的定义

除了定义网管框架中使用的形式语法和编码规则外，SMI 还规定了 MIB 中管理对象的格式，图 4－1 给出了按 SMI 表示对象的最通用层次上的情况。

OBJECT：
　　对象描述符　对象标识符
SYNTAX：
　　对象抽象数据结构的 ASN. 1 语法
DESCRIPTION：
　　对可打印的 ASCII 字符对象的描述
ACCESS：
　　只读、可读写、只可写或者不可访问
STATUS：
　　必备的、可选的或废弃的

图 4－1　简明 SMI

在图4-1中，对象描述符是一个指定对象类型的简短的字符串。对象标识符是其ID，即以小数点分开的一组有序十进制数，代表它在全局命名树中的位置。Syntax是对它用ASN.1进行定义。Description是对该对象的一个容易理解的描述。Access的值规定该对象是可读还是可写的，Status说明了它当前的实现情况。

二、管理信息结构的作用

管理工作站通过管理信息库来访问管理对象，管理信息库中的对象使用抽象语法表示来定义。每个对象类型，都具有一个名称、语法以及编码方式。名称用OBJECT IDENTIFIER（OID）来表示。对象类型的语法用于描述这个类型的抽象数据结构。对象类型的编码是指对象的实例如何用该语法进行表示，并在网络上进行传播。

前面已经介绍过，管理对象通过管理信息库的树状结构来进行组织，管理信息结构（Structure of Management Information，SMI）定义了通过网络管理协议可以访问的管理对象及其类型。SMI一方面定义了在MIB中使用的数据类型，另一方面规定了网络资源在MIB中的名称和描述，也就是在MIB的树状结构中，管理对象应该包含什么内容，应当处于命名树的什么位置，具有什么样的操作权限，对象与对象之间的关系等。SMI的基本原则是鼓励MIB的简单性和可扩展性，不支持创建或者检索复杂数据结构。

三、抽象语法记法ASN.1

管理信息库和管理信息结构定义了网管信息模型，对网管信息对象的标识、行为、操作类型、对象关系等进行了约定。网络管理应用本身是一种分布式应用，不同实体、不同管理设备、管理工作站都有各自不同的信息存储格式，要使不同实体之间实现有效通信，需要制定进行连接的各方都可以理解的信息表示格式，这在客观上需要有一种对象定义语言对此进行统一的描述。此外，SNMP消息在网络的传输层上传输的是无语义的字节流，网管应用的不同实体之间要了解相互发送的数据类型和数值，在“消息—字节流—消息”的转换过程中，需要规定网络传输中数据的编码格式，通信双方才能够理解通信的内容。CCTIT标准X.208提供了一种高层的数据类型定义语言，允许使用者用独立于物理传输的方法定义数据类型。150采用了这个标准作为管理对象的定义语言，并将其命名为抽象语法表示ASN.1。在SNMP体系中，ASN.1也用来定义协议数据单元（PUD）。在ANS.1中，为各种类型的数据在网络中传输定义了一系列规则，称为基本编码规则BRE，用以描述用户数据的表示和在网络上传输的语法。

在正式的SNMP规范中都是采用ASN.1语法，ASN.1是一种描述数据和数据特征的正式语言，它和数据的存储及编码无关。MIB和SNMP报文中的所有字段都是用ASN.1描述的。ASN.1使用一些特定的术语定义它的过程，其中包括类型定义、赋值、宏定义及唤起以及模块定义。

（1）类型和值

一个类型即一个数据类别，它定义机器要求的用于理解和处理信息的数据结构。SMI定义3种类型：原始类型（SIMPLE类型亦称简单类型）、结构类型和已定义类型。

①原始类型：ASN.1的SIMPLE类由独立于应用的通用数据类型组成。其中只有以

下数据类型被允许用于定义 MIB 对象：

Integer（SIMPLE2）

Octetstring（SIMPLE4）

Null（SIMPLE5）

Objectidentifier（SIMPLE6）

Sequence，Sequence－of（SIMPLE16）

前三个是构成其他对象类型的基本类型。

OBJECT IDENTIFIER（对象标识符）是唯一标识对象的符号，由一个 Integer 序列组成，序列中的 Integer 被称为子标识符。对象标识符的 Integer 序列从左到右，定义了对象在 MIB 树形结构中的位置。

②结构类型 Sequence 和 Sequence－of 定义表格和表格中的行（条目）。

③在 SNMP 中已经定义了以下数据类型：

Network address：该类型用 CHOICE 结构定义，允许从多个协议族的地址格式中进行选择。目前只定义了 IP Address 一种地址格式。

IP address：IP 格式的 32 位地址。

Counter：只能做增值不能做减值运算的非负整数。

Gauge：可做增值也可做减值运算的非负整数。

Timeticks：从某一参照时间开始以百分之一秒为单位计算经历的时间的非负整数。

Opaque：该数据类型提供一个传递任意数据的能力。

（2）宏

为使对象的定义更易于处理，SNMP 利用宏（Macro）对在被管对象定义中相互关联的类型进行集合定义。一个宏的定义给出相关类型集合的句法，而宏的实例定义一个特定的类型。因此定义被分为以下等级：

宏：定义合法的宏实例，即说明相关集合类型的句法。

宏实例：通过为宏定义提供实际参数生成实例，即说明一个特定的类型。

宏实例值：用一个特定的值来表示一个特定的实体。

OBJECT－TYPE 宏的定义，其中的主要项目是：

STATUS：指出该对象在实现上的要求。要求可以是：Mandatory（必须）、Optional（可选）、Deprecated（恳求一必须实现的对象，但很可能在新版 MIB 中被删除）或 obsolete（废除，不再需要被管系统实现的对象）。

ACCESS：定义通过 SNMP 或其他协议访问对象实例的方法。Access 子句定义该对象类型支持的最低等级。可选的等级有：Read-only、Read-write、Write-only 或 Not-accessible。

SYNTAX：对象类的抽象句法，该句法必须从 SMI 的对象句法类型中确定一种类型。

四、对象类型的编码

当有了这样的 ASN.1 定义，可以有多种编码方法把数据编码为传输的比特流，SNMP 使用的编码方法是基本编码规则（BER）。基本编码规则说明了语法如何编码成字节并在互连网上传输。BER 是一种算法，它把 ASN.1 数据比特编码为适合在互连网上传输的字节格式。BER 规定的最高位是 BIT8，最低位是 BIT1。BIT8 是在网上传输的第一个比特。图 4-2 说明了这种格式。

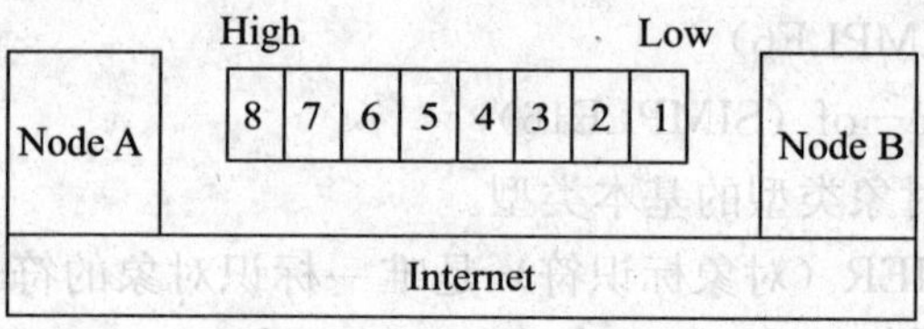

图 4-2　对象类型的编码

数据编码结构本身有三个部件：类型、长度和值（TLV）。例如，对于一个简单的整数如 64，在 BER 中需要 3 个字节来表示。第一个字节说明类型是一个整数，下个字节说明用了多少个字节来存储该整数（这里是 1），最后一个字节才是该整数的值。

第三节　管理信息库（MIB）

管理信息库是所有可以由 SNMP 管理的对象的集合。这些对象包括由各种 IETF 工作组定义的标准对象、各大学和研究机构为实验建立的对象以及由各厂商和其他团体所定义的专用对象。它本身不是实际的库，只是一些规定和声明。在 RFC1155 中定义了 MIB 的 SMI 结构。SNMP 中的所有的被管对象都被排列在一个树形结构之中。处于叶子位置上的对象是实际的被管对象，每个实际的被管对象表示某些被管资源、活动或相关信息。树形结构本身定义一个将对象组织到逻辑上相关的集合之中的方法。MIB 中的每个对象类型都被赋予一个对象标识符（Object Identifier），以此来命名对象。另外，由于对象标识符的值是层次结构的，因此命名方法本身也能用于确认对象类型的结构。

一、管理信息库的内容

网络管理体系的信息模型由描述与管理相关的一系列对象和信息的概念集合构成。网络管理系统中被管理设备包括主机、路由器、交换机、网桥、文件服务器等各种网络设备。网络管理系统通过收集这些设备的运行状态、设备内部工作参数、性能参数、统计参数等信息进行网络监视；网管系统还能够通过设置这些设备中的一些工作参数、命令参数等对网络设备进行有效管理。从管理的角度看，这些信息描述了被管理、监视或者控制的一种资源。同时，这些管理信息也描述了来自于网络应用协议、网络管理应用以及网络用户需求的一系列信息。网络中的被管理设备分布在网络的各个地方，同时，信息的种类也是多种多样的，因而，描述被管理设备中管理对象的管理信息库也具有分布式的特点。网络设备中这些可以被查询、操作的数据概括、抽象，以管理对象的形式提供给管理工作站，管理工作站就是通过对这些管理对象的操作来实现网络管理功能的。管理对象的集合为管理信息库（MIB），MIB 以数据库的形式将系统内的众多管理对象组织起来，提供被管理网络设备的信息。换言之，管理信息库就是这些管理信息在逻辑概念上的组织和管理。

对象标识符是能够唯一标识某个对象类的符号。它的值由一个整数序列构成。被定义的对象的集合具有树形结构，如图 4－3 所示：

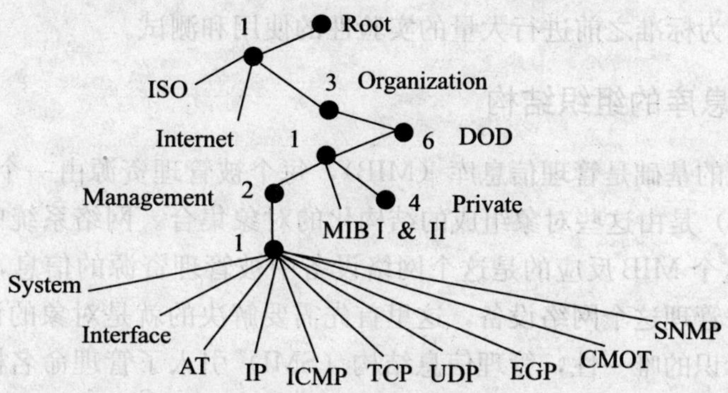

图 4－3　对象标识符

SMI 在 Internet 节点之下定义了四个节点：

Directory 为与 ISO 的 Directory 相关的为将来的应用保留的节点；

Management 用于在 IAB 批准的文档中定义的对象；

Experimental 用于标识在 Internet 实验中应用的对象；

Private 用于标识单方面定义的对象。

Management 子树包含 IAB 已经批准的管理信息库的定义。现在已经开发了两个版本的 MIB，MIBⅠ和它的扩充版 MIBⅡ。二者子树中的对象标识符是相同的，因为在任何配置中只有一个 MIB。MIBⅡ是在 MIBⅠ的基础之上开发的，是 MIBⅠ的一个超集。MIBⅡ组被分为以下分组：

System：关于系统的总体信息；

Interface：系统到子网接口的信息；

AT（Address Translation）：描述 Internet 到 Subnet 的地址映射；

IP：关于系统中 IP 的实现和运行信息；

ICMP：关于系统中 ICMP 的实现和运行信息；

TCP：关于系统中 TCP 的实现和运行信息；

UDP：关于系统中 UDP 的实现和运行信息；

EGP：关于系统中 EGP 的实现和运行信息；

CMOT：有关每个系统接口的传输模式和访问协议的信息；

SNMP：关于系统中 SNMP 的实现和运行信息。

MIB 中的 MIBⅠ或 MIBⅡ以外的对象可以用以下方法定义：

(1) 由一个全新的修订版（如 MIBⅢ）来扩充或取代 MIBⅡ。

(2) 可以为特定的应用构造一个实验 MIB。这样的对象随后会被移到 mgmt 子树之下。例如定义包含各种传输媒体的 MIB（例如为令牌环局域网定义的 MIB）。

（3）专用的扩充可以加在 Private 子树之下。Private 子树目前只定义了一个子节点 Enterprises，用于厂商加强对自己设备的管理，与用户及其他厂商共享信息。在 Enterprises 子树下面，每个注册了 Enterprise 对象标识符的厂商有一个分支。Internet 节点之下分为四个子树的做法为 MIB 的进化提供了很好的基础。这一点也反映了 TCP/IP 协议的如下特性：协议在成为标准之前进行大量的实验性的使用和测试。

二、管理信息库的组织结构

网络管理系统的基础是管理信息库（MIB），每个被管理资源由一个管理对象所代表，管理信息库（MIB）是由这些对象组成的结构化的对象集合。网络系统中每一个设备都包含自己的 MIB，这个 MIB 反应的是这个网络设备中被管理资源的信息，网络管理实体通过访问这些对象来管理这个网络设备，这里首先需要解决的就是对象的识别问题。为了确保每个管理对象标识的唯一性，管理信息结构（SMI）引入了管理命名树的概念，树中的每个节点都有一个标号（字符串）和一个数字，相同深度的节点的数字按自左到右的顺序递增，而标号则互不相同。每个节点（MIB 对象）由从树根到该对象对应的节点的路径上的标号或数字序列唯一确定。在书写 MIB 对象名称时也可以使用标号序列或标号与数字混合序列，但在内部存储或传输时只使用数字序列表示 MIB 对象。这是因为数字表示比标号表示更紧凑，因而节省消息空间。EITF 规定了管理信息库 MIB 的树形结构。图 4－4 表示的是 MIB 命名树的一个示意图。

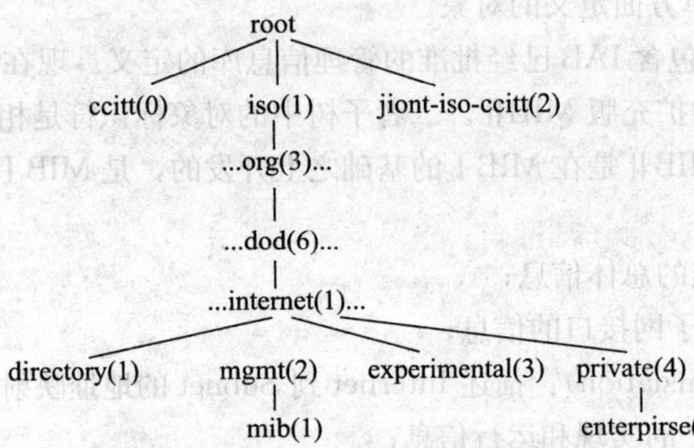

图 4－4　MIB 命名树示意

在图中可以看到，在树的第一层有三个节点：iso，ccitt，joint-iso-ccitt。这三个节点下的子树分别分配给国际标准化组织、国际电信联盟、国际标准化组织及国际电信联盟来进行管理。150 节点下的 org 子树是分配给其他机构使用的，org 子树下的 dod 代表美国国防部，在此节点下，Internet 节点分配给 Internet 体系结构委员会来管理。Internet 节点的标识符即为 1.3.6.1，用字符表示就是 iso. org. dod. internet。从图中可以看到，internet 节点下又定义了四个子树，分别为：directory、mgmt、experimental 和 private。在 private 子树的子节点 exterprises 下，各种设备生产厂商可以申请自己的子树，在这个子树下定义专门为各自设备的管理而使用的管理信息对象。在本文后面提到的应用 SNMP 管理结构监控上网内容的应用系统中，就在这里定义了专用的 MIB。

三、对象与访问对象

在 MIB 中，每个对象都有唯一的对象标识，对于标量对象，可以认为这个对象标识与对象的实例一一对应，网络管理工作站通过这个对象标识就可以访问这个对象的实例。对于概念表中的对象，由于对象标识符仅仅标识表中的一个逻辑列名，不足以代表一个实例，因此访问概念表中对象的方法有所不同。图 4－5 表示了关系表与 MIB 中逻辑概念表的对应关系。

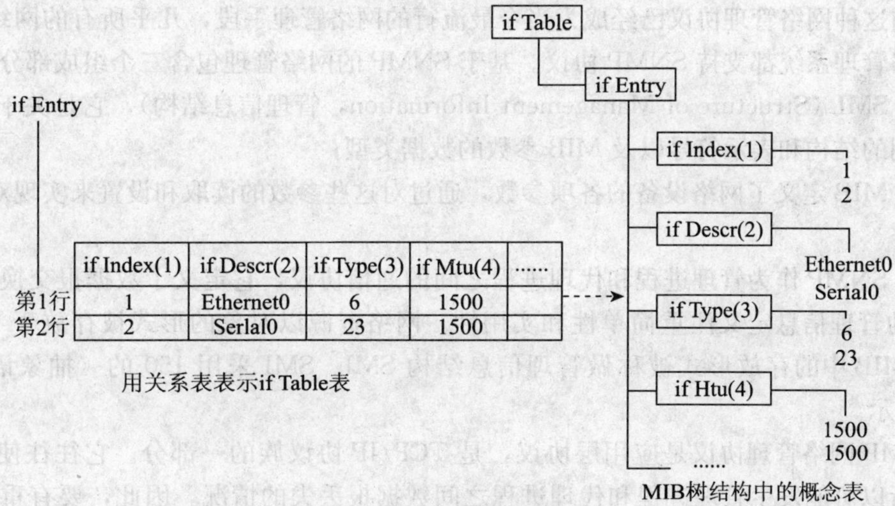

图 4－5　关系表与 MIB 中逻辑概念表的对应关系

SNMP 协议规定了 2 种访问逻辑表中对象实例的方法：顺序访问和随机访问。先来看随机访问。概念表的定义是由不同的列对象组成的，每个列对象并不能表示一个对象实例，因为概念表由许多行记录组成。所以除了每个列对象的标识以外，必须另外指出对象实例所在的行，才能对这个对象实例进行定位访问。MIB 中的概念表中需要定义一个列对象作为表的索引，唯一表示逻辑表中的每一行，当需要访问某一行中一个列对象标识的实例时，需要将索引值附加在列对象的后面，才能完整表示这个对象的实例。再来看顺序访问，在 MIB 中每个对象的标识符都是整数数列，这个整数数列标识了对象在 MIB 树的层次结构中的位置。一个特定的对象标识符可以沿着从树根到该对象的路径获得，所有的对象标识符都是整数数列。ANS. 1 对 MIB 对象名称规定了“字典排序方法”，在对象名称均用数字序列表示时，如果两个对象名称有相同的序列表示，即对应树中同一个节点时，则这两个名称按字典顺序是相等的；如果一个名称序列与另一个名称的前部相匹配，或一个名称比另一个名称中第一个不同的节点值具有较低的数字值，则根据字典顺序的约定，称这个名称小于另一个名称。因此对象实例的标识符是可以按照字典顺序进行排列的。例如

图 4－5 中的 if Table（if Entry 节点的 OID 为 1.3.6.1.2.2.2.1）：

第四节　SNMP 协议

一、SNMP 概述

提到网络管理领域的“通用协议和数据描述格式”，我们首先会想到业界广泛使用的 SMNP 和 MIB。简单网络管理协议（SMNP）首先是由 Internet 工程任务组织的研究小组为了解决 Internet 上的路由器管理问题而提出的，它是基于又独立于 TCP/IP 的 Internet 网的一个标准的网络管理协议。

目前这种网络管理协议已经成为当今最流行的网络管理手段，几乎所有的网络厂商推出的网络管理系统都支持 SNMP 协议。基于 SNMP 的网络管理包含三个组成部分：

（1）SMI（Structure of Management Information，管理信息结构），它是关于 MIB 的一套公用的结构和表示符号以及 MIB 参数的数据类型；

（2）MIB 定义了网络设备的各项参数，通过对这些参数的读取和设置来实现对设备的监控；

（3）SNMP 作为管理进程和代理进程之间的通信协议，它定义了数据报交换的格式。SNMP 的管理信息定义注重简单性和实用性。网络资源以对象的形式被存放于 MIB 中。对象在 MIB 中的存放形式被称做管理信息结构 SMI。SMI 采用 150 的《抽象语法表示法 1》表示。

SNMP 网络管理协议是应用层协议，是 TCP/IP 协议族的一部分。它往往使用 UDP 协议，所以可能发生管理进程和代理进程之间数据报丢失的情况。因此，要有重传机制。在分立的管理站中，管理者进程对位于管理站中心的 MIB 的访问进行控制，并提供网络管理员接口。管理者进程通过 SNMP 完成网络管理。SNMP 在 UDP、IP 及有关的特殊网络协议之上实现。SNMP 使网络管理站能够对每个代理进程的 MIB 中的管理对象进程读写操作。每个代理者也必须实现 SNMP，UDP 和 IP。另外，有一个解释 SNMP 的消息和控制代理者 MIB 的代理者进程。它还定义了陷阱机制使代理进程能够根据某些预设的条件主动发送告警报文。协议中定义了命令和响应的报文格式，也描绘了高层管理框架所需的授权和鉴别机制。图 4－6 描述了 SNMP 的协议环境。

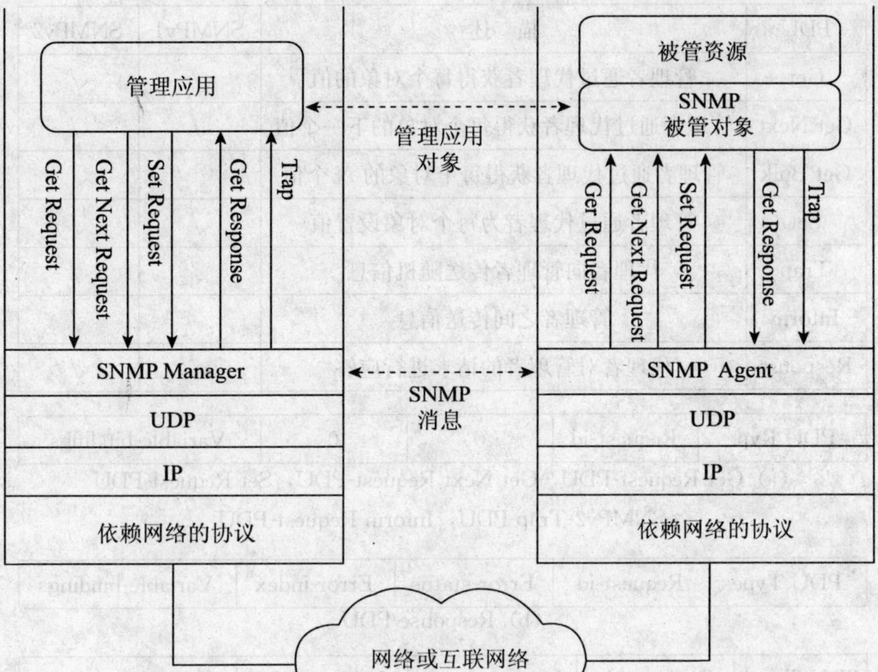

图 4-6　SNMP 的协议环境

从管理站发出三类与管理应用有关的 SNMP 的消息 Get Request、Get Next Request、Set Request。3 类消息都由代理者用 Get Response 消息应答，该消息被上交给管理应用。另外，代理者可以发出 Trap 消息，向管理者报告有关 MIB 及管理资源的事件。由于 SNMP 依赖 UDP，而 UDP 是无连接型协议，所以 SNMP 也是无连接型协议。在管理站和代理者之间没有在线的连接需要维护。每次交换都是管理站和代理者之间的一个独立的传送。具体地，SNMP 可以对标量对象进行以下 3 种操作：

Get：管理站从被管理站提取标量对象值；

Set：管理站更新被管理站中的标量对象值；

Trap：被管理站向管理站主动地发送一个标量对象值。

管理站和代理者之间以传送 SNMP 消息的形式交换信息。每个消息包含一个指示 SNMP 版本号的版本号，一个用于本次交换的共同体名，和一个指出为何种协议数据单元的消息类型。在 SNMPv1 消息中可以传送五类 PDU，在 SNMPv2 消息中可以传送七类 PDU。图 4-7 列出了这些 PDU，同时指出了对 SNMPv1 也有效的 PDU。图 4-7 描述了 SNMPv2PDU 的一般格式。表 4-1 对其中的元素进行了说明。

PDU	描 述	SNMPv1	SNMPv2
Get	管理者通过代理者获得每个对象的值	√	√
Get Next	管理者通过代理者获得每个对象的下一个值	√	√
Get Bulk	管理者通过代理者获得每个对象的 N 个值		√
Set	管理者通过代理者为每个对象设置值	√	√
Trap	代理者向管理者传送随机信息	√	√
Inform	管理者之间传送信息		√
Response	代理者对管理者的请求进行应答	√	√

PDU Rype	Request-id	0	0	Variable-bindings

(a) Get Request-PDU，Get Next Request-PDU，Set Request-PDU

SNMPv2-Trap-PDU，Inform Request-PDU

PDU Type	Request-id	Error-status	Error-index	Variable-bindings

(b) Response-PDU

PDU Type	Request-id	Non-repeaters	Max-repetitions	Variable-bindings

(c) Get Bulk Request-PDU

图 4-7 SNMPv2 PDU 的一般格式

表 4-1 SNMP 消息字段表

字 段	描 述
Version	SNMP 版本
Community	共同体的名字用作 SNMP 认证消息的口令
Request-id	为每个请求赋予一个唯一的标识符
Error-status	No Error (0)，Too Big (1)，No SuchName (2)，Bad Value (3)，Read Only (4)，Gen Err (5)
Error-index	当 Error-status 非 0 时，可以进一步提供信息指出哪个变量引起的问题
Variable-bindings	变量名及其对应值清单
Enterprise	生成 Trap 的对象的类型
Agent-addr	生成 Trap 的对象的地址
Generic-trap	一般的 Trap 类型：Cold Start (0)，Warm Start (1)，Link Down (2)，Link Up (3)，Authentication-failure (4)，Eap Neighbor Loss (5)，Enterprise-specific (6)
Specific-trap	特定的 Trap 代码
Time-stamp	网络实体从上次启动到本次 Trap 生成所经历的时间

二、SNMP 协议格式

值得注意的是，Get Request、Get Next Request、Get Bulk Request Set Request、SNMPv2 Trap、Inform Reques 七种 PDU 具有完全相同的格式，并且也可以看做是 Error-status 和 Error-index 两个字段被置零的 Response PDU 的格式。这样设计的目的是为了减少 SNMPv2 实体需要处理的 PDU 格式种类。

1. Get Request-PDU

SNMPv2 的 Get Request-PDU 的语法和语义都与 SNMPv1 的 Get Request-PDU 相同，差别是对应答的处理，SNMPv2 能够部分地对 Get Request 操作进行应答。即使有些变量值提供不出来，变量绑定字段也要包含在应答的 Get Response-PDU 之中。若某变量有意外情况（No Such Object，No Such Instance，End of Mibview），则在变量绑定字段中，这个变量名与一个代表意外情况的错误代码而不是变量值配对。允许部分应答是对 Get Request 的重要改进。相比之下，SNMPv2 的操作效率得到了很大提高。

2. Get Next Request-PDU

SNMPv2 的 Get Next Request-PDU 的语法和语义都与 SNMPv1 的 Get Next Request-PDU 相同。与 Get Request-PDU 相同，两个版本的差别是对应答的处理，SNMPv2 能够部分地对 Get Next Request 操作进行应答。

3. Get Bulk Request-PDU

SNMPv2 的一个主要改进是 Get Bulk Request-PDU。这个 PDU 的目的是尽量减少查询大量管理信息时所进行的协议交换次数。Get Bulk Request-PDU 允许 SNMPv2 管理者请求得到在给定的条件下尽可能大的应答。Get Bulk Request-PDU 操作利用与 Get Next Request 相同的选择原则，即总是顺序选择下一个对象。不同的是，利用 Get Bulk Request-PDU，可以选择多个后继对象。Get Bulk Request-PDU 有两个其他 PDU 所没有的字段，non-repeaters 和 max-repetitions。non-repeaters 字段指出只返回一个后继变量的变量数。max-repetitions 字段指出其他的变量应返回的最大的后继变量数。Get Bulk Request 操作解除了 SNMP 的一个主要限制，即不能有效地检索大块数据。此外，利用这个功能可以减小管理应用程序的规模。

4. Set Request-PDU

Set Request-PDU 由管理者发出，用来请求改变一个或多个对象的值。接收实体用一个包含相同 request-id 的 Response-PDU 应答。如果接收实体能够为被指名的所有变量设置新值，则 Response-PDU 返回与 Set Request 相同的变量绑定字段。只要有一个变量值没设置成功，就不更新任何值与 SNMPv1 相比，提供了更多的错误代码，为管理站更容易地确定失败的原因提供了方便。

5. SNMPv2 Trap-PDU

SNMPv2 Trap-PDU 由一个代理者实体在发现异常事件时产生并发给管理站。与 SNMPv1 相同，它用于向管理站提供一个异步的通报以便报告重要事件。但它的格式与 SNMPv1 不同，与 Get Request，Get Next Request，Get Bulk Request，Set Request 和 Inform Request-PDU 拥有相同的格式。变量绑定字段用于容纳与陷阱消息有关的信息。

Trap PDU 是一个非认证消息，不要求接收实体应答。

6. Inform Request-PDU

Inform Request-PDU 由一个管理者角色的 SNMPv2 实体应它的应用的要求发给另一个管理者角色的 SNMPv2 实体，请求后者向某个应用提供管理信息。与 SNMPv2 Trap PDU 类似，变量绑定字段被用于传送相关的信息。收到 Inform Request 的实体首先检查承载应答 PDU 的消息尺寸，如果消息尺寸超过限度，用一个含有 too Big 错误代码的 Response-PDU 应答。否则，接收实体将 PDU 中的内容转到信息的目的地（某个应用），同时对发出 Inform Request 的管理者用 Error-status 字段值为 No Error 的 Response PDU 进行应答。

三、SNMPv2 与 SNMPv3

（1）SNMPv2

1992 年 3 月，Internet 工程任务组（IETF）提出要求改进 SNMPv1 功能的建议。1996 年 1 月发布的 SNMPv2 中主要增强的功能有：新的数据类型、新的宏指令、文本约定、使批量数据易于传输的协议操作、更丰富的错误代码和多协议的传输支持。

①管理信息结构（SMI）

SNMPv2 的 SMI 是建立在 SNMP 的 SMI 基础之上的。它对被管对象和 MIB 提供了更加详尽的说明书和更加丰富的文件。SNMPv2 的 SMI 几乎就是 SNMP 的 SMI 的超集。SNMPv2 的 SMI 提出了关于对象定义、概念表、通报定义等方面的规范。在对象定义中，SNMPv2 将对象的数据类型分为 Simple 和 Application-based 两类。

simple 数据类型包括：

INTEGER、OCTETSTRING、OBJECTIDENTIFIER。

application-based 数据类型包括：

IPAddress、Counter32、Counter64、Unsigned32、Gauge32、TimeTicks、Opaque、BITS。

与 SNMPv1 相比增加了 Unsigned32 和 Counter64。

与 SNMPv1 相同，SNMPv2 的 Table 包含 0 或正整数个行，每行之中包含 1 个或多个标量对象。采用 INDEX 或 AUGUMENTS 短语指定一个对象，由该对象的值来唯一的区分表中各行。

②SNMPv2 的分布式管理策略

SNMPv2 既支持高度集中化的网络管理策略，也支持分布式的网络管理策略。在分布式的情况下，一些系统同时担任管理者和代理者 2 种角色。在代理者角色中，系统将从上级管理系统接受命令。某些命令与代理者处的 MIB 有关，另外，一些命令要求代理者作为远程设备的代管者。代管代理者以管理者身份访问远程设备的信息，然后再以代理者身份将这些信息传给上级管理者。

③SNMPv2 增加的协议操作

SNMPv2 增加了 Get Bulk 和 Inform 两个协议操作。前者是用来获取大批数据的，而后者提供了管理者与管理者之间传递随机通报的途径。

④SNMPv2 的安全机制

1993 版的 SNMPv2 采用了基于 party（伙伴）概念的安全机制，将 SNMPv2 的 PDU 的前面加上基于 party 的消息头，用来实现隐私、认证和访问控制。由于基于 party 概念的安全机制比较复杂，没有得到广泛的接受，1996 年提出了基于 Ommunity 概念的 SNMPv2 的消息格式，舍弃了安全机制。

（2）SNMPv3

1999 年，Internet 工程任务组（IETF）提出了一套 Internet 标准，RFC2570—RFC2575，定义了 SNMPv3。SNMPv3 在 SNMPv1 和 SNMPv2 的基础上，加入了新的安全特性。SNMPv3 没有定义新的 SNMPPDU 格式，而是直接采用了 SNMPv1 和 SNMPv2 的 PDU 格式。它定义了新的消息头，用以实现安全特性。SNMPv3 采用 User-based Security Model 实现数据的隐私和消息认证；采用 View-base Access Control Model 实现对象访问控制。特别是定义了在 SNMPv2 里缺少的网络安全方面的四个关键域：

验证：原始身份，信息的完整性，和再传输保护一些方面；保密：机密；授权和进程控制。

以上三项能力所需的远程配置和管理能力。

第五节　国内外网络管理产品的现状

目前，国内外从事商用网络管理系统研究与开发的公司已经很多，但就产品技术先进性和实用性而言，以 Cabletron 的 spectrum，IBM 的 Netview 和 HP 的 OpenView 最为著名。他们如果从管理范围划分，NetView 可以被认为是对大型网络的管理系统，Spectrum 是对分布企业级网络的管理系统，而 OpenView 是企业级的网络管理系统，此外 CA 的 Uniceter-TNG、SUN 的 NetManager、Cisco 网管方案、3Com 的 Transcend 和 Novell 的 Managewise 也很有影响。这些产品的主要特点描述如下：

一、Cabletron 系统公司的 SPECTRUM

Spectrum 是 Cabletron 公司的网络管理产品。它是按一个实施于多服务商环境的开放系统要求设计的。这个体系是建立在客户/服务器的模式之上的，它有针对其他系统的各种接口。Spectrum 由两大组件构成，一个是叫做 Specort GRAPH 的图形用户接口 (GUI)，它为最终用户提供了一个以 Motfi 为基础的接口。一个是虚拟网络机器（VNM)，它产生诸如电缆或网络设备的网络实体的各种仿真模型。它具有较高的自动化管理程度，并能提供虚拟网络管理服务。Spectrum 的网络元素依赖模型为其故障管理提供了强有力的支持，其专家系统的应用非常成功。使用了归纳模型化技术，这种技术采用人工智能的思想，从而使 Spectrum 能够理解各个不同网络实体之间依赖关系，从而操作者可以无缝地查看整个网络。

与其他网络管理系统相比，Spectrum 的最大特色是支持依赖关系的决策，正因为 Spectrum 能够理解网络中各设备之间的依赖关系的决策，正因为 Spectrum 能够理解网络中各设备之间的依赖关系，所以当其中某个设备发生故障，其他停止对轮询应答的设备将不被认为发生故障，而对于不支持依赖关系的系统，就会出现这种错误的情形，即使只有一个设备发生故障时，也会出现许多警告。

Spectrum 的其他特点还包括故障孤立、多协议支持、真正的 C/S 体系结构和支持 2 种类型的设备轮询。

二、惠普的 OPENVIEW

OPENVIEW 是 HP 公司的旗舰软件产品。它为完整信息技术环境里的端对端服务管理提供了一个综合的网络和系统管理的解决方案。它支持集成化的网络和系统管理。它已经成为网络管理平台的典范。有许多的第三方厂商在 OPENVIEW 平台上开发应用。OPENVIEW 提供的解决方案包括：

（1）网络节点管理器——是为满足开发提供的无限视野和监控整个网络的计算机环境的强大网络管理解决方案的需求而研究出来的。

（2）IT/操作——它是一个先进的运作和问题解决方案，能使网络管理器得以保证一个分布式的多服务商计算环境正常运行。

（3）IT/管理——它是一个解决库存、软件和用户管理的有效方案，可以提高安全性，并为被管理设备提供更好的控制手段，还支持软件推广的产业标准。

（4）PerView/MeasureWare 和 NetMetrix——是资源和性能管理的解决方案，提供服务层管理的基础，包括响应时间度量的目标、场伙 N/LAN 链路等待和对计算资源可获得性的连续监视。

（5）OmniBackII 和 Omnistoarge——它是为数据和存储管理而开发的，它为企业的数据提供可靠的高性能备份。

三、NetView 和 Tivoli

通过与 Tivoli 优秀的 TME 管理应用的紧密结合，TMENetView 打破了网络管理和系统管理之间存在的传统的隔阂，再加上它能迅速地完成众多的设备变更，NetView 已成为一个得到广泛应用的管理平台。NetView 能让用户发现 TCP/IP 网络，能显示网络拓扑、能关联和管理时间及 SNMP 陷阱，能监视网络的运行状态，还可以收集有关性能的数据。它能满足小型网络管理者的需要，而且还能与管理对象一块成长，甚至能成长为最大的网络。

Tivoli 管理环境是一个用于网络计算机管理的集成产品家族，可以为各种系统平台提供管理。它将系统管理包含在一个开发的、基于标准的体系结构中，包含较全面的企业资源管理功能。Tivoli 以前是一家独立的系统管理软件商，被 IBM 收购之后已成为其解决方案中的拳头产品。

1. Novell Managewise

Novell 公司的网络管理方案中不同的功能体现在不同的产品中，包括 Manage wise、ZEN wokrs、Border Manager 等，其中 Manage wise 是管理混合网络的综合解决方案，它适用于复杂的分布式网络远程管理。它由 Novell 与 Inter 联合开发，其功能可扩展，易于调度、符合标准，且能为第三方提供开发平台。

2. UnicenterTNG

CA公司的系统管理软件，体系结构筑于开放、集成、全面的企业管理解决方案。其管理者/代理多层体系结构能够从最简单的桌面系统应用扩展到大型复杂的网络，能够在整个企业中实现管理控制的分布，从而减轻网络流量，提高可伸缩性和效率。

3. SUN的NetManager

SUN Net Manager是Sun公司的网络管理产品，第三方的支持也比较多。能自动检测网络拓扑结构，以及网络上设备的变动；还能动态测试网络状态，对于发现的异常信息可以用不同的形式发出警报信号。

4. 3Com的Transcend

3Com网络管理的优势是牢靠、全面的三层Transcend结构。Smart Agent管理代理软件是这个结构的基础，他们嵌入各种3Com产品中，能自动收集每个设备的信息并把这些信息有机联系起来，同时只占用很小的网络开销。中间层是针对Windows/Unix平台和SNMP的各种管理平台，这些管理平台强化了Smart Agent的管理智能，并支持高层的Transcend应用软件。最上层是Transcend应用软件，他们通过图形界面把各种管理功能集成化于Smart Agent智能中。分布的Smart Agent智能为集成化网络管理提供了很强的功能。Transcend Action Event（事变应急反应）功能可以使用户迅速确定需要及时处理的工作或根据预定义标准去自动处理相应的任务。Transcend对所有应用软件和网络设备类型都提供了相同的界面，因而管理信息的比较和分析大为简化。

5. Cisco网络管理方案

Cisco通过重点开发基于Internet的体系结构优势，可以向用户提供更高的可以访问性，并可以简化网络管理任务和进程，这种优势正在改变传统的网络管理。Cisco的系列网络管理产品包括针对各种网络设备性能的管理、集成化的网络管理、远程网络监控和管理等功能。目前Cisco的网络管理产品包括新的基于Web产品和基于控制台的应用程序。新产品系列包括增强的工具以及基于标准的第三方集成工具。近几年随着新技术的发展，又有一些厂商和组织推出了自己的网络管理解决方案。其中最有影响的是开放软件基金会（OSF）的DME（Distributed Management Environment）。DME代表一种结构，在此结构下管理系统和网络可以很好地结合。在DME环境下信息和操作都被划分为对象，DME以对象为单位对系统进行管理，它的模块性很强，完全是一种面向对象的管理方式。不过DME的主要问题是缺乏支持，而且尚未得到进一步的实践检验。另外，网络管理论坛（NMF）的OMNI POINT也比较有名。

下　篇

实践篇

第五章　校园卡与校园一卡通

随着计算机技术和网络技术的迅速发展，人类正进入信息时代，信息技术正在对教育系统的改革产生深远的影响。现代化的学校少不了现代化的教学设施，管理信息化水平正在成为衡量学校总体水平的重要因素之一，也是学校管理能否达到国际高水平的重要标志。数字化校园建设是反映学校管理信息化水平的一面重要的镜子，而校园一卡通系统则是数字化校园的基础工程，是数字化校园中有机的、重要的组成部分，为数字化大学提供了全面的数据采集平台，结合大学的管理信息系统和网络，形成全校范围的数字空间和共享环境。建设“校园一卡通”，为学校的教师、学生和教学管理人员提供具有开放性、灵活性、面向学校应用服务的管理平台，是教学管理科学化的必要前提和基本途径。“校园一卡通”系统可实现校园消费结算、内部身份识别、银行对接等一卡通行，可有机结合校园现有信息资源和网络硬件资源使用，根据学校实际情况灵活配置满足自身的个性化需求，真正意义上做到“一卡在手，走遍全校”，使学校的教学、教研、行政等方面的管理走上网络化、智能化之路。

随着校园信息化的推进，校园卡的应用也越来越广泛了，由于大多数校园应用系统互不相连，学生持有多张校园卡，反而给学生带来不便。实际上，学校的多种卡应用系统分别由学校内各部门根据自己的需求，从不同的厂家独立引进并在本部门所辖范围内使用，各个部门采用系统的技术与规范也不统一，造成了各种卡应用系统无法兼容，资源不能合理配置和共享；同时学生手中的学生证卡、食堂饭卡、图书借阅卡、开水卡、节水控制卡、空调用电卡、银行卡以及电话卡等，少则三四张，多则六七张，除了使用不便以外，学校也难以统一管理，数据的一致性很差容易造成不必要的混乱。

目前，随着各学校校园网的建成和投入使用，智能IC卡技术的应用日渐成熟，为校园一卡通系统的建立提供了保障，校园内实现一卡通管理已成为校园管理的必然趋势。校园一卡通系统可以实现校园内的个人身份认证，体现以人为本的校园管理；校园一卡通系统还可以与学校管理信息系统连接，实现学生、教职员工的基本信息个人查询，领导与部门宏观管理的数据查询与综合分析等；校园一卡通系统与银行系统相衔接可以将银行存款自助圈存到校园卡，以实现校园内各类消费；校园一卡通的统一身份认证、统一信息查询及共享数据平台，最终将实现资源数字化、传输网络化，用户终端智能化，管理结算自动化的校园信息化目标。

新型的校园一卡通平台已经在诸多方面超越了传统的校园卡应用，学生只需一张卡就可以在各个消费地点的POS机上刷卡付账，也可以在学校刷卡缴纳学费、转账缴纳学校的一切费用，而不需要费尽周折到银行转账或者排长队交付现金。校园一卡通亦可用做我们的身体档案，血型、体重、身高等基本资料及病历状况等均可记录在上面。校园一卡通还可代替学生证，把学籍基本信息记录在校园卡上，既有利于规范学籍管理，也可以为学校其他业务系统提供基础信息。

近年来，随着各学校校园网的建成和投入使用，智能 IC 卡技术的应用日渐成熟，为校园一卡通系统的建立提供了保障，校园内实现一卡通管理已成为校园管理的必然趋势；校园一卡通已经集成考勤、门禁、出入管理、上课或会议签到、水控、电控、补贴管理等管理功能，它和校园的图书管理、学籍管理、教务管理等均需要集成接口，真正做到校园一卡通通用。

第一节　系统结构

校园一卡通的建设是一项以校园卡为基本信息载体、构建于网络之上的复杂系统工程。

校园卡管理中心和校园卡结算中心是校园一卡通系统的两大职能部门，前者负责制卡、发卡和卡内数据登录（如充值）以及卡片的挂失、注销和补发等；后者则以联机或脱机（通过 IC 卡和 POS 下载中转）方式与各终端通信，实现服务信息的采集、统计、结算和与各收费单位的对账和分账等。

两中心的运作与学校的各项管理和经济活动紧密相关，行政隶属关系也因系统构建的侧重面和历史原因而有所不同，以致存在如下两种差异明显的系统建设模式。

1. 以信息系统建设为基础的建设模式

上海财经大学的校园卡管理中心则隶属于学校信息化办公室，负责校园卡系统的建设、维护、卡务处理和服务等，包括制卡、发卡、开户、撤户、挂失、补卡、换卡、转账、查询、充值、卡内参数维护及中心机房的硬件维护、软件更新升级和数据库备份，并通过财务结算中心实现与银行的金融结算和学校内部的财务结算。由于其系统建设与管理的主导不局限于财务部门，从学校整体信息化发展和管理（即融校园经济活动、校务管理和信息化服务功能于一身）的角度看，该模式更具优势。

2. 以财务管理（资金结算）为基础的建设模式

华东理工大学财务处是该校校园一卡通项目的系统设计、调研招标、资金筹集、建设验收和日常管理的全过程最主要参与组织者，由于财务部门在建设和运行中的主导作用，以致该校校园一卡通系统带有相当强烈的财务管理特征，其校园卡管理中心即设立于财务处，系统的日常管理和结算均由财务处承担。该模式在国内高校有相当多的应用，南京农业大学、南京航空航天大学和合肥工业大学等均取类似模式。这与国内院校的一卡通建设多以消费结算为前期工作重点不无关联（注意：随着时间的推移和情况的变化发展，各校所取模式未必一成不变。后同）。

部分院校则从技术的角度将此机构或职能置于学校网络中心，如中国人民大学的网络与教育技术中心等。该层面是一卡通系统的核心，主要设备有：负责数据存储、更新、备份、维护的中心服务器；承担全局参数设置、黑/白名单管理和包括密钥产生和更新的全系统安全监控及管理的综合前置机；提供各种 Web 查询服务甚至校内的网上购物和网上售票（火车票和电影票）等扩展性业务的查询前置机；管理监控校园内的 ATM 和自助圈存机等所有金融服务设施，并与银行前置机专线连接，作为实时转账业务的转账前置机等。

校园一卡通系统是以综合应用当前的先进计算机技术为手段，特别是网络技术、IC

卡技术、数据管理等技术，以提高学校对人、财、物进行统一管理的能力为目的而开发的，实现了校园内的身份识别、电子货币、电子交易等功能的计算机应用系统，它具有以下功能：可以替代教职员证、学生证、图书证、医疗卡、就餐票、开水票等。师生在校消费（餐厅就餐、日常用品购买、上网消费、体育设施消费其他日常生活消费等）；学校各科室、各办公室开支控制管理。（通过校园一卡通的学校各部门的虚拟账户，学校可以准确实现各科室、各办公室开支控制管理，如 A 部门到 B 部门复印，在 B 部门的 POS 机上刷卡从 A 部门的虚拟账户中扣除预设的费用，如此可以方便地控制各部门的开支，同时也可以为各部门作工作量的分析、现有资源的使用情况等）；额外还具有学籍管理、开学注册功能。考勤管理（通过出入人员控制，系统能准确把握在全校人员状况，能准确提供每个人某段时间是否在校）。图书借书管理、门禁管理。生活服务中心、学生活动中心、学生公寓、游泳池等处所的消费，等等。具体如图 5－1 所示。

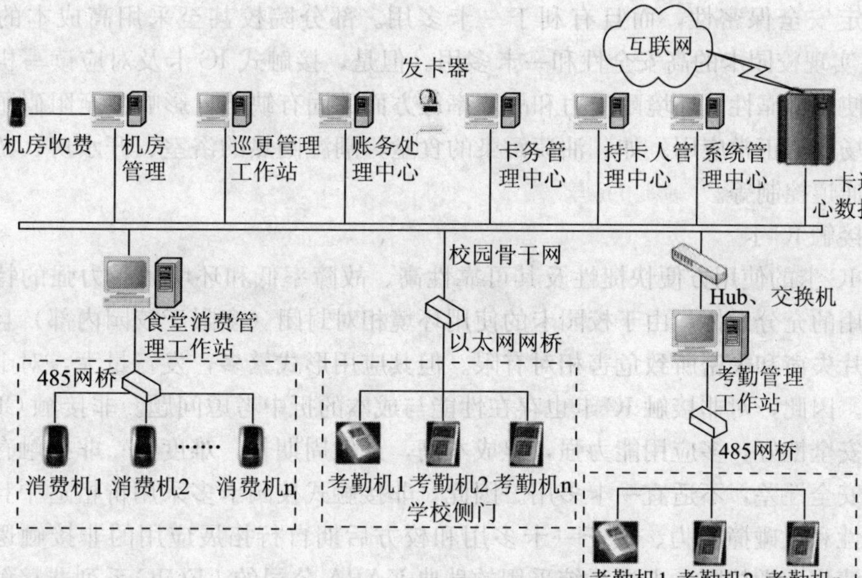

图 5－1　校园一卡通

一、卡片

从最初的就餐卡至今，校园卡已经历十余年发展。作为卡应用系统最基本部件的卡片，对校园卡和校园一卡通系统的性能、成本和安全性等始终有极大影响。

1. 介质选取

卡片介质的选取是伴随着 IC 卡技术的发展而发展，也反映了人们对“校园卡与校园一卡通”的理念认识和应用思路的拓展升华，其存在多种表现形式，如下所述。

（1）光电卡

最早出现，主要用做就餐卡，仅具备卡识别功能，相关信息全部置后台。成本低廉，但防伪性差，功能极有限，已很少使用。

（2）磁卡

曾用于机房管理等，主要用于对象识别，相关信息基本置后台。卡片自身成本低，但防污、抗损、防伪和使用便利性差，功用有限，而且读写机具复杂昂贵，故障率高，已基本淘汰。

（3）接触式 IC 卡

适用范围较广，如：就餐、打电话、机房管理、图书借阅和校医院就诊等。不仅具备识别功能，而且可进行相关信息存储，并具备一定安全防卫能力，甚至可采用 PIN 码鉴别和数据加密等更高安全技术手段。譬如：被“西南交大校园卡，96 系统”和北方工业大学校医院 IC 卡医疗管理系统采用的美国 Atmel 公司的 AT88SC l604 接触式逻辑加密卡。该卡的 16KbE2PROM 蕴含 1 个被主密码保护的公用区和四个分别被各自的分区密码和擦除密码隔离保护的应用区，兼备输入密码连续错误次数监测功能，该密码防护机制不仅使芯片具备一定安全保密性，而且有利于一卡多用。部分院校甚至采用高成本的接触式 CPU 卡，以实现校园卡的高安全性和一卡多用。但是，接触式 IC 卡及对应读写机具在操作便利性、使用可靠性、环境耐受力和故障率等方面的固有缺陷，影响甚至阻碍了这类校园卡在诸多场合的正常应用。如：油渍污染的食堂，潮湿闷热的浴室、开水房、游泳馆及人流拥挤的通道控制等。

（4）非接触 IC 卡

非接触 IC 卡的使用方便快捷性及其可靠性高、故障率低和环境耐受力强的特点有利于校园卡作用的充分发挥。由于校园卡的使用环境相对封闭（多限于校园内部）且交易金额小，则卡片失窃和失密所致危害相对有限。但其应用形式繁多，发行量大，对卡片成本有一定要求。因此，对非接触 IC 卡也存在性能与成本的折中考虑问题。非接触 CPU 卡和双界面卡的安全性好，多应用能力强，但成本高，开发周期长，难度大；非接触存储卡价格低廉，但安全性差，不适宜一卡多用。因此，非接触式校园卡多采用价格适中且具备一定安全保密性和反碰撞能力、便于一卡多用和校方后期自行拓展应用的非接触逻辑加密卡。譬如：清华大学校园一卡通系统采用的瑞典 KABA 公司的 LEGIC 系列非接触逻辑加密卡，即具备价格适中、安全性好（采用独特的 LEGIC 数据结构和 LEGIC 保密规则，实行软硬件双重加密）及容量适宜（可存储校园卡信息管理所需的基本数据，并可设置用于不同用户独立核算的多个电子钱包）等优点，它在该校的预期目标是：身份识别、电子钱包、公用机房、上网收费、教务管理、图书馆服务、医疗保健、奖/贷金和工资发放等，并首先应用于注册中心、图书馆、计算中心和 CAD、CAI、外语以及微机等开放实验室和校医院门诊等。

需要特别提到的是，目前，欧美和亚太地区的许多国家都在紧锣密鼓地实施银行卡 EMV 迁移（由磁条卡向集成电路卡转移），我国于 2006 年开始此庞大系统工程的前期试点，预计到 2011 年下半年 IC 卡发卡量约 5000 万张。该项工作的开展，必将对“银校一卡通”和后面将介绍的“城市公交一卡通”的未来价值和效用产生巨大影响。为提升卡的身份认定功能，该校园卡借用了第二代居民身份证的部分先进技术。其 8KB 存储空间纳入电子毕业证书并采取或计划采取相片、指纹和虹膜三级安全认证模式，系国内全日制学校之首创。

(5) 非接触IC卡+磁条式复合卡

该类校园卡是在非接触IC卡卡面贴敷银行磁条而成的复合卡，亦称“一卡双介质”。供“银校一卡通”，系统使用。除可利用卡上的非接触IC卡部分替代学校管理和生活所需的各种证件和支付手段外，还可通过磁条实现圈存、圈提、取现和消费等银行功能。

卡片内置的非接触IC卡芯片多取非接触逻辑加密卡芯片。该芯片的1KB存储空间采用16扇区分区，各区被独立的两组密钥和访问控制条件分别保护，通信数据采用DES加密算法和CRC数据校验，卡、机通信必须进行3次相互认证，而且价格较低、应用市场相对成熟的特点使之成为国内校园卡的首选对象。

(6) 非接触IC卡与磁条卡分离

某些“银校一卡通”系统采用分离的两种卡：非接触IC校园卡和银行磁卡。前者作为校园内部专用卡，用于身份证明（门禁、考勤、图书馆和其他各项教务活动等）和校区内的特定消费（上机、上网、就餐、洗浴、健身娱乐、打电话和小商品购置等）；后者则具备银行卡所有功能，可作为“主账户”，通过圈存机向IC卡划转资金。

2. 优缺点

(1) 优点

前述复合卡两卡合一。卡片丢失后补办手续繁杂、耗时长；两卡分离则减小了补卡的牵涉面和花费时间。

磁条部分成本远低于非接触IC卡部分，但损坏率却远高于后者，一旦损坏，将导致复合卡全卡报废，造成浪费；两卡分离则无此虑。

(2) 缺点

增加一卡片，对持卡人稍有不便。该方式已被对外经济贸易大学和上海财经大学等采用。

二、卡片类型

从功能和持卡对象的角度看，校园卡有3种主要类型：学生卡、员工卡和临时卡。

1. 学生卡

学生卡是校园卡的最主要组成部分，只有在校的正式学生才可申请办理这类卡，以取代原有的学生证、借书证和医疗证等，并可在校园内持卡消费和享受相应金融服务。

卡面可印刷持卡人姓名和性别等个人信息甚至照片；卡内芯片存储更丰富内容。芯片存储区多包含一个公共信息区和多个应用分区，公共信息区记录持卡人姓名、性别、出生年月、民族、政治面貌、系/专业、届次、班级、学号、身体状况、血型、禁忌症、身份证号、发卡时间以及发卡序列号等公开信息。这些信息只能由卡管理中心改写，但可供各相关应用服务分享。各应用分区相互独立，分别被各自的密钥所保护，禁止无关者非法读写。

2. 员工卡

该卡向在职或离退休职工发放，除具备学生卡类似功能和卡文件结构外，还可代发工资等。

3. 临时卡

该卡主要是向在校临时工作和学习的人员发放，功能较前两类正式卡相对少。根据需要，也可发行其他类型卡，如针对职工家属，可发行具备一定消费优惠功能（如就餐）的家属卡等。

此外，还有用于权限控制、密钥传送和数据中转等操作，仅供特定管理或操作者使用的管理用卡；置于各终端内，用于密钥存储和卡机认证的 SAM 卡等。这些辅助用卡不属于校园卡范畴，但对系统的安全性和正常运转有重要作用，而且基本上均为接触式 IC 卡。密钥卡和 SAM 卡更是高安全性的接触式 CPU 卡。

第二节　系统功能

在覆盖学校诸多领域的校园一卡通系统中，校园卡具有极其广泛的潜在价值和效用，如学生证、工作证、临时通行证；办公室、实验室、宿舍的门禁控制；学生的注册登记、学籍管理、成绩查询、奖助学金使用；图书馆的进入检验、借还书、电子阅览、复印、查询、罚款；机房的上机上网管理和收费；校医院的挂号及医疗费处理；教学、办公、学校建设和维修器材及物资的领取和借用；课题研究经费的使用；游泳馆、健身房、网球场、娱乐中心等文体场所的管理；师生考勤；校车搭乘；食堂售饭；打水、用电、洗浴；小卖部和校内商店的小额消费以及名目繁多的各种金融服务等。所有上述应用均可归纳为身份识别、消费支付和信息服务三大类别，而且每种应用可能隶属多个类别，如学生成绩查询即对应于身份识别和信息服务；校医院看病则至少涉及身份识别和消费支付，若欲查阅医院数据库保存的患者病史，则尚涉及信息服务；等等。

一、食堂售饭

食堂售饭是校园卡应用的最“古老”形式，经历了光电穿孔卡和接触式 IC 卡等形式，并逐步被防伪、抗污损和使用便捷性更佳的非接触 IC 卡所取代。

该环节可由教工食堂、学生食堂等若干子系统组成，各子系统与膳食科 PC（Personal Computer，个人计算机）组成局域网，实现全校膳食供应的信息化管理。每个子系统由一台 PC 和以总线拓扑方式通过 RS－485 总线与之相连、置于各售饭窗口的若干售饭机组成。各售饭机离线独立工作，与 PC 非实时通信；在某些场合或者为避免网络故障所致通信受阻，也可采用或备用一大容量 IC 卡等作信息传输媒介。

各售饭机均采用市电和蓄电池备份供电，以保证市电断电时自动切换后继续工作。采用可供就餐者和工作人员分别观看售饭信息的双屏显示，并采用信息的双向“镜像”保存，即在从卡中扣除金额的同时，售饭机也保存记录，最后汇总上报 PC 留档，以备查询和对遗失卡补卡时参考。

售饭机具备卡密码鉴别功能，可对逾期卡、伪卡和列入黑名单的挂失卡等予以报警，对剩余金额临界卡给予声光提示。可根据需要选用输入饭菜编号和直接键入金额等消费方式；对会议用餐等则可取更简捷的“打卡签到”确认。

膳食科和各子系统 PC 可实现日、月、季度、年营业情况汇总、统计、上报及其他相关数据处理，并向所辖售饭机下载黑名单和饭菜价格等信息。它们均可采取交纳现金或由卡中电子钱包划转方式向卡中特定“售饭”存储区写入金额，实现“充值”。对挂失卡，膳食科 PC 只能按照卡管理中心要求，上报该卡“用餐”项剩余金额，无权补卡。具体如图 5-2 所示。

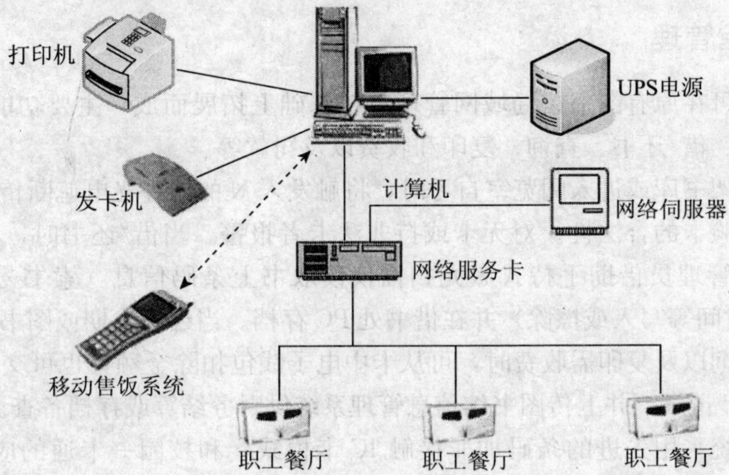

图 5-2　食堂售饭系统

二、机房管理

该部分功能是对上机/上网的登录、收费和查询。

基础档案信息：建立机房所辖计算机信息，包括计算机编号、计算机 IP 地址等基本信息；建立所辖消费机信息，包括消费机编号、消费机硬件地址等基本信息；设置费率以及时间单位。上机管理：读取持卡人卡号，验证密码，为持卡人分配计算机；监控计算机工作状态，持卡人上机状态；核算持卡人卡内余额，余额不足时发出提示信息。管理员可以通过指令远程控制计算机的工作状态，锁定计算机屏幕；计费管理：根据已经设置的计费标准（费率、时间单位）和进出刷卡时间，核算应收费金额。收费管理：消费机扣除应收金额，由消费管理子系统采集数据，其功能及工作流程参看上述消费管理子系统说明。

学生上机有计划机时和自购机时 2 种，前者根据教学需要，由教务处确定后预写入机房管理 PC，学生持卡上机即可；后者则由学生去校园卡管理中心购买，并将所购机时写入卡中。

各机房入口均有与机房管理 PC 相连的读卡器，由管理员监督。学生进出机房时需各打卡一次，其进出时间将写入卡中和 PC。对自购机时，将按此时差从卡中扣除。

对伪卡、挂失卡、上机时间与有关方面规定不符的卡和卡中机时不足或上次离开时未打卡的“逃逸卡”，应自动报警并给予相应提示。

上网的统计收费相对复杂，因为上网费用不仅包含使用机时，而且与用户的网上信息流量和不同信息费率有关。后 2 种信息包括用户识别（ID）码、访问时间、目的地和发送/接收流量等收费依据，只能由网络中心的访问日志数据库获取。应缴费用可由网络中心统计计算后下传机房PC，在用户二次打卡时从卡中电子钱包扣除，并记录存档。系统应建立简捷易用、直观明了的查询界面，使用户可凭卡查询自己的上机或上网和收费情况，也利于管理人员随时掌握机房的运营状况。上述管理模式也可延伸应用于CAD、CAI、微机和外语等其他开放性实验室。

三、图书馆管理

该部分功能可在原有图书馆局域网管理系统基础上拓展而成，主要功能是借书处/阅览室的进入检验、借/还书、查询、复印和收费以及罚款等。

对象进入开架书库或进入阅览室自习时，将触发人N的红外光电遮断传感器，继而使读卡器读卡并检验卡的合法性。对无卡或持非法卡者报警。当借/还书时，将校园卡放于读写器工作区，管理员借助手持式激光扫描仪读取书上条码信息（索书号），继而写卡（索书号和借阅时间等写入或擦除）并在借书处PC存档。当还书逾期或图书丢失、损坏需赔偿、罚款或查询以及复印需收费时，可从卡中电子钱包扣除金额，也可交纳现金，同时在卡中和对应PC记录，并上传图书馆信息管理系统供财务结算或存档备查。

图书管理系统采用先进的条码加非接触IC卡模式，和校园一卡通的应用无缝集成。采用条码编目的模式对图书编目，采用非接触IC卡（即校园卡）借还图书；对于遗失的图书及损坏的图书从校园卡中扣款消费。另外图书馆可以采用三轮滚闸门禁管理，滚闸分为一进一出，进门通过打卡进入，无须人员值守，出门可以放在图书管理员工作处，方便管理员监督。

部分高校已实现复印机与收费POS的对接，复印时将校园卡放入收费POS读写口，经收费POS确认卡片合法有效且余额够用后，即可按复印机原有模式复印。收费POS读取复印机的印张幅度和数目，自动按设定单价计算后，从卡中扣款，并将此交易信息发送结算中心。师生可在与图书馆管理系统连网的终端上凭卡查询个人借书情况和馆藏书目/文献等，甚至通过城市高教网了解其他院校的馆藏书目和文献。在图书馆电子阅览室，则可取类似机房上机或上网的管理方法。

四、门禁控制

门禁控制涉辖范围较广，如校门、楼门、办公室、实验室和宿舍等，且不同场合有不同要求，例如，在进入校门或楼门时，校园卡可用于身份证明，起到工作证和学生证的作用。而在办公室和实验室、文体场馆中，则可替代工作人员的钥匙，以非接触方式开门和关门。读卡器记录开/关门时间和卡号，存档备查。在实时联网的办公楼或实验楼，还可由总控室进行监视。对特别重要的机要室和财务处，则可采取更加严密的一卡一人进出控制，并辅以个人识别码（PIN）输入鉴别等其他安全防卫手段。此外，门禁系统在这类场合还常常兼有教职员工考勤功能。

根据学校的管理制度为师生进出学校、学生或教职工考勤和学生宿舍作息管理师生安排作息时间，根据师生的原始刷卡记录系统自动判断师生的出勤情况，生成报表，供管理人员查询。系统由门禁考勤管理工作站、考勤机、RS—485网络等部分组成。

基础信息：按树状结构建立农信内部部门档案，针对各部门建立员工个人信息档案。

卡片管理：建立卡片类别档案、发卡、挂失解挂、注销。

设备档案：建立考勤机基本信息档案，包括考勤机硬件地址、通信参数。

作息安排：建立作息安排表，为每位员工设定详细作息时间。

考勤规则：设置根据刷卡记录和作息安排判定考勤结果的依据规则如：准许误差时间，缺勤计算办法，加班计算办法等。

日常操作：采集数据，下载黑名单，设置门禁权限，时段机基本信息。

统计查询：统计刷卡数据，查询出入记录，自动生成相应报表。

系统维护：建立各级管理员档案，完成操作权限分配。

数据维护：交易数据的备份恢复、导入导出。

学生宿舍管理包括楼门控制和房门开启。房门可取非接触 IC 卡门锁（如留学生宿舍），也可用普通机械锁（如一般学生宿舍）。而楼门控制则取相对复杂控制方式，即读卡器现场接一 PC 打卡时对伪卡、过期卡、挂失卡和超越权限卡予以报警。对合法卡，则在屏幕显示卡号和姓名等个人参数的同时，屏显预存：PC 的卡主正面照片，供管理员比对，以防冒用。管理员可通过 PC 迅速、准确、直观地了解楼内有多少人、是谁和各人的进出时间等当前和历史记录，以利于宿舍的安全和秩序管理。国内高等院校和中小学近几年多次出现的恶性事件，更加深了对这类高技术管理的需要。

五、小额消费

为方便师生在校园内部小额消费（如小卖部、餐厅、校园商店、医疗、洗理、打电话、文体活动及前述各种消费等），应在卡中建立消费资金存储区——“电子钱包”。电子钱包中的资金可在校园内的充值点缴付现金后充入；也可由持卡人自行在自助圈存机上输入密码后，从其银行账户划入。该资金不加密，不记名，不挂失。为减小卡片遗失给卡主带来的损失，应对电子钱包的存储金额上限有所控制，并限定每次消费的最高金额和每日消费次数。

消费管理子系统能经过配置后直接适用于食堂就餐、商场超市、浴室收费、机房计时收费、体育场馆等，其主要功能如下：采集交易数据：将 POS 消费机中的记录采集到本地数据库；上送交易数据：将本地数据库中的交易上送到中心数据库，同时本地备份；下载黑名单，下载设备参数：下载已经设置的设备参数，如消费模式、消费扇区、消费密钥；查看设备的信息，设置通信参数，选择通信模式；设置参数（包括设备号、地址、有效期判断、消费模式、消费定值、次消费限额）；时间设置（设定自动采集交易时间，自动上送时间、自动或实时下载黑名单等）；本子系统操作员的管理（添加、修改操作员、操作员权限管理），备份本地数据库；该功能单元交易查询（该部门交易查询）；用户消费交易查询，交易明细查询（按时间查询已经上送、未上送的消费交易明细）；设备信息查询（设备基本信息、参数、故障表查询）；交易统计报表，交易对账报表（与一卡通综合账务处理中心对账的报表），本功能单元设备管理。

在未与银行联网的某些中小学，为帮助年龄较小的住校学生理财和协助家长对学生的消费进行约束，也可在卡中和系统数据库建立“电子存折”（Electronic Dessbook，ED）

区，由卡管理中心或财务处代为保管数额较大资金，并写入该区域。该资金不能直接使用，但可转入电子钱包用于日常消费付款。该区域的增减值操作，只能根据家长或学生要求并在家长或学生输入自选密码（校方不得知晓）后，由卡管理中心或财务处进行，并采取工作人员“数字签名”和所有操作信息的“卡—机镜像保存”，绝对禁止其他终端非法访问。

本系统由消费管理工作站、消费 POS 机、消费管理软件及相关通信线路组成。系统应用 IC 卡代替现金，卡片发行并预存款后，可在本系统使用。使用时，在操作员输入收费金额后只需将 IC 卡在收费 POS 机的感应区前一晃，POS 机实时与主机通信扣除所消费的金额，并将该次消费的相关信息写入 IC 卡中。消费管理程序对数据进行加工整理，管理员可根据需要查询营业报表及消费记录。同时，把黑名单通过 TCP/IP、485 网络下传到各售饭 POS 机中。本子系统能免去找赎及现金交易的麻烦，方便校园卡用户的消费和消费点的结算。本系统还可以利用消费额度控制功能来管理学生的消费额度；利用大额消费密码功能来确保用户的权益。

系统也可以采用脱机交易方式，所有的机具根据预先设定的消费模式（不定值、定值、编号）进行交易，读卡准确、交易速度快，双面 LCD 显示屏同时向操作人员和学生提示各种交易信息，并具有停电保护装置和功能。基于校园食堂消费系统的解决方案：考虑到食堂消费的特殊要求，消费系统能够制定 POS 消费机不同的消费方式。

对电子存折的所有增/减值操作和对电子钱包的所有增值操作都以 DES 加密文件形式（含卡主名、卡号、工作人员工号、时间和金额等）存放于卡管理中心数据库。经过授权的各收费终端，可对电子钱包减值或查询显示剩余金额，但不得增值。

收费终端多以脱机方式工作，且具备掉电保护能力，可以连机方式进行消费信息（消费卡的卡号、时间、金额和累积使用情况等）、交易参数（价格和折扣等）和黑名单的上传下送，也可借助大容量 IC 管理卡和 POS 以脱机方式实现。为确保系统工作的安全可靠，这类信息的传递不得采用可靠性低、抗攻击能力差的软磁盘，而且所有传递信息均不得以明文出现，并应采取奇偶校验、CRC 校验等冗余校验技术和防止非法篡改数据的信息验证码（MAC）。

六、补助发放系统

补助发放系统是校园一卡通的组成部分，该系统能实现补助发放，记录等功能。其实现方式有 2 种方式：第一，采用学生自助圈存补助的方式；第二，在消费机学生刷卡方式自动实现。

根据学校的补助政策设置补助类别，生成补助资料，经过审核，修改个人账户信息，为师生圈提补助提供数据基础。与补助有关的操作：

（1）持卡人信息浏览：系统自动调入持卡人信息表，显示所有持卡人资料，管理员可以方便设置条件进行查询浏览。

（2）补助发放信息浏览：根据设置的条件，查询浏览已经发放过的补助信息。

（3）批量发放补助：根据学校的补助政策设定发放条件，批量为符合条件的师生进行补助发放。

（4）个人发放补助：针对特殊补助为特定人个别发放补助。

（5）补助信息修改：查询补助信息，修改个别人员的补助。

（6）补助信息审核：查询补助信息，根据学校的补助政策审核已经发放的补助，审核通过后提交到系统中心数据库，经过结算处理后便可圈提补助。

（7）查询或打印报表补助发放表：按时间段生成未审核补助明细、已审核补助明细、已取消补助明细、已结算补助明细等报表。

（8）补助信息统计：按时间段统计各类别补助的总金额和总笔数。

（9）系统管理操作员管理：由本系统超级管理员分配系统操作员及权限。

七、校医院管理

从功能上讲，该类应用包含医疗信息查询和医疗费用支付两部分。前者涉及血型、过敏史、危急病症和医疗证号等首选就诊要素。根据需要，这些要素可独立存放于该应用所属存储区，也可置于卡的公共信息区；后者则包含挂号收费和医药收费。挂号费可从电子钱包直接扣除，医药费则按照学校规定计算后，再由电子钱包扣除。

病人须持卡挂号、就诊、结算和取药，对卡上金额不足者或其他危急情况，系统也可采取现金结算或其他补救措施。在个别已建立医疗信息库的场合，也可以卡中医疗证号为索引，随时调取病人以往病史，供医生参考，以提高诊治效率和质量。

八、金融服务

校园卡的磁条部分（银行卡 EMV 迁移后，将转向 IC 卡芯片，如前所述）用于实现银行卡的各项服务，如包括存款、取款、转账、余额和交易流水查询、修改密码、汇款以及账户和卡事故处理等在内的柜台服务；在 ATM、多媒体终端、收费 POS 机和圈存机上进行存款、取款、转账、修改密码、电子钱包充值、余额和交易流水查询以及金融服务信息查询等在内的自助服务；代收水费、电费、电话费、管理费和代发奖学金、助学金、工资、津贴等代收、代发业务等。

银校一卡通提供的金融服务将显著提升校园卡效用，给师生带来更大便利。譬如家长只需在千里之外与学校联名发卡的当地银行存款，在校的学生即可凭卡和密码在校园内的自助圈存机上将所需金额划入校园卡的电子钱包，用于日常消费；也可在教务处、财务处的终端上交纳学杂费和购买书籍等，家长则可凭借存折等在当地银行查阅学生的费用使用情况。新疆财经学院 2004 年 7 月启动的“金穗校园智能卡”项目，于此有较成功应用。

九、教务管理

目前，校园卡正在从刷卡消费和考勤管理等传统应用模式，逐步向办公自动化和网上教学等更为先进的教务管理应用延伸。例如：

1. 学籍或学业管理

学籍管理系统是校园信息化的基础模块，本系统仅仅为未建立校园学籍管理系统的学校提供学籍管理部分功能，主要是针对已经具备学籍管理系统的学校基于校园一卡通系统提供接口。该系统（或接口）的内容贯穿学生从新生入校到毕业离校的全部学习过程，可以即时了解跟踪学生学籍的信息。

学籍管理对学生基本信息、注册情况、简历、入学、奖励、处分、异动、成绩、学位、奖贷金、毕业等信息进行管理。在学生成绩管理中提供多种灵活的数据录入、浏览和查询方式，和学生选课信息相关联，在学生选课结束后，自动根据专业或课程进行开课，进入成绩录入界面，生成补考和重修学生名单，进行各种统计分析。

学生注册管理分别有新生注册管理和在校生注册管理。新生的注册内容包括学生金额、学号、报到注册情况等，新生的基本数据由招生办提供。新生报到后转入在校生的管理（专业、班级、学号）。在校生的注册内容包括报到和注册。注册分为：交全额、免交、贷款、缓交（必须给出理由和批准人）和未交五种情况，未交学费不予办理注册，贷款和缓交可先给予注册。学籍异动管理：学籍异动包括休学、退学、转班（专业、学校）、留级、降级、出国留学、开除学籍等。随时跟踪异动学生情况，提示异动情况的变化。学生异动的工作流程如下：提交个人申请表，对照学校相关文件进行相关处理，在系统中保留原有信息，登记新的信息。

在校生证书管理和奖励处分处理证书包括计算机等级、英语等级证书、工种证书。对证书的管理可以作为毕业资格的审查条件，奖励和处分管理辅助学生德育评价。证书的管理就实现：证书的分类、等级层次，证书的录入查询和统计。奖励和处分管理应实现：奖励和处分的分类和等级层次，奖励和处分情况的录入、检索、统计。

成绩管理（录入）根据班级、专业或系部输入成绩，根据课程或教研室输入成绩、采取较为灵活的组织方式输入。可根据班级、专业或系部输入成绩，根据课程或教研室输入成绩，根据学生输入成绩、采取较为灵活的组织方式输入。

成绩管理（查询）通过检索的个人成绩，分别按班级、系部来检索和打印成绩。

成绩管理（成绩的分析与统计）班级内进行统计和排序，在班级、系部、全院范围内进行成绩的统计，对单项课程进行横向和纵向的比较，进行自由选项与格式的统计和排序。学籍管理子系统对检索和报表设计的要求：提供几种常用的查询，可以进行自定义查询和综合查询，满足各种需要上报的报表和统计报表的需求，自定义报表的生成和打印。

毕业生管理，分为毕业审核管理、毕业手续办理（此模块留有与财务处、图书馆、食堂等单位的接口。）毕业审核分为学分审核和证书审核，根据学生所在专业的教学计划学生是否已经完成所需的学分和所就取得的证书，判定是否予以毕业，分别颁发毕业证书、结业证书和肄业证书，并说明结业或肄业的原因，通过结业证换毕业证模块对证书进行管理。

2. 网上教学和办公自动化

凭借校园卡的不同等级权限，可实现学校各部门管理制度和教学计划的发布和查询，校内信息资源的交互、共享和管理，以及教师的课程安排、网上教学、网上考试、网上阅卷及课题进度和经费的管理和查询等。

3. 远程教育

在开设远程教育的学校，校园卡的密钥管理机制，将为远程教育的学籍注册、学费缴纳、成绩记录查询以及对远程教育资源的高效、安全、合理使用等提供安全保障。

校园卡在以网络为基本运作平台的现代化教务管理中的应用，正在成为当今高校数字校园建设的热点。但网络化环境下不容忽视的安全问题，则成为制约这类应用的要素。公开密钥基础设施则是建立于公开密钥算法基础之上的一种网络安全基础设施，公开密钥基础设施与校园卡（主要是指高性能的双界面 CPU）的巧妙结合，将可实现对网络登录者的身份认证，确保数据的完整性、保密性和不可抵赖性，为网络化教务管理，也即真正意义上的一卡通和数字校园的实现，奠定坚实的安全基础。

十、中小学生管理

近几年，中小学校园卡的作用正得到越来越多关注和应用。除了可用于身份证明、考勤、就餐、图书管理、机房收费、小卖部、洗衣房、电子阅览室、自动售货机和市政公共交通外，卡上还记录有可供本校和相关外校读取的学生基本信息和学习成绩等，家长也可借助简易读卡器进行阅读。卡上和系统记录的学生刷卡信息将有助于学校和家长了解学生在校的日常活动情况。学生则可持卡在学校的校园管理信息系统的查询终端上，查询本人和学校信息。

将 IC 校园卡与手机短信技术相结合，为学校、家长和学生间建立沟通平台，则是中小学校园卡应用的又一新亮点。已有做法是：

（1）学生进出校门时，在校门口读卡机上刷卡，刷卡信息由 CMIS 系统以短信方式发出，家长手机将收到相应提示。

（2）学校可通过 CMIS 系统将学生在校表现、测试和考试成绩及学校通知等以短信方式发送到家长手机。当然，家长也可将其短信反向发送学校计算机系统，供校方或学生读取。

天地伟业家校通系统甚至还建立了安防报警平台功能：学生在相应终端刷卡（或刷卡后按指定键），即可向 110 或学校保卫部门报警。系统可实时显示报警位置，并可与现场视频装置联动，自动抓拍录像。

为了幼儿的安全，国内不少幼儿园也开始尝试“幼儿园卡”的应用：幼儿进园时，家长刷卡为孩子报到，登录到园时间；接孩子时，家长亦需刷卡确认身份，登录离园时间。若卡片遗失，家长可向幼儿园挂失。若挂失卡再次出现，读卡器自动报警。家、园双方职责分明，以遏制拐骗等非法事件的发生。此外，卡上还可记录疫苗接种等儿童健康信息。

十一、系统管理子系统

系统管理子系统是一卡通系统的通用管理部分，其主要功能包括：生成系统密钥（必须提供 3 组以上密钥矢量生成，并且洗卡密钥、发卡密钥、卡启用密钥分开设置）；子系统的管理（添加、修改、停用、启用）；功能单元类型管理，包含各种厂商管理；设备管理：接入一卡通的 POS 机、考勤等终端设备的管理和监控；操作员管理，对操作员的授权管理，以及启用、禁用；授权卡管理，对一卡通用户进行有效的授权管理。额外还包括数据库管理（如初始化、备份等）、设备管理（添加、修改、停用、下载参数）、功能组管理（添加、修改、禁止使用）、系统安全管理、日志管理。系统管理模块负责对整个系统进行系统管理，系统定义功能（子系统定义、部门定义、操作员类型定义）各个子系统需要在系统管理模块授权后方能使用，并在使用时按受系统管理模块的监控。通过系统管理模块可以对数据库进行严格的权限控制，以保证各个子系统数据的独立性、安全性及完整性。

十二、持卡人资料管理子系统

持卡人资料管理子系统属于一卡通通用管理平台，其主要功能是持卡人资料的管理和与其他系统如学籍管理系统的接口等，其主要功能如下：

持卡人身份管理；身份的基本信息来自统一身份认证系统；学生资料管理（自动注册、数据导入、打印、新增、修改、删除、查找持卡人记录等）；教职工资料管理（数据导入、打印、新增、修改、删除、查找记录）；临时工资料管理（数据导入、打印、新增、修改、删除、查找记录）；查找（按持卡人号查找、人员编号查找、人员姓名查找、部门编号查找、是否已经开卡查找）；单个添加、删除、修改持卡人记录；批量添加、删除、修改持卡人记录，打印报表（查询持卡人资料、打印相关报表）。

十三、卡户管理子系统

卡户管理子系统负责整个系统使用人员的信息管理、卡数据管理、卡片初始化、洗卡、开卡、发卡、退卡、挂失、销卡及黑名单管理等，系统支持大量的发卡业务，发卡量为 30 万张，可安装多个子系统，同时进行发卡业务操作，系统的主要功能如下：

检查连接设备，下洗卡、发卡、卡启用密钥；读卡（读卡后查看卡内信息）；开卡（为持卡人建立交易卡信息）；洗卡（卡的初始化）；发消费卡（按照规划好的卡结构，往卡内写基本资料，如姓名、编号等）；发操作卡、发授权卡（专门用于操作特定设备、特定操作的操作员卡以及授权用的授权卡）；卡启用（根据设置的启用参数、启用密钥启用卡片，往卡内先预付款）；快速发卡（针对单张卡的快速发卡功能，能一次完成洗卡、发卡、卡启用操作）；重发卡（如果发卡操作有错误，可以选择重发卡，重发卡能删除数据库中的资料，从而重新写资料）；挂失、解挂、补卡、离校销户、更改卡信息；黑名单管理、查询；发卡交易查询、发卡信息查询等。

十四、医疗管理子系统

医疗管理子系统是校园一卡通的组成部分，是建立在医务室管理及收费的基础上的；系统由非接触 IC 卡读写器（或收费 POS 机）、医疗管理系统、PC 机等组成。

医疗保健管理系统不设现金收费，采用 IC 卡扣除学生及教职员工个人医疗费用。在系统工作站为建立“健康档案”，医务室人员持合法操作卡开机后进入系统。学生或教职员工在医务室就医诊断后并读卡，显示器显示学生或教职员工个人“健康档案”，医务室管理人员用键盘输入诊断记录，药品名称及医疗费用等存入电脑中，最后把 IC 卡和药品一并交给学生或教职员工。

医疗项目设置，医疗档案管理，可以完成学生及教职员工的病史情况资料建档，内部医疗制度，记录病例（姓名、卡号、日期、结果、药品、费用）；药品种类管理、费用类别设置、读卡收费、上送收费交易、下载中心信息；查询：可按姓名、卡号、日期等复合条件进行查询。医疗收费明细报表，医疗收费统计报表，药品使用情况统计表，医务人员门诊情况报表；可采用校园一卡通系统医疗管理子系统，可能因为目前学校已经有非常成熟的医疗管理系统。

第三节　系统安全性

第一，高校面临着严峻的网络安全形势。越来越多的报道表明高校校园网已逐渐成为黑客的聚集地。这一方面是由于网络病毒、黑客工具的泛滥，用户安全意识的淡薄，而另一方面，高校学生——这群精力充沛的年轻一族对新鲜事物有着强烈的好奇心，他们有着探索的高智商和冲劲，却缺乏全面思考的责任感。有关数据显示，目前校园网遭受的恶意攻击，70%来自高校网络内部，如何保障校园网络的安全成为高校校园网络建设时不得不考虑的问题。

第二，网络安全一定是全方位的安全。首先，网络出口、数据中心、服务器等重点区域要做到安全过滤；其次，不管接入设备，还是骨干设备，设备本身需要具备强大的安全防护能力，并且安全策略部署不能影响到网络的性能，不造成网络单点故障；最后，要充分考虑全局统一的安全部署，需要能够从接入控制，到对网络安全事件进行深度探测，到现有安全设备有机的联动，到对安全事件触发源的准确定位和根据身份进行的隔离、修复措施，从而能对网络形成一个由内至外的整体安全构架。

所以，在对出口等重点区域进行安全部署的同时，要更加全面地考虑安全问题，让整个网络从设备级的安全上升一个台阶，摆脱仅仅局部加强某个单点的安全强度的手段。根据校园网的需求和现状，校园网在安全方面要满足以下几点安全需求：

(1) 校园网禁止外部非校园网用户未经许可访问内部的数据，实现内部网络和重要服务器数据的安全防护；

(2) 校园网内部各部门，个人之间网络访问进行控制，各部门，个人之间在未经授权的情况下，不能相互访问，实现网络的隔离；

(3) 加强网络监控，实现对涉及重要服务器数据的攻击行为的记录与分析；

(4) 加强网络病毒的防范；

(5) 加强安全管理，对校园网内部访问进行规范化。

由于校园一卡通系统上运行的是金融交易数据及其他重要的MIS数据，其安全性要求非常高，因此对整个系统的安全要有全面的考虑。为使整个系统安全、高效的运行，对系统本身的稳定性、安全性及健壮性都提出了很高的要求，最大程度地保护持卡人和校内其他授权商户或收款单位的利益。依据校园一卡通系统的功能组成结构特点，可以从以下几方面进行系统安全性的加强。

一、操作系统安全性

选择安全性和稳定性高的操作系统作为后台中心数据库的操作支持平台。SCOUNIX7.0操作系统就是一个合适的选择，与Win2000、Win98及其他操作系统相比，UNIX具有高安全性，安全等级达到C2级；没有病毒感染；操作系统性能卓越，运行稳定，大大减少了维护工作量。

二、通信网络安全性

校园一卡通系统从某种意义上说是校园网建设的一部分，但是由于它的应用特殊性，实质上它是一个专用网络，也就是一个小型的局域网。它的唯一出口是与银行相连的通信链路，从其他地方是没有办法进入一卡通系统的。推荐一卡通使用独立的网络或者使用VLAN。在与外界网络相连时，使用双网卡，将中心数据与外界进行物理隔离，安全封闭，同时通过防火墙对数据访问进行过滤，有效控制非法数据的侵入。与银行通信方面，采用一卡通前置机与银行前置机单线直联方式，不经过交换机，可以保证数据传输的可靠性和安全性。

三、数据通信安全性

在系统网络上，由于通信线路的公共化和电脑的易操作性，使得电子金融犯罪可能通过以下三个主要手段而得逞：一是窃取客户储蓄卡上的PIN；二是伪造和篡改财务交易信息；三是窃取（物理和电子）密钥。为此，网络上必须建立完备的数据安全保密体制，所以确定三个针锋相对的防范原则：

（1）不允许PIN的明码在通信线路和人工可操作的电脑存储媒体上出现；

（2）对任一交易信息必须做真伪鉴别；

（3）制定严格的密钥管理制度。

鉴于上述原因，我们制定以下方案来保证通信的安全、可靠：数据通信的加密功能：为了保证数据传输的安全性，我们在通信的过程中，不断变换加密密钥，对数据包进行加密。加密采用的是DES和3－DES加密算法。在系统中，我们设定两个密钥，主密钥和工作密钥。其中工作密钥是用来对每次的通信数据包进行加密，通信数据包的加密采用DES算法。而主密钥是用来交换工作密钥，工作密钥交换采用3－DES算法进行加密，保证数据通信的安全性。采用特殊的数据包格式：与银行共同定制一套数据报文格式，报文中规定各个含义字段的约束关系。即使数据报文被截获，截获者也难以理解其中的意思。

四、数据库安全性

数据库系统中可能要收集、存储和分析成千上万行信息，这些信息本质上有公共的，也有私有的。由于有这项责任在身，数据库系统必须使数据库管理员能适当地授权和限制访问。此外，数据库还必须提供防止未授权用户存取机密数据的方法；防止任何人对机密数据进行未授权的存取；防止未授权用户恶意删除破坏和擅自改变数据；采用审核技术监视用户存取数据；数据库安全性中最基本的概念之一就是验证，这是一个相当简单的过程，系统通过这个过程来证实用户身份。用户可以通过提供身份证明或验证令牌来响应验证请求。

我校校园一卡通系统采用Oracle8/8i作为整个系统的后台中心数据库。Oracle具有高安全性，安全等级达到C_2级，架构在公认系统级数据安全的基础上，Oracle数据库本身使用了多种手段来加强数据库的安全性，常见的就有密码、角色、权限等。而且，后台中心数据库采用双机热备份来保证系统安全稳定运行，使终端设备的批量交易数据能够实时回传。中心数据存储采用双重保障机制，一方面通过磁盘阵列柜进行交易数据的实时备份；另一方面通过磁带机对每天日结后的数据进行备份保存，绝对保证数据存储的完备、安全、可靠。同时，在交易终端，也采取多种措施防止交易数据丢失。如在网络不通的情况下，终端机可以脱网运行，终端本身能够存储 2 万多笔脱机交易流水。另外，现场网络的商务网关能够存储多达 10 万笔的交易数据，大容量的存储设备既保证了交易数据的不丢失性，也为系统故障恢复留出足够的时间。

五、跨校区互联安全性

现在一个校园可能存在有多个校区，主校区在与其他分校区相挂接时，应用代理服务器机制，保障数据库安全。设置一台工作站作为一卡通通信代理服务器，代理服务器提供对外的查询接口，它本身不存放任何数据，只是接受用户的查询并转发服务器中的数据，以此保护数据库服务器免受攻击。如 WEB 查询服务、多媒体查询机、电话语音查询等均运行在代理服务器上。在代理服务器上运行专用通信软件，定时负责与各个分校区的一卡通子系统交换数据，所有通信的数据包都采用加密算法和动态密钥交换机制，确保数据安全。

六、校园卡的安全性

校园卡采用黑白名单验证机制，无论联机交易还是脱机交易，都会对卡片的有效性进行再次的验证，确保万无一失。通过对以上多方面安全考虑，可以保证一卡通系统网络安全、稳定运行。为未来数字化校园的建设搭建了很好的扩展平台。

通过对校园一卡通系统安全问题的深入分析，提出了有效的解决方案，杜绝了校园一卡通系统的安全隐患，并将这些安全设计原则应用到我校校园一卡通系统项目实施当中，取得了良好的实际效果。

第六章 路桥隧自动收费

公路、桥梁和隧道收费是现代交通的重要组成部分，除了原始的完全人工收费方式外，它的另外2种收费方式：人工半自动收费（MTC）和全自动收费（ETC，即电子收费，又称不停车收费），都常常与IC卡紧密相关，其中作为未来发展方向的ETC，已成为世界各国优先研究、发展和应用的热点，已经在欧洲、北美、南美、澳洲和亚洲的许多国家和地区得以成功应用。

随着经济的发展和生活水平的提高，交通流量持续增长所致之交通堵塞、事故频发和环境污染等负面效应日趋严重。作为现代交通重要组成部分的（公）路桥（梁）隧（道）收费，于此有举足轻重的影响。

美国1986年在连接新泽西州和纽约州的林肯大道、1989年在达拉斯北部高速公路、1995年在日通行量达25万辆的91号州级公路上，均采用了ETC收费。到1996年，全美装备各种ETC系统的公路、桥梁和隧道数量已达50条，分布于12个州、市，用户数量（以车载单元计）达200万。欧洲对ETC的研究和应用始终抱有极大的热情：挪威的Bergen于1986年就进行了ETC应用。1990年，ETC系统已经在西班牙巴塞罗那的ACESA高速公路、挪威奥斯陆收费公路和意大利米兰到那不勒斯的高速公路上得以应用。1996年，意大利采用ETC系统的高速公路里程数已达977km。1996年奥地利采用ETC系统的高速公路里程数为400km，占当时该国1600km高速公路总里程的1/4，并计划于2001年在其所有高速公路上均实行ETC收费。英国、法国和葡萄牙等国也都有不同规模的ETC系统投入使用。

亚洲的新加坡1994年就完成了ETC实验工程，使收费过程完全自动化。马来西亚及中国台湾和中国香港也在高速公路或隧道实行了ETC收费，其中马来西亚和中国台湾采用了代表20世纪末世界先进水平、采用“两片式电子标签＋非接触IC卡”结构的双向式红外通信ETC系统。日本1994年开始实施“日本电子收费系统联合研究发展计划”，1997年形成其独特的DSRC（专用短距通信）标准，研发出采用“两片式电子标签＋CPI－7卡”结构和双天线主动式全双工通信的先进ETC系统已广泛应用于日本高速公路。加拿大407高速公路和澳大利亚墨尔本市的都市连接线分别于1996年和2000年开通了多车道自由流，ETC收费，这类最高收费时速可达200km/h的自由流，ETC已成为最引人注目的ETC未来发展方向。

目前，国际社会仍在寻求更加先进的收费方式，譬如：正在开展中的基于全球卫星导航系统和移动通信网（GNSS/CN）的虚拟电子收费技术的研究及其应用接口标准PIN：ISRO 17575的编制等。

我国的第一条收费高速公路是中国台湾1978年10月建成通车的台湾南北高速公路（高雄—基隆）。1984年广东省对广深和广珠6座大桥实施的有偿使用，开创了中国大陆公路收费的先河。

目前，我国的路桥隧收费方式已由完全人工收费方式发展为人工半自动收费、全自动收费和既符合中国国情，又与世界发展方向吻合的组合式收费（MTC+ETC）。虽然我国当前公路收费仍多采取“入口领卡、出口交卡付费”的MTC方式，但从1995年初广东佛山投入使用中国大陆首套ETC系统后，已有一大批进口或国产ETC或MTC+ETC系统相继上马。其中部分系统的技术水平相当先进（如上海虹桥机场路、广东广韶高速公路、山西太旧高速公路和广东虎门大桥的组合式收费系统所采取的“两片式电子标签+双界面卡”结构）并成功运营，部分项目则因政策调整和规划不周而暂停或未能如期开通。但它们都为我国路桥隧自动收费的应用和发展以及具备自主知识产权的设施的研究开发积累了宝贵经验，为IC卡在该领域的应用提供了更大发展空间。

据估计，到2020年中国大陆高速公路总里程数将达35000km，作为高速公路建设资金回收主要途径的路桥隧收费，将发挥更重要作用。

按照收费站点的设置方式，可以将这类收费划分为：收费合理但结构复杂、投资大，适宜距离长，互通立交多的高速公路的封闭式收费；收费欠合理，但结构简单、投资少，适宜距离短、互通立交少的高速公路和桥梁/隧道的开放式收费以及该二方式组合的混合式收费。而按照人工参与收费的程度，又可将之划分做人工收费、半自动和全自动3种收费形式。本章拟以后一分类方式表述。

第一节　人工收费与半自动收费系统

人工收费方式是目前仍在大量使用的一种收费方式，它基本上不用计算机，对通行车辆的车型识别、费用收取、票据发送和车辆放行等均由收费员人工完成。这种收费方式虽然投资少、上马快，但效率低，易致交通堵塞，漏收违纪现象多，环境污染严重，已不适宜车流量大、车速快的高速公路等场合使用。

半自动收费方式是较符合我国当前国情的一种收费方式。其采取人工（或仪器）判别车型，人工现金（或IC卡）收费，计算机计费、打印、汇总、统计及管理，有些系统还增加闭路电视监控系统和车辆检测器等。这种“人工收费、计算机管理、电视监控”的结构模式，可显著缩短收费时间，提高车辆通行能力，节约能源，减少环境污染，遏制漏收逃费，且投资相对少。因此，在我国高速公路收费中得以广泛应用。但由于收费和车型判别仍为人工效率不是最高。

半自动收费系统可由收费车道系统、收费站计算机系统、收费中心和分中心计算机系统组成。其中，收费中心计算机系统完成对各分中心计算机的数据采集、通信、处理和统计，生成各种统计数据和报表，进行系统的综合管理和调度；分中心计算机系统完成对所辖各收费站的数据采集、通信、处理和统计，生成相应统计数据和报表等；收费站计算机系统完成对本站各收费设施的监督管理，采集、处理和统计、分析本站各收费道口的收费数据和交通流量数据，生成相应统计报表等；收费车道系统是全系统的最基本单元，用于采集各收费道口的收费数据和交通流量数据、控制车辆通行、收取通行费以及执行违章处理等，其基本构成为：入/出口车道系统、闭路监视系统和内部对讲系统。

一、入/出口车道系统

该系统包括车道控制机、自动车型识别装置、读卡机或发卡/收卡机、车辆检测器、栏杆、信号灯、标示牌和摄像机等。

1. 车道控制机

车道控制机用于完成费用计算，对信号灯、栏杆和摄像机等各种车道设备的控制，以及车型识别和与收费站计算机的通信等，通常采用防尘、防磁、抗振动的全密封工业控制机。

2. 自动车型识别装置

车辆的收费标准将视车型的不同而不同，因此，车型的识别分类是收费的前提和依据。在 MTC 系统，该工作可取“收费员目视判别、管理人员通过闭路电视进行监督”的人工方式；也可采用无线电、红外及激光进行轮廓扫描，压敏传感器或无线电、红外和激光波束检测车轴数，图像技术自动识别车牌号码，读取预先颁发的 IC 卡中的车辆原始信息等方法，实现车辆的自动识别分类。多年来，车辆的自动识别与分类始终是 ITS 的核心技术和研究关注的热点，鉴于此，已投入使用的部分国内高速公路 MTC 系统也在暂时实行人工识别的同时，往往又预留自动车型识别接口，以顺应未来技术的发展。

3. 读卡机或发卡/收卡机

读卡机用于 MTC 一卡通无现金收费，此时的卡片为预先在售卡中心配置的储值卡或记账卡，并由用户自己保存。在 MTC 现金收费时，卡片仅为记录车辆和行驶信息的载体—通行卡（券）：入口处发放、出口处回收后重复使用。借助普通读卡机虽然也可进行 MTC 现金收费，但效率低、劳动强度大、易出错，在部分车流量大且取 MTC 现金收费的高速公路，可考虑采用专用发卡/收卡机。

发卡/收卡机有半自动（如广州市东南环高速公路 1998 年引进的法国 GEA 公司产品）和全自动（如广东省电子技术研究所 2001 年研发的 8503A－A）2 种形式，与普通非接触读卡机的主要差别是：

(1) 除具备最基本的读写卡片功能外，还增加了专用卡片周转箱—卡筒和收卡/发卡的机械传动机构等。卡片在卡筒内上下顺序叠放，并由机械装置控制卡片的进出。除了收卡和发卡瞬间外，工作人员一般无法直接接触卡片，以阻止偷卡和换卡等监守自盗行为。

(2) 每个卡筒均有编号且嵌有一记录此编号及卡筒所有者和责任人等信息的电子标识卡。收卡机在回收卡片时，将在此通行卡上自动记录卡筒编号及其进入卡筒的顺序号（对坏卡、非法卡和无效卡，将拒绝收卡并提示告警）。当将卡筒自出口车道的收卡机上取下时，系统将在标识卡上记录卡筒内实有卡片数，在将此卡筒装上入口车道的发卡机时，该信息将被系统读出。发卡机每发一张卡，均读取该卡记录的卡筒编号和顺序号，以检测卡筒在运输、存储和使用过程中是否被换卡和盗卡。

(3) 发卡/收卡机尤其是全自动发卡/收卡机，是 MTC 收费系统的发展方向，也是先进的可选择设备之一。采用它，可加强卡管理，遏制内部营私舞弊，减少卡片流失，自动检出坏卡/无效卡/非法卡，提高工作效率，降低收费员劳动强度。但也应看到：其首次投资相对高，且由于增设结构复杂的收/发卡机电执行机构，如若选购使用不当，也可能成为影响车道正常运营的潜在故障源。

（4）其他辅助设施。其他辅助设施有信号灯、标示牌、栏杆和车辆检测器等，其中车辆检测器采用电磁感应、压敏检测及波束阻断等方法检测过往车辆的出现和数量，为收费统计提供依据，防止作弊。

二、闭路监视系统

即视频子系统，供管理人员在监控室监视整个收费广场和各收费车道运行情况（能清晰分辨进出车辆的车型和牌号）以及收费员的业务处理过程（收费亭的实时显示画面和后期录像回放画面均同步叠加收费员工号、收费车道号、当前时间和收费金额等信息）。

根据管理人员需要，各监视画面可录像存档备查。发现异常情况，收费员亦可通过脚踏开关等触发报警系统，在发出监控室和收费亭内外的声光报警的同时，使闭路监视系统自动录像；管理人员可随意切换监控室显示画面，控制外场摄像云台转动、镜头聚焦和光圈调整等。闭路监视系统如图 6－1 所示。

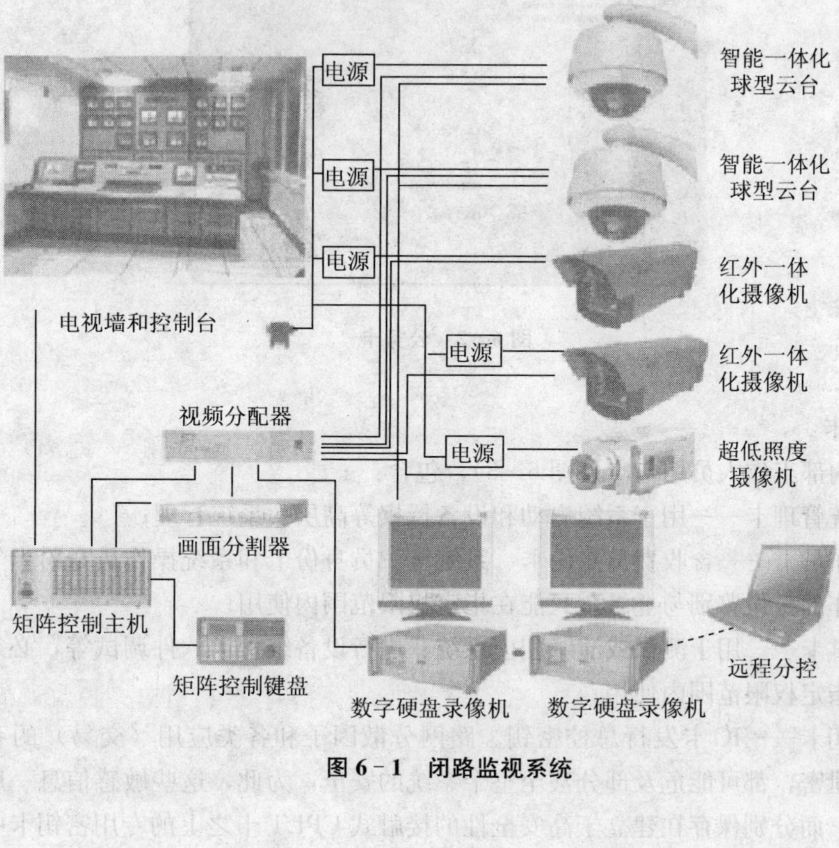

图 6－1　闭路监视系统

三、内部对讲系统

内部对讲系统即音频子系统，由一个主机和若干分机构成。主机设在收费站监控室，分机设在各收费亭，是监控室管理人员与各收费亭收费员之间进行管理和汇报的语音通路（各分机间不能相互通话）。按下主机“监听”功能按键，管理人员可监听相应收费站，以遏制违纪，加强安全防卫。

四、IC卡应用类型

从IC卡的应用类型看，除了针对一般用户的前述通行卡、储值卡和记账卡外，MTC系统还具备其他多种特殊用卡形式。

1. 公务卡

由路桥公司发放给特定政府部门或军、警、特等特殊机构并由之保管，在有效期内和指定路段范围使用，免收通行费；否则按实际行车路线足额收取通行费。为防止伪造、冒用和盗用等欺诈行为，持卡单位须定期去路桥公司的相应管理部门进行卡片合法性复核确认。公务卡如图6-2所示。

图6-2　公务卡

2. 系统卡

为系统内部工作人员用卡（见图6-3），包含：

（1）系统管理卡——用于系统启动和设备授权等高层次系统管理；

（2）操作员卡——含收费员身份卡、系统维护员身份卡和系统操作员身份卡等，用于员工上岗工作的身份鉴别与登录，只能在指定权限范围内使用；

（3）测试卡——用于测试或演示相应系统、进行设备维护和软件调试等，必须经高层授权后，在指定权限范围内使用；

（4）密钥卡——IC卡发行总控密钥、路网分散因子和各类应用（交易）的系统应用主密钥等的泄密，都可能危及部分甚至整个系统的安全，为此，这些敏感信息一般不存放在计算机里，而分别保存在建立于高安全性的接触式CPLT卡之上的专用密钥卡中；

（5）SAM卡——安装于消费/充值终端的一种硬件加密模块，用于存放相应交易的系统应用主密钥，实现前述各种 IC 卡与读写终端间的卡机双向认证和交易，是系统安全的重要屏障。除密钥卡和 SAM 卡外，前述各卡均可取非接触逻辑加密卡，以节省投资。

图 6-3　电子回单系统卡

第二节　全自动收费系统（ETC）

全自动收费系统（见图 6-4），又称不停车收费或电子收费（Electric Toll Collection，ETC）。该方式全部收费过程无须人工参与，可由电子化全自动完成，是智能交通的发展方向。其研究的起源可追溯至 20 世纪七八十年代，目前已成为世界各国交通部门优先研究、发展和应用的技术之一。

在亚洲，往往将 ETC 作为进入智能运输系统（Intelligent Transportation Systems，ITS）的第一步。马来西亚、新加坡及中国香港和中国台湾均已有成功应用。日本则从 1994 年就开始分阶段实施它的“日本电子收费系统联合研究发展计划”，由建设省牵头，邀请 10 家企业集团进行为期数月的 ETC 野外实验，同时开展全国范围的电磁场测试，于 1997 年形成其特有的 DSRC（专用短距通信）标准，并研制开发出采用“两片式电子标签＋CPU卡”结构和双天线主动式全双工通信的高性能 ETC 装置，已广泛应用于日本的高速公路。而中国大陆于 1995 年在广东佛山投入使用第一套 ETC 系统后（硬件设备从美国引进，管理软件由国内自行开发），又相继在诸多省、市的高速公路进行了 ETC 应用，且其中部分系统的技术水平相当先进。

ETC 系统是一种利用专用短程微波通信技术，通过路侧单元（RSU）与车载单元（OBU）的信息交换，自动识别车辆，采用电子支付方式，自动完成车辆通行费扣除的全自动公路收费方式。通过安装在车辆挡风玻璃上的车载电子标签与收费站 ETC 车道上的微波天线之间的微波专用短程通信，利用计算机联网技术与银行系统进行后台结算处理，从而达到车辆通过路桥收费站不需停车便能完成路桥通行费交纳的目的。通过不停车电子收费的技术手段，可以提高公路的通行能力、车辆运行效率，同时降低了油耗和车辆损耗，减少尾气排放，起到了节约能源和保护环境的作用。

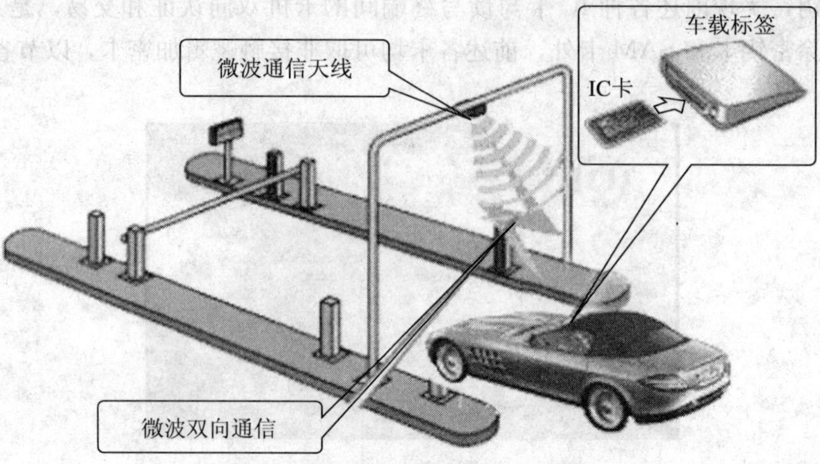

图 6-4　全自动收费系统

从 1988 年我国大陆第一条高速公路正式通车到现在，我国的高速公路建设取得了举世瞩目的成就。经过十多年的建设，到 2006 年年底，通车里程已突破 4.5 万千米，高速公路总里程位居世界第二，增长速度位居世界第一。据国家高速公路网规划，拟在全国建立起由中心城市向外放射，以及横贯东西、纵贯南北的大通道；大通道由 7 条首都放射线、9 条南北纵向线和 18 条东西横向线组成，总规模达 8.5 万千米。针对公路交通事业的长远发展需要，交通部提出了 8.1 万千米国家重点公路建设规划，计划到 2020 年完成，并与目前的国道主干线共同构成国家骨架公路网。

随着我国国民经济的发展，道路运行车辆逐年增加，高速公路网络逐渐形成。但是，目前高速公路收费站所采用的人工收费方式，由于其收费时间长且效率低下，导致收费站因车辆排队交费而成为车辆快速通行的瓶颈之一。同时，由于停车缴费造成的车辆频繁制动引起的机械磨损、油耗、噪声和由此产生的大量有害尾气等问题，使得开发与研究不停车收费系统成为我国公路交通的迫切需要。收费系统是经营型高速公路管理的重要组成部分，是我国“贷款修路，收费还贷”政策落实的重要举措。高速公路收费制式有开放式和封闭式 2 种。开放式收费仅按车型一次性收取通行费；封闭式收费按车型和行驶里程收取通行费。收费系统具有财务管理功能，能及时做好收费结算和系统核算等。

高速公路收费方式有人工收费、半自动收费和全自动收费方式。目前，我国 90%以上的高速公路收费方式还是采用人工收费或半自动收费方式。原始的人工收费、半自动收费方式已成为我国道路发展的主要瓶颈，存在以下几个方面的弊端：

(1) 收费设施及技术落后，收费站出入口容易形成交通拥挤；

(2) 各路段收费方式、标准的不统一，给车主交费造成混乱；

(3) 财务管理混乱，票款流失严重；

(4) 收费停车，停车排队浪费时间和燃油，汽车尾气对环境造成污染。

因此，采用更加先进的收费系统才能更好地解决当前收费系统的诸多问题。不停车收费是一种利用 RFID 技术并综合计算机网络技术用于解决当前交通收费效率低下情况下发展起来的。ETC特别适用于高速公路或交通繁忙的桥隧。实施不停车收费，一方面，可以允许车辆高速通过，减少车辆在收费口因缴费、找钱等动作而引起的排队等候。据测算，较人工收费车道，ETC车道通行能力可提高4～6倍。另一方面，可使公路收费走向电子化，降低收费管理的成本，有利于提高车辆的营运效益，同时也大幅降低收费口的噪声水平和废气排放，并可以杜绝少数不法的收费员贪污路费，减少国家损失。

一、系统设计原则

高速公路不停车收费系统在开发设计中，必须体现下述原则：

1. 系统的先进性

为适应21世纪技术发展及未来应用需要，系统应建立在先进的软硬件平台结构之上，设计采用最新的结构技术和策略保证系统的性能在设计时最优，在今后随着计算机软硬件技术的发展而提高。

2. 系统的开放性

开放系统是当今世界信息产业发展潮流，一个开放的系统可以充分利用世界上各种产品的优秀特性，在最小的系统开销下，方便地扩充整个系统的功能，充分保证系统的灵活性，并且随着新技术的发展，将新技术集成于系统之中。

3. 规范性

统一化、标准化是系统取得成功的必要条件。总体结构设计乃至接口的设计都要遵循国际及国家通用的规范标准，并将规范化、标准化贯穿于系统开发设计及项目生命周期的每一个阶段之中。

4. 继承性

高速公路网“一卡通”收费系统作为国内公路交通领域推行新型收费方式的项目，必须充分考虑已建和在建高速公路系统的收费特征，继承和兼容原有收费管理中的经验和精华，并使之贯穿到新的一卡通收费系统中。

5. 安全性

通过一个功能强大的安全控制系统，对系统中的任何对象及环节进行保护，满足国际和国内标准，即实现个人认证、访问控制、设置权限、通信认证等，以确保系统的安全运行。

6. 模块化

在系统总体功能设计时应该把按照实际的功能分解为若干易于处理的系统，然后在各个系统中划分不同的功能模块。

二、系统简介

ETC是一种利用专用短程微波通信技术，通过路边的射频读写器单元与车载系统的信息交换，以达到自动识别车辆；通过计算机联网技术与银行系统的后台结算处理，实施电子支付，完成车辆通行费扣除的全自动收费方式。

1. 工作原理

图6-5给出了ETC工作原理简图。

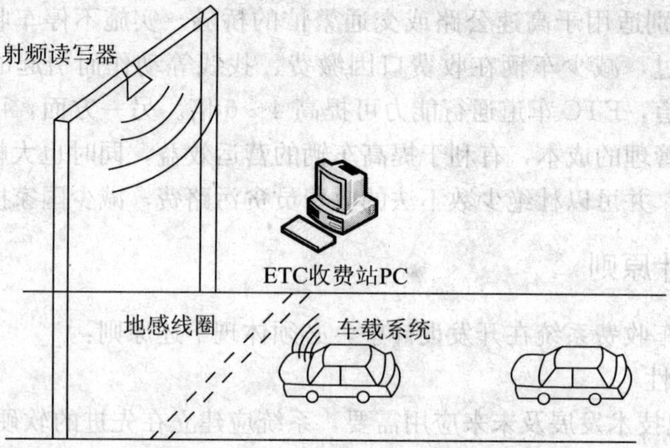

图 6-5　ETC 工作原理简图

当车辆通过 ETC 收费站时，地感线圈检测到车辆进入车道，触发安装在 ETC 天线架的射频读写器，射频读写器开始与安装在汽车挡风玻璃上的车载系统进行双向通信和信息交换，将数据传送给 ETC 收费站 PC，ETC 收费站 PC 根据不同情况来控制管理系统产生不同的动作，如从该车的预付款账户中扣除此次应交的过路费，并送出指令使其他辅助设施工作，如交易成功后，挡车器自动升起，放行车辆；车辆通过后，挡车器自动放下。整个收费过程无须人工干预，用户可不停车地快速通过 ETC 收费站。

2. 系统功能模块

射频自动识别不停车收费系统按其功能可分为控制子系统、自动判断型子系统、数据采集子系统、车辆检测子系统、闭路电视子系统和信号控制子系统等。如图 6-6 所示为 ETC 车道控制系统功能模块图。

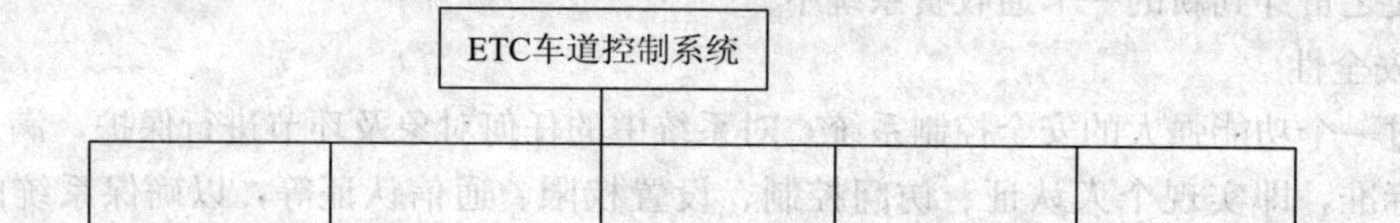

图 6-6　ETC 车道控制系统功能

各子系统功能简述如下：

(1) 控制子系统主要由车道栏杆控制机、收费员计算机终端等组成，它是整个不停车收费系统的核心，负责控制不停车收费车道所有设备的运行、收费业务操作的管理，以及与收费站计算机的通信和数据交换。

(2) 自动判断型子系统主要由光栅、高度检测器和轴数检测器等组成，它通过采集车辆的高度和轴数等参数，经综合分析比较来判别车型。

(3) 数据采集子系统主要由射频自动识别读写器（也称为路侧设备：RSU）和射频电子标签（也称为车载单元：OBU）构成。射频电子标签被安装在汽车挡风玻璃内侧的上方，在电子标签上写有标签编号、车号、车主、车型、应缴金额、剩余金额和有效期等信息。射频自动识别读写器被安装在收费岛的前端，它通过由磁波从射频电子标签上读取有关信息，并同步传送给车道控制主机。

(4) 车辆检测子系统主要由三组环形线圈组成。第一组环形线圈被安装在收费岛的入口处，用于激活天线读取电子标签的信息；第二组环形圈被安装在收费岛的中间出口处，用于控制通行信号灯和偏叉信号灯的状态；第三组环形线圈被安装在收费岛的出口端，用于统计车流量，并控制自动栏杆、通行信号灯和偏叉信号灯的工作状态。

(5) 闭路电视子系统主要由车道摄像机和收费站的监视器等组成。车道摄像机被安装在收费岛的前端，主要用于拍摄非法通过的违章车辆。信号控制子系统主要由通行信号灯、偏叉信号灯和自动栏杆等组成，用于提醒驾驶员正确使用不停车收费车道。

3. 关键技术

ETC 主要包括自动识别技术（AVI）、车辆抓拍和车道控制几部分。车辆自动识别技术是其最重要的技术，它直接影响到系统的性能和应用推广，也是区别不同的 ETC 系统的主要标志。交通运输本身的特点要求建立一种能够在全天候、恶劣环境下应用、远距离作用（10m 左右）、安全可靠性高、高速和寿命长的系统。微波可以穿透浓雾、雨滴、风沙等，适合于车辆全天候和恶劣环境条件下工作，同时有工作距离远、体积小，既可以有源发射方式（寿命可达 10 年以上）也可以无源反射方式（无寿命限制）工作等特点，因此射频识别技术能满足交通运输的要求。其工作波段主要 900MHz、2.45GHz 和 5.8GHz 频段，ETC 系统中应用最广泛的是 5.8GHz 频段。其工作原理如图 6－7 所示。

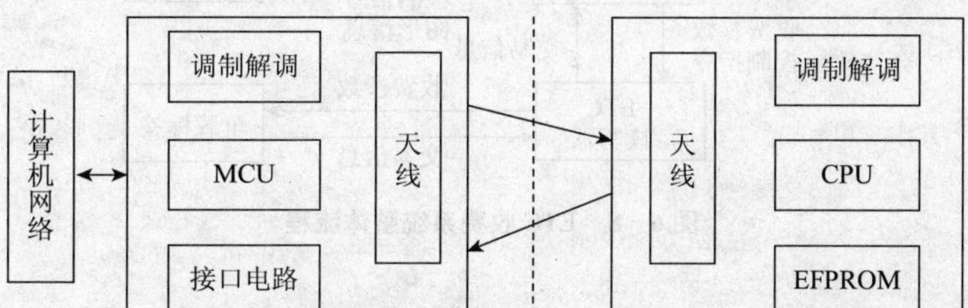

图 6－7　ETC 车辆自动识别系统

从图 6－7 可知，射频标签收到射频读写器发出的信号，经数据解调送控制单元进行处理，通过身份确认和密码验证，控制单元对 EEPROM 进行数据读写操作并经编码、加密后，再经调制发射出去。处理控制单元主要用于密码校验，编程模式检查，数据加密解密，并控制对 EEPROM 的读写操作。EEPROM 中存有车辆的 ID 号、车牌号、车型、司机等相关信息。射频读写器接收到 ID 号等信息后通过接口电路与计算机系统进行数据交换，做出相应的操作，从而实现对车辆的自动识别。

4. 系统的关键设备

射频通信设备是 ETC 系统的关键设备，它主要由射频读写器（包括天线）和车载标签两部分组成。其中车载标签按形态可分为单片式和两片式 2 种。

射频读写器负责与车载标签进行数据交换，并将数据传送给计算机进行处理。

单片式车载标签在物理结构上是一个不可拆分的整体，既存储了车牌号、车型等车辆物理参数，也记录了用户的消费账号、账户金额方面的信息。

两片式车载标签则由固定安装的车载标签和可插拔的支付卡（接触卡或双界面 CPU 卡）两部分组成，车载机里存储了车牌号、车型等车辆物理参数，而用户的消费账号、账户金额方面的信息则存储在支付卡里面。

5. 系统工作流程

ETC 收费系统是一个庞大的收费管理系统，不仅涉及 RFID 无线射频技术，还需利用计算机网络技术及银行系统进行后台结算处理（目前部分预付费系统可以不需要和银行参与结算）。收费系统整体流程如图 6-8 所示。

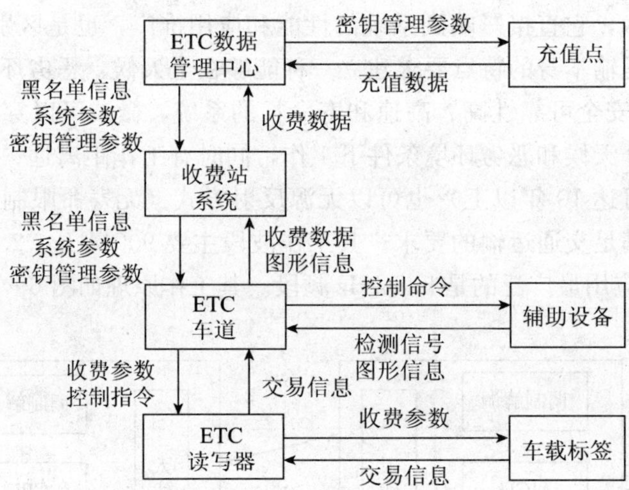

图 6-8 ETC 收费系统整体流程

车载标签进入车道入口，触发入口处的地感线圈、摄像机等辅助设备，地感线圈将检测信号发送至 ETC 收费站 PC，ETC 收费站 PC 将收费参数和控制指令发送至 ETC 读写器，读写器与车载标签进行数据交换；车载标签将交易信息及车辆信息传送给读写器。读写器将这些信息传送给 ETC 收费站 PC，同时摄像机则将图形信息传送给 ETC 收费站 PC，用来核实车辆身份的真实性；ETC 收费站 PC 将收费数据、图形信息传给收费站系统，由收费站系统汇总，传给 ETC 数据管理中心，管理中心作出相应决策后，将命令通过收费站系统回传至 ETC 收费站 PC；如果该车身份可靠，则扣费放行，否则，拦截该车辆。目前，大部分系统直接在收费站 PC 就完成了收费，收费完成就放行，车主身份认证只是在收费后认证（属于事后认证），以不影响通行效率。另一种方式是将非法车辆名单下载到收费站 PC 中，也是为了不影响通行效率。不停车收费系统业务流程如图 6-9 所示。

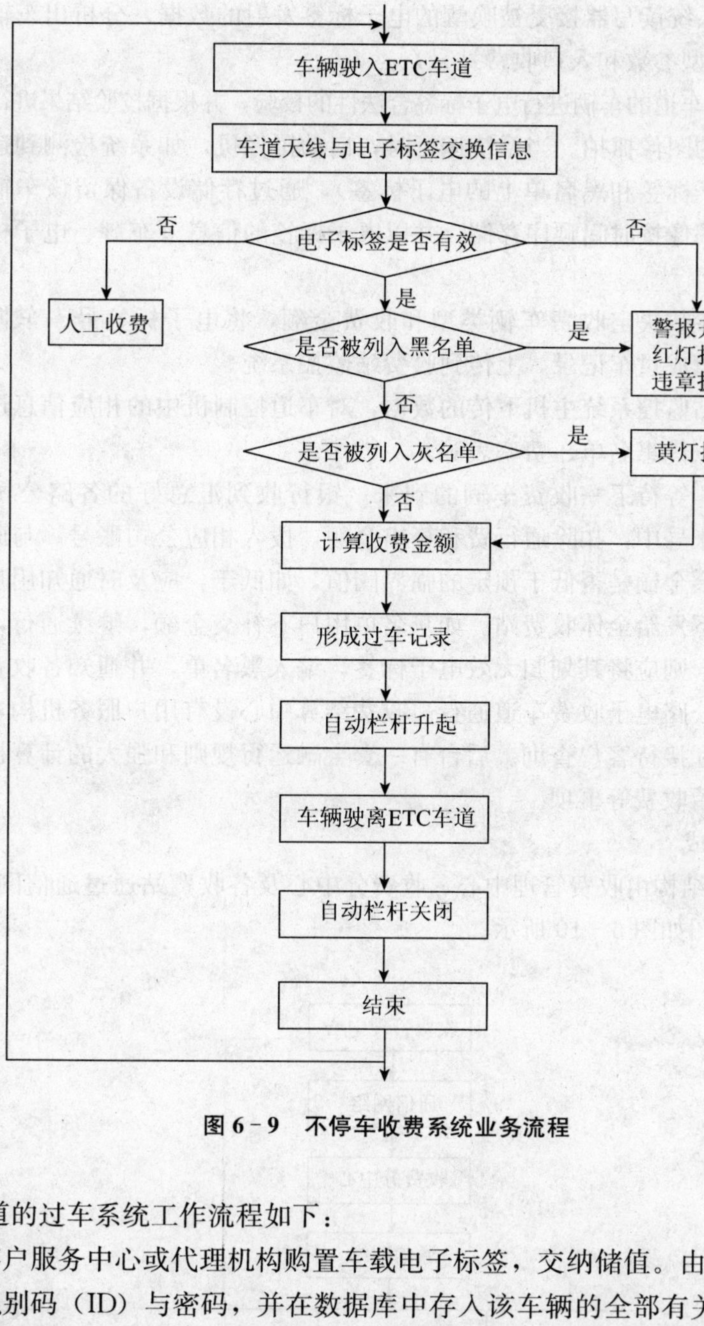

图 6-9　不停车收费系统业务流程

ETC 车道的过车系统工作流程如下：

车主到客户服务中心或代理机构购置车载电子标签，交纳储值。由发行系统向电子标签输入车辆识别码（ID）与密码，并在数据库中存入该车辆的全部有关信息（如识别码、车牌号、车型、颜色、储值、车主姓名、电话等）。发行系统通过通信网将上述车主、车辆信息输入收费计算机系统。车主将标识卡贴在车内前窗玻璃上即可。

（1）收费车辆进入到 ETC 车道工作区。

（2）车道控制系统的射频读写器和射频天线（统称电子标签读写设备）向车道的特定区域发车微波信号，唤醒电子标签。

（3）电子标签发射出本身数据信息，如发卡商（发卡银行）编号、车辆的车牌号、车类参数、电子标签号等标识信息。

（4）车道控制系统读写器接受被唤醒的电子标签发射的数据，分析出车辆的标识信息（车牌号码、车辆类型参数和入口收费站号）。

（5）对进入收费车道的车辆进行电子标签合法性的校验，并根据校验结果进行下一步操作。

（6）违章车辆的图像抓拍。当系统运行时，启动摄像机，如系统检测到违章车辆（无电子标签、非法电子标签和黑名单上的电子标签），通过存储设备保留该车辆的图像。违章车辆数据库中的图像按时间顺序存储，并以电子标签的信息（车牌、电子标签号等）作为索引查询。

（7）根据车类参数决定收费车辆类型和收费金额，将电子标签号、车牌号、过车时间、车道号等信息组成过车记录，上传到收费站监控系统。

（8）接收收费站监控系统主机下传的数据，对车道控制机中的相应信息进行更新，这些信息包括黑名单、优惠名单、费率表等。

（9）系统复位，等待下一收费车辆的到来。银行收到汇总好的各路公司的收费信息后，从各个用户的账号中，扣除通行费和算出余额，拨入相应公司账号。与此同时，银行核对各用户账户剩余金额是否低于预定的临界阈值，如低于，应及时通知用户补交，并将此名单（灰名单）下发给全体收费站。如灰名单用户不补交金额，继续通行，导致剩余金额低于危险门限值，则应将其划归无效电子标签，编入黑名单，并通知各收费站，拒绝无效电子标签在高速公路电子收费车道通行。收费结算中心设有用户服务机构，向用户出售标识卡、补收金额和接待客户查询。后台有一套金融运行规则和强大的计算机网络及数据库的支持，处理事后收费等事项。

6. 系统结构组成

ETC 收费系统结构由收费管理中心、收费分中心及各收费站通过通信网络连接而成。系统结构组成示意图如图 6－10 所示。

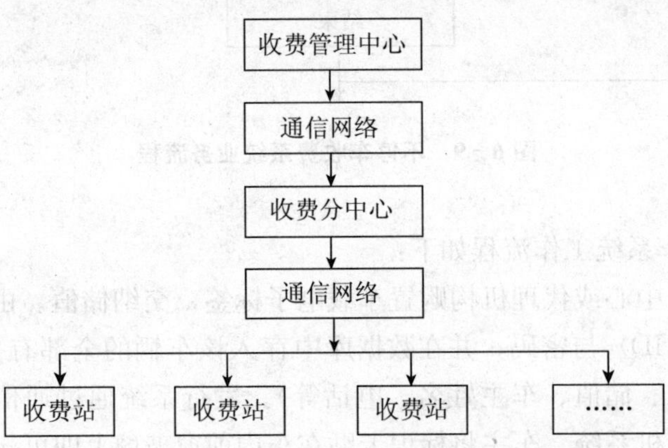

图 6－10　ETC 系统结构

各部分功能如下：

（1）收费管理中心主要功能

①汇集各个路桥自动收费系统的收费信息；

②监控所有收费站系统的运行状态；

③管理所有标识卡和用户的详细资料，并详细记录车辆通行情况。管理和维护电子标签的账户信息；

④提供各种统计分析报表及图表。收费管理中心可通过网络连接各收费站进行数据交换及管理（也可采用脱机方式，通过便携机或权限卡交换数据）；

⑤查询缴费情况、入账情况及各路段的车流量等情况；

⑥执行收费结算，形成电子标签用户和业主的转账数据。

（2）收费分中心主要功能

接收和下传收费系统运行参数（费率表、黑名单、同步时钟、车型分类标准及系统设置参数等）；采集辖区内各收费站上传的收费数据；对数据进行汇总、归档、存储，并打印各种统计报表；上传数据和资料给收费中心；票证发放、统计和管理；抓拍图像的管理；收费系统中操作、维修人员权限的管理；数据库、系统维护和网络管理等。

通信网络负责在收费系统与发行系统之间、在各站口的收费系统之间传输数据收费站与收费中心的通信，出于安全的考虑，收费站与收费中心之间采用 TCP/IP 协议进行文件传输的方式。

收费站数据库服务器与各车道控制机之间的数据通信模块是和车道控制系统的通信模块对等的，它包括以下功能：更新数据，当接收完上级系统下传的更新数据并写入数据库后，向各车道控制机发送更新后的数据；接收数据，实时接收车道上传的原始过车记录和违章车辆信息；发送控制指令，当接收到车道监控系统发来的车道控制指令后，将该指令实时地转发到对应的车道控制机上。

（3）收费站的主要功能

收费站采用远距离非接触收费读写器，当车辆驶抵收费站时，车辆上配备的 ETC 电子标签与收费读写器进行通信，将入口数据写入 ETC 标签并上传给收费站的 PC。车辆在驶至出口收费站时，经过 ETC 标签和收费站读写器的相互认证，将电子标签上相关信息发给收费站的收费读写器。经收费系统核对无误后完成一次自动收费，并开启绿灯或其他放行信号，控制道闸抬杆，指示车辆正常通过；如收不到信号或核对该车辆通行合法性有误，则维持红灯或其他停车信号，指示该车辆属于非正常通行车辆，同时安装的高速摄像系统能将车辆的有关信息数据快速记录下来并通知管理人员进行处理。车主的开户、记账、结账和查询（利用互联网或电话网）可利用计算机网络进行，通过银行实现本地或异地的交费结算。收费计算机系统包括一个可记录存储车辆信息的数据库。可以根据读写器送来的识别码、入口码等进行检索、运算与记账，并可将运算结果送到执行机构。执行机构包括可显示车牌号、应交款数和余款数等。

三、系统构成

从总体结构上看，全自动收费系统与半自动收费系统的主要差异仅在于收费车道系统，它们的收费站计算机系统、分中心计算机系统和中心计算机系统的逻辑结构与功用大致相同。全自动收费的收费车道部分可笼统划分为：车载单元和路边单元两大部分。

1. 车载单元

系指安装在运动车辆上（通常置于前挡风玻璃特定位置）、带有车辆信息并能与路边单元通信的电子装置，亦称车载电子标签，有以下 3 种类型。

（1）单片式只读型

内部仅含供 RSU 读取，作为后期结算划账依据的车辆“身份信息”。数据流向为单向传输，仅起纯粹的“标签”作用。早期在美国有较多应用，现已属淘汰形式。

（2）单片式读写型

内部含有供 RSU 读取的车辆“身份信息”，且 RSU 可向其写入车辆通过的公路入/出车道编号、时间及车型等信息，供后期结算。若采用预付款的储值卡付费，则可同时从其内置款项扣款。其与 RSU 的通信为双向传输。

目前，该类型 OBU 在欧洲和我国应用较多。通信过程为：

读写器中的微控制器输出的下行数据通过 ASK 调制器与 5.8GHz 载波进行幅移键控调制并放大后，经发射天线以微波形式发送；车载电子标签（OBU）则对其天线获取的信号进行解调，经放大器放大整型后，还原为二进制数据，完成下行数据的传送。

OBU 要传送的二进制数据（上行数据）将首先被 PM 调制器相移键控（PSK）调制 2MHz 或 1.5MHz 的副载波上，继而与此时读写器来的未调制 5.8GHz 信号进行 PSK 副载波调制，并由标签天线发送至读写器接收天线；读写器对其接收天线获取信号放大，并与 5.8GHz 本地振荡信号相乘，解调得 2MHz 或 1.5MHz 的 PSK 信号，继而经 PM 解调器的再一次 PSK 解调，还原得二进制数据，实现上行数据的传送。

注意：读写器采用的是发射、接收分置的矩阵式天线，以获取近 40m 的通信能力和对路面足够宽的横向覆盖。它们通常被安装在车道上方 5.5m～7m 高度的门架或高杆上。通信接口电路实现与后台控制系统的联系；OBU 为一自带电池的有源式电子标签，且具备用于收费状态指示的蜂鸣器和 LED 显示器。

（3）两片式

两片式车载标签是由车载机和可插拔的支付卡（接触卡或双界面 CPU 卡）组成。在路网联网状况下，装有两片式车载标签的车辆可以在 ETC 车道进行不停车收费服务，同时也可以使用支付卡在 MTC（停车收费）车道进行刷卡，并完成缴费。没有安装两片式车载标签的其他车辆仍然通过 MTC：车道进、出，完成缴费。由于两片式收费系统很好地涵盖了各种车辆的通行要求，而且只需在车流量大的收费站开辟 ETC 专用车道，投资金额相对单片式收费系统将大幅降低，并能很好地解决高速公路缴费堵塞的问题，保证了路网高使用率。因此，两片式收费系统是我国目前建立 ETC 收费系统比较实际而且有效的方案。

采用双界面卡是缓解上述矛盾的较好的办法：通过接触式端口进行 ETC 收费（此时的卡触点接触不良现象可能依然存在，鉴于此，已有制造商提出通过非接触端口进行 ETC 收费的方案），非接触端口用于 MTC 收费。该方法也是后述组合式收费的选择形式。两片式 OBU 的优点可归纳为：

①可反复充值

由于其将关键收费信息存储在 IC 卡上，则在采用预付费的储值卡方式工作时，如果余额不足，只需将卡取下充值或更换另一已充值卡即可；而单片式 OBU 则难以完成。因为为了阻止通过偷换 OBU 进行逃费，OBU 常常带有防拆卸功能，不能从车辆挡风玻璃上取下再次充值。单片式 OBU 多用做记账卡或作为不可充值的一次性储值卡。

②使用方便灵活

不仅可用于 ETC 车道，也可将 IC 卡取下，在 MTC 车道刷卡、付费。

③利于一卡多用

不仅可用于路桥隧收费，也可拓展应用于汽车加油、公用电话和特约商店消费，甚至还可拓展到其他更宽领域。

因此，尽管目前国内外 ETC 系统的 OBU 多为结构相对简单的单片式，但两片式 OBU 已成为世界各国研究的重点，也是 ETC 未来发展的必然趋势。如国外已开始从人机工程学考虑，将 OBU 的主体（逻辑控制部分、卡接口和功能更强的用户交互装置等）作为车辆部件之一，集成于用户便于操作观察的汽车仪表板，分离的通信天线则置于挡风玻璃或后视镜背面等。

2. 路边单元

路边单元 RSU 亦称车道单元，作用等同于 MTC 的收费车道系统。与 MTC 收费车道系统相比，主要变化是：将读卡机（或发卡/收卡机）更换为微波/红外收发装置。后者由控制数据的发射、接收和处理的天线控制器（接受车道控制机指令和数据、形成符合特定通信协议的数据帧、完成数据的编/解码）及置于车道门架或道旁立柱上的微波或红外天线组成，用于实现与 OBU 的远距离微波或红外通信。天线有 2 种工作方式：

(1) 向车道连续发送询问信号，并以此激活通行车辆的 OBU；

(2) 无车时休眠，有车时来车方向数米远的车辆检测器触发唤醒后发送询问信号。

ETC 路边单元完全可在 MTC 收费车道系统的基础上扩展而成。如果原有 MTC 收费站为每一车道一个收费亭的岛式结构，则只需为每一车道更换一组天线控制器和天线（微波/红外收发装置）即可。此点对降低“MTC 系统—ETC 系统”的升级改造成本和因经济等因素制约，希望逐步形成和提升道路通行能力的项目的建设投资和风险极为有利，也较符合中国国情。

采用传统的车道隔离的上述不停车收费系统称之为单车道 ETC 系统，世界某些经济发达、拥有较高车流量和交通管理水平的国家和地区，则已热衷于在高速公路主线上进行多车道（亦为无车道）自由流不停车收费。

多车道自由流 ETC 系统是当今 ETC 技术的最高形式，由于采用完全自动化的电子收费，不再需要专用导向车道、收费岛和收费广场等，收费站路面宽度与道路其他部分相同，车道天线等外场设备均安装于横跨道路的门架上。用户可在无须减速的正常行驶中完成交费，车辆通过收费点的最高时速可达 200km，具有很高的通行能力。如新加坡的电子收费道路（ERP）、澳大利亚墨尔本市的都市连接线和加拿大 407 高速公路等。中华人民共和国交通部 2000 年 10 月开始施行的《高速公路联网收费暂行技术要求》也指出：“高速自由流电子不停车设施的设计行车速度一般应大于 160km/h（无收费车道）”。

为对付冲卡逃费现象，自由流 ETC 系统必须具备一整套高效率的逃费取证和处置功能。通常是采用高速、高分辨率摄像机实时抓拍车辆牌照，继而事后处理。

3. 车载单元与路边单元通信

车载单元（OBU）与路边单元（RSU）间的无线通信是ETC系统的关键技术之一，目前有以下2种实现方式。

（1）微波通信

该方式是OBU与RSU通信的最广泛应用形式，是一种无线电射频专用短程通信(Dedicated Short Range Communication，DSRC)。ETC系统的技术标准化也主要是对此DSRC的标准化。而DSRC标准的内涵包括：载波频率、工作方式、调制方式、通信协议和传输速率等。与IC卡国际标准一样，DSRC国际标准的制定实施也对ETC产品的制造使用有重大影响，涉及各相关国家利益。因此，虽然国际标准化组织（ISO）已收到美国、日本和欧洲的提案，但最终国际标准仍因各方在载波频段选取等问题上的争论，而难以出台。

另外，在全球ITS发展热潮的推动下以及ETC巨大潜能和优越性的诱使下，自20世纪90年代后半期开始，北京首都机场路，上海虹桥机场路，广韶高速公路，沪宁高速公路，广州八桥一隧，山西太旧高速公路，广东佛山、顺德、南海，四川宜宾、德中，重庆内三桥，广东虎门大桥，天津津滨路和海河大桥等一大批国内项目，相继引入的5.8 GHz，2.45GHz和915MHz载频的单片式只读型、单片式读写型和两片式ETC系统。这些互不兼容的系统一轰而上，大有"一路一卡"态势，不利于ETC优势的发挥和未来发展。为此，鉴于国内ETC应用现状和国际DSRC标准的发展趋势以及5.8GHz系统在数据传输率、通信距离、安全性、抗干扰性和可扩展性等方面的优势，中国TC 204技术委员会早在1998年5月就向交通部无线电管理委员会提出：将5.8GHz频段分配给ITS领域的短程通信，包括ETC系统。

目前，基于5.8GHz载频的"交通专用短程通信"国家标准的制定工作已经开展，最终标准即将出台。这将为确保全国各大区域的系统兼容性、为"一卡走天下"的目标的实现奠定基础；也为ETC设备的引进和国产化研制，提供依据和便利。

（2）红外通信

红外光是一种应用日益广泛的通信介质，奥地利EFKON公司的双向式红外通信不停车自动收费系统及其在马来西亚、中国台湾以及巴西等国家和地区的成功应用，已充分体现了该通信方式在ETC领域的价值。

相对于目前备受青睐的5.8GHz射频通信，红外通信的优点是：

①射频系统可能因反射引发干扰或因车辆移动产生相位移，不同车道间的信号易相互干扰；红外系统则不会因路面或车辆反射产生干涉或相位移，且其方向性好，不同车道信号不会相互干扰。据文献介绍，即使车速达240km/h，该系统仍能正常工作。

②红外光对无线电通信无干扰，则不存在射频系统必须考虑的载波频率使用申请批准问题。

③该系统所取850nm波长红外光强度仅为阳光中同波长红外光强度的千分之一，对人畜无影响，不存在微波对人体影响的环保争议。

④射频系统天线安装维护麻烦，在增加收费车道时必须考虑此影响；红外系统则无此顾虑，其安装维护容易，可根据需要随时增加车道设备进行通信，因此适用于高速、多车

道、车流拥挤、无分隔岛和车道变换频繁场合。

⑤射频系统采用侧带调制，必须借助复杂的调制—解调设备，将信号加至高频载波和滤除载波；而红外系统使用基带调制，对红外光进行通—断调制，使 OBU 和 RSU 装置的结构简化，成本降低，便于使用、维护和扩充。

⑥当今高档汽车普遍采用添加金属离子、可阻挡热和紫外线的隔热挡风玻璃。1998 年以来，经 CEN（欧洲标准委员会）大量实验表明，该玻璃对 5.8 GHz 微波信号的衰减高达 25～40DB，即微波信号的 99%为之吸收。CEN 不得不接受建议，在汽车后视镜附近的挡风玻璃上预留一 120mm×70mm 的不含金属离子裸玻璃。对普通贴膜玻璃，其贴膜也必须切开同尺寸窗口，供微波通过；而对 850mm 红外光的相同实验的信号衰减仅 7DB，令人满意。

当然也应当看到，红外光的抗雨、雪、雾等天气变化影响能力较微波差，且易受遮蔽物阻挡，因此在北美等地区的推广遇到较大阻力。

四、系统结构

实际联网状态下的不停车收费系统在多个独立运行的 ETC 系统基础上，通过通信网络将它们互联起来，对所有 ETC 收费单位进行统一管理、联网收费。需要实现的主要功能包括：采集收费数据；管理收费车道的交通；建立车道控制系统与后台管理网络的数据接口；实现联网收费；建立完善的结算、拆分方法；提供业主内部管理功能；满足客户、管理部门的查询要求。通过分析系统功能需求，提出模块化、层次化的结构，系统功能结构如图 6－11 所示。

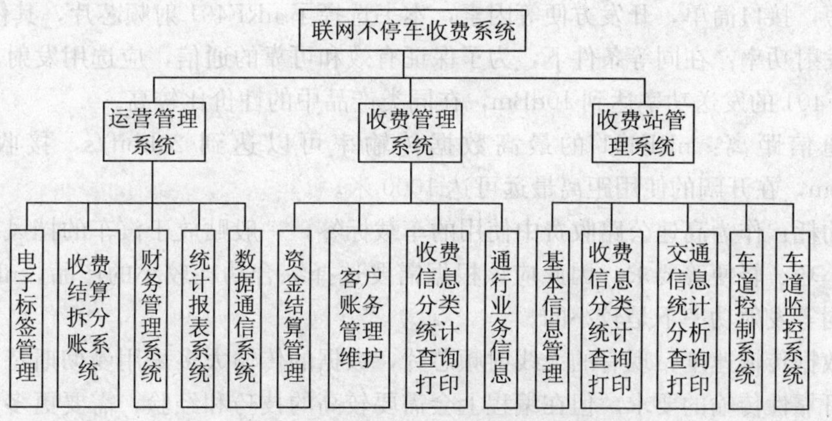

图 6－11　联网不停车收费系统功能结构

由图 6－11 可知，联网环境下的不停车收费系统涵盖客户服务系统、收费管理系统和收费站管理系统，即 3 个业务子系统及 14 个功能模块构成。

1. 运营管理系统

营运管理系统是联网收费系统的核心层，各收费中心利益的实现都是通过该营运中心来完成的，它不仅是整个联网收费系统的超级监控中心，同时也是各收费中心的授权认证结算中心——各收费业主将自身收益的分配交给营运管理中心负责。主要完成以下功能：汇集各个不停车收费系统提供的收费信息；监控省或更大范围内所有收费站管理系统的运行状态；发行、管理和维护电子标签的用户信息；管理和维护电子标签的中央账户信息。

2. 收费管理系统

收费管理系统是收费系统的中央管理系统，收费站的上级部门，管理旗下的所有收费站。由于授权营运中心负责交通费的收集与分配，收费中心从这些工作中解脱出来，从逻辑上看，它是连接下属收费站与营运管理中心系统的纽带和中转站。它对下属收费站进行监控，并收集收费站上传的原始收费数据、违章车辆等信息，对这些数据进行分类、汇总，适时地向营运管理中心传送。同时接受营运管理中心分发的信息，转发到下属收费站，转发信息包括：费率表、车类转换表、黑灰名单及待注销的电子标签等。

3. 收费站管理系统

收费站监控子系统负责与通行的车辆通信、读写车载电子标签的信息并进行计费处理、控制车道的交通设备；监控 ETC 车道的工作情况；将车道控制机上传的原始过车记录上传到上级部门（收费中心），接收收费中心下传的最新费率表、车辆转换表、黑灰以及待注销的电子标签名单，并将这些信息下传到车道控制机内；此外还要进行本收费站内的数据处理，包括：记录查询、报表统计、人员管理。

五、系统设计

1. 无线射频芯片选型

无线射频芯片是整个射频系统的核心部件，基于高速公路应用的需求，考虑方案成本低，体积小，功耗低，通信距离远，集成度高，外围元件少，加工容易，数据传输率高，传输时间短，接口简单，开发方便等因素，本书选择了 nRF401 射频芯片，其依据是：

（1）发射功率：在同等条件下，为了保证有效和可靠的通信，应选用发射功率较高的产品。nRF401 的发送功率达到 10dBm，在同类产品中的性价比较高。

（2）通信距离：nRF401 的最高数据传输率可以达到 20kbit/s，接收灵敏度高达－105dBm，在开阔的使用距离最远可达 1000 米。

（3）功耗：作为高速公路收费中使用的车载标签，一般贴放于汽车的挡风玻璃上，要满足形状小巧、轻便等要求。因此应该根据需要选择综合功耗较小的产品，nRF401 的工作电流在同等发射功率下是较小的。

（4）数据传输速度：现有的无线射频芯片，数据的传输大多采用曼彻斯特编码，虽然满足数据可靠性传输的要求，但在编程上会需要较高的技巧和经验，需要更多的内存和程序容量，最重要的是曼彻斯特编码大大降低数据传输的效率，一般仅能达到标称速率的 1/3，无法适应高速数据通信的需要。nRF401 是采用与单片机串口相连传输数据的芯片，应用及编程非常简单，传送的效率很高，而且采用有线方式的串口传输，数据的误码率也非常低。

2. 车道阅读器主控制器选型

系统中，车道控制器主要负责两方面的工作：一方面与主控机 PC 交换数据，另一方面实施监测车载标签的数据。由于无线部门使用的是 nRF401 芯片，通过串口与单片机相连，而连接 RS—485 总线也要占用一个单片机串口资源，因此阅读器部分至少需要连个串行接口。实际设计中，使用 Winbond 公司的 W77E58 作为这一部分的主控制芯片。

W77E58 内含两个增强型串口和 32kB 大容量 Flash 存储器，最高工作频率可达 40MHz，完成一条指令最快只需要 4 个机器周期，并提供了 12 个内外部中断，两级优先级，可以适应更多的需求。本系统中，主要利用了 W77E58 的双串口的特点，串行口 0 经过 RS485 电平转换芯片与远端上位 PC 机进行通信，串行口 1 与 nRF401 芯片连接。

3. 车载标签控制器选型

由于车载标签有着形状小巧、轻便、功耗低等要求，本书选择低成本、低功耗的 AT 89552 作为标签的控制器。AT 89552 是一个通用的低功耗，高速 8 位 CMOS 单片机，其功能函数和管脚定义都和工业标准的 80C51 兼容，提供 8KB 的 EPROM，256bit 片内 RAM，32 个 I/O 口，3 个优先级和一个全双工的 UART 串口。另外，由于 AT 89552 的静态逻辑设计使得它的工作频率范围从 0 开始，支持 2 种节点模式，即 Idle 模式和 Power—down模式。

4. 无线通信模块设计

使用 nRF401 进行无线通信开发，通信质量与模块的 RF 性能息息相关，因此 nRF401 通信模块的硬件设计部分是十分重要的。nRF401 的射频天线使用的是外接天线，该外部天线使用差分方式连接至 nRF401 的 ANTI 端和 ANTZ 端，天线端推荐负载阻抗为 400Q。功率放大器输出是两个开路输出三极管，配置成差分放大电路，功率放大器的 VDD 必须通过集电极负载，当采用差分环形天线时，VDD 必须通过环形天线的中心输入，典型差分天线的原理图如图 6-12 所示。

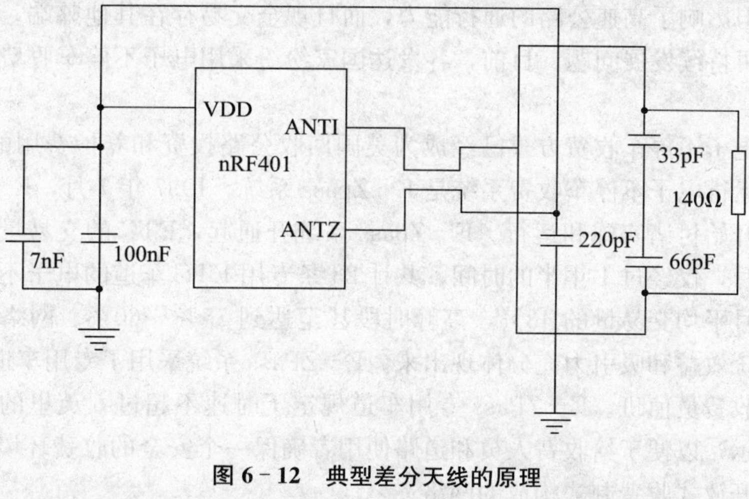

图 6-12　典型差分天线的原理

为了获得较好的 RF 性能，应该严格按照 nRF401 文档设计通信模块的原理图，元器件的选择也尽量与文档要求一致。在设计中，由于发射和接收频率的误差应该在 30kHz 以下，因此对外接参考晶振有一定的要求，其稳定性应大于正负 35ppm，否则会对接收精度有较大的影响。外接 VCO 电感应选用高频电感，工作频率下 Q 值应在 45 以上，精度为2%，实际应用中使用5%精度的外接电感，系统仍能正常工作，但通信距离受到影响。阅读器模块使用Maxin公司的MAX485芯片组成RS－485接口电路，其中单片机的P1.0、P1.1引脚控制MAX485的DE端和RE端。RXD、TXD引脚接入RS－485网络。Pl.2－Pl.6作为nRF401控制和数据信号，通过双排针与nRF401模块相连。此外，还预留了一个4针接口，与单片机系统的RXD、TXD以及VDD、VSS相连，方便系统调试和串口监控。

5. 标签模块设计

标签模块通过无线接口响应上层控制器发送的查询请求，回送其存储的数据信息。其主控制芯片使用Atmel公司的节能型51系列CPUAT 89552，工作电压为3.3V。设计上使用单片机内部串口连接nRF401通信模块，P1.0－P1.2依次作为nRF401的控制端CS、PWR－UP和TXEN。此外，为了保存汽车的各种有用信息，单片机系统还使用了串行EZPROMAT 24C10保存数据，该芯片使用SPI总线，单片机的Pl.3和Pl.4分别作为时钟控制端SCL和数据传送端SDA。

六、国内外ETC建设发展现状

1. 国外发展情况

国际上，美国、欧洲、日本诸国很早就针对不停车收费系统中的研发技术、工程实施和标准规范进行了深入研究，并向国际标准化组织提交了有关不停车收费标准的草案，欧洲和日本提出的标准较为成熟，获得了较广泛的厂商支持。

在20世纪80年代国家大力推行“贷款修路，收费还贷”的政策下，促进了国内高速公路的快速发展，该建设模式使得在修建路桥的同时也修建了若干收费站，在采用人工收费方式时，不但影响了高速公路的通行能力，而且现金交易存在其他弊端，以及导致环境污染等一系列可持续发展问题。目前，各发达国家纷纷采用电子不停车收费系统来缓解上述的压力。

在美国，电子不停车收费方式已经成为美国回收公路投资和养护费用的高效率手段，最著名的联网运行电子不停车收费系统是E－Zpass系统。1997年7月，E－Zpass工程的最终运行方案开始付诸实施和运行。E－Zpass系统开通起，ETC的交易量持续增长，截至1998年12月，仅经过1年半的时间，共计23条专用ETC车道的电子不停车收费网络就承担了整个月平均交易量的43%，高峰时段甚至达到55%～60%。网络化运行的电子不停车收费系统效益和吸引力充分体现出来。E－ZPass系统采用了专用车道、混合车道2种模式，都有收费员值班。E－ZPass专用车道规定了时速不超过5英里的限制，并有相应的标志牌提示，以便于给收费人员和道路使用者确保一个安全的收费环境。另外，美国基本上是采用开放式收费制式构成的网络。

葡萄牙的ViaVarde电子收费系统可以算作欧洲具有代表意义的联网电子收费系统之一，由葡萄牙最大的公路运营商BRISA公司管理。收费系统采用封闭式和开放式相结合的模式。事实已证明，ViaVarde电子收费系统是既有利于道路使用者又有利于道路运营商的有效收费手段。根据运营报表统计数据，人工收费车道（MIC）的平均通行能力为200辆/小时，电子收费车道的平均通行能力为1500辆/小时，1条ETC车道的通行能力是 MIC 车道通行能力的 7 倍。该 ETC 车道的显著特点是没有自动栏杆，车辆能以不低于 80 千米/小时的速度通行。如果没有 ViaVarde 系统，运营公司将不得不多修建 2000 多条人工收费车道以解决收费拥堵问题。

在日本，推进政府和企业提高到很高程度，其中就包括电子不停车收费。由于技术上的难度和协调问题，时至 1999 年才开始真正实施全国性的 ETC 网络建设，首先建成的是东京附近的首都圈 ETC 工程。在总结了有关经验后，从 2000 年开始大坂、名古屋等多条高速公路 ETC 建设，共计 100 多个收费站，400 多条 ETC 车道。按计划应该于 2001 年年初投入运行，但由于联网调试上的难度，到目前为止仍在进行之中。日本采取的是接触式 CPU 卡加两片式电子标签和双 ETC 天线的方案，车道设双向打开的高速栏杆，无人职守，具有很高的安全性和车道通行能力，有完善的密钥扩散机制和电子标签发行流通体系，但车道系统投资和电子标签成本都高，与我国的公众消费水平有较大差距，道路运营公司难以接受。

2. 国内建设情况和特点

我国最早的 ETC 系统应用开始于 1996 年 10 月，广东省路路通有限公司引进美国 TI 公司的 ETC 收费设备，开发了 ETC 收费系统软件，并在佛山、南海、顺德等地方的收费公路上建立了 ETC 车道并投入运营，发行了 10000 多张电子标签。

1998 年，北京首都机场高速公路采用美国 MTECH 公司的产品，开通了 2 条 ETC 车道，发行了 500 多张电子标签。2001 年，广东省采用组合式 ETC 技术在广韶公路、虎门大桥完成 ETC 示范工程并使组合式 ETC 技术进入了真正的可操作阶段。2003 年，长沙机场高速路开通了当时最先进的路桥不停车收费系统。2004 年，成都机场高速公路启用不停车收费系统。2005 年，北京机场高速公路收费站“升级版”的不停车收费系统投入运行，新系统增加了抓拍取证、违章稽查等功能。2006 年 12 月，八达岭高速与京津塘高速的 15 个收费站试行不停车收费系统。2007 年 4 月，厦门高速公路不停车收费系统运行。

我国在修建各条高速公路的同时，也修建了比较大的收费广场，使得我国对 ETC 系统的需求不如其他国家迫切，目前主要的高速公路基本上还是采用人工收费的方式，即使部分高速公路开展了 ETC 收费试验工程，也只是在收费站增设一个 ETC 收费公路，主要还是以人工收费方式为主，离全自动、无人值守、联网收费的真正意义上 ETC 收费系统还有很长的一段距离。我国漫长的公路线，数量庞大的收费站，高速公路的负载不断增加，使得建立 ETC 系统的需求越来越迫切。交通部等相关部门为了鼓励我国自主开发相关知识产权，于 2007 年 5 月 1 日发布国家 ETC 相关标准。

目前，我国提出“双界面 CPIJ 卡＋两片式电子标签”的组合式联网收费技术方案，并采用人工半自动付费方式和电子不停车收费相结合方式，这种收费方式在很大程度上解决了大规模路网内电子不停车收费问题。

3. 国家 ETC 标准制定现状

最近几年来，随着我国高速公路联网收费的发展，国内众多省市高速公路已开通电子不停车收费（ETC）车道。区域内联网收费已很成熟，但区域间联网收费却存在系统兼容问题，阻碍了我国高速公路的健康发展。

2007 年 3 月 19 日，电子不停车收费系统标准正式出台，该标准从物理层、数据链路层、应用层、设备应用和物理层主要参数测试方法五方面作出了相应规定。标准如表6-1所示。

表6-1　电子收费标准

序号	标准号	标准名称
1	GB/T20851.1—2007	电子收费专用短程通信第1部分：物理层
2	GB/T 20851.2—2007	电子收费专用短程通信第2部分：数据链路层
3	GB/T 20851.3—2007	电子收费专用短程通信第3部分：应用层
4	GB/T 20851.4—2007	电子收费专用短程通信第4部分：设备应用
5	GB/T 20851.5—2007	电子收费专用短程通信第5部分：物理层主要参数测试方法

该标准的出台填补了我国电子收费标准的空白，为我国高速公路区域联网收费乃至全国联网奠定了坚实的基础，将有望改善目前我国各地区ETC系统互不兼容的局面。

第三节　组合式收费（MTC＋ETC）

在加拿大407高速公路采用的纯粹ETC系统中，为了最大程度地发挥ETC系统“电子收费和快速通行”的优势，对无卡车辆采取“自动抓拍，车牌号识别，车辆户口数据库检索，寄送账单”的办法追索欠款。遗憾的是，这种“先抓拍、后处理”的收费方法，不适应中国用户的使用习惯和整个社会较低的信用水准；澳大利亚墨尔本都市连接线对无卡车辆采取的“银行账户预付款并在登记日期通行”收费办法和对无卡且未登记的“闯关”车辆实行的事后追款方法，同样也不适宜我国。从中国国情看，这类高速ETC系统存在成本高、一次性投资大、建设周期长、利用率低和投资风险大的缺点。实际上，许多交通发达国家的收费站，常常也是MTC车道与ETC车道并存。

鉴于此，2000年6月，中国国家ITS工程技术研究中心于第四届亚太地区ITS年会上提出“组合式收费”方案：通过“两片式电子标签＋双界面CPU卡”，实现MTC与ETC的有机整合。该方案已于2001年开始，相继在上海虹桥机场路、山西省高速公路、广东省高速公路和广东虎门大桥得以成功应用。

一、组合式收费系统的技术特点

1. 同时兼备MTC和ETC两种收费方式

ETC车道实行ETC无现金收费，MTC车道实行MTC现金或无现金收费。在无ETC车道路段或ETC车道故障时，带MTC设备车辆亦可经MTC车道实现MTC现金或无现金付费，且MTC车道可较容易的升级改造为ETC车道。因此，系统的设计和使用灵活性大、扩展性好、利用率高、投资风险小。

2. 以双界面CPU卡和非接触逻辑加密卡为收费介质

前者用于MTC或ETC的无现金收费：当双界面CPU卡插入电子标签时，可实现

ETC 无现金收费；将之取下，则可进行 MTC 无现金“刷卡”付费。由运营单位发行，用户自己保存。可根据运营需求，做成含记账信息的记账卡或带电子钱包的储值卡。非接触逻辑加密卡则用做无卡车辆 MTC 现金付费的通行卡：入口领卡，出口交付现金。

二、组合式收费系统的服务功能

该系统可向用户提供以下五种服务功能。

1. 停车方式的储值卡付费（MTC＋SVC）

此时用户所持双界面卡被设置为储值卡（SVC），卡内以电子钱包形式记录其预付款余额。在 MTC 入口车道，用户将卡交由收费员“刷卡”，记录入口地点、时间和车型等信息后进入高速公路；在出口车道，仍由收费员“刷卡”，系统自动从卡中扣除应付金额，完成无现金收费后放行。

2. 不停车方式的储值卡付费（ETC＋SVC）

用户将此双界面储值卡（SVC）插入两片式电子标签，在车辆减速通过 ETC 入、出口车道时，上述记录和付费操作都将在 OBU 与 RSU 间的无线通信中自动完成，无须停车。

3. 停车方式的记账卡付费（MTC＋ID 卡）

此时用户所持双界面卡被设置为记账卡（ID 卡），卡内记录与用户账户对应的用户特定信息。在 MTC 入口车道，用户将卡交由收费员“刷卡”，记录入口地点、时间和车型等信息后进入；在出口车道，仍由收费员“刷卡”后放行。用户应缴费额被系统自动“记账”，作为事后与银行清算的依据。

4. 不停车方式的记账卡付费（ETC＋ID 卡）

用户将此双界面记账卡（ID 卡）插入两片式电子标签，在车辆减速通过 ETC 入、出口车道时，上述记录和记账操作均在 OBU 与 RSU 间的无线通信中自动完成，无须停车；系统事后按欠款记账与银行结算。

5. 停车方式的现金收费（MTC＋CASH）

该付费方式是国内目前采用较普遍方式：在 MTC 入口车道，用户领取记录有入口地点、时间和车型等信息的非接触逻辑加密卡；在出口车道，用户将卡交还收费员，收费员“刷卡”后，系统自动计算应付费额，用户现金付费。

三、组合式收费系统的密钥管理与应用

IC 卡的密钥管理和应用体系是组合式收费系统（也是前述 MTC 和 ETC 系统）的重要安全屏障；而 SAM 卡则是此安全防卫体系的最关键要素，是“一卡一密”、“一文一密”安全机制的基础。

SAM 卡的全称为：安全存取模块或安全应用模块，是一种防止外界通过读写终端进行非法攻击的硬件加密模块。从物理结构、机电特性和硬件逻辑上看，它与普通接触式 CPU 卡并无多大差别。但由于片内操作系统（COS）指令集的针对性调整和密钥设置，显著提升了其信息存储和传输的安全性。譬如：在任何情况下，它的内置密钥和算法都不可能被读出；密钥的任何微小改动都必须首先获取更高层授权并采用安全报文通信等。

1. 生成发行总控密钥

由至少两个可信赖者的人输入数据组合成发行总控密钥种子，继而用特殊算法由此密钥种子计算得发行总控密钥。

2. 生成各个应用系统应用主密钥

采用密钥分散算法，由发行总控密钥和路网分散因子（特定业务的业务代码）生成相应业务，即应用文件的系统应用主密钥 MK（MasterKey，也即业务主密钥）。此 MK 将包括：与卡片的基本信息文件（记录卡片基本信息，属性——只读）对应的共享主密钥；与收费信息文件（记录车辆进出车道信息，属性——读写）对应的普通消费主密钥；与交易记录文件（记录最近 15 次交易细节，属性——读写）对应的交易记录主密钥；与电子钱包文件（记录电子钱包信息，属性——读写）对应的减值（扣款）主密钥和增值（充值）主密钥。

该 MK 可包含：应用主控主密钥、应用维护主密钥和用于充值的圈存主密钥、用于减值扣款的消费主密钥、产生交易认证码 FAC 主密钥，以及仅用于电子存折交易的圈提主密钥和修改透支限额主密钥等。

3. 生成 SAM 卡

将上述各系统应用主密钥 MK，分别下载至针对相应业务的 SAM 卡。此时，各 SAM 卡的应用类型和存储密钥将视应用场合的不同而不同，如：用于消费交易的 SAM 卡称为 PSAM（Purchase SAM）卡，对采用一般非接触卡的 MTC 系统，其存储共享、减值、普通消费和交易记录主密钥安装于车道读卡机内；对采用双界面卡的 ETC 系统，则其存储应用主控主密钥和消费主密钥，并置于 RSU 中。用于充值操作的 SAM 卡称之为 ISAM（Increase SAM）卡，对采用非接触卡的 MTC 系统，其存储共享、增值、减值主密钥；对采用双界面卡的 ETC 系统，其存储应用主控主密钥和圈存主密钥等均安装于脱机充值终端内。

4. 生成用户卡密钥

利用密钥分散算法（子密钥推导算法），由相应 MK 和卡片序列号生成该卡的相应应用文件子密钥 DK。对非接触卡，即为共享子密钥、普通消费子密钥、交易记录子密钥、减值子密钥和增值子密钥，也即对应应用文件的 KeyA/KeyB，并存放于相应扇区的密钥块中；对双界面卡，则生成应用主控子密钥、应用维护子密钥、消费子密钥、圈存子密钥、TAC 子密钥、圈提子密钥和修改透支限额子密钥，置于卡中 Key 文件。表 6 - 2 即为某市高速公路组合式连网收费系统在其双界面卡应用软件的连网收费应用目录下的各应用文件读写权限与相应子密钥的关系。

表 6 - 2　　连网收费应用目录下的各应用文件读写权限与相应子密钥的关系

文　件	文件类型	读写权限与各子密钥的关系
KEY 文件	密钥文件	应用主控子密钥认证通过后可以增加密钥
卡片发行基本数据	二进制文件	写入时使用应用维护子密钥进行线路保护
收费信息文件	二进制文件	应用主控子密钥外部认证通过后可以写

续　表

文　件	文件类型	读写权限与各子密钥的关系
电子钱包文件	专用钱包	PIN 验证通过或应用主控子密钥外部认证通过后可以读
交易记录文件	循环文件	PIN 验证通过或应用主控子密钥外部认证通过后可以读

5. 卡机认证

读写器每次读写 IC 卡前都必须首先进行卡机认证，即与非接触逻辑加密卡的 3 次相互认证或对双界面 CPU 卡的外部认证。卡机间的这种认证实质是 SAM 卡与 IC 卡的认证。在此认证过程中，SAM 卡将采用密钥分散算法，由其内置的某系统应用主密钥 MK 和所读取卡的序列号，计算得出相应应用子密钥 DK，以实现卡机认证。

第四节　广东虎门大桥组合式收费系统

广东虎门大桥位于珠江入海口，是一条连接珠江三角洲东西两翼、日均车流量 3 万辆次的交通枢纽。为提高通行效率，特别是为公共汽车等经常往返的固定线路运营单位提供更方便快捷服务，在虎门大桥收费主站的两个方向各安装一条 ETC 车道，并辅以 MTC 车道和“两片式电子标签＋双界面 CPU 卡”结构的车载单元，形成一采用开放收费机制的组合式收费系统。

一、系统结构

虎门大桥的收费广场为双向 32 车道（每一方向 16 车道）。其中，内侧 16、17 车道为军、警专用无障碍免费车道；15、18 车道为 ETC 车道；14、19 车道为 MTC 人工备用车道，是在原有现金和非接触 IC 卡收费车道基础上增加组合式收费系统的非接触刷卡终端而成的（该新增终端与原有非接触 IC 卡终端不兼容）；外侧 1－13 和 20－32 车道仍采用原有现金或非接触 IC 卡刷卡方式收费。

组合式收费系统的软硬件总体模块包含收费车道、收费站和管理中心三个层次。而以硬盘录像机为核心的车道监控系统则为一独立于收费系统且纵贯收费车道、收费站和管理中心的独立系统。

1. 收费车道

与组合式收费有关的收费车道为 ETC 车道和 MTC 人工备用车道，其中 ETC 车道包含车道计算机、车道控制器、天线与天线控制器、自动栏杆、车辆检测器、车道通行灯、费额显示器和声光报警器等；MTC 车道则是在不作任何改动的原有收费车道上增加两台专用非接触 IC 卡读卡器（收费终端）而成，以充分利用车道原有设施。

2. 收费站

进行收费和车流数据的通信、保存和查询，包括收费站服务器、管理工作站和各种数据传输接口等。

3. 管理中心

进行数据汇总和与用户服务有关的账务管理、密钥管理以及 IC 卡与电子标签的发放等工作，蕴涵中心服务器、用户工作站和发卡机等。

4. 车道监控系统

字符叠加器将车道计算机提供的收费数据等信息，叠加显示于车道摄像机重新插入信息传输卡，再次导入信息，标签才生效。

二、运营模式

2002 年 9 月投入商业运营的该系统当时仅推出针对单位用户的记账卡，其运营模式及特点是：

（1）双界面 CPU 卡（记账卡）和电子标签由虎门大桥有限公司发行，用户在申请办理时，需缴纳一定数量保证金，以降低管理方运营风险；同时给用户一定优惠，以弥补其预付金的利息损失。

（2）扇户将记账卡插入安装于车辆挡风玻璃上的电子标签，即可在 ETC 专用车道享受不停车收费服务；当 ETC 车道故障维护时，则可拔卡在 MTC 备用车道的非接触读卡机上“刷卡”付费，以保证系统运行的可靠性。

（3）后台结算系统处理每天的收费数据，打印报表，并在规定的时间段内统计用户通行费，从用户账户划转。

第七章　城市公交自动收费系统

第一节　交通监管方面的应用

一、交通监管方面的应用

随着经济的发展，生活节奏的加快，人们对交通的要求越来越严格，然而随着车辆数目的不断增长，交通的拥挤情况越来越严重，在各大城市，交通堵塞、找不到停车位置而乱停车等交通事件时有发生。据统计，世界上每天都有 3 万多人在交通事故中丧生、14 万人在车祸中受伤，其中 15000 人终生残疾。交通事故不仅夺走了生命，也夺走了全球安全和宝贵财富，交通安全问题也成为世界各国都很重视的问题，因此加强交通管理，合理有效地利用道路、停车场等资源已是刻不容缓的事。而传统的管理方式大都是人工方式，不仅费时，效率慢，而且容易出错，引进先进的技术，实现自动化管理将可以大大缓解情况。交通系统是一个复杂的综合性系统，单独从道路或车辆的角度来考虑，很难解决交通问题，必须把车辆和道路综合起来全盘考虑。在这样的需求背景下，将信息技术、电子通信技术、自动控制技术、计算机技术以及网络技术等有机结合的智能交通应运而生，可以实时、准确、高效地监管交通情况。

当前交通监管方面采用的技术主要有：摄像监测技术（如图 7－1 所示）、线圈地下埋置技术、雷达定位系统技术（如图 7－2 所示）、微波交通检测技术 MTD 和 RFID 技术等，各有特点，下面分别加以介绍。

图 7－1　摄像监测技术

图 7-2　雷达定位系统技术

（1）摄像监测技术包括：可见光和红外线 2 种视频监测方式。可为事故管理提供可视图像；可提供大量交通管理实时信息；单台摄像机和处理器可监测多个车道。缺点是大型车辆可能遮挡随行的小型车辆，可靠度相对较低；如果存在阴影、积水反射或昼夜转换可造成监测误差等。

（2）线圈地下埋置技术的优点是该项技术已经成熟、易于掌握，计数非常精确。缺点是安装过程对可靠性和寿命影响较大，修理或安装时会中断交通并且会影响路面寿命，易被重型车辆、路面修理等损坏。

（3）雷达定位系统技术的特点是数据采集非常方便而且能够提供准确的交通及车辆相关完整数据信息，可全天候工作。缺点是成本比较高，而且受功率的影响，可能会产生错误信息。

（4）MTD 技术可以提供公路实时信息，还有多车道的车流量、道路使用率和车型等信息，这些信息可以通过无线传输或利用通用串行通信线路连接到其他系统。MTD 具有技术先进、成本低和可靠性高等特点。MTD 利用雷达线性调频技术，对路面发射微波，通过对回波信号进行高速实时地数字化处理分析，检测车流量、占有率、速度和车型等交通流基本信息。MTD 主要应用于高速公路、桥梁、城市快速路和普通公路交通流量调查站的技术交通参数采集，提供车流量、道路占有率、速度和车型等实时信息。

（5）RFID 交通监管技术。RFID 智能交通监管具有防水、防磁、耐高温、使用寿命长、可以远距离识别、读取速度快、信息采集量与存储量大、数据准确以及可根据环境变化相应调整和成本较低等优点。缺点就是需要将电子标签永久固定在车身、船身的适当位置（如汽车的挡风玻璃上），前期贴标工作需要投入大量的时间和精力。由于 RFID 技术本身的特点，其精准度在一定程度上会受到环境的影响（温度、湿度和金属附着物等）。

二、RFID 交通监管技术

1. 技术现状

采用 RFID 技术管理交通状况在国内外已早有应用，包括公交卡、停车场管理，不停车收费，公交车辆场站管理和车辆年检与特殊通道管理等，还应用于数量统计、速度计算、进出控制等方面。可记录车辆相关详细信息和行驶路线以及是否超出营运范围，还可以采用 RFID 技术统计交通流量，提供车辆、船只进出口站（港口）的精确交通流数据，为交通规划提供准确依据，从而保障公路、水道的通畅有序。

目前，发达国家在 RFID 智能交通监管方面的发展力度较大，开始在交通监管领域逐步成功推广应用这项技术。我国现在还没有在公路管理等方面大规模应用 RFID 技术，不过已经有几家 RFID 业内公司提出了各自的公路车辆 RFID 管理系统，通过对车辆进行非接触式信息采集处理，从而自动识别和自动管理车辆活动，例如不停车收费系统等。同时，也有几个省份开展了对 RFID 技术应用在公路、铁路管理方面的相关测试。

RFID 交通监管的工作原理很简单，在系统工作过程中，读写器首先通过天线发送加密数据载波信号到 RFID 汽车标签，标签的发射天线工作区域被激活，同时将加密的载有目标识别码的高频加密载波信号采用某种调制方式经标签内高频发射模块发射出去，接收天线接收到电子标签发来的载波信号，经读写器接收处理后，提取出目标识别码送至计算机，完成预设的系统功能和自动识别，实现目标的自动化管理。在 RFID 交通监管系统中，电子标签可安装在汽车内部的仪表盘上，在一级公路上可以在不减速、不停车的情况下使用。RFID 智能交通管理系统的数据传输速率可以达到 300kbit/s，标签移动速度（车速）可以达到 300km/h。读写器直接安装在各个站台或交通流量大的路口，并通过移动 GSM 网用 GPRS 方式或短信通信方式传输到交通信息中心。为避免多辆车同时经过站台附近或路口时可能形成的径向干扰，造成相移而影响天线对信号的接收，在部分流量大的站台和地点，可考虑将天线埋地。

2. 技术特征

RFID 技术具体应用到交通监管领域的特征如下：

（1）RFID 技术应用的目的是标识对应的贴标车辆。通过对车辆的进出、经过时间等信息的获取来实现精细化交通监管。

（2）系统对电子标签的性能要求高。为了体现 RFID 系统的优势，一般需要系统在车辆较高的速度下可以正确识别电子标签，如不停车收费系统一般是要求在 60km/h 速度下可正确识别，像铁路车号识别系统的设计性能最高识别速度可以达到 120km/h。

（3）系统包含多种频段的 RFID 技术。如不停车收费中集成了有源 2.45GHz RFID 技术与 13.56MHz 的 RFID 安全消费技术，快速公交系统也是用 2.45GHz RFID 技术，但是工厂车辆自动称重系统一般使用 915MHz 的 RFID 技术就可以实现。

（4）电子标签一般要求防拆。为了实现一车一卡（电子标签），电子标签一般贴到车辆的玻璃上后不可以拆除，一旦拆除就不能再使用了。

（5）电子标签的成本比较高，但是在交通系统中应用却能被容易接受。因为车辆的价值高（几万或几十万元），即使一个电子标签上百块钱成本，相比一下还是仅占很小比例，所以车主与管理部门为了通行便利和精细管理都可以接受这个价格。

（6）系统一般不需要防碰撞识别功能。RFID 技术可以采用防碰撞技术来实现同时读取几十张甚至上百张电子标签，但是读出来的结果不一定能达到 100%。而在交通应用中，一般一次只需要读取一辆车，没有防碰撞的要求，可以轻松实现 100%识读率，这就在降低了系统设计难度的同时也保证了系统识别的稳定性和准确性。

3. RFID 交通监管技术实现的功能

结合实际情况归纳总结，RFID 交通监管技术一般可以实现如下功能：

（1）相对位置的定位。可以确定车辆进入了哪个区间，其定位的精度取决于 RFID 读写器安装的密度。

（2）路线导航。根据事先选定的路线，在抵达某关键路口的前一个路口，通过适当的信息发布机制，可以告诉车辆应准备在某条行车道行驶或某个出口驶出。

（3）智能信号灯控制。通过安装在路口的 RFID 读写器可以探测并计算出某两个红绿灯区间的车辆数目，从而智能地计算红灯或绿灯的分配时间。同时，通过对公交车辆类别的识别，可以实现公交优先的交通信号控制。

（4）城市中心区域交通流量控制。通过安装在路口的 RFID 读写器，对进入城市中心区域的车辆，自动计算出其行驶长度，然后按行驶距离的多少进行收费，以降低城市中心区域的交通压力。

（5）不停车收费。该功能已经在很多高速公路上实现。

（6）进出控制。通过装在路口的 RFID 读写器，并辅以其他自动控制系统，可以不让特定类型的车辆或有违章记录的车辆进入某区域或某路段。

（7）实时速度指标。可以通过计算两个读写器之间的车辆通过时间，进而实时统计出车辆的平均行驶速度。并且可以给出通告，让其他车辆可以知道该路段的顺畅程度，从而选择是否行驶该路段。

（8）超速警告。根据两个读写器之间的车辆通过时间，计算出该车辆行驶是否超速。如果超速，通过适当的信息发布机制，对该车辆进行通告或警告。

（9）自动违章记录与惩罚。针对在某区间违章的车辆，在区间出口处，识别到该车辆后，可以自动进行违章的记录与惩罚，其费用还可以从自动缴费渠道扣除。

（10）实时流量统计。根据两个读写器之间的车辆通过数量，可以实时进行某路段的车辆流量统计。如果流量超过某范围，还可以进行相应的警告信息发布以及进入限制。

（11）逆行警告。根据车辆在通过两个读写器之间的时间先后次序，可以判断该车是否是在逆行。如果有逆行，则通过适当的信息发布机制，向该车辆发出警告信息。

（12）故障通告。如果某路段因为意外情况或者例行道路维护，需要暂时关闭，则可以在该路段之前的路口，对经过该路口的车辆进行通告，告诉某路段已经封闭，不可进入。

以上是针对交通工具通过 RFID 技术可以实现的智能服务，针对公共交通工具的乘客可以实现的功能包括：

（1）车辆位置分布。可以通过装在公交站台的显示设备，显示出某路线的所有车辆的目前位置分布。

（2）下一班次到达时间通告。可以通过装在公交站台的显示设备，显示出某路线的下一班次车辆的大约到达时间。

（3）拥挤程度通告。可以通过装在公交站台的显示设备，通告下班即将到达的车辆中已有乘客数量或拥挤程度指标。乘客可以结合其他车辆的位置，选择是否继续等待。

（4）公交一卡通。通过装在车辆上的 RFID 读写器，可以实现公交费用的电子支付，减少钱币的直接支付与找零，该应用已经在很多车辆上实现。更进一步，如果在车辆下车处也装上 RFID 读写器，可以实现按行程距离收费、实时乘客人数统计、以及前面提到的拥挤程度通告等。

（5）下一站到达地点通告。通过装在车内的显示设备，可以让车上的乘客知道下一站的到达地点，以及整个行程所经过的站名。目前该服务通过司机手动控制已经可以实现，如果采用 RFID，可以更智能化、更准确地实现下一站到达站名的通告。

（6）交通状况信息转告。通过装在车内的显示设备，可以转告从交通基础设施提供者所收到的交通状况信息，比如，实时速度指标、实时流量指标、故障通告等。

（7）动态时间估算。结合从交通基础设施提供的交通状况信息，可以进行余下路线行驶时间的估算，并定期通知给车上的乘客。

可以看出 RFID 交通监管技术能满足交通工具以及乘客对交通信息的需求，促进交通的智能化。

4. 发展趋势

与传统的交通监管数据采集方式相比较，RFID 交通监管技术具有一定优势，很可能取代传统交通信息采集。RFID 交通监管的实现需要两个前提条件：RFID 芯片制造成本的大幅度降低和民众对 RFID 技术的广泛接受。目前国内外已有多家在交通行业发展得比较好的 RFID 硬件供应商，国内交通行业占优势的 RFID 硬件供应商主要是深圳远望谷、深圳先施科技和江苏瑞福科技等公司，国外公司有 Tagmaster 等公司。相信随着 RFID 技术的日渐成熟和日趋完善，RFID 交通监管可以给全球的生命健康与安全提供交通安全保障。

根据 RFID 的技术特点以及适用性，RFID 在交通监管中的应用趋势如下：

（1）针对 RFID 标准尚未统一的问题，采用 RFID 技术来实现局部区域内的交通智能化管理具有更高的可行性，从而形成车联网。在局部范围内，例如，全省或全市采用 RFID 技术，可以不用考虑国际化标准的统一问题。

（2）投资主题明确，无论是交通基础设施的提供者还是公共交通服务的提供者，在有需求提高服务水平的时候，他们就可以考虑进行投资。目前很多高速公路或隧道的不停车收费系统，都是投资主体（或者叫服务提供者）为了提高服务质量而进行的技术改造。

（3）技术具有更高的成熟性。针对智能交通的应用中所采用的主动式、超高频标签，其读写距离远、安全性好、数据存储时间更有保障。

（4）由于采用主动式标签，在安全性、保密性、隐私问题处理都有很成熟的技术。

（5）为了达到有效的监控管理与信息服务，项目实施方面需要大规模地在所有道路上安装读写器，在所有车辆上安装电子标签。RFID 设备可以安装在道路交叉口红绿灯的支架上，读写器可以安装在支架的立柱上，其天线可以安装在支架的横梁上面，紧靠在交通信号灯的下方。

(6) 一个 RFID 读写器可以连接多根天线，并且读写器可以从逻辑上区分某个电子标签被哪根天线接收到。因此，一个读写器连同多根天线可以满足对每条行车线上的车辆流动情况进行监控。

总之，RFID 读写器或其天线可以像交通信号灯一样普遍，用来收集行驶在道路上的车辆的动态信息，达到监控以及增值服务的目的。当大规模的道路以及车辆都采用 RFID 技术后，结合其他数据通信技术、数据处理系统、信息发布系统等，可以实现交通工具智能化服务。

三、公交管理应用

1. 远距离 RFID 技术的优势

将 RFID 应用于公交管理系统，可以实现公交车进出站，信息自动、准确、远距离、不停车采集，使公交调度系统准确掌握公交停车场公交车进出的实时动态信息。对采集的数据利用计算机进行研究分析，可以掌握车辆运行规律，杜绝车辆管理中存在的漏洞，实现公交车辆的智能化管理。与现有的其他公交智能交通技术实施方案相比，基于远距离 RFID 技术的方案具有其独到之处：

(1) 与地埋线圈相比：感应式地埋线圈最主要的缺点在于，只能采集交通流量信息而不能对具体车辆进行识别跟踪，因此应用范围有限。而 RFID 技术恰恰弥补了地埋线圈的这一缺点。

(2) 与卫星定位相比：GPS 卫星定位虽然可以识别车辆，各地也进行了一些试点运行，但存在着 GPS 车载设备价格较贵，信号不稳定等问题。RFID 公交智能交通解决方案，不依靠卫星信号，采用 RFID 技术，完全不会受到上述问题的困扰，从而保障了系统运行的长期稳定可靠。GPS 的应用，必须结合 GIS（地理信息系统），后者的开发不但增加了应用的成本，如果更新不及时，也会大大影响系统的准确性。GPS 技术并不适合诸如当车辆到达出口时自动开启门闸之类的定点触发应用，而 RFID 技术不需复杂的 GIS 配合，也可以胜任定点触发的工作。

(3) 成本低：与 GPS 需要昂贵的车载设备相比，基于 RFID 技术的系统可以将主要的识别及通信设备由车载移至固定的地面数据采集点。因为采集点的数量远少于需要定位服务的车辆数量，所以所需的交通信息采集网络的投资要远小于为众多车辆安装 GPS 设备的投资。在实现同等功能的情况下，车载电子标签安装在每辆公交车辆，成本明显低于 GPS 车载设备。而且车辆跟踪平台建成时，由于经过同一站点的多条线路可以复用一个站台设备，那么整体实施 RFID 系统（车载标签＋站点信号接收器）的成本也将低于 GPS（车载设备＋基站）。

(4) 扩展性好：从横向来看，基于 RFID 公交智能交通系统（Intelligent TrafficSystem：ITS）能和其他 ITS 有机整合，为其他系统提供有价值的信息，并实现不停车收费、闯红灯拍照、车速监控等功能。从纵向来看，作为标准的 ITS，能为架构在 RFID 基础上的其他软件提供完备的接口，进一步地进行深度信息挖掘，将给整体的 ITS 提供更多的信息服务。

2. RFID公交智能交通系统解决方案

当今社会，城市交通需求急剧增长，一味注重道路硬件的投入显然仍不足以满足市民的出行需求。而从交通管理软件入手，不仅有利于提高公交车辆服务质量，更可引导需求，吸引更多的人选择公交车作为主要出行方式，从而缓解私家车泛滥、路况拥堵等交通管理一系列难题。RFID公交智能交通系统解决方案包括：车辆调度管理系统、公交车辆跟踪系统、公交车辆优先系统、公交停车场及加油站的智能化管理和车队考勤管理等几大方面，下面分别加以介绍。

（1）车辆调度管理系统

车辆调度管理系统是智能公交系统的核心组成部分，采用先进的信息通信技术，收集道路交通的动态、静态信息，并进行实时地分析，根据分析结果安排车辆的行驶路线和出行时间，以达到充分利用有限的交通资源，提高车辆的使用效率，同时也可以了解车辆运行情况，加强车辆的管理。基于RFID技术及相关设备可以设计公交信息采集系统，如图7-3所示。

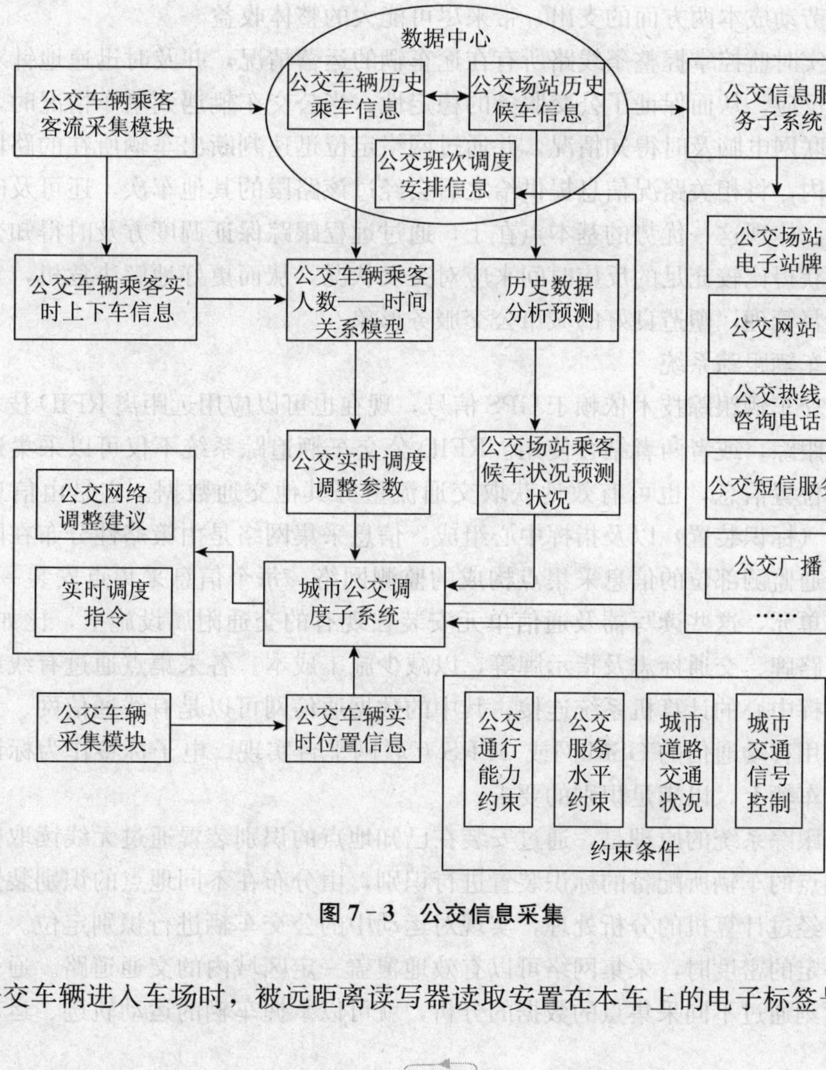

图7-3　公交信息采集

当公交车辆进入车场时，被远距离读写器读取安置在本车上的电子标签号码，读写器自动将读取到的身份号码或车辆的相关信息传输至后台电脑进行处理，后台电脑对于此信息记录并处理，记录该车辆的入场时间与车辆相关信息，后台电脑并判断该车辆应该停放在场内的哪个停车位，并将此信息传输至LED显示屏，驾驶员通过LED显示屏可以知道应该停放在哪个车位和一些附加信息，如下次出车时间等。当公交车辆出场时，被远距离读写器读取车辆信息，后台系统记录出场时间和其他信息，并写入后台数据库。全过程的管理免除了人为干预，最大限度地降低了系统的运营成本和减少因人工操作带来的不可避免的损失。RFID应用在公交调度系统中实现的功能和特性有以下几个方面：

①不停车远距离自动识别，实时定点采集公交车辆进出站的时间，可以确定公交车辆所处停车场的位置。调度中心和停车场LED显示屏引导公交车进站后应停的车位，避免了公交车辆停泊其他停车场等夜晚不归的情况。同时车辆的调度、流量统计、车辆考勤、任务考核以及维修保养期提示、车辆维修记录、审验记录等方面也可以实现自动化管理。

②经过一个较长时期的数据积累，线路调度管理部门可获得一组可靠的参考数据。通过数据了解不同季节、不同时间段以及工作日、双休日、节假日的客流基本情况，从而实现合理化配置发车数量与间隔等各种因素，保障市民的出行，同时减少了公交公司的运营成本及员工的劳动成本两方面的支出，带来尽可能大的整体收益。

③可实现实时监控掌握整条线路所有在途车辆的运营情况，并及时迅速地针对不同的突发状况作出反应，从而保证了公交服务的稳定性。当公交车辆遇到堵车情况时，调度管理中心可通过联网电脑及时得知情况，并通过网络定位迅速判断出车辆所在的路段。在尽可能短的时间内，将相关路况信息提供给之后会经过该路段的其他车次，还可及时采取相应的调度措施。体现这一优势的基本点在于，通过远程跟踪保证调度方及时得知公交线路的运营情况，获得比较充足的反应时间来应对突发状况，从而更好地解决危机，实现公交车辆的跟踪监督管理，塑造良好的城市公交服务形象。

（2）公交车辆跟踪系统

过去的公交车辆跟踪技术依赖于GPS信号，现在也可以应用远距离RFID技术可以实现公交车辆的跟踪，或者两者结合使用。RFID公交车辆追踪系统不仅可以采集道路交通中公交车辆的位置信息，也可有效地获取交通流量等其他交通数据。它是由信息采集网络、电子标签（标识装置）以及指挥中心组成。信息采集网络是由策略性分布在陆地交通系统中重要交通监测部位的信息采集点构成的监测网络。每个信息采集点安装一个RFID读写器及通信单元，这些读写器及通信单元安装在现有的交通附属设施上，比如红绿灯、路灯、车站、路牌、交通标志及指示牌等，以减少施工成本。各采集点通过有线或无线数据通信网与指挥中心的计算机系统连接，其中的数据通信网可以是有线通信网、无线专用网，也可以利用移动通信的GSM网或GPRS互联网平台实现。电子标签作为标识装置安装在入网公交车辆上，以满足识别的要求。

公交车辆跟踪系统的原理是，通过安装在已知地点的识别装置通过无线读取数据的方式对经过该地点的车辆所配备的标识装置进行识别，由分布在不同地点的识别装置构成数据采集网络，经过计算机的分析处理，实现对运动中的公交车辆进行识别定位。当采集点的分布达到一定的密度时，采集网络可以有效地覆盖一定区域内的交通道路。通过对持卡车辆在不同时刻通过不同采集点的数据的分析，就可以掌握车辆的运动轨迹、运动速度和最近位置。指挥中心的计算机系统接收信息采集网络采集的数据并进行分析处理，同时也管理有关的数据库并运行应用软件，担负相应的指挥、通信的任务。对采集到的数据进行进一步的分析，还可以获得车辆平均速度、交通流速等其他有关交通信息，为智能化交通管理提供支持，同时也为政府交通管理部门对道路交通的规划提供参考。如图 7-4 所示。

图 7-4　公交车辆跟踪系统

当公交车辆驶进车站时，电子标签向固定在车站的读写器发送信号。此时，读写器通过广域网将车辆信息发送至每条线路的调度室，市级行政机关的交通管理部门通过对各调度室信息的收集来监控市内公交线路的整体运营质量。公交车的特点是站点行驶线路基本固定，远距离 RFID 识别技术恰好可以利用公交车的这一特性布设监测网络。而目前城市中一个公交站点往往同时为几条线路共用，因此，安装在一个站点的识别装置也可以为几条线路服务，这就大大降低了设备成本。RFID 公交车辆跟踪系统除了可以实现 RFID 公交调度方案所实现的所有功能之外，还可以实现如下的功能：

①城市交通规划。通过对各个线路的数据收集，城市政府的交通管理部门工作人员便拥有了真正的可视化监督管理工具，并且直观、真实、可靠，能够比较全面而客观地反映出当前城市公共交通存在的各种问题，从而促使其加大力度进行维护和改善。无论是当天实时的交通信息，还是一个阶段积累后所获得的历史数据，都可成为城市各条线路运营质量评估的参考依据与评价标准，对于运营状况不佳的，可及时加以整改，调整线路或停止运行，对交通不方便的路段增加基础设施建设或整修道路。此外，综合各条线路的运营状况，交通管理部门可以整体评估城市公共交通的现状，为公共交通问题的进一步发展与改善提供思路。

②站点信息显示。通过对公交车辆的识别定位和数据网络的传送，可以向乘客实时显示该条公交线路的运行情况以及下一趟车离到站的情况，使乘客有更多的“知情权”，等车时做到心中有数。

③公交车辆养护。通过对每辆车在一阶段内行驶的路程长度和平均速度的统计，管理者能够合理安排行驶路程过长的车辆进行维修保养，使交通工具资源得到最大效益的利用。

④车辆信息采集发布。如果电子标签应用到城市公交外的其他车辆，此套系统不仅能够对某一具体路段的车流量进行信息采集和发布，还能对经过的车辆的具体类别构成进行

分析，从而为市民和相关部门提供更为详尽的路况信息。而现有的信息采集系统只能检测到车辆经过的数量，无法识别车辆类型。公交车辆跟踪平台建成后，同时可以为其他社会车辆提供增值服务，具有可观的经济效益。因为入网成本低，推广容易，为其他车辆提供增值服务的潜力很大，平台的综合利用率和投资回报率都可以得到较大的提高。

（3）公交车辆优先系统

公交优先不仅是由于公交车载客量大，代表相对多数人的利益，从道路使用率来看，公交车的使用效率要高很多，公交优先可最大限度挖掘既有道路的潜力，减少交通拥堵。今后五年内，我国将有越来越多的城市建成快速公交系统，快速公交系统具有轨道交通大容量和快速服务的特征，又具有公共交通的灵活性和经济性，是适合我国城市的新型公共交通方式；尤其是尚未建立轨道交通系统的人口密集的大中型城市，加快发展公交优先系统已成为首选之一。

RFID公交优先系统的原理在于，不仅要使公交车辆拥有自己的专用道，更要保障公交车辆在路口享有的优先通过权，从而减少公交车通过信号灯的时间，提高公交车辆的通行效率。配有RFID识别设备的公交车，通过车载的远距离电子标签发射信号，能让交通信号灯控制系统在车辆驶进路口时精确识别出车辆的身份及公交车的数量，并根据规则确定合理的绿灯开放时间，从而避免产生红、绿灯频繁切换的问题。根据预先设定的规则程序，信号灯控制系统将自动调整绿灯的开放时间及长度。路口的识别设备组成的信息网络，可以提供车辆的位置信息，供调度、信息发布部门参考，为满足公交车辆定位需求提供了卫星定位系统之外的一个具有较高性价比的技术方案，为快速公交、公交优先政策的落实提供了有利的技术支持。

远距离RFID公交优先信号灯管理系统可以准确判断来车身份，使绿灯在公交到达路口或到达路口后等候不长的时间内开启，从而保证公交车的优先通过，又最小程度减轻对其他车辆的影响。而其他车辆，即使违章行驶在公交专用道上，也无法享受绿灯优先开放的权利，为交管部门提供了很好的自动化交通管理手段。当有国宾接待等特殊任务时，只要配发了电子标签，相关车辆也可以享受一路绿灯的便利。

（4）公交停车场及加油站的智能化管理

安装在公交车停车场出入口的读写器可在每辆公交车进出的同时自动读取相关信息，使停车场的管理人员能够即时了解停车场整体的运行情况、当前容纳的公交车数量的多少及进出车辆的相关信息等。而在停车场内部的几块停车区域内分别设置的读卡设备更可通过读到的数据判断当前该区域停车数量等，是停车场整体规划管理的有效数据来源。

同样，RFID技术还可为加油站实现公交车加油的规划管理。当公交车驶入加油站时，加油站配置的读写设备可自动识别公交车上标识卡中的相关信息，从而将汽油费用自动从账户中扣除，并将加油的时间、数量等数据自动更新存档。这样的统一管理，不仅提高了公交车队的管理、运营效率，而且也减少了因管理不到位而造成的疏漏，提高了整体质量。

（5）车队考勤管理

目前的车队考勤管理常见的实施办法是让车辆驾驶员或者票务人员在某中途站下车到中途考勤点打卡以记录车辆到达该站点的时间。因为手工采集数据汇总、分析效率低，而且因为是在途中考勤，一定程度上耽误了车辆正常行驶，也产生一些安全隐患。采用

RFID技术的车队考勤管理原理如下：当携带电子标签的车辆经过设有RFID识别设备的站点时，车载电子标签发送每一辆车辆对应的唯一标识码，车站上的识别设备将自动记录下此表示车辆唯一号码的标识码和此刻的具体时间，通过数据网络发送到相应的计算机，计算机将这些保存至相应的数据库中。

系统将按照上述原理自动对每辆公交车辆进行经过相应站点的时间考勤，并且能够统计出车辆每天的运行情况。这样，当天的考勤情况可以帮助车队管理者及时了解整条线路的运营情况，调度车辆来提供高质量线路乘运服务，而一段时间的历史数据积累又可以帮助管理者方便地对驾驶员进行绩效考评。通过此套系统来进行考勤管理，避免了人为的误差，大大减轻了劳动强度，增加了准确率。需要注意的是，车队仅在需要考勤的站点上才设置RFID读取设备，例如起始站、终点站和途中个别特定的站点。相对前述应用提到的需要在所有站点都架设识别设备的跟踪系统，该方案的成本有较大幅度的降低，与RFID车辆调度系统方案原理类似，但所需投入资源不同，应用单位可根据实际需要选择合适的方案。

第二节 城市公共交通自动收费（AFC）

随着科学技术的进步和社会经济飞速发展，IC卡正越来越广泛地应用于人们生活的各个领域，给人们的生活带来了前所未有的方便。城市公共交通是城市居民日常出行的主要手段，随着我国城市化发展进程的加快，城市规模的不断扩大，公共交通在国民经济建设和市民日常生活中的作用更为突出，传统的运营和管理模式已不适应现代城市管理，尤其是国际化大都市建设的需要，必须寻求迅速提升其服务和管理效率及水准的途径和办法。公共汽车上传统的人工售票制度存在乘务员劳动强度大、工作效率低等缺点。以IC卡为基础的城市公共交通自动售检票（Automation Fare Collection，AFC，自动收费）正是用先进的电子支付取代原始的人工售票或投币，提高运营效率，改善服务质量的一种有效手段。IC卡公共汽车自动售票系统不仅可以减轻售票员的劳动强度、实现无现金交易，还可以避免工作出错和提高公交公司的管理水平。该系统包括车载自动检票机、IC卡、余额验票机、发卡系统、充值系统、数据采集系统和数据处理系统。其中车载自动检票机是系统最主要的部分，用于储值和扣款。

城市公共交通涉辖公共汽车、地铁、出租车、轮渡和轻轨等所有城市公共交通工具，而每种交通工具AFC都有其独特之处。

一、公共汽车自动收费（AFC）简述

公共汽车AFC是城市公共交通AFC的最主要表现形式和发源地，经过从20世纪90年代初至今的十年探索实践，已在世界广泛应用，并形成适宜不同国家、不同地区特点的应用模式和丰富经验。此外，我国多数城市的“公交一卡通”都是以公共汽车AFC为起点，形成规模，取得经验，继而延伸拓展至其他公交行业或非交通领域（中国香港除外，其起步于轨道交通，且轨道交通在“公交一卡通”中始终发挥最重要作用；国外部分轨道交通发达城市亦有类似情况）。因此，对公共汽车AFC的了解，将有助于对“公交一卡通”和“城市一卡通”等更高层次应用的理解。

城市公共交通 AFC 系统是一个采用非接触 IC 卡作为电子车票，通过各种自动、半自动电子化设备和装置，以及计算机和网络系统设备，实现乘客持一张非接触智能卡乘坐各种交通工具的系统。如图 7－5 所示。

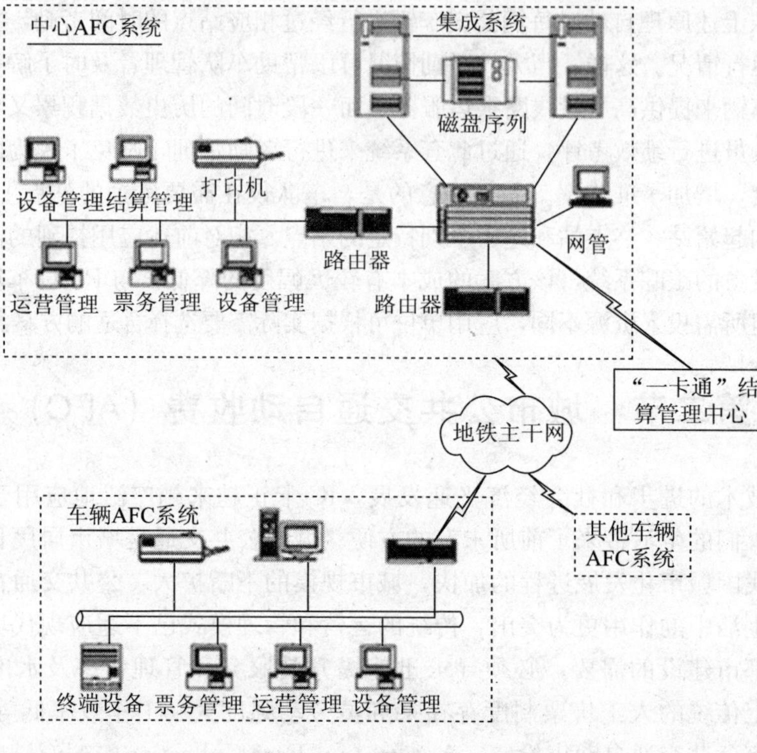

图 7－5　公共汽车自动收费系统

二、系统设计

1. 非接触 IC 卡的选型

卡片类型选择的变化，充分体现和反映了 IC 卡技术的发展及人类对城市公交 AFC 理念认识的升华和技术水准的提高。

金融和通信的需要而发展起来的接触式 IC 卡问世不久就受到城市公共交通的青睐，但试用不久即暴露出其拔插麻烦、速度慢、故障多、可靠性差、维修量大和不适宜大客流量需求的缺点。非接触 IC 卡数年后的出现，才使公交 AFC 的大面积普及应用成为现实。

虽然人类仍在探索寻求其他办法和手段，如曾经在部分国家公共交通 AFC 中有所应用的 TM 卡。但近十年的全球性应用实践，已充分证明了非接触 IC 卡无可比拟的优势，使之成为当今世界公交 AFC 的最佳选择。

由于公交 AFC 是一种预付款性质的有价交易，且每次交易数额不大，而卡片成本往往是由持卡人——经济状况不等的各阶层市民承担。因此，其早期所用非接触 IC 卡乃至当今的大多数公交卡，均为具备一定抗攻击防伪造能力、价格相对低廉的非接触逻辑加密卡。

非接触IC卡的通行速度快、破损率低、安全性高，使非接触IC卡逐渐成为自动售检票系统中的首选。由于轨道交通中的票卡分为储值卡和单程票两类，且非接触式单程票成本较高、回收问题难以解决，因此目前大多数城市选用非接触IC卡作为储值卡，单程票仍用磁卡来担当，读卡器采用双系统读卡器，既能阅读非接触IC卡，又能阅读磁卡。因此，当兼备接触式和非接触式两类端口，既可体现公交AFC所需之方便快捷性，又能满足金融和电信领域高安全性需求的双界面卡于20世纪90年代末问世后不久，即首先在韩国首尔（汉城）和釜山的城市公交系统发挥显著效用，继而被包括我国在内的许多城市采纳。

非接触IC卡通过无线电波与读写器进行数据交换，芯片无须外露，乘客在使用它通过闸机时，无须与闸机接触，仅将IC卡靠近闸机上的感应板即可，因此乘客的通行速度成倍提高。同时由于省去了磁卡在闸机内的机械传动部分，车票本身的故障率也大幅度下降。因此，自动售检票系统采用全IC卡，即储值和单程均为非接触式IC卡将成一种趋势。但是，市场上IC卡产品众多，不同种类和不同标准的IC卡都有其应用场合，各具优缺点，这使IC卡选型成为系统建设前期争论最大、最令业主和系统集成商棘手的问题，因此非接触IC卡选型中应注意以下几点。

(1) 符合国际标准

IC卡是20世纪90年代才出现的产品，虽然已制定了ISO/IEC 14443的IC卡国际标准，但目前仍然存在Type A及Type C（未定标）不同版本的标准，而且ISO/IEC 14443标准本身也还在制定和完善过程之中。因此选择产品时一定要十分谨慎，应确保所选择的产品是主流产品，从而保护投资者的长远利益。

(2) 高安全可靠性

由于储值卡中不仅存储持卡人的信息，还记录了持卡人存入的现金信息，其安全性和可靠性显得尤为重要。一旦发生卡中的数据被非法修改，或出现伪造卡，投资商和持卡人的利益将遭受损失。

(3) 采用主流产品和成熟技术

非接触IC卡技术正处在一个高速发展的时期，选择符合发展潮流和技术成熟、具有成功应用案例的产品，将有利于产品未来的供货、价格、质量保障以及售后服务。

(4) 与“一卡通”的兼容性

轨道交通仅是城市公共交通中的一部分，除地铁、轻轨外，各种公交巴士、出租车、轮渡均是市民日常出行的主要运输工具，尤其对于一些大城市，各种交通工具并存。因此，以一张具有读写支付功能的城市公共交通通用非接触式IC卡为载体，建设一个具有覆盖全市公共交通领域、安全可靠的、易于清算与结算的网络运行系统，已成为各城市交通卡项目建设的目标。

另外，城市轨道交通的自动售检票系统设计应在城市“一卡通”统一规划下进行，并与其他行业的计费/收费系统兼容。

2. 遵循标准

非接触IC卡遵循的技术标准是系统规划设计必须考虑的又一重要问题。技术标准的选取，不仅应考虑卡片技术特性、项目投资、实施目标、卡片来源和供货稳定性，而且应有预见性地估计到对未来“一卡通”，尤其是“区域一卡通”的影响。

3. 读写机具

亦称车载读卡机、消费终端，是系统中除公交IC卡之外的数量最大部件，也是与最终用户——乘客打交道最多的终端设施，其成本高低和性能优劣，将直接影响全系统的建设投资和营运效果。

（1）物理特性

读写机具的应用环境——公共汽（电）车的特点是：人员拥挤、尘埃多、机械震动大、受撞击频繁、电磁干扰严重（车辆生成的电磁噪声及乘客手机辐射等）；不仅环境的温/湿度变化大，而且可能淋雨或被乘客雨具上的水打湿。严酷的外部客观环境，对之物理特性的最基本要求是：抗震动、耐撞击、防潮防水、温/湿度适应范围大、对温度急剧变化的耐受力强、抗电磁干扰性能好、对IC卡的有效作用距离适宜（过小，不利于乘客刷卡；过大，人多拥挤时易致误刷卡，且电磁污染严重）、体积不大、便于安装固定和拆卸。

（2）基本功能

作为直接为乘客提供服务的主要设备和原始营运信息获取的重要手段，对它的基本功能要求是：

①对IC卡的合法有效性进行确认，并输出相应语音提示。

②对合法有效卡的卡内数据进行只“减”不“加”的写操作，在单票制（单一票价）消费交易和计程收费消费交易时，从卡中电子钱包扣款；在月票消费交易时，则对卡中的当前月票使用次数扣次。

③交易时应实时显示对交易卡片的本次所扣金额（次数）和剩余金额（次数）。

④采用有线或无线方式，与上位机通信，实现运营数据上传及命令、数据和黑名单等信息的下载。

⑤与上位机通信时，必须首先进行认证，并取加密和校验传输。

（3）结构原理

①微控制器（MCU）：机具的核心部件，控制机具内各部件的操作和与上位机的通信，可用AT89系列单片机等实现。

②存储器：存放运行程序和密级要求不高的一般性数据。

③射频读写模块：通过天线实现与IC卡的双向通信。

④LED数码显示器：高亮度显示扣款金额和剩余金额等信息。

⑤讯响器：向乘客提供“请充值”和“学生票”等语声提示信息。

⑥通信接口：以有线或无线方式，实现与上位机的双向通信。

⑦时钟电路：向机具提供不受机具掉电影响的时间信息。

⑧PSAM：消费安全存储模块（Purchase Secure Access Module，PSAM），是机具安全保障的最关键部件，采用高安全性接触式CPU卡制作，由IC卡发行主管部门发行。对用于存放认证密钥等敏感数据的访问或修改，必须通过相应级别的授权，且这些数据永远不会泄露PSAM外部，当遭遇非法攻击和篡改时，将自动删除这些数据。此外，它还与IC卡共同完成卡—机间的相互认证及相应加解密计算。此时，机具（终端）的其他相关部分仅起通信链路作用，不参与任何加解密操作。

⑨电源：对汽（电）车电源稳压滤波后，供机具使用。

(4) 应用文件消费交易流程

应用文件消费交易流程，如图 7－6 所示。

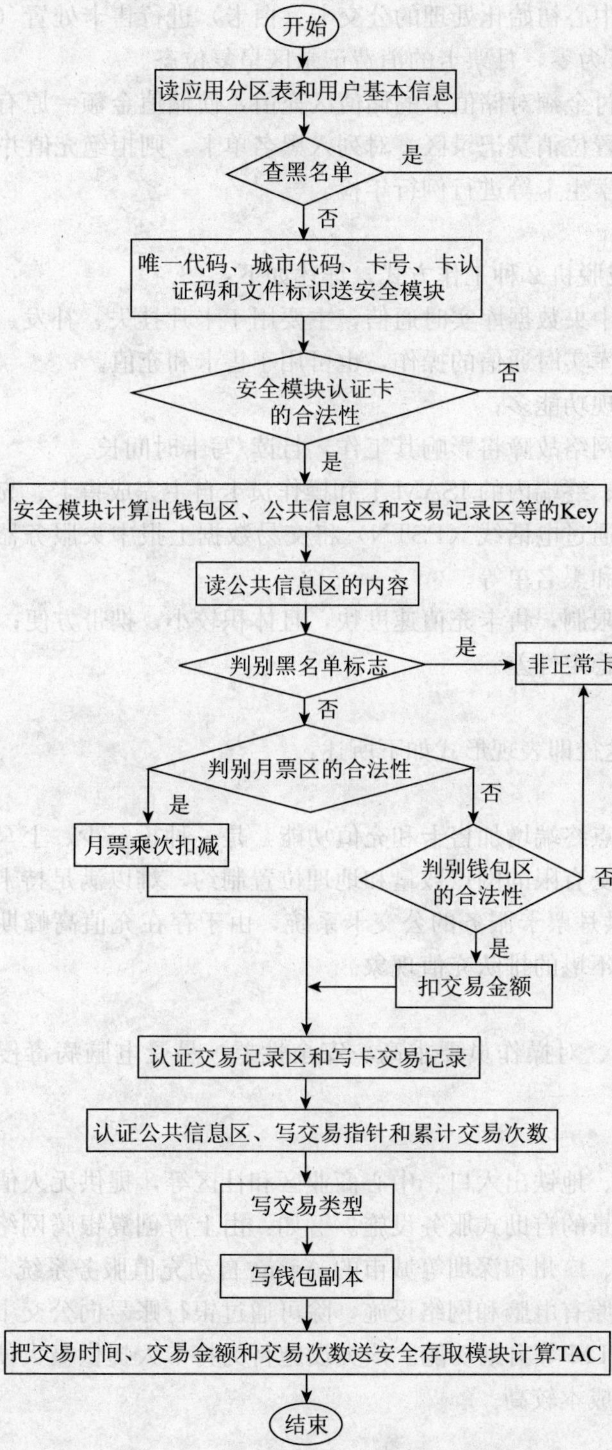

图 7－6　应用文件消费交易流程

4. 售卡/充值卡

(1) 基本功能

对售卡/充值终端的最基本功能要求如下所述。

①售卡。对已经经管理中心初始化处理的公交卡（白卡）进行售卡处置（置启用标志等）。此时，储值卡的储值区为零，月票卡的消费记录区呈复位态。

②充值。根据持卡人预付金额对储值卡的储值区充值，使储值金额＝原有剩余金额＋此次充值金额；对月票卡则置位消费记录区。对列入黑名单卡，则拒绝充值并锁定之。

③年检。对享受优惠的学生卡等进行例行年检。

(2) 工作方式

售卡/充值可采取联机或脱机 2 种工作方式，详述如下：

①联机方式通过网络与中央数据库实时通信，主要用于卡片挂失、补发、换卡和卡片类型改变等需要与后台数据库实时通信的操作，也可用于售卡和充值。

优点：可靠性高，可实现功能多；

缺点：必须实时联网，网络故障将影响其工作，且读/写卡时间长。

②脱机方式是通过终端、终端内的 ISAM 卡和操作员卡自主完成售卡、充值和年检等操作。每天工作结束时，再通过电话线（PSTN）将交易数据上报中央服务器，录入数据库，并接受相关命令、数据和黑名单等。

优点：不受网络和场地限制，售卡充值速度快，且体积较小，携带方便；

缺点：故障率相对高，稳定性差。

(3) 表现形式

售卡/充值的常见实现途径即表现形式如下所述：

①银行和公交网点

在银行和公交部门的网点终端增加售卡和充值功能，是一种投资少、上马快、安全性好的实施办法。但缺点是：受有限的网点数量和地理位置制约，难以满足持卡人方便、就近购卡/充值的需求；在提供月票卡服务的公交卡系统，由于存在充值高峰期，如若单纯依靠这些网点，将出现拥挤不堪的排队充值现象。

②PC＋读写器

系统结构复杂、投资大、对操作员要求高、安全性差、易受电脑病毒侵害、维护量大，为早期应用形式。

③自助充值终端

可置于银行、公交站点、地铁出入口、中心商业区和社区等，提供无人值守的 24h 连续服务，是一种颇具发展前景的自助式服务设施。譬如：由上海创翼银腾网络系统科技公司推出，并成功应用于上海、广州和深圳等城市的 Agent 自动充值服务系统。基于 UNIX 环境的该系统，利用了银行原有电脑和网络设施，除可通过银行账号向公交卡充值外，还可提供银行多媒体查询和 ATM 等自助功能。该类设施将为持卡人提供极大便利，并显著提高城市整体形象，但目前成本较高。

④专用充值终端

特点是投资小、操作简便、性能稳定、可有效防止病毒侵袭、布设和撤离简便、环境适应性好、耐受力强；可置于超市、小区和报刊亭等流动场所（如北京天石科技公司的台式充值机），甚至实现流动性更大的上门服务（如该公司的移动充值机）。

这类终端多取脱机工作方式，其安全性则通过 ISAM 卡、操作员卡和售卡/充值机间的相互认证予以保证。

（4）安全要求

在系统的所有终端设备中，对充值终端的安全性要求最高。主要表现为：

①终端内必须配备特定的充值安全存取模块（Input Secure Access Module，ISAM），并具备黑名单存储和检索功能。

②无论是以联机还是脱机方式工作，充值交易时都必须首先验证 IC 卡的合法性，并检查其账户情况和其他交易数据。

③卡—机间的安全认证工作由 ISAM 和 IC 卡共同完成，如图 7-7 所示。终端仅为它们提供通信链路，不参与加密计算等。

④终端与后台管理结算中心间进行双向认证、密钥传输、授权、交易记录上报和黑名单下载等操作时的通信，应采取加密和校验传输方式。

⑤在这类终端的设计中，应对它的授权交易时间、次数和金额进行限制，以防止非法行为（如伪充值记录）造成重大损失。

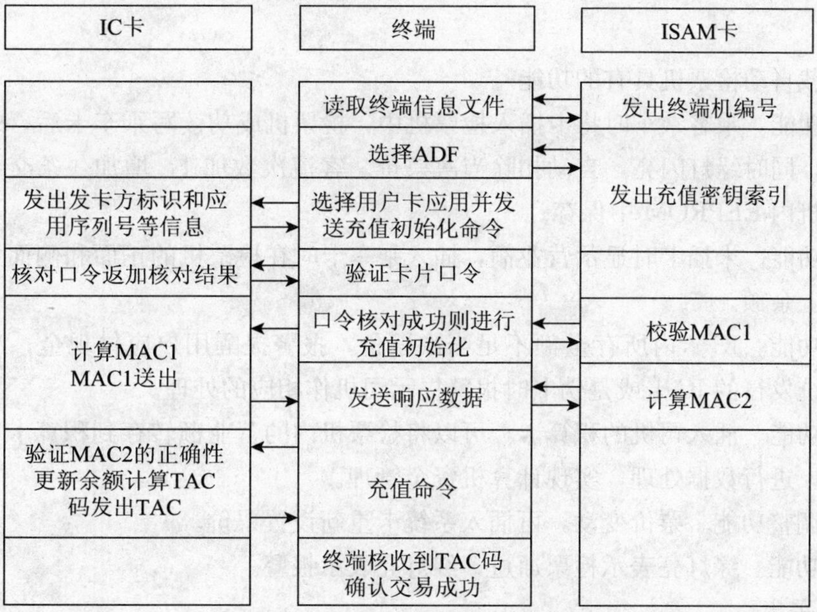

图 7-7 充值交易安全认证流程

（5）充值交易流程

图 7-8 为对 CPU 卡的充值交易流程，该流程采用专用充值命令。

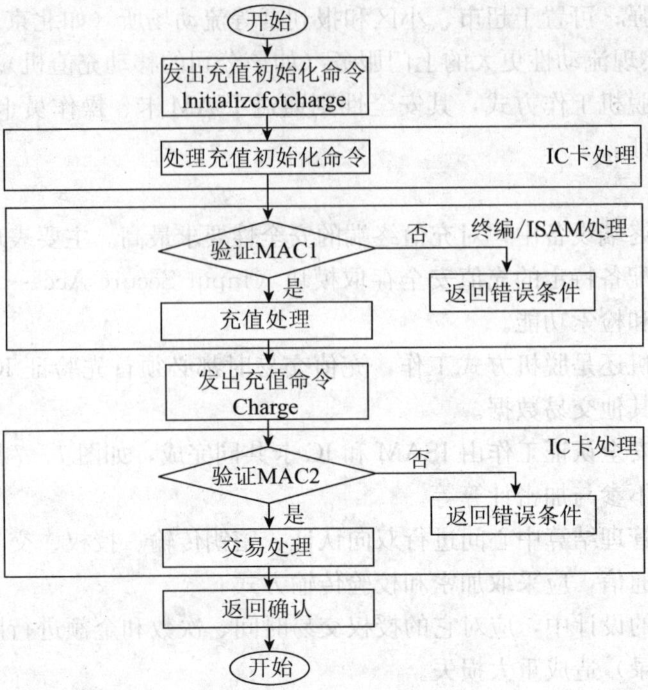

图 7－8　对 CPU 卡的充值交易流程

（6）车载自动检票机具有的功能

①检票功能。乘客乘车时将卡插入检票机中，检票机成功读写乘车卡后，蜂鸣器发出短“滴”声，同时绿灯闪亮，自动扣除当次票价。客流次数加 1，增加一条交易记录，并转存到检票机内 EEPROM 中保存。

②显示功能。未插卡时显示营业额，插入乘车卡时在检票机的正面和侧面显示本次乘车票价及卡上余额。

③报警功能。IC 卡内所存金额不足当次票价，报警提醒用户应付现金；当乘客使用的不是本系统发行的 IC 卡或是伪卡时报警提示司机作相应的处理。

④积算功能。插入司机的积算卡，可以将检票机内的营业额转存到积算卡中，积算卡送积算中心，进行数据处理，实现计算机资金管理。

⑤票价调整功能。票价变动，可插入系统卡重新设置票价。

⑥指示功能。绿灯亮表示检票通过，红灯亮表示报警。

5. 数据采集

数据采集系指车载机与数据采集点间的信息传递。数据采集点通常设置于车队或车库，用于对返回车辆运营数据的下载和对其再次出行所需命令、数据和黑名单等信息的装入，具体实现手法即传输介质的选取有多种形式。

（1）大容量专用接触式 IC 存储卡

将该卡插入车载机插槽，车载机确认卡片及其内置密钥合法后，即可将运营数据下载到卡中或将相关命令、数据和黑名单等装入车载机。该二操作可于一次插入时全部完成，也分别独立进行。

优点：一次性成本低；

缺点：卡容量有限，信息传输量少，使用不方便，且卡片拔插也是一潜在故障/误差源。

(2) 非接触式 IC 卡＋数据采集机

采集机通过 RS-232 口与车载机相接，在起操作权限卡作用的非接触 IC 卡与车载机进行双向认证和权限确认等操作并成功后，将车载机运营数据下载采集机和/或将采集机中命令、数据和黑名单装入车载机。

优点：数据采集机容量大。譬如，曾在深圳公交使用的采集机，每台可存储 100 台车载机的数据，且数据传输速度较快。由于非接触 IC 卡专门用于安全控制，则增强了系统对未授权读取和恶意篡改等非法行径的抵御能力。

缺点：工作人员必须带设备登车连线，逐一采集，使用欠方便。

(3) 红外数据采集

以红外线为介质，实现信息的双向传输，是目前公共汽车运营数据采集的最主要形式。如天津公交采用的红外数据采集机，即可在 15cm 距离内，以 9600bps 速率无线传输，其存储容量 1M 字节，具备掉电数据保持功能，且内置用于限定使用权限的 SAM 卡。

优点：出现较早，应用广泛，技术相对成熟，价格低廉，功耗低，使用方便快捷，适宜近距离、低成本、大吞吐量的半双工点对点（Point To Point，PTP）高速数据传输；由于传输距离短和红外光的小角度发射特性，增大了非法窃听的难度，使之天生具备一定传输安全性，若利用高层协议提供的鉴权和加密机制，该性能将进一步提升。

缺点：传输距离有限，一般不超过 11TK。因光波不能穿过非透明体，通信视界内不能有障碍物。而红外光的小角度发射特点，对进行点对点通信的两设备间的相互位置要求较高，否则可能因位置偏离而中断红外连接。为克服此弊端，采集器与车载机间可取机械滑槽衔接和卡销定位，以保证红外发射与接收光路的“准直”。譬如，将采集器做成结构紧凑的采集盒，插入车载机背后滑槽，使滑槽内的光电元件与采集盒光电元件“对准”。由于此时发射与接收元件距离很近，对发射功率和接收灵敏度的要求均大大降低，同时也避免了外界光源的干扰。南京的公共汽车 AFC 系统即采用这类采集方式。而深圳现代计算机公司为深圳市公交一卡通系统研发的公共汽车 AFC 系统则采用内置红外接口的 PDA (Personal Digital Assitant，个人数字助理)。PDA 与车载机可在距离 10cm、发射角≤30°的范围内进行半双工红外通信；PDA 与后台管理系统间的通信则是将 PDA 带至管理部门，以有线方式进行。

(4) 微波数据采集

在停车场和洗车场等建立专用微波数据采集装置，以微波为介质，实现系统的双向传输。该方式已被香港八达通系统采用。

优点：传输距离远，视线内障碍物影响小，可实现不登车远距离传输，且通信时不要求二通信设备准确对位。

缺点：系统建立投资大，维护成本高，微波的全向或大角度发射易被非法窃听，为防泄密，必须借助鉴权和加密等技术手段；数据通信的实时性有限。

(5) 无线接入技术

无线接入是实现公交运营数据采集的重要发展方向，无线接入技术有固定无线接入（Fixed Wireless Access，FWA）和移动无线接入（Mobile Wireless Access，MWA）2种形式。

FWA的信息发送与接收设备（在公交AFC系统，这种信息的传输是双向且多取半双工方式进行）均处于相对固定位置，数据采集器可置于车场出入口等，在车辆进出场时进行数据的采集及命令和黑名单的下达。

优点：无须登车操作，提高了效率，减轻了劳动强度；

缺点：依然无法实现车辆运营情况的实时监控，不利于黑名单发布、治安监察和遗失补卡等工作的迅速开展。

MWA系统的用户终端即车载机在与数据采集器通信时，二者的相互位置可变。利用GPRS和CDMA蜂窝移动电话的无线信道，可使车载机自动完成运营数据的定时打包发送甚至即刻发送。后台管理部门也可通过此信道，随时下发各种命令参数和黑名单。该方式的数据传输实时性最佳。

深圳大明五洲城市一卡通科技公司已开发出具备GPRS通信功能的车载IC卡收费终端（红外数据采集/黑名单下达功能兼备可选），并应用于南海和自贡等城市的公共汽车AFC系统。此外，该收费终端尚可选配GPS模块（GPS定位信息亦经GPRS信道发送），实现车辆位置的卫星全球定位（定位精度≤5m），利于城市公交车辆的更高层次信息化调度管理及电子站台和分段收费的实现。

出租车具有流动性更大且无规律可循等特点，因此，移动式无线接入在其数据采集和命令下达上更有价值。上海已将借助GPRS的MWA技术，用于出租车运营数据采集。

6. 收费模式

公共汽车有3种收费模式：单票制、分段收费和月票。

(1) 单票制

在该模式下，全程采用同一票价。

优点：实施简便；

缺点：乘客搭乘一站与全程搭乘均为同一票价，收费欠合理。

由于其无论是对公交公司还是对乘客都相对简便，因此，是目前公共汽车IC卡收费的主要应用形式。

(2) 分段收费

又称计程收费（按乘客乘车的站数或区段收费），也是早期人工现金收费所取办法。在人工收费时，逃票和越站乘车等现象难以控制，司乘人员与乘客常常为此争论不休；借助IC卡，则可较好解决这类问题。

与单票制相比，分段收费首先要解决的问题是正确计费，为此，乘客上、下车均应刷卡，实行两次刷卡缴费。具体实现方法有3种：

①上车刷卡，在卡中记录起始站点；下车刷卡，车载机根据卡中记录的起始站点和当前站点计费后，收费检票。

②上车刷卡，在卡中记录起始站点并扣除基本费用；下车刷卡，车载机采用同样方法

计费，并扣除所需费用不足部分后检票。

③上车刷卡，在卡中记录起始站点并扣除全程费用或该站点至终点站所需全部费用；下车刷卡，采用同样方法计费，向卡中退还多收费用后检票。

车载机的设置方式有 2 种：单门设置和双门设置。

①单门设置：由同一车载机实现起始站点记录、预扣费、计费、收费和检票等所有功能。缺点是乘客只能在同一车门上、下，不适宜大客流量应用。

②双门设置：类似国内常见之“前门上，后门下”，有利于大客流量时的乘客上、下。缺点是需要两台车载机，投资为单门设置的一倍。车载机对站点信息的获取可通过司机按键（如连接至报站器等）实现。在安装 GPS 定位系统车辆，也可由 GPS 系统取得。

对乘客仅刷一次卡的违规现象，可在下次用卡时根据卡上记录进行全程扣款处罚（对前述方法③无此需求）。

鉴于分段收费的科学合理性，国内部分城市已计划采用，但其相对于单票制的实施难度也是明显的。

（3）月票

类似单票制收费，以乘车次数为计费标准，不考虑所乘站数和里程长短等。在卡充值时，是写入最大允许乘车次数，乘车刷卡消费时，扣除的是次数。

第三节 城市轨道交通一卡通

城市轨道交通具有安全、舒适、方便、快捷、准时正点及载客量大等优点，是解决大城市交通拥挤难题、构建立体化运输网络、改善城市交通结构和生态环境的重要途径。据中国国家发改委和建设部提供的资料显示：“十五”计划期间，我国的地铁建设投资将达 2000 亿元，建成总长度约 450km 的城市轨道交通线路。到 2020 年，中国将有超过 550km 的地铁线。预计到 2050 年，地铁加轻轨线路的总长度将达 2000km。届时，我国的城市轨道交通系统将承担 50%～80%的城市交通客流量。表 7－1 即为截至 2010 年年底我国城市轨道交通线路状况和发展规划重点，由此可见城市轨道交通 AFC 所蕴涵的巨大市场和商机。

表 7－1　　我国城市轨道交通线路状况

城市	已运营	在建和准备建设项目
北京	9 条地铁线路，运营里程为 228km	总长将达 561km
上海	已开通运营 11 条线，运营里程达 410km（不含磁浮示范线）	近期及远期规划则达到 510km 和 970km
广州	开通 5 条线路，总里程 150km	3 号线北延线、4 号线北延线、6 号线首期、2/8号线延长线，珠江新城旅客自动输送系统，珠江三角洲城际快速轨道交通广佛线

续 表

城市	已运营	在建和准备建设项目
香港	9条地铁线路，总长90.9km地铁1、2、3号线通车里程达到78.52km	
天津	津滨轻轨1期45.785km	计划建设130km
大连	地铁线3条，总长71.3km；快轨线3条，总长147.8km；快轨线（金州区及机场联络线）3条，全长43.8km	近期（到2015年）规划建设1号线、2号线和4号线中心城区段（作为3条线一期工程），总长度为58.1km
沈阳	1号线、2号线50km	2020年总规模可达210km
深圳	16条线路组成，总长585.3km	2020年，全长252.6km
苏州	地铁1号线和2号线52.666km	5条线路181km
南京	南京地铁1号线，全长21.72km	2号线一期工程全长25.27km
武汉	1号线10.234km	2012年1号线二期工程、2号线一期工程、4号线一期工程，总里程70km
哈尔滨		总体规划有5条线和2条支线，总里程143km
西安		地铁1、2号线路，总长51.3km，投资252.7亿元
成都		7条线路，总长274.15km

城市轨道交通包含地下铁道和轻轨等其他轮轨交通方式，并以前者为主。本节拟以前者为例介绍，所述内容亦基本适宜轻轨等。

由于地下铁道特有的所处环境和运营方式，地铁AFC与上节公共汽车AFC存在相当大差别。下面，我们就从设计原则、系统结构、票卡类型和收费媒介等方面，对地铁AFC予以论述。

一、设计原则

随着城市轨道交通的发展及城市公共交通“一卡通”进程的加快，AFC系统的设计原则应满足以下几点要求：

（1）开放性：系统应易与城市公共交通“一卡通”联网，满足“一卡通”要求；易与其他相交接的轨道交通线AFC系统进行信息交换，实现单程票在付费区内直接换乘。

（2）可扩充性：满足将来客流增长时系统设备扩充的需求。

（3）灵活性：系统可根据实际运营的需求灵活配置。

（4）成熟性：选用较为成熟的产品，保证系统的高可靠性和高安全性。

（5）先进性：选用先进技术，提高AFC系统自动化管理程度及运营服务水平。

（6）具有足够的数据处理能力：满足初、近、远期最大客流的处理需求。

二、系统结构

地铁 AFC 系统包含中央计算机（CC）、车站计算机（SC）、自动售票机（TVM）、人工半自动售票机或票房售票机（BOM）、出入口自动检票机即闸机（GATE）、验票/查询机（TCM）以及单程票初始化机/清分机（TIM/TSM）、储值票初始化机（CIM）和自动增值机（AVM））等。整个系统可如图 7－9 所示，分为四层。图中的 OT 为操作转换，RS422 为设计时所采用的总线结构类型，CSC 为非接触式 ZC 卡。

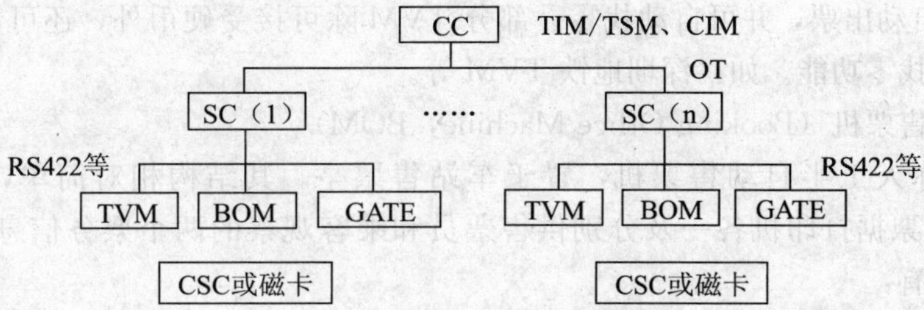

图 7－9　地铁 AFC 系统结构

1. 中央计算机

为 AFC 的最高层，由数据库服务器和通信处理机组成，位于 AFC 控制中心，负责处理车站计算机来的交易信息，下传票价表和黑名单等控制参数，控制整个 AFC 系统的运行，生成票价、黑名单、设备运行状况及维护记录等管理报表。其与分布地铁线路各站点的车站计算机间的双向数据传输是由通信处理机通过相应通信网络实现。

此外，其还配备多个终端，用于供高层管理人员（如总经理）进行远距离监控，供财务部门制作票务报表，供审计部门检查票务收入情况，为维修部门提供维护保养依据，供客运部门进行客流监控等。

单程票初始化机/清分机（Token Issuing Machine/Token Sorting Machine，TIM/TSM）是一种两功能合一装置，其与储值票初始化机（Card Issuing Machine，CIM）均属该层次设备，安装于 AFC 控制中心，分别用于单程票的初始化、清分处理和储值票的初始化及卡面个人化处理（打印）等。

2. 车站计算机（SC）

SC 是 AFC 系统的第二层面，用于监控该车站各 AFC 设备（即车站设备）的运行，接受来自这些设备的售检票信息、运行状态（开、停、正常、故障等）和维护信息。各信息除归纳整理后定时或实时上传中央计算机 CC 外，还必须在站内进行阶段性暂存，并将来自 CC 的价目表、黑名单和其他控制参数下载至相应 AFC 设备。

其与车站设备的通信多通过带屏蔽双绞线实现，与中央计算机的通信路径则为 PCM 或 OTN 网络。

3. 车站设备

车站设备为 AFC 系统的第三层，包含售票和检票两大类。

(1) 自动售票机(Ticket Vending Machine,TVM)

AFC是一结构复杂的机电控制机构,至少包括车票发售模块、纸币/硬币识别和处理模块、钱箱以及电子控制单元和显示/维修面板等,甚至具备触摸屏等良好人机界面。置于车站非付费区的该自助设备的基本功能为:发售多种面值的单程票,向票卡内写入发售日期代码、发售时间代码、发售车站代码、进站有效代码、车票面值代码和奇偶校验码等信息。

操作过程为:乘客首先根据自己的计划乘车路线,选择目的地或单程票面值。此后,乘客每投入一硬币或纸币,TVM上的显示值将相应改变。当投入币值达到或超过所选面值时,TVM自动出票,并可自动找零。部分TVM除可接受硬币外,还可识别纸币,并具备硬币自动找零功能。如:深圳地铁TVM等。

(2) 票房售票机(Booking Office Machine,BOM)

BOM亦称人工半自动售票机,置于车站售票亭。其结构相对简单,通常由主机(PC)、键盘、票据打印机各一及分别供售票员和乘客观察的两个票务信息显示屏组成。主要功能至少有:

①发售新票(含储值票和单程票);

②车票加值、退款、更新、查询;

③打印票据;

④对有争议车票进行分析;

⑤发售针对乘客"超程"和"超时"补值的出站票。

(3) 验票或查询机(Ticket Checking Machine,TCM)

供乘客查询站点信息及乘次票价,对车票进行查询和有效性分析,显示车票近若干次交易记录等。这些功能可以由专门的固定式TCM实现(置于车站非付费区),也可由便携式验票机完成,也可合并到前述TVM上。

(4) 闸机(GATE)

即置于地铁出入道口的自动检票机(Automatic Gate Machine,AGM)。

按照外形结构即阻挡/放行机构的差异,其可分为3杆旋转式或门式(包括蝶形和扇形)2种;按照工作方式,则可分为入口闸机和出口闸机2种,也可设置为入/出口双向形式。工作过程为:

当乘客持储值票进站时,入口闸机将对卡的类型、合法性、有效期和余额等进行检验。若符合要求则写入日期、时间和入口闸机编码等,开闸放行;在出站时,出口闸机同样校验,若符合要求,则写入日期、时间和出口闸机编码等信息,并根据乘车距离和卡上标明的持卡人享受优惠打折计费,对卡扣款后,开闸放行。

若持单程票进站,乘客必须将之插入或放入入口闸机。后者检验车票的类型、合法性和有效期等,满足要求则写入日期、时间和入口闸机编码等信息后弹出车票,并开闸放行;在出站时,出口闸机同样校验,若车票类型合法,日期有效,未超时/超程,闸机将自动收回车票,并开闸放行。

(5) 自动增值机(Adding Value Machine,AVM)

安装于车站非付费区,供乘客进行现金自助增值或银行卡转账操作。

4. 车票

车票为 AFC 系统的第四层（最底层），由最终用户持有。包括由人工半自动售票机（BOM）和自动售票机（TVM）发售的单程票和由 BOM 发售的储值票。

三、票卡类型和票种之间的分配比例

地铁 AFC 系统蕴涵 2 种车票：储值票和单程票。

1. 票卡类型

（1）储值票

储值票进站验票、出站扣除与乘距相应的车费，储值票可反复充值，重复使用，适宜经常乘坐地铁的乘客，可方便的用非接触 IC 卡实现。目前，非接触 IC 卡储值票不仅被新建 AFC 系统广泛采用，许多国家的磁卡式老设备也通过加装非接触读写模块，取得非接触 IC 卡储值票读取功能（日本除外，该国迄今仍采用磁卡储值票）。

地铁储值票的工作方式类似采用分段收费票制的公共汽车储值票：入口闸机检验票卡的合法有效性并在卡中写入进站时间及站点等信息；出口闸机则根据实际车程计费，并从卡中余额扣款。票卡始终由乘客持有。出、入站使用形式均为“一挥而就”。

储值票又分为记名储值票和不记名储值票 2 种。记名储值票内存有乘客个人信息，卡面可印刷其个人照片，遗失或被窃后可挂失，以减小乘客损失。

在已实现公交一卡通的城市，如香港、首尔（汉城）、上海等，储值票就是该城市的公共交通卡。

（2）单程票

单程票的特点是：单程票具有限时、限程功能，一次有效，进站验票、出站回收。其客源一般为外地出差、旅游人员和本市较少乘地铁的居民。由于购票费用为：票价＋票卡成本，以致后者在单程票费用中的比重较大。于是，采用何种介质、以何种运作方式来满足这部分自身乘车不多、但总量巨大乘客的需求，为之提供质优价廉的服务，就成为迄今业界讨论较多的话题和 AFC 项目规划设计必须考虑的问题。更何况，票卡介质的选取还将直接影响车站售检票设备的形式、性能和成本。

2. 票种之间的分配比例

票种之间的分配比例是指高峰小时进站客流中单程票和储值票数量占总进站客流的比例。该比例决定了全自动售票机和半自动售票机的配置数量。由于线路走向、站址位置、客流组成等因素，决定了各站的进站票种比例有所不同。

在 AFC 系统设计时，应对每个车站的高峰小时客流进行分析，合理确定各站的单程票和储值票比例，为全自动售票机和半自动售票机的设置提供正确依据。

四、收费媒介

目前，全球地铁单程票的采用介质主要为：

1. 纸质票

纸质票价格低廉，为人工售检票，加条码后虽可用于自动售检票，但售票时建立的条码信息仅包含发售站名和时间，不记录实际进站时间和站名。因此，仅适宜单一票价制式，不便于计时和计程应用。

2. 磁卡票

20 世纪 60 年代初开始应用，技术、设备、标准及规范均相对成熟。不仅价格低廉，且可回收分拣后循环使用，以进一步降低成本。因此，被至今仍在运营的早期构建地铁 AFC 系统广泛采用。如 1979 年开通运营的香港地铁的储值票虽于 1997 年更换为 SONY 公司的 FeliCa 系列非接触 CPU 卡，但其单程票仍采用磁卡；而始终采用磁卡式储值票的日本地铁，为避免票卡回收所致之人工费用，则采用一次性纸质磁卡做单程票。

不过应当看到的是，尽管国外仍在生产磁卡制式 AFC 设备，但其读写和传动部件复杂、昂贵、故障率高、维护成本大，卡片的保密防伪性差以及客流通过率低的缺陷，已注定其终将逐步让位于非接触 IC 卡制式设备的必然趋势。

3. 非接触 IC 卡票

非接触 IC 卡单程票的优点不仅仅在于：使用快捷、客流通过率高、保密防伪性好、利于更科学合理的计程收费的实现，且由于其所需读写设备相对简单，以至设备的造价低、寿命长、故障率低、维护量少；不仅提升了系统运行的稳定可靠性，节约了大量维护人员，且降低了对维护工程师的技术要求，使运营维护费用亦大幅下降。

三种收费媒介优缺点比较如表 7－2 所示。

表 7－2　　收费媒介优缺点比较

特性	塑制磁卡	纸质磁票	非接触式 IC 卡
优点	(1) 技术成熟 (2) 卡的成本低 (3) 可循环使用，适用于单程票和储值票	(1) 技术成熟 (2) 卡的成本低	(1) 采用集成芯片，信息计录量大 (2) 安全性高，抗干扰能力强 (3) 读、写设备简单，系统可靠性较磁卡系统高，维修量低 (4) 易与其他系统相连，做到一卡多用，适用于单程票和储值票 (5) 可循环使用
缺点	(1) 磁记录信息易被破译、仿造，安全性相对较低 (2) 读、写设备机械部分复杂，可靠性较 IC 卡低 (3) 系统成本高，维修量较 IC 卡大	(1) 磁记录信息易被破译、仿造，安全性相对较低 (2) 不可循环使用，需回收处理，仅适用于单程票	卡的成本相对较高

目前世界上已投入使用的非接触 IC 卡单程票，主要有图 7－10 所示之 2 种封装形式：卡式和 Token，亦称薄卡型和筹码（代币）型。它们的应用方式如下所述。

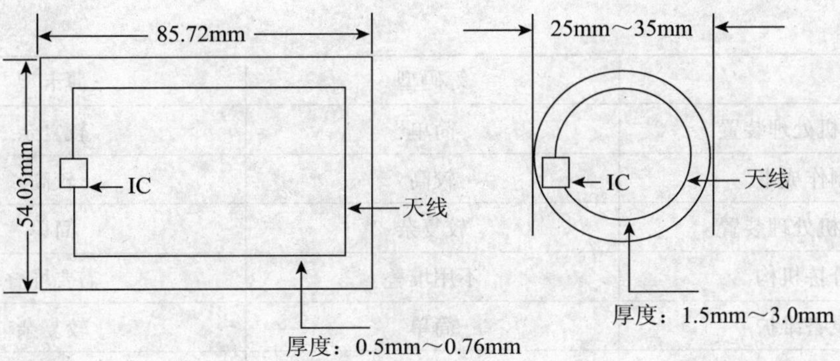

图 7－10　薄卡型和筹码型非接触单程票的外形结构

薄卡型出站闸机设置有卡接口、传送带和回收盒。若插入的薄卡单程票合法有效，闸机经传送带（Belt）将之送入回收盒并放行；若无效或超程，则从出票口退出票卡，提醒乘客取回并补票或查询。

筹码型出站闸机上有类似投币电话投币口的筹码投入口和回收盒，筹码在投入后的滑落过程中被读取检验。合法有效的筹码将被收入回收盒并放行；无效或超程筹码则被拒绝投入或者弹出，提醒乘客取回并补票或查询。

理论上讲，该二封装形式均可采用相同的卡芯片和被同一读写模块读取（这些芯片和模块的来源可为：Motorola（现已退出智能卡业务）、Philips、SONY、TI、Infineon、Inside、华虹和复旦微电子等，如深圳地铁 Token 采用的 SONY 公司 FeliCa 卡：RC-＄890），但外形结构的差异，使之性能特点、使用方法及对配套设备的要求均不同。譬如：

薄卡对芯片的面积和厚度有一定要求；筹码于此则较宽松。

筹码的天线面积相对小，因此对读写距离和范围的要求较薄卡高。据悉，最新的 TimeS10t 双天线技术可解决此问题。

筹码的传送采用自由落体方式，薄卡则取 Beltto Belt 方式。自由落体方式的传送机结构简单、成本低、速度快、但读写可靠性低于 Beltto Belt 方式。筹码的回收较薄卡简便、成熟。

表 7－3 为筹码型与薄卡型性能特点和应用的进一步比较。由于它们各有所长，因此国际市场均有供货，如法国 ASK 公司的纸质非接触票卡 CTS 和率先进入中国市场并在广州地铁得以应用的美国 Motorola 公司的 Token 单程票。表 7－4 示出了使用筹码和薄卡的部分城市及项目，韩国大邱则同时采用 2 种方式。

表 7－3　　筹码与薄卡性能特点和应用比较

	筹码型	薄卡型
使用寿命	较理想	目前不太理想
读卡成功率	较高	高

续　表

	筹码型	薄卡型
检票机处理装置	简单	较复杂
制作成本	较高	较高
售票机处理装置	较复杂	简单
分拣机构	不用堆叠	需要堆叠
设备维护	简单	较复杂
处理速度	快	较快
入票方式	自由落体	
回收方式	不用堆叠	需要堆叠
设备成熟性	新开发	较成熟
新建线路设备投资	低	高
表面印刷	一般	好
广告收入	较难	较好
乘客使用	较习惯	习惯
人为造成损坏	不容易	容易
封装材料	PVC、PET、聚碳酸酯和 ABS	PVC，PET，PET. G 和 PC
可借鉴标准	如上海地方标准等	如国际标准（厚卡）
颜色	至少两种颜色	白色
机械抗损要求	耐磨，抗震	耐弯折，扭曲性达国际标准
国外应用实例	印度新德里地铁	法国巴黎和英国伦敦地铁
国内应用实例	广州地铁 1、2 号线	大连轻轨

表 7－4　　筹码与薄卡的部分应用城市

筹　码	薄　卡
印度新德里地铁	法国巴黎地铁（试验中）
泰国曼谷	英国伦敦地铁（试验中）
韩国光州和釜山地铁	新加坡地铁（厚卡）
广州地铁 1 和 2 号线（1 号线原用磁卡）	北京地铁（计划）和天津地铁（计划）
深圳地铁和南京地铁	大连轻轨和重庆轻轨
武汉轻轨	上海地铁（2005 年始全面改造）

需要指出：此前论述仅相对采用回收模式的单程票而言，为国内地铁普遍采用，如上海、广州和深圳等。为避免车票流失给运营部门造成的损失，国外已出现其他单程票运作模

式，譬如：新加坡采用的收押金模式：其票额＝单程车资＋押金，押金包括卡成本（其采用成本较高的厚卡即普通非接触 IC 卡）和管理费用，出站时卡可以不回收，由乘客自行保存，下次乘车时在通用售票机上再次充值（单程票值）即又可使用；若不想保存，则将之插入通用售票机后按退票键，通用售票机将退还押金并回收卡。该卡回收后可再次出售。

该模式的优点是：

（1）避免了非法套购车票和车票自然流失所致之运营商经济损失；

（2）单程票使用方式与储值票相同，均为“一挥而就”，方便了乘客，加快了出站速度；

（3）进、出站闸机结构相同，减少了设备投资，简化了维护（带回收功能的出站闸机成本和复杂性远高于入口闸机）；

（4）减少了因单程票回收所需之工作量和人员，利于运营费用的降低。

其缺点是：购票时要交押金，资金不足则难以成行；出站时需办退票手续（自选），于乘客有所不便，尤其在高峰拥挤时。

挪威奥斯陆、澳大利亚墨尔本和荷兰的国家级交通一卡通系统则已采用或即将采用一种价格低廉的“抛弃型”单程票。由于这类一次性使用的非接触 IC 卡单程票无须回收和使用，因此省去了对单程票回收、分拣、清洗、处理及管理的烦琐工序、复杂设备和人员，简化了工作流程和维护，减少了设备投资，有利于整体运营费用的降低。

五、设备布置

AFC 系统终端设备的布置是否合理，直接影响了系统的功能发挥。在设备布置时，应与建筑专业密切配合，本着以人为本的设计原则，在站厅层总面积不变的情况下，尽可能扩大非付费区面积，通过设备的合理布置，起到引导客流、疏散客流的作用，从而提高通过能力。在设备布置时可考虑如下几个原则：

（1）全自动售票机、半自动售票机、自动加值机、自动验票机等在非付费区内宜相对集中布置，尽量满足客流流向要求；

（2）每一个付费区设置一台半自动售票机，作为出站补票使用；

（3）每一个检票口检票机数量应不少于两台；

（4）进、出站检票口设置不宜过分分散，应充分发挥每台检票机实际使用效率。在设备布置时应注意岛式站台车站与侧式站台车站的区别。对于岛式车站，站台成为上行与下行客流的集散点，因此站厅层进、出站检票口的设置与上、下行列车的上、下客流量影响不大，可只考虑高峰小时总的进站客流和出站客流的影响。对于侧式车站，由于上、下行列车有着各自的站台，两站台需经站厅层才能沟通，因此站厅层进、出站检票口的设置需分别考虑上行与下行进、出站客流的影响。这是与岛式车站设计的不同之处。此外，设备布置除需满足售检票的功能要求之外，尚需做到与站厅层建筑总体布局相协调。

六、运营模式

运营模式是指对车站设备的控制和乘客车票的处理方法。

前面所有讨论均指系统正常时的运营模式，当出现列车故障、火灾、电力中断或恐怖活动等意外情况时，中央计算机和车站计算机应及时将某车站或所有车站设置为列车故障、免检和紧急疏散等降级运营模式。这是保证地铁安全的基本条件，也是地铁 AFC 与其他交通工具 AFC 的又一不同之处。

1. 列车故障模式

在此模式，相应车站将暂停运营服务，已购买单程票的乘客，可在中央计算机设定的时间期限内再次使用该车票，乘坐与票值相符的车程；对已经进站乘客，出站闸机将更新车票上的进/出站标志，收费与否或收取金额由中央计算机设定的参数控制。

2. 免检模式

在该模式下，有多种免检形式。

(1) 入站标志免检

正常运营时的出站车票，应带有入口闸机写入的入站标志。但节假日、球赛和大规模群众集会等可能形成突发性大客流，为尽快疏散乘客，可不通过闸机入站，系统允许这类未写入站标志的车票出站。具体做法是：如果仅仅对某个车站设此免检，系统将默认所有未写入站标志的储值票都是由该站进站，出口闸机据此扣款；对单程票，则检查车票上的购票车站信息，若为所设定车站，则免检入站标志；如果对所有车站均设此免检，则对所有车票均免检入站标志，储值票扣除最短车程费用，单程票回收且不检查票值。

(2) 来车时间免检

如果因运营方责任造成乘客出站时间超出系统设置的允许时间，则对该部分乘客应采取乘车时间免检模式。出 13 闸机免检车票上的进站时间信息，只检查票值，并按正常方式扣款。

(3) 乘车日期免检

如果因运营方责任导致车票过期，则对该部分车票（譬如只能在购买当日使用的单程票）取乘车日期免检模式。

(4) 车票免检

如果因某车站发生事故或故障关闭，导致列车越站停车，系统就将实际停靠站设置为车票免检模式。此时，出口闸机回收所有单程票，对储值票只扣除最少车费。

3. 紧急放行模式

所有闸机全部处于通行态，不对车票进行任何处理，乘客无须车票即可自由离站，实行紧急疏散；所有自动售票机自动退出服务，各入口闸机显示“禁止进入”，标志。地铁运营的上述应急模式，在危急时刻（尤其是恐怖活动猖獗的今天）具有不可估量的重要价值。

4. 收费流程和票务管理

收费流程和票务管理是运营管理的重要组成部分。收费流程是否合理直接影响了系统组成和票务管理。由于城市轨道交通网收费系统之间存在着千丝万缕的联系，应尽量避免建成一条新线、改造几条旧线的局面，造成人力和财力的浪费。目前，票务管理倾向于采用“一卡通”清算中心、票务中心、车站三级管理模式。“一卡通”清算中心负责城市公共交通线之间的清算工作；票务中心负责每条轨道交通线内部的票务管理；车站负责本车站的票务管理。

七、客流分析

在轨道交通规划建设中，客流预测占据极其重要的地位，它决定了线路走向及站址的位置、车辆数量及车站规模，有助于行车计划的编制，为工程可行性经济评估和分析以及为AFC系统及其他设备系统的设计提供依据。早期的客流预测包括了初、近、远期的高峰小时进出站客流、全日客流及最大断面通过量，现在的客流预测新增了高峰小时进、出站的分向客流，为详细确定每一个出、入口通道的预测客流提供了方便。在系统的设计时，应充分利用高峰小时进、出站的分向客流，合理确定售、检票机的数量以及布置位置，以最少的投入，达到最佳的效果。

八、AFC终端设备的计算

AFC终端设备计算的依据为车票种类、收费媒介、票种之间的分配比例、客流预测报告以及设备计算参数取值。

在《地下铁道设计规范》（GB 50157—92）中规定：自动检票机最大处理能力为：30人/min台；半自动售票机最大处理能力为：15人/min台。

从上海市地铁1号线、广州市地铁1号线的实际运营情况来看，规范中所规定的最大处理能力难以达到。但这并不意味着所选设备的处理速度达不到要求，而是由于设备使用中的诸多人为操作因素所造成。因此，设备计算参数的取值除应考虑设备本身的处理速度、购票使用的人民币种类（纸币、硬币）、车票媒介等因素外，还需考虑使用中的人为操作因素，留有一定的能力储备。

第四节 城市公交一卡通系统

一、城市公交一卡通的概念

所谓“城市公交一卡通”，就是在城市公共交通应用环境中（包括公交、地铁、轻轨、出租车），通过IC卡支付介质和相应计算机及通信等先进技术手段所实行的一卡多支付应用平台，即通过统一发行的非接触IC卡介质作为城市公共交通储值卡，在城市不同公共交通工具上实现统一支付，并通过按照协定的商务规则由统一建设的清算管理中心完成对应交通费用的结算和划转，从而达到方便用户，全面提高各公共交通应用公司的经济和管理效益的目的，实现无现金电子支付。

二、“一卡通”与“一卡多用”的差别

随着IC卡应用的迅速普及，人们对于“一卡通”和“一卡多用”这两个词已不再陌生，而且往往将它们不加区分地混为一谈。实际上它们是在概念和作用形式上既有共性，又存差异的2种应用思路。它们的差异首先表现于卡数据的共享性，详述如下。

“一卡多用”是把不同应用目的的数据分区存放在同一卡，每项应用只能通过自己的安全入口独享式访问指定数据区。各应用相互独立，互不影响。如图7-11所示。“一卡

通”也将不同应用目的的数据存放同一卡，但某些数据可以被不同类型应用共享。如公交一卡通卡上“电子钱包”中的储值就可用于公共汽车、地铁和出租车等所有公共交通工具的付费。当然，这些应用的结算管理必须由一中间管理机构（譬如一卡通公司）统一进行，如图 7－12 所示。

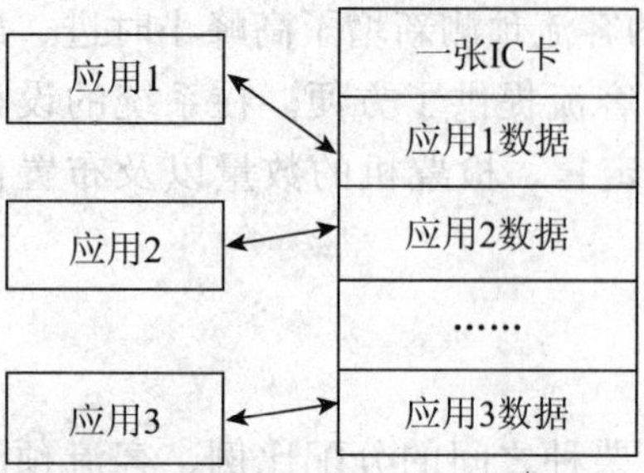

图 7－11　“一卡多用”示意

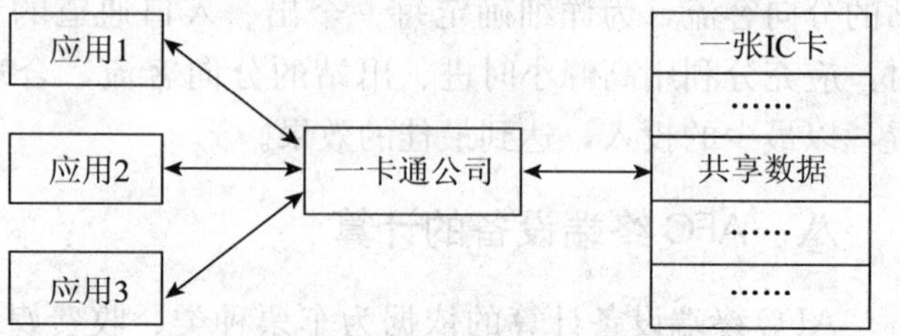

图 7－12　“一卡通”示意

无论是“一卡多用”还是“一卡通”，都必须有一个承担卡的统一发放的管理机构，相对于此管理机构，二者的差别又表现为：对“一卡多用”卡，管理机构可只侧重于不同应用数据物理位置的划分，无须关心各应用数据区的具体内容；对“一卡通”卡，管理机构的“负担”则“沉重”得多，不仅要管辖“电子钱包”等共享数据，为系统建立统一的充值和个人化网点，而且必须对种类不同的各项应用数据统一初始化，并适时了解各应用的交易明细，统一清分结算等，此涉及全市诸多公共交通行业的庞大系统的资金流和信息流集散中心。“一卡通”与“一卡多用”的对比如表 7－5 所示。

表 7－5　“一卡通”与“一卡多用”的对比

项目	一卡多用	一卡通
数据在同一卡上否	是	是
应用数据共享否	否	是
各类应用的安全入口统一否	否	是
卡管理统一否	否	是
个人化信息统一否	否	是
统一充值否	否	是
各类应用的消费/使用	分开	分开
卡的挂失/解挂	简单	麻烦
各类应用间的关系	无	有

显然，由于一卡通模式下的数据共享（互通），导致不同应用间的相互关联和影响，以致“一卡通”的实施难度远较“一卡多用”大。此外，有些应用希望通过数据共“通”，为用户提供最便利服务；但另一些却要求数据的独享性和独立的安全入口，以保护用户和业主利益。因此，实际应用中对二者的取舍，应根据实际需求确定，并可采取先“一卡多用”，条件成熟再过渡的渐进办法。在同一卡上，也可采取部分应用“一卡通”，另一些应用“一卡多用”的两类模式并存方式。

依上所述，可将“公交一卡通”定义为：在城市公共交通应用环境中，通过统一发行以非接触IC卡为介质的公共交通卡，实现在同城甚至区域内的不同交通工具的统一支付，并由统一建设的清算中心按协定的商务规则，完成各种交通费用的结算和划转。

三、公交一卡通建设的必要性

早期公交AFC系统的构思和实施，多以单一运输工具为目标，优点是制约因素少、项目上马快、实施简便（部分中小城市仅有单一交通工具）不仅提高了公交行业的管理水平，而且取得明显经济效益和社会效益。但从长远的观点看，这种由每个运输部门完全根据自身营运特点和需求自成一体的独立建成的AFC系统，存在至少三大先天不足：

（1）各运输部门分别发行仅适宜自身车（船）的IC卡，致使具备多种交通工具的大中城市居民在出行时，必须携带多种交通卡，临上车（船）时，又陷于卡中找卡的尴尬处境，而且卡成本和储值资金的分别收取，也增大了用户的负担和不便。

（2）各运输部门在技术和设备上各自为政的重复投资建设，不仅造成资金和人力的巨大浪费，增大实施困难，延长工程周期，影响服务质量和水准的提升，而且不利于有限的公共交通资源整体利用效率的提高和合理调配，阻碍了智能交通的实现。反过来，又制约了已有AFC系统作用的充分发挥。

（3）对交通和城市管理决策部门而言，在各运输部门AFC平台每日获取的浩瀚营运数据中，蕴涵大量极其宝贵信息，是公共交通乃至整个城市的信息化、科学化和智能化管理决策不可或缺的第一手资料和依据。但这些相互独立的平台在技术标准、通信方式、接口协议、操作系统和管理软件等方面的不一致，严重阻碍了数据的共享和挖掘利用，不利于城市交通的宏观决策和调控管理。

正是上述三大弊端，催生和推动了公交一卡通的问世和发展，以至进入21世纪后的大中城市公共交通AFC的规划实施，多取“城市公共交通AFC一卡通”的发展思路，并逐步向“区域一卡通”和“市政一卡通”即“城市通卡”的更高层次延伸。

四、城市公交一卡通系统基本组成和体系结构

1. 基本组成

城市公交一卡通系统由核算中心、运营单位和管理中心等组成。核算中心负责运营数据的日清月结工作，运营单位通过在交通工具上安装配套的POS终端设备，完成乘客刷卡的消费工作，管理中心主要负责整个系统IC卡的初始化、制作以及IC卡数据的采集、汇总和上报。每天的IC卡消费数据通过网络上传到管理中心的数据库，所有的用户单位可以通过网络查看本单位实时的营运收入，如图7-13所示。

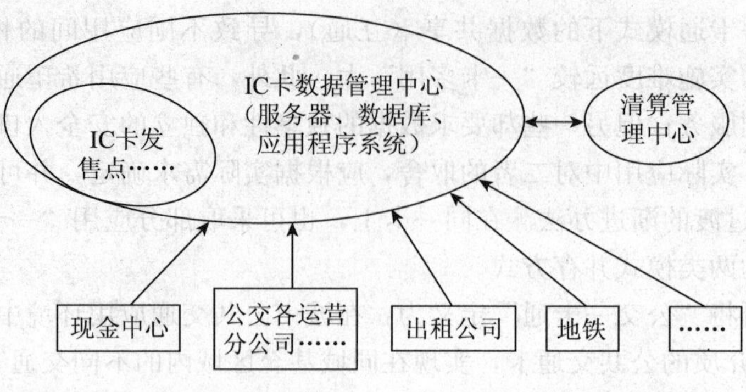

图 7－13　城市公交一卡通系统基本组成

2. 体系结构

公交一卡通的基本构成要素为：持卡人、售卡充值点、消费点、数据采集点、运营单位、售卡充值代理机构、清算中心和清算银行。对这些要素的不同布局将形成特点迥异的体系。具体如图 7-14 所示。

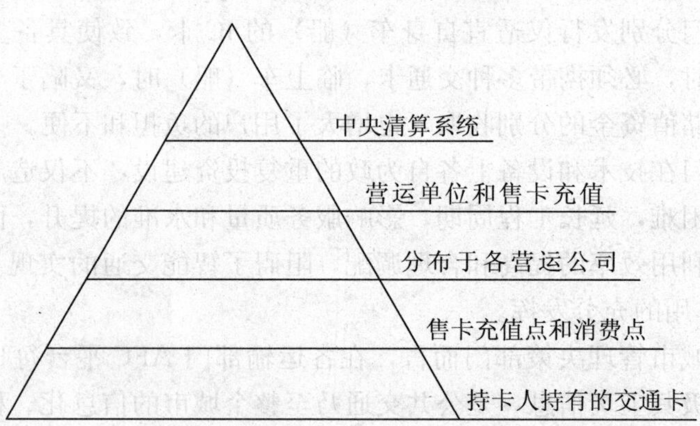

图 7－14　城市公共交通 AFC 一卡通体系结构

该例由上至下地将整个系统分为五层，其中：

第一层为中央清算系统，由清算中心和清算银行组成。前者负责卡片发行、运营管理、业务清算和密钥的生成/发行/管理等；后者则根据前者提供的清算结果，对各营运单位和售卡充值机构的应收/应付款进行划拨等。

第二层由营运单位和售卡充值代理机构组成。前者是为持卡人提供服务的业主，具体指公共汽车、地铁、轻轨、出租车和轮渡等公共交通公司的控制结算中心；后者为提供售卡充值点的经营单位，可以是银行、超市或各营运单位，负责各售卡充值点营业资金的汇总和上缴清算银行，并将各售卡充值点的售卡和充值交易数据上报清算中心。

第三层由分布于各营运公司基层的各个数据采集点组成。由于各行业运营方式的不同，所采取数据采集的形式亦多种多样。公共汽车通常是在每天收车回车库时用红外采集器或微波采集器或大容量 IC 卡采集；地铁/轻轨则由各车站的车站计算机采集所辖车站设备的所有交易数据，并通过其专用通信线路，定时传送到地铁/轻轨结算中心；流动性大且无固定行车路线和规律的出租车，则应在取得一定交易数额后，去附近数据采集点（如特约银行和加油站等）由相应采集介质（IC卡、便携式有线或无线采集器等）进行数据采集及系统参数和黑名单等信息的装载；“深圳通”项目则通过无线集群通信专网（IDEN），以包交换方式实现车载机与出租车公司的数据交换，以进一步改善数据采集的实时性和便捷性，并用手持式红外采集器作备用手段，以保证数据采集的可靠性。

第四层由售卡充值点和消费点组成。售卡充值点可位于银行、超市或营运公司的营业场所，也可由清算中心在人流密集地点自行设置。根据售卡充值点与中央清算系统间的信息和资金流是否经过代理机构中转，又分为间接式售卡充值点和直联式售卡充值点2种类型。消费点有移动式与固定式之分，公共汽车和出租车为移动式；地铁、轻轨和轮渡为固定式。因运营方式不同，它们的结构形式和成本也差距较大。

第五层为持卡人持有的交通卡。

五、公交一卡通的安全技术

公交一卡通系统是一庞大的社会公共支付系统，且支付介质（非接触IC卡）始终处于存在各种潜在攻击威胁的开放性环境（由持卡人掌管）。虽然其仅属小额消费范畴，但由于卡片和机具（含消费POS、售卡/充值机和数据采集器等）数量大、分布面广、业务涉及部门多、管理难度大、与持卡人利益紧密相关，各种失误所致影响恶劣。因此，安全技术始终是其设计实施必须优先解决的重要问题。从物理空间看，公交一卡通的安全性主要体现于：IC卡自身的安全、系统内原始交易数据的安全（即机具安全）、通信安全和操作安全等。

1. 安全原则

从特性定义上讲，公交一卡通的安全原则主要表现在如下几个方面：

（1）保密性：防止未经授权的存取信息的能力。

（2）完整性：防止未经授权的更改（删除、增加、修改）信息的能力。

（3）可获取性：防止未经授权的截留信息的能力。

（4）真实性：利用双向认证和数字签名等技术手段，对信息的发送/接收方及信息的真伪进行鉴别的能力。

（5）持久性：准确可靠的长时间保持信息的能力。

2. 安全技术

（1）硬件安全性

此系统要求在硬件方面使用FIREWALL防火墙，使LAN和INTERNET分开，服务器、交换机、路由器、集线器、UPS电源等设备尽量采用双机热备系统，一旦某一硬件设备不能正常工作，则其的备份硬件将自动接管工作，保证系统的正常运转，起到分层防御的效果。

（2）数据安全性

一套功能强大的应用系统，其数据的安全性、完整性和可恢复性是至关重要的。数据库、数据结构的设计、数据引擎的作用都必须先进、合理、高效，数据库服务器可采用一台主机另一台备用的双机热备工作原理，采用多种数据备份策略，如数据实时备份、定时备份以及异地备份的方法，保证数据在遭到毁坏后可以立即还原，实现灾难性恢复，保证数据的一致性、完整性。

(3) 软件安全性

系统的使用要有安全的验证。系统管理员权限、安全密钥的使用、口令的分配更换等都要有管理和监督部门，高低层用户的使用权限、系统的日志记录、资源的使用情况都可利用系统监视器，监视用户对系统资源占有情况，从而进行记录分析，以利于保证系统的安全稳定，并及时排除隐患，保证系统的安全性。

六、城市公交一卡通系统各部分主要功能

1. IC 卡数据管理中心系统

IC 卡数据管理中心系统主要负责城市公交一卡通系统的发卡管理、密钥管理、设备管理以及营运数据的汇总统计等，它是城市公交一卡通系统建设的重点，是系统使用中数据的核心部分，担负着日常业务数据收集处理、营运数据、系统及设备监控任务；负责与城市公交一卡通清算中心、车站数据采集设备以及车载设备和各种终端设备的网络通信和数据交换。管理中心下设 IC 卡发售、充值网点，各网点的数据通过无线移动通信设备实时上传和管理中心的服务器进行传输。

2. 各运营公司数据采集管理系统

目前城市公共交通中运营的公交汽电车、出租、地铁等公司的 POS 终端系统，通过已安装的软件，自动校验 IC 卡的合法性，通过计算，对 IC 卡片进行读写操作，完成一次 IC 卡的数据交易，并与 IC 卡中心服务器数据库系统进行信息交换，生成各类报表，传递各种参数等。

3. 清算管理中心

通过 IC 卡管理中心提供的各种数据，按金融财会制度为运营商进行账务划拨，保证沉淀资金的正确统计与分配。

七、区域公共交通 AFC 一卡通

城市公交一卡通的建立和发展，为本市常住人口的出行提供了便利，但却给非本市人口带来不便：如果他们每到一地都去购卡充值，离开时再退款退卡，将不甚麻烦；若离开时不予退卡，待再来此地时继续使用，则对外出多地者，势必卡多成灾，且每张卡的沉淀资金也是一笔不小的负担。而随着社会的进步发展，城市间的流动人口将急剧增加，如果能实现交通卡的跨地区消费，即在一定区域内的公共交通一卡通，将不仅可为数量不小的该部分人群提供便利，而且可使相关城市的公交营运部门获取可观的经济效益。

20 世纪 90 年代后半期，某些发达国家已始实施大型城市与周边地区的公交“互通”，如韩国首尔（汉城）。进入 21 世纪后，这类现象更屡见不鲜，荷兰甚至计划过于 2004—2005 年推出针对该国所有铁路、地铁、公共汽车、电车和轮渡的国家级交通一卡通。

在公共交通卡迅速普及应用、城市公交一卡通的观念已为人们普遍接受并逐步实施的我国，部分经济发达地区也已着手区域一卡通的探讨和规划建设，如深圳与香港，长沙与

株洲、湘潭，广州与珠江三角洲周边城市，以及以北京和天津为中心的环渤海地区等。以上海、南京、杭州为3个顶点的长江三角洲即“长三角”公交一卡通，则更引人瞩目，该地区包括上海、苏州、无锡、常州、镇江、南京、南通、扬州、泰州、杭州、宁波、湖州、嘉兴、绍兴、舟山、台州和马鞍山十七个城市，10万平方米，被称为世界六大城市群落之一，是中国经济、文化和科技最发达地区之一。这些城市的多数已发行公交卡（其中前三位是：上海1000万枚，南京200万枚，杭州60万枚），有较好公交卡应用基础和经验。当然，要实现区域互通，还有许多工作要做。

这里我们就以“长三角”地区为例，对区域公交一卡通中必须优先考虑妥善处理的两个问题简述如下。

1. 统一标准

目前，长三角地区的公交卡所取标准主要为ISO/IEC 14443的Type A（国家建设部推荐标准）、Type B（南京采用，但已逐步过渡为Type A）和非标Type A（即类A，用A表示，已被上海等城市采用）。

标准的不同是交通卡城际互通的一大障碍。为克服此障碍，唯有统一标准。但困难的是：已在使用中的数千万枚卡片、数万台机具（包括消费：POS、售卡/充值机和数据采集器）和多年开发的大量应用软件等都与原先所取标准相关，标准的改变对这些设施的影响是巨大的，为适应标准变化而进行的硬软件改造所需之人力和资金将极为可观。为减小这类投入，可从以下几方面入手。

(1) 17个城市中尚未发行公交卡的城市（扬州、南通、绍兴和舟山），应着眼未来互通，选取国家建设部推荐标准Type A。

(2) 已发行公交卡城市在开拓新应用领域时，应预留互通接口。如南京在其出租车AFC项目中，即对发卡系统进行改造，使之除可发行原有Type B类型水银卡外，还可发行Type A类型的：Mifare1逻辑加密卡和Mifare PRO双界面卡，所用读写器也支持这3种卡的读写。这种遵循标准的先“B＋A”或“A＋A”，再逐步过渡到国家建设部推荐标准Type A的做法，是最终实现城际互通的较稳妥办法。

(3) 已发行公交卡城市在进行卡片、机具、软件的更新改造时，应尽量选用能够互通的设备和产品，并尽可能通过软件改造、少改硬件的办法降低改造成本。

(4) 在全区域大互通前，可先实行小区域互通，譬如：以上海为中心的苏州、无锡、常州和南通（上海和无锡现已实现互通）；以南京为中心的杨州、镇江和马鞍山；以杭州为中心的嘉兴、绍兴和宁波等。小区域互通不仅有利于降低实施难度，而且可为区域大互通积累经验，创造条件。

2. 联网方式

交通卡异地消费的又一前提是：区域内各城市的公交一卡通系统必须连网，连网模式有以下3种。

(1) 无区域交换中心的对等模式

各节点（城市）的交通卡清算中心作用等同，每个节点在处理交通卡消费交易时，将首先根据交易信息中的城市代码判定进行该交易的交通卡的发卡方，且仅处理发卡方属于本城市的交易。对发卡方不属本城的交易，将按其所属城市代码分类存放，在其他交易均处理完后，再将它们分别发送到相应发卡方交通卡清算中心，由后者处理。如图 7－15 所示。

该模式各节点间均两两相联，因此连接方式复杂，对账和资金划拨烦琐，只适宜小范围的区域联网。

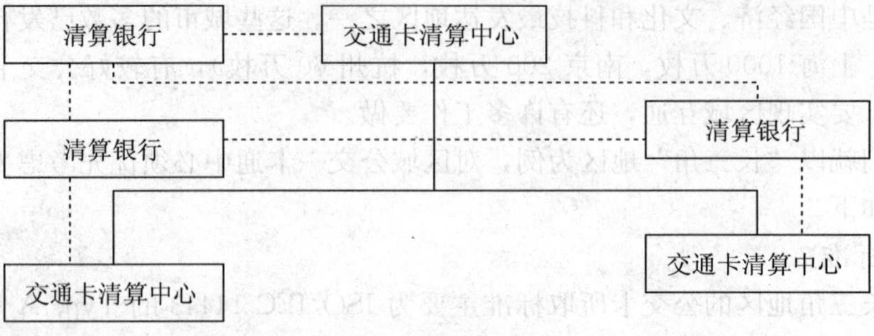

图 7－15　无区域交换中心的对等模式

（2）无区域交换中心的从属模式

该模式特点是：各节点作用不一致，存在次节点对主节点的从属性，如图 7－16 所示。其具备 2 种业务处理形式：第一种是由主节点发卡，次节点不建立卡账户，次节点仅以主节点的一个行业中心形式接入，用于执行由主节点发放的卡所需之交易；第二种是由主节点发卡，次节点接收主节点来的卡账户信息并建立卡账户，以交通卡清算中心形式接入。

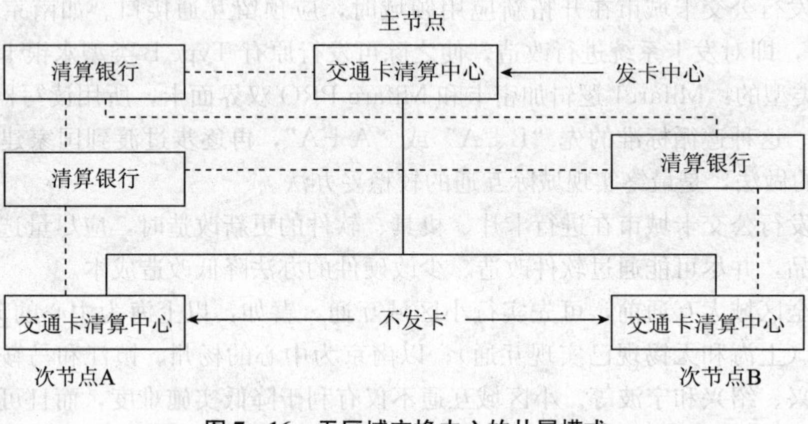

图 7－16　无区域交换中心的从属模式

该模式优点是：系统关系简洁明了，次节点无须发卡，适宜以一个大城市与其下小城市间的区域联网，如上海与无锡和苏州。

3. 区域交换中心模式

如图 7－17 所示。该模式的特点是：各节点相互独立并只与区域交换中心相接，由区域交换中心完成数据和资金的转发和清算。各节点在处理交通卡消费交易时，将首先根据交易信息中的城市代码判定进行该交易的交通卡的发卡方，且仅处理发卡方属于本城市的交易。对发卡方不属本城的交易，将按其所属城市代码分类存放，在其他交易处理完后，再将这些异地交易批量发送区域交换中心。后者将依据各交易信息中的城市代码，将它们分别转发相应发卡方交通卡清算中心。

该模式结构简单明了，对账和资金划拨方便，适宜所有城市公交一卡通系统的互连。当然，区域一卡通需要解决的问题远非此两点，譬如：异地互通后的管理运作方式（售卡、充值、消费、退卡和挂失）及利益分摊等都是有待探讨的重要议题。

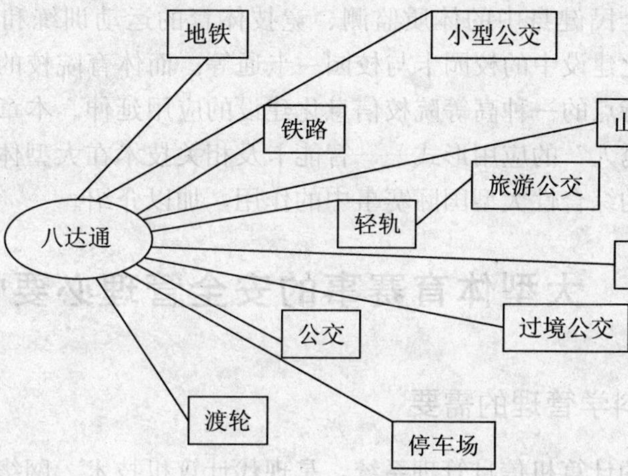

图 7－17　区域交换中心模式

第八章　大型体育赛事的安全管理系统

智能卡在体育领域的潜在应用形式多种多样，至少包括面向公众（市场）的场馆产业化管理、体育俱乐部、全民健身中的体质监测、竞技体育的运动训练和大型体育赛事应用，以及体育院校信息化建设中的校园卡与校园一卡通等。而体育院校的校园卡与校园一卡通则是兼顾体育院校特点的一种高等院校信息化建设的应用延伸。本章仅对智能卡在体育领域最为“壮观”、“诱人”的应用形式——智能卡及相关技术在大型体育比赛，尤其是奥林匹克这类举世瞩目的综合性大型国际赛事中的作用，加以介绍。

第一节　大型体育赛事的安全管理必要性

一、社会发展和科学管理的需要

综合性大型运动会的计算机信息管理系统，是现代计算机技术、网络技术和通信技术等高新技术的结晶，不仅是反映本届运动会科技含量的重要标志，而且在某种程度上也体现了主办地区或国家的科技水平和经济实力；其对作为当今世界日新月异的信息化产品之一的智能卡的广泛采纳和应用，不仅将给参会人员、主办单位及观众带来莫大便利，为主办地区或国家提供一展示其综合实力和科技水平的极好机遇，而且会对大型体育赛事传统的运行管理概念和模式产生较大推动，在形成一璀璨夺目的科技亮点的同时，形成新的经济增长点。

当然，其实施规模和难度也较大，尤其是对安全可靠性的严格要求，且这类应用往往并非以孤立单一形式出现，而是与其他高新技术融合并存互补（如本书多次提到的指纹识别和本章后半部分将重点介绍的卫星全球定位系统）。

二、安全保卫的需要

随着社会文明的进步发展，体育在现代人类生活中的价值和比重与日俱增，大型体育赛事已成为现代社会影响巨大的一项特大型活动，其中尤为突出的是 4 年 1 次的奥林匹克运动会，作为人类和平时期最宏伟盛大的一项跨国家、跨地区、超越所有种族和政治派别的世界性超大型集会，其影响面之广，参与和关心钟情者之多，为任何其他社会活动所不及。无论是比赛项目，还是参加人数，都在持续增长。这种越办越大、越办越红火的发展势头，在给主办国或地区带来丰厚经济和政治回报的同时，也给东道主的接待、服务、安全和交通等带来沉重负担。其中重中之重的安全问题，更是日益引起有关方面的关注。对世界影响巨大的奥运会已多次成为国际恐怖主义的攻击目标和表演舞台。1972 年慕尼黑“黑九月”惨案，1996 年亚特兰大公园爆炸案，都曾给奥林匹克运动浸染暴力的血腥。

2001年“9·11”纽约世贸大厦案，则再一次向这类超大型世界性集会敲响警钟！

由于当今的恐怖活动形式已由早期的有计划、有目标活动，逐步转变为无特定目标、随机随意性极强甚至威胁无关群众的自杀行动，则进一步增大了以反恐为核心的奥运会等大型体育赛事安全保卫的难度。

亲切、和谐、快捷方便是所有观众和参会者期望渴求的良好愿望，而安全稳妥严密防范则是运动会正常运行必不可少的基本保障。它们有时很难融合，甚至相互抵触。对后者的过分强调，往往难免给前者带来不良影响；而对前者的刻意追求，又将制约后者的全面实施，甚至留下灾难性隐患。各种现代技术的充分应用，无疑是淡化和缓解此类矛盾，兼顾安全严密与温馨友善的极佳途径和良好手段。

集成电路卡和卫星全球定位系统对大型体育赛事的管理控制，尤其是安全防卫有独特效用，本章将从技术的角度，对该两项技术在大型体育赛事中的应用前景给予概念性论述，其中部分内容目前仍属前瞻性展望，在组织管理、资金投入及实施细节等方面尚有诸多亟待商榷研讨之处。

三、精确计时的需要

在体育比赛的许多竞时类项目，如马拉松、自行车等比赛中，运动员少则几百人，多则几千人上万人，要用人工方式全部准确地记录每个运动员的名次和成绩，不仅难度大，而且需要的裁判数量庞大，且不能确保万无一失。尽管现在也有比较成熟的终点全自动电子计时设备，但对于百名以上的运动员和流动的终点线，该设备已不适用，且不能完全准确地记录每个运动员的名次和成绩。另外，在马拉松等比赛中由于参赛人员太多，第一个出发的人同最后一个出发的人离开起跑线的相隔时间很长，如果没有一个精确的计时装置，就会造成不公平竞争。

将RFID技术应用于马拉松比赛的精确计时，运动员在自己的鞋带上很方便地系上电子标签，如图8-1所示，在比赛的起跑线和终点线处放置带有微型天线的小垫片，当运动员越过此垫片时，计时系统接收运动员所带电子标签发出的ID号，并记录当时的时间。这样，每个运动员都有自己的起始和结束时间，就不会有不公平竞争的可能性了。在比赛路线中如果每隔5km就设置这样的垫片，还可以很方便地记录运动员的各阶段跑所用时间。

对于田径中的长跑（5000m、10000m、10km竞走、20km竞走等），几十名运动员在400m的运动场内进行比赛，水平参差不齐，准确记录每名运动员行进的圈数，一直是一大难题。

多年来一直是裁判员人工通过摆棋盘和人工画表格等形式记录，除耗费大量的人力、物力外，还不可避免地存在人为失误。田径比赛的不可重复性决定了不能因裁判员的失误而让运动员重赛（如我国第二届全运会田径比赛，因万米少记一圈，而使这届运动会万米无成绩），因此田径比赛对准确性和可靠性具有很高的要求，特别需要高科技的竞赛电子设备——基于RFID技术自动计圈设备，并与终点全自动电子计时设备相结合，以准确地判读运动员的名次和成绩，确保比赛的公开、公平、公正。场地自行车等项目也是如此。最简单的基于RFID技术的自动计时系统如图8-2所示。

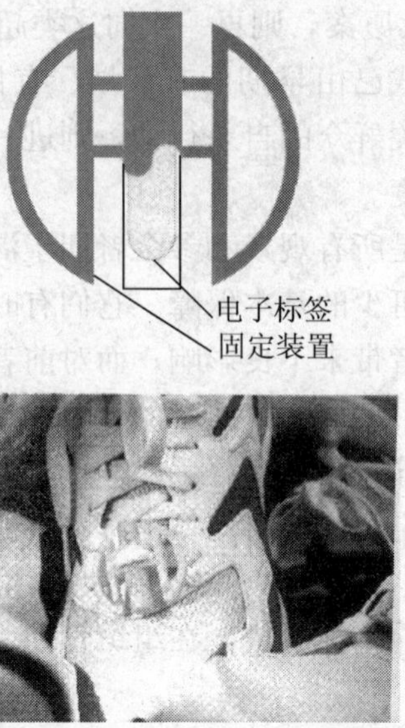

图 8-1 运动员鞋带的标签与标签的放置方式

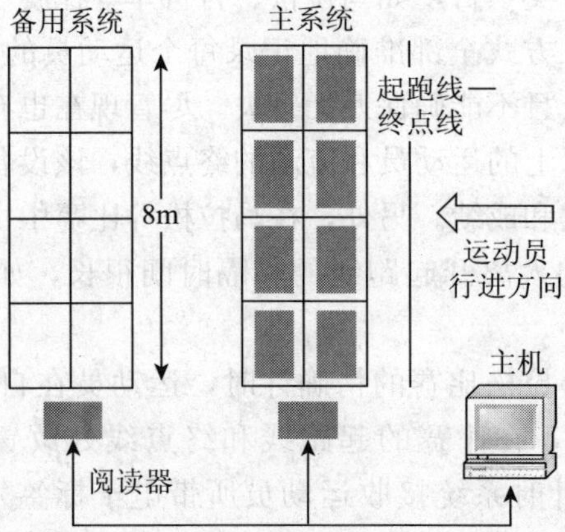

图 8-2 最简单的基于 RFID 的自动计时系统

该系统中自动识别装置工作的基本原理是，每个运动员一个射频电子标签，这样就能够使电子标签靠近铺设在地面上的地面天线，从而使射频控制器通过地面天线传输信息，完成自动识别每个运动员并确定和记录其到达时间。整个包括两个过程，即地面天线发射探询信号和运动员电子标签发射运动员身份号，如图 8-3 所示。

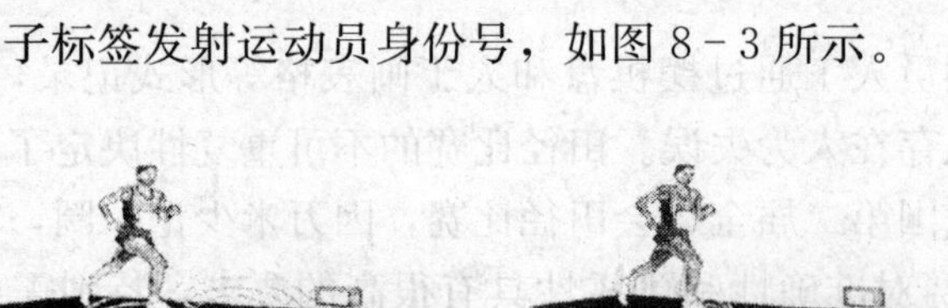

图 8-3 自动识别装置工作的基本原理

第二节　集成电路卡（ICC）的应用形式及作用

运动会计算机信息管理系统是大型运动会组织、运行、指挥和服务的神经中枢，而集成电路卡（ICC）则可作为此信息系统人机交互的重要前端接口，用于身份认证、通行控制、数据载录、综合管理、辅助竞赛、入场证券、巡更巡查、生活服务、医疗急救和小额消费等。对这类应用，可如图 8－4 所示笼统分为四大类。

- 参会人员证卡
  - 运动员
  - 教练员
  - 裁判员
  - 兴奋剂检查人员
  - 组委会工作人员
  - 国际组织代表及各级各类官员
  - 记者
  - 来宾、贵宾
  - 警务及医务工作者
- 专家安控卡
  - 特别通行证
    - 机要
    - 财务
    - 供电
    - 总控室
    - 网络中心
    - 通信枢纽
  - 操作权限卡
    - 各级主管
    - 一般工作人员上机或上网
    - 网管
    - 记者查询
  - 信息中转卡
    - 脱机消费交易流水及价格信息传输
    - 终端服务信息及黑名单中转等
  - 其他
    - 巡更卡
    - SAM卡
- 辅助竞赛
  - 马拉松、铁人三项、摩托车、赛车、划船、游泳比赛的计时
  - 田径万米赛计圈
  - 自行车比赛
  - 裁判签到
  - 选手签到
- 入场证券

图 8－4　集成电路卡（ICC）的应用形式

一、参会人员证卡

参会人员证卡涉及面广，品种繁杂，包含运动员、教练员、裁判员、组委会工作人员、兴奋剂检查人员、记者、来宾、贵宾、国际组织代表、各级各类官员、警务和医务工作者等。譬如，奥运会的身份注册卡种类就达 50 种，涉及人员 144 种。残奥会的证件种类达 45 种，涉及人员 81 种。亚特兰大、悉尼和雅典 3 届奥运会的注册人数均在 26 万左

右，2008年北京奥运会达27万（不包括残奥会人员，残奥会注册人员数量通常是奥运会人员的1/3）。这类证卡是ICC在大型赛事中最主要、最关键的应用形式，所有参会人员都只能凭借所持证卡，在赋予证卡的特定权限范围内遂行权限允许的相关活动，其特点如下所述：

1. 品种多

为便于迅速目视区分前述种类繁多对象，卡面的颜色、图案和文字必须清晰、醒目；易分辨，并印刷照片；卡内电子信息除原有ID（Identity）标识码和大会赋予的卡号外，至少还应有姓名、年龄、性别、民（种）族、国（省）别、身份、项目、办卡时间和有效期限等信息；对要求更高对象，甚至可纳入指纹信息，分布大会各处的固定或便携式读卡终端将据此准确区分对象。

2. 使用便利

这类证卡是持卡人每天可能随时使用的会务活动凭证，其使用应尽可能方便快捷，因此宜采用非接触IC卡，甚至同时兼备接触和非接触端口的双界面卡。除金融支付等更高安全要求应用外，一般通道识别等均取一挥而就的非接触工作方式，必要时亦可在通道监视屏自动显现卡主照片，实现快速有效的目视鉴别（卡主正面或正面＋侧面照片在登记制卡时留存系统，并预先经网络下传相应场所读卡终端，使用卡时，终端根据卡号自动调取）。

3. 安全防伪性好

这类证卡是持卡人的“身份证”和“通行证”，与大会安全紧密相关，必须采取一系列安全防伪措施。为防止假冒复制，每片ICC除带有制造商在芯片出厂前一次性写入的世界唯一ID标识码外，对芯片的每次读写操作均需首先进行卡机双向认证，并严格履行密钥管理制度，谨防泄密。条件允许时，亦可对芯片的嵌装基体——卡片的制造工艺、表面印刷采取相应防伪措施。为阻止盗用和冒用，除在卡面印刷照片或在读卡终端监视屏显现卡主照片外，必要时亦可进行个人识别码检验或指纹识别等。

当采用双界面卡时，其片内CPU和非易失存储空间应被接触模式和非接触模式共享，以利于确保两种工作模式安全等级的一致性。

系统建立严密高效的挂失、补发和黑名单查处机制，当证卡遗失时，卡主必须凭借充分可信的人或物证在分会场（赛点和驻地等）管理部门挂失，挂失信息随即经网络上报大会中央电脑核实后列入黑名单，并经网络等下传各终端，阻止他人冒用，同时为卡主办理临时卡，作为补发新卡的过渡。

4. 一卡多用

除用于身份识别外，还可有如下用途：

开启住房和办公室门锁的钥匙。卡中预置允许开门时间段及有效期，并在卡中和电子门锁留存实际开门时间。

用于餐饮服务和娱乐健身等的消费凭证（免费、限额或记账），甚至利用卡中“电子钱包”在大会特许商店和小卖部等进行购买纪念品、报刊、打电话和洗理等的小额有偿消费。“电子钱包”的金额可在制卡时由会务部门写入，也可由分布会场各处的充值终端以预付现金方式充值或者通过金融网络从卡主的银行账户划转。从安全角度出发，这类充值、划转最好以接触方式进行，但可以接触或非接触方式消费。

兼作医疗急救卡。在卡中特定区域以明文形式写入卡主姓名、年龄、性别、血型、过敏禁忌证、使用药物、主要病症、联系方式和医疗保险号等急救信息。

不可用于工作人员考勤及会务车辆乘车证。

二、专用安控卡

前述证卡用于持卡人身份证明，是持卡人在会场活动的一般凭证及有关部门对之接待、管理的依据。在更高安全等级场合，他（她）们还必须出示另一证卡——专用安（全）控（制）卡。这类证卡的特点是：功能单一，专设专用，但安全性能更强。鉴于非接触射频识别容易受到通过截取分析卡机信息流继而复制或插入伪信号的攻击，这类证卡多选用抗攻击性能较好的接触式 CPU 卡或者双界面卡的接触式部分。

三、辅助竞赛

20 世纪末，欧美的多次大型国际马拉松比赛（柏林、汉堡、波士顿和鹿特丹等）都曾采用一种封装于特殊形状 ABS 塑料的微型玻璃应答器（一种电子标签）和压注制造于约 2m×1m 大小薄垫的天线。前者拴套固定于运动员鞋带；后者则由多块组合成天线阵列后铺放始、终点地面，并连接阅读器（读卡器）。阅读器读取通过天线识别区的应答器的 ID 码，由监视屏实时显示各选手的通过时间。

显然，只需在机器内部预置与各 ID 码对应之姓名、国（省）名和参赛号码等信息，就可经 LED 或 LCD 显示屏，以不同文字同时显现选手的这类信息。只需对软硬件稍作调整，该马拉松计时系统又可用于场地万米赛等的计圈。

对此，以清华大学生物医学工程研究所和国家体育总局昆明电子设备研究所设计的“竞时自动计圈/计时系统”为例介绍。该系统由电子标签（感应器）、天线、阅读器、控制器和主机（PC）五个部分组成，其中：TI 公司的低频电子标签安放在选手的鞋上，其内部 ID 码是系统识别区分选手的依据，并与主机数据库中预输入的参赛选手信息对应；置放于跑道始、终点，实现标签信息的读取和处理，该四部分的相互关系如图 8－5 所示。

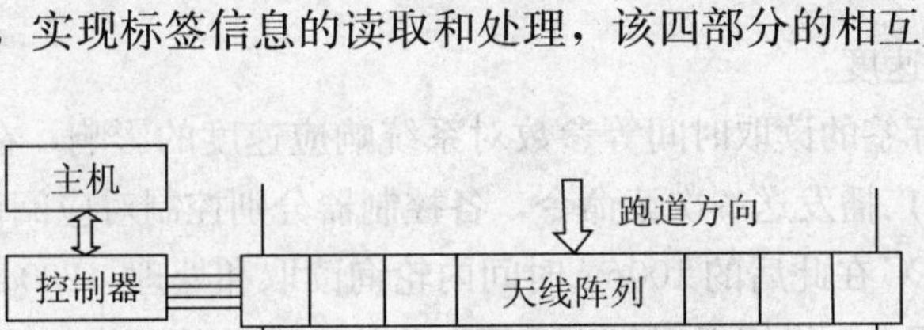

图 8－5 各部分相互关系示意

由 TI 的低频收发模块和控制模块组成的阅读器，通过 RS－422 总线和 TI 的协议与控制器通信；由华邦 77E58 双串口单片机和串口转换芯片构成的、用于控制阅读器操作并缓存读取数据的控制器则通过 RS－485 总线受控于 PC。

该系统技术要点如下所述：

1. 反碰撞

以空分多路法实现多标签（选手）同时通过时的反碰撞，即由多个矩形小天线构成一大天线阵列，每个小天线仅负责一有限小空间的信号采集，具体做法是：

(1) 用 400 芯音频线绕制 3 圈而成的每个小天线的尺寸为 0.5m×1m，12V 供电时的最大标签读取距离为 1m。左右相邻的两个天线的接缝处被该两天线产生的磁场同时覆盖，即便选手脚踏接缝处，也不会被漏采。

由于小天线的宽度仅 0.5m，而人的身体宽度加手臂挥动的占用空间大于 0.5m，不会出现两个选手同时并排通过一个天线的现象，有利于避免左右方向（横向）的标签碰撞。

(2) 小天线的顺跑道方向长度仅 1m，由于几乎不可能出现两个选手前后距离小于 1m 同时通过同一天线的现象，因此纵向碰撞的可能极小。

(3) 收发模块的信号捕捉功能可优先锁定跟踪信号最强标签，进一步保证纵、横向反碰撞的可靠性。

2. 确保对标签的读取时间足够长

TI 标签的单次读取时间为 50ms～70ms，为确保标签在天线有效工作范围内的滞留时间足够长，将两个天线如图 8－6 所示串行放置，使选手高速跑动时的标签滞留时间不小于 100ms。

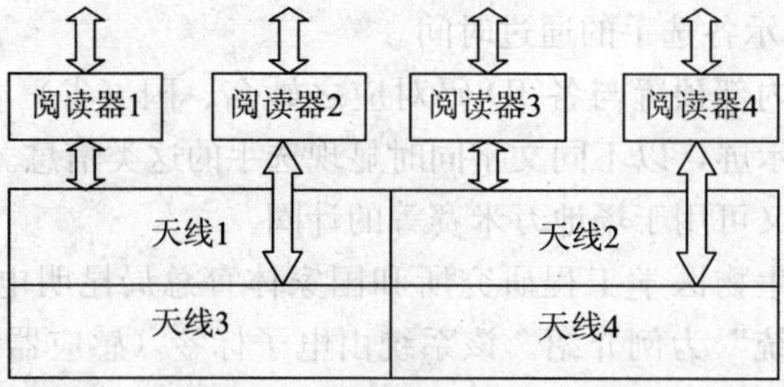

图 8－6　TI 标签

3. 提高系统响应速度

为避免阅读器对标签的读取时间等参数对系统响应速度的影响，在 PC 与阅读器间插入控制器。PC 每 100ms 广播发送一次读命令，各控制器分别控制对应阅读器进行一次读操作，并暂存读取结果，供 PC 在此后的 100ms 时间内轮询读取和处理。2004 年 2 月，在印度孟买举行的国际马拉松比赛中，组织者提供一 RFID 芯片，该芯片可嵌入运动员鞋里，由等距间隔放置的特殊模块激活，以便在整个比赛过程中跟踪对象，随时报告其所处位置和速度。

早在 1997 年，国外公司就研制出一种可实现田径比赛计时的产品：在运动员跑鞋上安装电子标签，运动员一旦踏上特制的计时台，标签即被计时台磁场激活，并发送与该运动员对应的 ID 码，继而经计时台转发到中央计算机，以便迅速判定对象、名次和时间。

此外，还向自行车运动员提供了一种安装于腕套中的电子标签（有些应用案例将标签放于运动员口袋），标签内的芯片预写入与运动员胸前或背后号码对应的电子编码，供阅读器在一定距离内读取，实现对运动员的监视，扼制欺诈行为等。2005 年 10 月举办的中华人民共和国第十届运动会的自行车比赛则将射频感应器（标签）固定于赛车车架，供置于赛道终点地面的天线读取，对选手进行鉴别。

在2000年博茨瓦纳“丰田2000沙漠越野车赛”中，300多辆4×4越野赛车、摩托车及沙漠越野车在粗糙泥泞的赛道上，以大于100km/h的速度，颠簸行驶了两天，行程1000多千米，其计时即借助于在车辆前部安装的超高频电子标签和起、终点悬空架设的阅读器。这些阅读器和对应实时计时牌，也可设置在赛道所需的其他地方。

在划船比赛中，则可将防水性能较好的电子标签贴于船体前部，供岸上或悬空架设的阅读器识别。滑冰、摩托车和铁人三项等项目均可应用类似技术。为避免摩托车手身体遮挡影响阅读器对标签的识别，可在摩托车前后挡泥板各安放一标签。

若将自带粘胶的柔性电子标签贴于参赛选手胸前或背后的号码布上，用手持读卡器读取标签信息并传送至裁判终端或项目管理电脑，则可实现选手签到；也可同时读取裁判证卡信息，进行裁判签名。对竞赛的高效率信息化管理极有利。这类卡片的特点详述如下：

一般仅用于对象识别，实际用卡时很少或不做任何写操作，有时甚至无须芯片个人化。一方面，卡片上包含信息少（常常仅作索引标志，对象详细资料存放系统），且所有信息均为明文，不担心泄密，只需最基本防伪功能，因此对芯片的安全等级和存储空间要求极低。另一方面，因其常常是置于剧烈运动的选手身上，则要求其体积尽量小，重量尽量轻，固定拆除容易，不影响比赛，可靠稳定，防水、防尘、防磁、抗机械震动和扭曲能力强，且多为一次性使用，因此选用价格低廉、无源、非接触射频工作的电子标签为宜。

在田径赛计时、计圈应用中，该类标签还必须兼备针对多选手同时通过的防冲突功能，且读写器天线的功率和尺寸应足够大，以确保读写距离、覆盖范围和可靠性。在摩托车和汽车拉力赛等比赛中，阅读器作用距离可达数米，因此多取适宜远距离应用的超高频甚至微波电子标签。

此外，在国防体育和群众体育的信鸽比赛中，为正确判定信鸽返回时间并防止作弊，可在信鸽腿上固定一内含小型玻管标签的塑料环。信鸽启程前，当比赛组织者向标签的1字节写入一秘密随机数后，信鸽训养者将不得接触他的鸽子，以防窃取此随机数后伪造作弊。当信鸽返回家中鸽笼时，安装在鸽笼上的阅读器读取标签的固有编码和随机数，并进行电子计时。比赛组织者将据此判定每个信鸽的回笼时间。只有在信鸽起飞前写入随机数与返回时读出随机数一致时，所测时间才有效；否则表明有作弊嫌疑。

四、入场证券

入场证券是运动会ICC应用的最诱人表现形式，主要特点如下所述：

（1）使用方便快捷，尤其在人多拥挤时，非接触刷卡一挥而就。

（2）各检票（读卡）终端可通过网络与管理中心相接，利于组织管理者随时了解入场人流变化等。

（3）安全防伪性好。每个卡芯片都带有出厂前一次性写入的世界唯一ID标识码，卡片个人化时以密文形式写入观赛信息（日期、时间、场馆、入口、座位和比赛项目等），并施以密码保护。当用卡（检票）时，检票终端首先验证标识码，继而读取校验与比赛相关信息，最后检查位于芯片特定区域的“检票标志”，确认“入场券”合法并有效后才对检票标志区置数“检票”并放行。标识码、加密和读写密码的三重保护，可有效防止对卡的复制伪造；而售、检票时的所有加、解密运算都在机器内部自动完成，相关密码/密钥和算法均隐藏机器内部，且随观赛场次的不同而不同，以防止内部工作人员营私舞弊。

(4) 卡片个人化可以提前或在售票时完成，且可通过电话或网络远程订票。在个人化时，除在卡内写入前述信息，还需在卡面建立与之内容一致的明文观赛信息，供持卡人视读。由于卡面和卡内信息均在卡片个人化时建立，“卖”多少，“写”多少，则利于避免入场券“卖”不出所致之浪费。

(5) 成本较低。虽然其防伪性远优于纸质票券，但由于对之安全等级要求相对低，且蕴涵信息量有限，并可无须改写地一次性写入，则可选用成本较低、防水和抗机械损伤性能较好的柔性射频电子标签。

(6) 发行量大，不仅利于进一步降低单卡成本，而且因ICC的物理寿命远长于纸质票券，则可利用其效果长久的卡面广告，形成主办方又一重要经济来源。

(7) 各检票终端可以无线或有线方式接入管理网络，必要时可输出文字和语音提示，如：“门票过期”和“请走×号门”等。当出现网络故障等异常时，应能脱机工作，并保存检票信息。

(8) 各检票终端可接受经网络或专用安控卡等下传的黑名单，进行安全稽查报警。

(9) 一卡多券，在卡上不同区域建立不同场次观赛信息区和检票标志区，并分别施以不同密码、密钥隔离保护。

(10) 利用检票时读取的券卡ID码，可实现观赛积分优惠或抽奖，施以纪念品、免费观赛和明星签名、合影等奖励，以活跃赛场气氛，调动观众情绪和积极性，增强观众对受冷落项目的热情，促进体育产业化。

实际上，为保证赛场秩序和安全，避免球迷骚乱，欧洲在20世纪末，就开始尝试接触式IC卡在球票购买和球迷身份识别时的应用。而非接触IC卡则以其使用方便、安全性好、可靠性高、利于加快观众进场速度等优势，后来居上，于此迅速发挥效用，例如，英国利物浦足球俱乐部的5万球迷均持有用Inside公司的非接触IC卡制成的球迷卡以替代纸质门票和月票。卡中记录有持卡人身份和订座信息，除作为看球凭证外，还包含一用于小额消费的电子钱包和忠诚度积分应用功能。不仅方便了观众，而且通过赛场信息系统，管理者可迅速了解观众数量和身份。

美国西雅图全美橄榄球联盟专有会员席票的持有者则采用Kev Fob电子标签制作的非接触卡作为观赛凭证，“刷卡”进场，并参加抽奖等商业活动。

德国科隆足球队已向球迷发放了数万枚赛季套票卡。借助内置PHILIPS公司芯片的该非接触卡，持卡人可进入作为2006年世界杯赛主场的球场，不仅有利于加强对足球流氓的管制，而且能用于积分回报和看台零售点购物消费。

另外，为了使那些未进入球场的球迷能观看其喜爱的比赛，意大利最大的电视台于2005年1月开始向足球迷出售有线电视预付费卡。球迷将卡插入机顶盒并输入比赛号码，即可以每场3欧元的花费，按场计费观看比赛。

2005年11月13日—20日举办的中国上海ATP网球大师赛则开创了RFID技术在国内大型体育赛事票务应用的先河，该赛事的10万张门票采用了TI公司遵循ISO/IEC

15693 国际标准的 RFID Inlay，由上海申博智能标识技术公司进行标签的封装印制，并采用上海华申智能卡应用系统公司提供的读写设备和系统软件。标签内写入区域、排号和座位号等信息，并予加密。不仅有助于防止假票，而且提高了赛事的运行和管理效率。

20 世纪 90 年代后半期至今，ICC 在大型体育赛事会场内部的科学管理和安全防卫中的潜在应用价值已日益引起国家有关方面的更多关注。第 26 届和第 27 届奥运会、第 21 届世界大学生运动会以及我国的九届全运会等都曾对之给予缜密考虑或尝试。而 2008 年奥运通卡则进一步展示了 ICC 在北京“科技奥运”和“数字奥运”宏伟蓝图中的美好前景。至于会场外部的安防管控，则可借助另一技术手段——GPS。

第三节 卫星全球定位系统（GPS）的应用系统结构与功能

GPS 即全球定位系统是美国从 20 世纪 70 年代开始研制，历时 20 年，耗资 200 亿美元，于 1994 年全面建成，具有在海、陆、空进行全方位实时三维导航与定位能力的新一代卫星导航与定位系统。经近 10 年我国测绘等部门的使用表明，GPS 以全天候、高精度、自动化、高效益等显著特点，赢得广大测绘工作者的信赖，并成功地应用于大地测量、工程测量、航空摄影测量、运载工具导航和管制、地壳运动监测、工程变形监测、资源勘察、地球动力学等多种学科，从而给测绘领域带来一场深刻的技术革命。

全球定位系统是美国第二代卫星导航系统。是在子午仪卫星导航系统的基础上发展起来的，它采纳了子午仪系统的成功经验。和子午仪系统一样，全球定位系统由空间部分、地面监控部分和用户接收机三大部分组成。

GPS 定位系统是美国国防部为满足军事需求，于 20 世纪 90 年代部署完成的一种星际无线电导航系统。其在进行军用精密定位服务（PPS）的同时，又无条件地开放和提供民用标准定位服务（SPS），可为全球范围的陆、海、空、天军民用对象提供全天时、全天候和高精度的三维空间、速度和时间信息。为了与美国抗衡和避免因政治和军事等因素受制于人，世界其他国家、地区和组织亦相继建立自已的卫星导航系统，如俄罗斯于 1996 年完成的 GLONASS 系统、欧洲预计 2008 年投入运行的伽利略（GALILEO）系统和我国 2000 年发射的北斗双星系统等。本章以 GPS 为例论述，但其原理和方法亦适用后者。

作为大型赛事人流、物流大动脉的会务交通，在赛点多且分散，甚至分布周边诸多城市的综合性大型运动会有不容忽视的重要作用。随着社会的发展、运动会自身及外环境的变化，对会务车辆调配管控的高效安全性亦提出更为苛刻的要求。完全依赖人的主观意识和经验的传统方法已难以胜任，必须大量倚助先进的科学技术手段。GPS 在公共交通、治安巡查、长途货运、金融和刑事犯押送等领域的自动车辆定位中的应用不失为极好借鉴参考例证。

大型体育赛事会务交通管理的特点是：车辆数量大，车型和服务内容、涉辖范围以及车辆和驾乘人员的来源均相当繁杂。对调度安排的科学合理灵活性、抵达时间的及时准确性，运行停放的安全可靠性，甚至搭乘人员及车辆的甄别控制、跟踪查询和紧急应对等均有较严格要求，以致 GPS 在该领域的应用尚兼有诸多有别于其他领域的独特之处。鉴于对驾乘人员的身份甄别和追踪查询需求已超出 GPS 功能范畴，本章提出应融合 GPS 与 ICC 两项

一、系统结构

按目前的方案，全球定位系统的空间部分使用 24 颗高度约 2.02 万千米的卫星组成卫星星座。21＋3 颗卫星均为近圆形轨道，运行周期约为 11 小时 58 分，分布在 6 个轨道面上（每轨道面 4 颗），轨道倾角为 55°。卫星的分布使得在全球的任何地方，任何时间都可观测到 4 颗以上的卫星，并能保持良好定位解算精度的几何图形（DOP）。这就提供了在时间上连续的全球导航能力。

地面监控部分包括 4 个监控站、1 个上行注入站和 1 个主控站。监控站设有 GPS 用户接收机、原子钟、收集当地气象数据的传感器和进行数据初步处理的计算机。监控站的主要任务是取得卫星观测数据并将这些数据传送至主控站。主控站设在范登堡空军基地。它对地面监控部实行全面控制。主控站主要任务是收集各监控站对 GPS 卫星的全部观测数据，利用这些数据计算每颗 GPS 卫星的轨道和卫星钟改正值。上行注入站也设在范登堡空军基地。它的任务主要是在每颗卫星运行至上空时把这类导航数据及主控站的指令注入到卫星。这种注入对每颗 GPS 卫星每天进行一次，并在卫星离开注入站作用范围之前进行最后的注入。

从总体上看，GPS 主要由三大部分组成：空间卫星、地面控制部分和用户设备。前两部分由美国军方控制并无偿提供服务，用户构建 GPS 应用系统时的主要研究和工作内容仅限于用户设备。该部分的基本部件为 GPS 接收机（含内置前置放大器的天线、传输电缆和接收主机）。对不同应用目的和场合，还需增添其他设施，例如，为满足大型运动会，尤其是以奥运会为代表的国际大赛会务交通管理和安全防卫的需求，就必须拥有会务交通指挥控制中心，如图 8－7 所示。

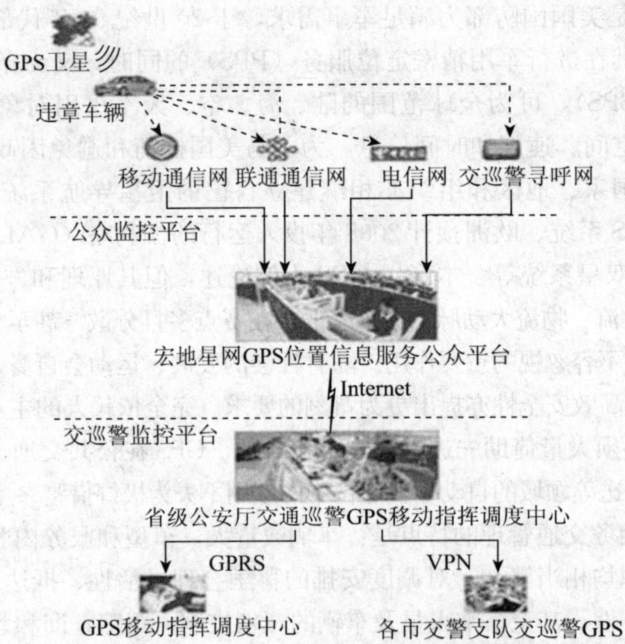

图 8－7　GPS 定位与指挥调度系统示意

1. 指控中心

用于对所有车辆乃至人员进行跟踪调度的会务交通指挥控制中心（简称指控中心）的基本构成为：大屏幕电子显示屏、计算机网络系统、数据库系统和地理信息系统等。其中：

(1) 计算机网络系统是调度指挥的运作平台，除包含中心相关资源外，还涉及通过有线介质与之相接的各分会场及相关职能部门的交通管理子终端，这些子终端可以是独立的专用设备，也可以是相关部门综合信息管理系统平台的一个功能选项。

(2) 大屏幕电子显示屏用于最终输出数字和图像信息，是调度指挥的重要人机界面，有多种选择形式。本方案取价格相对低，适宜室内使用的高流明背投或前投式投影机。

(3) 数据库系统存放与交通指挥调度有关的各种信息，包括：会务车辆源信息（车型、车号、颜色、车况、使用年限、来源、会务用途及编号等）、司机源信息（姓名、性别、年龄、驾龄、来源、违章及事故记录等）、每辆车或每个司机会务运行的当前和过去资料（含时间、任务、对应司机或车辆、路线、乘客人数/性质/索引识别码及更详尽信息、紧急事件内容/时间/地点及解决处理办法等）以及调度计划和进程、黑名单变更及查处记录，等等。

(4) 地理信息系统（Geographical Information System，GIS）用于在大屏幕显示屏的电子地图上形象、直观地向中心控管人员描述被定位跟踪对象的当前位置、行驶方向和移动轨迹等，为其科学、高效的指挥调度决策提供充分准确依据。其蕴涵的数字化地图——地图数据库，是大屏幕电子地图的信息源。该库的准确完整性和信息量将直接影响GIS效能和定位精度，该库可利用扫描仪对纸质城市街区图或地理航片数字化扫描建立，以光栅编码结构存储和检索（优点是与实际地形吻合性好，建立方便快捷；但内存占用大，使用上有局限性，仅适宜资源充裕的指控中心的部分应用）；也可采用数字化仪，由上述源资料逐点生成节点坐标，最终形成一虚拟的道路数据网——矢量编码地图（优点是内存占用少，访问速度快，应用灵活方便，真正反映各道路要素的几何参数和拓扑结构；但建立过程乏味冗长，条件允许时，可借助勘测部门已有成果，但必须注意城市建设的高速变化对其时效性影响），本方案采用后者。

该系统所用之地图匹配技术可将各车载机发送的车辆运动路线特征信息与数字化地图的道路特征比对，以校正卫星可见性极差时车辆在电子地图上的移动轨迹，进一步减少车辆行驶环境等对定位精度的影响。

2. 数据链

用于将车载GPS接收机对卫星GPS信号处理所得之位置、速度、时间信息和报警等信息传送指控中心，以及供中心对各车辆进行语音调度指挥。该无线通信系统涵盖车载无线通信机和指控中心的相关通信设施。目前可用于该数据链、实现GPS定位和语音传输的无线通信技术有很多，但性能特点各异，详述如下：

(1) 卫星通信

拥有任何其他方式所不及的大覆盖率；但天线尺寸大，设备笨重，费用高。

(2) 集群通信

是一种专用调度通信系统，目前正逐步从模拟制式向数字制式发展。就GPS应用而言，其缺点是：初期建设的前期投资大，覆盖面有限，扩容困难；但如果共享已有集群系统，则可大大降低用户成本，且其不受赛场的公众通信影响，不存在通信等待。因此，在已具备用于其他领域的专用集群通信设施且覆盖面满足要求的大型城市（例如，在京的有关部委和北京市相关部门迄今已拥有十多个模拟集群通信网，用户逾万，并曾计划于2005年建成拥有10万用户容量、覆盖北京所有区县的数字集群通信共用指挥调度网），可租用这类现成设备，在充分利用这些设备原有功能，进行多种语音调度指挥和联络的同时，通过相应配置，实现相关信息的快速数传，如报警和卡信息的主动立即发送、定位信息的主动定时发送或被动响应发送（后者用于车辆长时间停放等。在该通信模式下，车载机仅在经无线信道获取中心命令时才发送定位信息，以进一步减少信道占用）。

（3）GSM/GSM短信

GSM的中文全称为全球移动通信系统，简称“全球通”。因其是由欧洲的电信企业于20世纪80年代末研制推出，故又称“泛欧数字式移动电话系统”。其在GPS定位应用中的主要特点是：覆盖面大，非频繁定位时可方便地利用其短信息服务功能进行定位信息的传输；但高频率跟踪定位时费用急剧上升，且存在信道拥挤时排队堵塞的可能，不适宜车辆多、定位信息的传输频次高、所处环境人员密集和通信密度大的大型比赛。

（4）GPRS

GPRS（通用分组无线业务）是通过在现有GSM网络中增加“服务GPRS支持节点（Serving GPRS Supporting Node，SGSN）和“网关GPRS支持节点”（Gate Way GPRS Support Node，GGSN），在基站子系统增加用于无线分组接入的分组控制单元实现的一种无线通信方式，属无线通信的2.5G技术，具有高速率、大吞吐量等特点。尤其诱人的是其采取的按流量计费，即按照用户在网上的实际上传和下载数据量收费，对信息传输频次高，但数据总量小的GPS定位特别有价值，且用户可24h在线，随时从网上获取所需信息。

（5）CDMA

CDMA（码分多址）是在扩频技术上发展起来的一种无线通信方式，可将需要传送的具有一定带宽的数据，用一带宽远大于原信号带宽的高速伪随机码进行调制，将原数据带宽扩展后再发送出去；在接收端则使用完全相同的伪随机码，对接收信号相应处理，使之还原为原信号宽度来实现通信。

与GPRS是欧洲的GSM向第三代通信发展的一种2.5G过渡性技术相似，目前国内采用的CDMALX具有语音质量好、系统容量大（为GSM等采用的TDMA方式的4倍）、接通率高、不易掉话、抗干扰能力强和保密性好等优点，且其数据信道与语音信道分开，赛场拥挤的语音通信不影响GPS定位信息的传输。因此，也是GPS通信组网的一种较好选择方式。

（6）CDPD

CDPD（蜂窝数字分组数据）通信是目前公认的最佳无线公共网络数据通信方式之一，具有数据安全性高和速度快等优势，特别适宜于：用户多、分布面广、移动中、短信息服务、高频次传输等应用。在美国，CDPD已成为全美最大的无线数据网，是车辆调度引导、车流量测控、GPS定位、汽车防盗和出租车移动刷卡等应用的良好选择。在中国，

CDPD 网络已在上海等城市试用，但未广泛普及应用，国内覆盖面有限。

GPS 系统的研发使用者对数据链的选择依据应为：数据流量、传输速率、覆盖范围、工作稳定可靠性以及实施和运行费用等，且应充分考虑通信技术发展演变的影响，此点在其他领域已有体现，如：北京和太原等城市公交均借用已有集群通信设施，南京公交则选用 CDMA。综合性大型体育赛事往往具有赛点分布广而散的特点，例如，2005 年举办的中华人民共和国第十届全国运动会的赛点，即分布于江苏全省的 13 个大中城市，若实施 GPS 跟踪定位，通信范围必须覆盖所有城市及连接这些城市的交通主干线（高速公路），此时，采用公用移动通信网 GPRS 或 CDMA 为宜。

3. 差分站

为减少卫星钟差、星历误差和大气传输延迟误差等所致之系统误差以及美国出于自身安全而采取选择可用性措施所施加的人为干扰等对定位精度的影响，应采取差分 GPS 技术，在指控中心建立差分站，由差分站利用其已知精确位置坐标与 GPS 基准接收机测量解算坐标的差，求取伪距校正数。

鉴于本方案实施目标是仅由指控中心定位跟踪，移动车辆不显示任何定位信息，则该校正数据不广播发送，而是由中心利用该数据对各车辆送来信息分别校正处理，然后显示存储，并分别发送相应分会场或职能部门交通管理子终端。该集中差分——后向伪距差分，有利于提高系统效率和可靠性，减少信道占用；但对中心的资金、技术和工作负担要求较高。

在某些定位精度要求不高的非导航应用中，为节省资金，也有不采用 DGPS，而是更多倚助动态滤波理论和方法等改善定位精度的成功范例。

4. 航位推算

高楼、隧道、树荫和立体交叉等均可能影响卫星信号的正常接收，导致 GPS 定位精度下降甚至失效，形成跟踪盲区。为此，对各定位车辆加装由精度适中、价格低廉的压电晶体速率陀螺和由里程表组成的航位推算（Dead Reckoning，DR）装置，与 GPS 一起构成 GPS/DR 组合定位系统。当 GPS 卫星信号被遮挡时，启用 DR 定位功能，利用其良好的短期精度，消除跟踪盲区，保证定位连续性；在无遮挡情况下则由 GPS 定位，并辅助校正 DR 装置，避免陀螺漂移等所致之 DR 累积误差。

需要指出的是，在卫星可见性很差（卫星信号被长时间遮挡，如高楼林立的商业区和林荫大道等）情况下，陀螺仪方位积累误差渐进增大，将使 DR 推算误差显著增大，车载机的 GPS/DR 组合定位输出误差也明显增大。该误差可利用地图匹配方法，由指控中心根据数字地图的道路属性和车辆运行轨道，予以修正。表 8-1 表示出了不同定位方案时的可能精度范围。显然，定位精度的提高通常都是以技术和系统的复杂性以及投资的增大为代价。

表 8-1　　不同定位方案时的可能精度范围表

定位技术	精度范围
GPS	100m～300m（有 SA 影响无遮挡）

续 表

定位技术	精度范围
DGPS	10m～20m（无遮挡）
GPS+DR+MM	15m～50m（连续定位精度）
DGPS+DR+MM	10m～15m（连续定位精度）

5. 报警按钮

车载机配有多个按钮（键），分别对应故障抛锚、交通事故、道路堵塞和暴力匪情（暴力匪情按钮可有多个，分别置/藏车辆不同部位）等。短时间内连续两次按同一按钮，车载机即发送相应报警信息，指控中心监视大屏幕立即显示报警对象位置、车号和报警类型，并辅以相应声光提醒。

6. 读卡器

GPS 仅可定位跟踪车辆，而 ICC 读卡器的接入，则可鉴别、记录司机和乘客身份，并随即经同一数据链，将司机和乘客所持证卡的卡号和刷卡时间等信息发送指控中心，实现进一步稽查和跟踪备案。

司机卡和乘客卡均为非接触 IC 卡，可利用大会颁发的与会人员安检卡；读卡器则类似公交 IC 卡系统的非接触读卡器。为使指控中心能随时了解车上人员变化情况，所有驾乘人员上、下车均需刷卡。车载机专设一按钮（键）式开关和声光指示装置，开关和光指示器状态分别对应刷卡者的上、下车状态。当刷卡时，读卡器自动生成"请上车"和"请下车"语声提示，该上或下车状态信息将与卡号和刷卡时间等一并留存（读卡器）并发送。对任一卡在同一车辆的同一状态下的连续刷卡，读卡器都将拒绝并语声警告。

必要时，也可经前述无线数据链或专用数据中转 IC 卡向读卡器下载"允许乘车卡号"和"黑名单"等信息。读卡器将据此拒绝非允许人员刷卡乘车，并语声提示甚至报警。

二、主要功能

该系统主要功能可归纳如下：

1. 车辆跟踪

车载机定时发送自己当前位置、速度和时间等信息，指控中心对之接收并记录存档的同时，在监视大屏幕的电子地图上以点坐标或连续移动轨迹形式实时显示其运行情况。

在大屏幕上，不同任务类型车辆（救护、警务、物资运输、代表团接送等）可以用不同颜色标示。可显示所有会务车辆，也可仅显示某一类车辆；可显示全市或某区域甚至某街道的相关会务车辆，也可跟踪显示部分甚至某一车辆；可选择显示车辆牌号、车型、功用、所处地理位置和街道等；可放大、缩小和选择切换；可多窗口显示多区域或多窗口分别跟踪显示多车辆。

当然，上述屏显工作也可由网络系统的多个显示终端分担完成，而分别隶属并置于各分会场或职能部门的交通管理子终端，则可与中心共享显示与之相关的图形和文字信息。

2. 人员追踪

司机和乘客上、下车均需刷卡，其所持证卡卡号与刷卡时间及上、下车状态信息一并立即发送到指控中心存档。必要时，中心可以卡号为索引，通过网络从大会 ICC 系统数据库调取相关人员的姓名、年龄、性别、国（省）别、身份和项目等个人信息。据此，中心不仅可随时了解某辆车上有或曾有多少人、是谁或曾是谁、各人上、下车时间，也可查询某代表团或某身份、某项目人员甚至某人当前或曾经在哪些辆车上，并可在电子大屏幕或网络其他显示终端实时跟踪显示其当前位置、移动轨迹及相关文字信息。

3. 报警处理

车载机对所有报警信息均立即发送，中心对这类报警，尤其是交通事故和暴力匪情等急待救助事件，在声光提示的同时，在电子大屏幕或其他显示终端闪烁显示其当前位置，并文字显示事发地点甚至车辆和人员信息，且可在电子地图上自动显示事发地点附近的医院、治安巡逻车辆或部门位置，供指挥人员决策参考，同时尽快接通中心与报警车辆和紧急应对部门的语音通话，实施指挥和求助。

4. 后期查询

除实时跟踪外，指控中心还可随时检索查询过去某时间段、某路段、某车辆、某团体或某人的交通情况，除可以图像（轨迹回放等）或文字形式经屏幕显示外，还可打印输出，用于进一步统计分析。

5. 指挥调度

车载机的语音通信功能大大便利了会务交通的指挥调度，而借助 GPS 和 ICC 技术，实时准确获取的会务车辆、人员的位置、时间和报警等信息，进一步为调度指挥的科学有序高效合理奠定了基础。不仅有利于人员、物资及时准确的抵达和撤离，便于加强对来源繁杂的会务车辆和人员的管理，而且对各种突发事件的处理，如道路堵塞时的路线诱导、故障抛锚时的抢修与换乘补救、交通事故时的紧急救护，以及暴力匪情时的防卫解救等特别有价值。

最后要提及的是运动训练与射频识别的关系。运动训练和比赛是两项紧密关联，既具共性又存差异的工作。实际上，RFID 技术在大型赛事中的前述应用中的某些应用，完全可以直接或者通过对软、硬件稍加调整后，用于运动训练。从某种角度讲，运动训练对射频识别的需求更广泛，实施的难度常常也相对低。例如，前述计时计圈系统即可用于相关项目的日常训练：在自行车场地赛计时系统增加多个采样终端并辅以相应软件，即可实现训练的全程自动监控，摆脱传统的马表和笔记等手工作业。正像武器装备的发展推动了军事思想和理念的变革一样。包括 RFID 技术在内的各种高新技术，也必将为运动训练的手段、概念和模式的更新提供帮助，形成推动力，发挥独特效用，成为“数字化训练场”的重要组成部分。

第四节　在体育比赛中使用 RFID 系统的问题和解决办法

为满足体育比赛应用的需要，系统设计中有以下几个技术问题必须解决：

（1）防碰撞问题与天线设计；

（2）天线同步及天线间干扰问题；

（3）设备对运动员快速通过时响应速度的问题。

一、防碰撞问题与天线设计的解决

由前面的章节可知，射频识别系统的特点之一就是存在着碰撞问题——当同一时间位于同一天线场的电子标签多于1个时，电子标签将可能得不到准确识别。通常的RFID防碰撞方法有空分多址（SDMA）法、频分多址（FDMA）法、时分多址（TDMA）法、码分多址（CDMA）法等几种。

根据体育比赛中应用RFID技术的特点，系统可采用空分多路法，限制（缩小）每个阅读器及其天线控制的区域，以保证在该区域内的电子标签数量只有一个，从而使其能被可靠识别，并且用增加阅读器和天线数量的方法来保证天线阵的覆盖面积。根据这个原理，可以设计由多个小天线构成的天线阵列，用天线阵列实现多个电子标签的同时识别。

根据运动比赛的特点，设计的单个小天线的尺寸为0.5m×1m。用于体育比赛中的天线的电感值、Q值、尺寸等参数必须满足特定的基本要求，即为了满足与对应阅读器模块的匹配，单个天线必须满足一定的电感值、Q值范围，为了满足现场应用的要求，天线需有合适的尺寸。

1. 天线设计方法

天线设计的具体方法为用400芯音频线绕制矩形天线，1m×0.5m，3圈。在供电的情况下，一般的低频感应器的最大阅读距离可达1m，满足了应用的要求。天线的电感值和Q值满足系统要求。另外，如果天线尺寸过大，则会降低其对电子标签的阅读距离，无法满足系统的需要。

2. 左右方向上的防碰撞

单个天线的宽度为0.5m，运动员身体最小宽度约为40cm，加上摆臂，如果两个运动员并行前行，在比赛中的左右间隔距离就大于0.5m，从而避免了左右方向上一个天线同时经过两个运动员的可能。两个天线接缝处能够被两个天线产生的磁场同时覆盖，故当运动员佩戴电子标签的脚踩在两个天线接缝处时，两个天线都能收到电子标签信号，电子标签不会被遗漏采集。

3. 前后方向上的防碰撞

单个天线的长度为1m（顺跑道方向），基本上能保证运动员在比赛时前后两人不会同时位于同一天线内。另外，TI射频模块的优点之一是具有信号捕捉机制，即使多于一个的电子标签位于同一天线场中，阅读器也能先锁定并跟踪其中信号最强的一个。这样，若两个电子标签先后进入天线场，则阅读器能锁定信号比较强的一个电子标签。虽然当两个电子标签距离某个天线在其同一个能量面上时，阅读器不能区分识别它们，但当两个运动员在前后方向上先后通过某个天线（即两人前后距离小于1m，实际中几乎不可能）时，这两个运动员佩戴的电子标签在同一时刻内从天线获得的能量必有能量差，从而能够被系统分别识别。

二、天线同步及天线间干扰问题的解决

由于充电天线发出的射频信号远远大于电子标签返回的微弱信号，一个 1m×0.5m 的天线发出的射频信号足以覆盖半径为 100m 距离内的电子标签返回的信号，因此当多个天线一起运用时，必须对天线发射的充电射频信号的周期进行同步。

另外，近距离的几个天线一起工作时有可能发生节拍效应，即各天线射频信号间的相互叠加干扰使空间的场强呈周期性变化。在主从同步方式下，用主模块的射频触发脉冲统一控制所有模块的射频脉冲的发射，使各天线上的射频信号同向，从而避免节拍效应。

三、响应速度问题

响应速度问题是指当运动员跑步通过天线时，系统必须有足够快的响应速度，以便能记录下每个运动员而没有遗漏。

1. 保证足够的阅读时间

一般 RFID 装置的单次阅读周期为 50ms～70ms，其中包含 30ms～50ms 给电子标签充电的时间（此时间可调），20ms 读取电子标签数据的时间。这就要求在运动员经过天线时，其所携带的电子标签（即携带电子标签的脚）位于某个天线阅读范围内的时间必须大于 70ms。因此，将天线阵布置为两个天线按长度方向前后串行放置。由于单个天线的射频覆盖范围前后可达到 1.4m，两个天线前后放置的射频覆盖范围可达到 2.4m～2.8m，这样，考虑到优秀运动员的最大步幅（约 2.3m/步）和最快步频（约 4.6 步/s），按百米优秀运动员的速度（约 100m/10s），经估算，在中长跑比赛过程中，运动员带电子标签的脚在某个天线射频覆盖范围内的时间至少可达到 100ms，可以满足对电子标签充电和读取数据的需要。

2. 提高通信传输效率

由于运动员位于单个天线内的时间约为 100ms，因此要求系统至少每 100ms 必须启动一次阅读，即循环周期必须能达到 100ms。然而，阅读器充电并阅读一次电子标签所需的最长周期为 70ms，在 70ms 的阅读周期内，它不能响应外部命令，再加上数据处理和传输的时间，完整地进行一次电子标签的阅读共需时间为 90ms～100ms。若采用主机直接控制阅读器，一次阅读操作完成后再依次读各阅读器中的数据，则由于普通的 RFID 系统一般采用 RS－232 或 RS－485 的通信接口，在阅读器和天线比较多的情况下，逐一查询进行数据传输会占用大量时间，无法满足循环周期小于 100ms 的要求。针对此情况，可以采用单独设计的通信控制器来分别控制每个阅读器，各阅读器每次阅读到的感应器信息暂时缓存在对应的控制器中，这样在阅读器对电子标签进行阅读的时间内，主机就可以对各控制器进行轮询，从而读回电子标签信息。

第五节 RFID 的应用

一、RFID 在滑雪场中的应用

1. 基于电子标签的滑雪场门票系统

要去滑雪，就必须要有一张有效的滑雪日票或周票。这种票最早是用纸制成的，在上面加盖日期戳使之有效。而检票工作是耗费大量人力的，因为对于每张票都要通过目视来检查它是否有效。此外，对于每位滑雪者而言，在每次滑雪前都要用冻僵的手从滑雪服中拿出纸票也是很不方便的。

射频识别技术在此提供了一个理想的解决方案，即使用非接触式磁卡或盘式电子标签来代替纸质门票。在电子标签销售处通常会首先扣除一定数额的押金。使用完毕后将电子标签交回以换取押金。通过特殊的阅读器，管理人员可为电子标签续入金额，以便重新使用。

系统阅读器的作用范围是这样设计的，检票时，滑雪者不必将电子标签拿在手中，只要放在滑雪服的口袋中即可。滑雪缆车的所有入口都安装十字转门，只有有效的电子标签才能令它开启。为了确保电子标签在滑雪者身上的任何位置均能被读出，在每个入口处都安装两部相对的天线以进行监控，如图 8－8 所示。

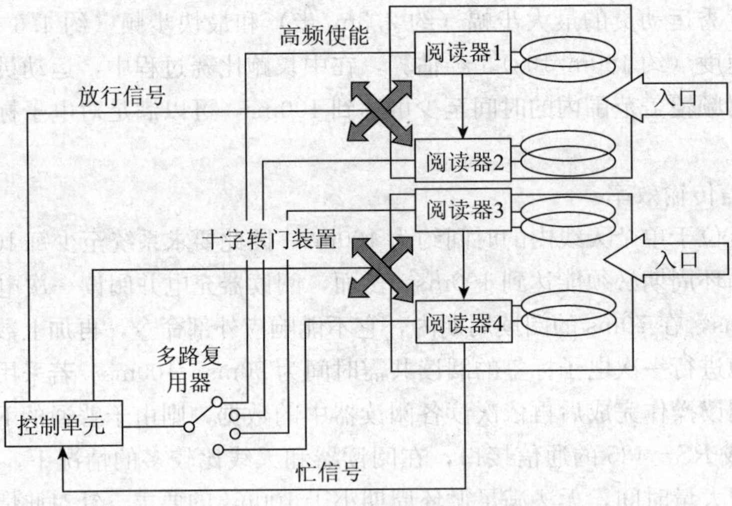

图 8－8 入口处由阅读器控制的十字转门结构

磁性天线的大小是个问题。由于要达到一定的作用距离必须选择很大的天线，因此产生的两个天线间的磁耦合在经过几米的距离之后仍然很大，由此产生的干扰使对电子标签的读出无法正常进行。为了绕开这一问题，检票设备在某一时段内总是只有一个阅读设备是启用的，而其他所有的阅读设备的高频场是完全关闭的。为此，由一个多路复用器以循环方式为一个接一个的阅读设备发送开始信号，以开启其高频场，检测电子标签的存在。

如果阅读设备检测到了一个电子标签，它就会发出一个忙信号。这个忙信号会启动控制单元，使它在有忙信号时抑制循环出现的开始信号。通过这种方式可以保证启用的阅读器与电子标签之间不受干扰地进行已开始的数据交换。此次交易完成后，忙信号会被尚处于启用状态的阅读器取消掉，这样一来，多路复用器就又能继续它的周期信号的发送了。

2. RFID技术用于滑雪场票证支付及定位

美国科罗拉多州的Steamboat滑雪场于2005年推出了一套新的服务，游客从山底的Gondola广场一直到山顶均可享受这一服务，即游客及景点位置实时反馈系统Mountain Watch。Steamboat滑雪场是第一个推出为游客配置RFID定位装置的滑雪场，它使用的是游客及景点位置实时定位系统。该系统由德州仪器公司的有源、无源RFID标签——RFCODE组成。它的功能如下：

（1）使游客立即知道团队其他成员在山上的位置。

（2）及时发现景点位置以及推荐的路线；在索道上面也可以接收信息和通知，如气候或特别信息。

（3）通过设置在山上的触摸式屏幕与其他成员沟通等。

而游客享受这些服务只需带上含有射频电子标签的定位表带即可。一个四口家庭使用Steamboat滑雪场的Mountain Watch定位系统，一周的费用仅为25美元。每一个使用者可以得到一副Mountain Watch表带，上面有德州仪器公司的23mm无源低频电子标签、一个RFCODE和Mantis（TM）公司的有源RFID标签。对于年龄在16岁以下的儿童，如果是来参加儿童度假中心、雪上运动学校或者KVC儿童康复医院的活动的，则一律免费使用。

Steamboat滑雪场的Mountain Watch表带可以进行无线信息传输，内容包括个人位置。山上的RFID阅读器网络接收信息以后，经过处理输送到山上的六个亭子，在那里触摸式显示屏可以显示需要的信息。加入RFCODE的数据经过TAVIS数据管理软件处理，可以对从有源标签接收到的数据进行整理。SaTzone公司的专利——实时定位软件，则把有源、无源标签的信息进行结合，可以对家庭（或者团队）的每一个成员进行识别和定位。

有源标签传输的是个人位置信息，无源电子标签可以自动识别游客的身份。当他们接近触摸式显示屏时，表带接受扫描，身份即被确定。游客的身份再与显示屏图标结合，家庭或者团队其他成员在景区的位置即可显示出来。实时瞬间团队成员和景点位置显示系统使团队的信息透明度和安全感达到了新的水平。该系统覆盖范围包括Gondola广场、整个山脚以及上至Christie的Ⅱ号、Ⅲ号索道。

二、基于RFID的马拉松比赛系统设计

1. 系统组成

整个马拉松自动识别计时系统的硬件部分由局域网（运动员成绩处理）、数据采集处理单元、射频控制器、地毯式天线、电子标签等几部分组成。网络选用100BT以太网，在网络协议上，采用TCP/IP协议。系统结构如图8－9所示。

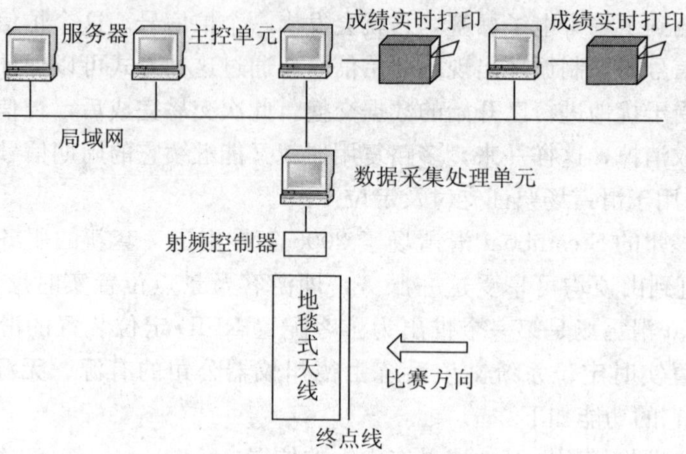

图 8-9　马拉松自动识别计时系统

该系统根据功能划分，可分为四个子系统，即数据采集子系统、运动员登记子系统、在线数据处理子系统、运动员成绩实时发布子系统。其中，后三个子系统的功能均由上位机（组成局域网）完成。各子系统主要描述如下：

（1）数据采集子系统

该子系统主要由采集处理单元、射频控制器、地毯式天线、电子标签及其他辅助设备组成。其中，采集处理单元主要完成对读到的运动员号码进行计时处理，并将此结果送往运动员成绩管理系统。射频控制器主要完成对天线的扫描工作，即在一定的周期时间内，射频控制器周期地向地毯式天线发出扫描信号，并接收来自电子标签的运动员信息代码，并及时地将此信息送入采集处理单元以进行自动识别及计时处理。

地毯式天线则是射频控制器和电子标签之间进行数据通信的媒介。地毯式天线产生的电磁场激励在其作用范围内的电子标签，使此电子标签发送固化在其内的编码信息，再由地毯式天线感应出这一微弱电信号，并送入射频控制器进行处理。

（2）运动员登记子系统

该系统完成运动员的报名，建立成绩库的后台基本数据库，进行各比赛项目的人数统计，制作秩序册中的运动员名单。它完成的具体功能如下：

①具有输入、修改、查询、打印功能。

②具有自动生成人数报表功能。

③能按秩序册的格式要求进行打印。

④报名资料的备份。

（3）在线数据处理子系统

该子系统每隔 0.05s 向数据采集子系统发送一次参数采集指令，并等待数据采集子系统传送相关的各项数据信息。主控机与数据采集单元机均连在局域网上，数据采集单元机通过 RS-485 接 KI 读到射频控制器传来的电子标签编码信息，再根据此信息从数据库中查出该运动员的资料，并自动记录其到达的时间和排名。该子系统具有错误自动诊断和排除功能。

(4) 运动员成绩实时发布子系统

通过局域网，将后台数据库中的运动员到达时间和排名显示出来，同时实时打印各运动员的成绩卡，最后打印前 6 名运动员的成绩公告及打印各项目的成绩册。另外，进行分段成绩的计时和汇总，提供运动员及规划者在比赛及训练各阶段中运动效能分析的基本数据，其具体功能如下：

①实现电动计时。

②实现自动排序。

③自动识别运动员的比赛号码。

④计时打印成绩卡（运动员到达后立即打印，在 3h 内打印 1000 张）。

⑤计时打印成绩公告和成绩册（前 6 名到达和每 50 名到达）。

⑥成绩文件的备份。

2. 系统硬件设计

本系统选用 TI—RFID 低频 52000 系列中的 MB6A 及 MB2A 控制模块、RFM007B 射频模块及 32mm 玻璃管电子标签。控制模块与射频模块组成阅读器，通过天线对电子标签进行读写操作。关于 MB6A 及 MB2A 模块的使用，读者可以参考 TI 公司的数据参考手册。

硬件设计主要介绍天线的调谐方法，在其他 LF 和 HF 系统硬件设计中也会遇到这个问题。天线的调谐与否对本系统工作效果的影响非常大，因为这直接关系到天线对电子标签的充电效果及阅读距离，关系到系统是否能有效、及时地捕捉和采集经过的电子标签的数据。

天线引线对天线总电感值的影响及环境（如金属等）对天线电感的影响，往往导致天线电感值离规定值有一定偏差，在每个天线连接到对应的 RFM 模块后，必须进一步调谐，使电路的谐振频率达到发送器频率（134.2kHz），这样才能使电路达到最大的能量输出。

TI 公司的低频射频模块 RFM007B 提供了调整回路电容值的方法来调整同路谐振频率。为了调谐，RFM007B 模块上设置了六个按二进制权重（即电容值依次倍增）的电容，通过连接某个电容的端子与地之间的跳线，可将该电容接入谐振回路。六个电容的值（实际测量值）从高到低依次为 21.8nF、11.4nF、6.3nF、3.4nF、1.5nF、0.8nF，其中，有的由两个数值合适的电容并联而成。

在没有 TI 公司专门设计的调谐监视器的情况下，仍有多种方法可以观察天线的性能，辅助实现天线的正确调谐。

本设计中采用测试感应器进行调谐。具体实现方法是，在天线的中央立一根标尺，测试感应器的引线接上示波器探头，把测试感应器垂直于地面，顺标尺上下移动到合适的位置（没有充满至 7V 的位置，以便于比较调整电容后的充电幅度高低），启动 RFM 模块的自动连续阅读方式，用示波器观看感应器电容被充电的幅度，同时调整调谐电容的跳线，使电容被充电的幅度达到最高。

三、RFID 在信鸽比赛中的应用

信鸽饲养的一个重要部分就是参加竞赛。在这些竞赛中，有几百只信鸽在同一时间，从距离家乡遥远的同一地点起飞。取得成功的最重要的标准是信鸽从起飞地返回家乡鸽笼所需要的时间，如图 8－10 所示。

图 8－10　回到鸽笼的信鸽

这里有一个问题，就是如何可靠地记录（确认）到达的时间，因为以前这些时间都是由训养者自己利用机械钟获得的。

为了解决计时的问题，为每个信鸽安装一个环，其中包含一个基于玻璃电子标签的只读电子标签。当将信鸽装载到前往起飞地点的车上时，电子标签中的序列号即被读出，以便登记每只参加竞赛的信鸽。如果信鸽最终返回，则在它们飞入鸽笼时，入口处的一个阅读器会将它们的序列号读出，并与精确的到达时间一起存储到一个便携式的操作设备中。

在管理站将便携设备中的数据读出从而进行评判。在引进这套系统时，曾大大地低估了一些信鸽驯养者的独创性。几个信鸽驯养者不仅很快就学会了如何从信鸽环中读出电子标签的编码，而且还掌握了如何利用一个模拟设备在比赛中的鸽笼旁边来蒙骗阅读器。因为这在技术上的要求并不高，只是仿制一个最简单的只读式电子标签而已，并使其序列号可以通过外部 DIP 开关改变。利用这种方法，一些驯养者显著地提高了其冠军鸽的“飞行速度”。

针对这样的作弊方法有一个有效的防止措施，即在电子标签中加入另外一个可写式存储器。此存储器的存储容量仅为 1 字节，以保持芯片小巧和电路成本低。在信鸽起程之前，由管理站向电子标签中的这个 1 字节存储器写入一个预先算得的秘密随机数，这样，1 字节可以有 2^8，即 256 种可能。在进行比赛时关键的一点是，在对电子标签编码之后，信鸽驯养者在把信鸽运往比赛场地的过程中无法接触到他的鸽子。这样就会防止信鸽驯养者读出秘密的随机数。当信鸽返回家中的鸽笼时即进行电子计时，时间数据与电子标签编码以及秘密的随机数一起被存储起来。在管理站对这些记录数据进行分析时，会将返回时读出的随机数与在开始时写入的随机数进行比较，只有当这两个数字完全一致时，测得的时间才是有效的，否则就表明其中有作弊的嫌疑，整个流程如图 8－11 所示。

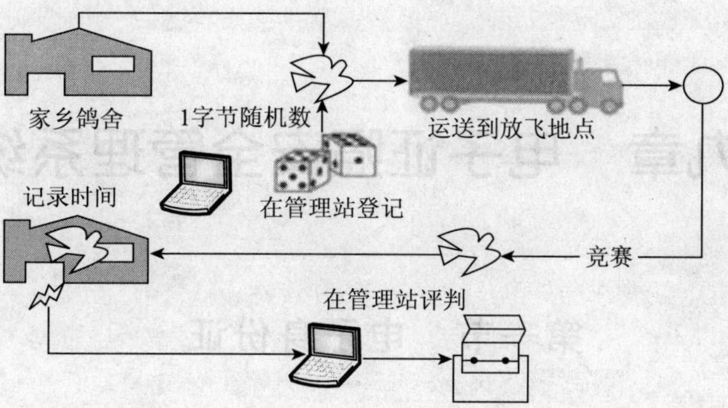

图 8-11 信鸽比赛的流程

显然，上述方法能够有效地防止作弊行为。对于 256 种可能出现的随机数，一次尝试作弊能侥幸猜对的概率仅为 0.4%。为了使信鸽电子标签的重量和体积尽可能地小，使用的是浇注到塑料环中的小型玻璃电子标签。这个塑料环可以固定到信鸽的腿上，而不会干扰或妨碍信鸽的行动，如图 8-12 所示。

图 8-12 信鸽腿部的电子标签

第九章　电子证照安全管理系统

第一节　电子身份证

国家或地区进行安全防卫、打击犯罪、管理控制的重要工具是身份证。到20世纪末，部分发达国家和地区已经意识到：采用IC卡为载体的电子身份证卡取代纸质身份证，不仅能在防伪和抗损性上有明显优势，而且可利用电子身份证卡上的信息载体，增加纸质证件所不具备的服务功能。

2001年的9·11恐怖事件则进一步推动了该进程。

一、欧洲

2000年2月芬兰的公民登记中心（VRK）就开始发行可由公民卡持卡人通过PC、读卡器及机顶盒甚至移动电话，在网上证明自己的身份，接受政府和企业服务，对保险公司的养老金表格进行数字签名或向银行申请贷款。

2001年意大利发行了100万张电子身份证卡，2003年达5千万张。卡上记录包括指纹在内的个人身份信息、健康和纳税信息，并可用于电子选举。各城市甚至可在卡中加入停车费和市政卫生费等地方性收费项目。卡片由政府负责生产，公民付费购卡并强制性使用，但不能用于互联网。

爱沙尼亚从2001年1月起，开始对其134万16岁以上公民发放电子身份证。

2003年4月，比利时政府启动了它的电子身份认证卡（EID）项目，向在比利时居住超过12年的人发放基于Java的身份证卡。该卡的芯片上除了存储与传统比利时身份证类似的姓名、出身日期和照片等信息外，还存放个人数字签名等。借助此多应用卡，公民既可进行商业活动、电子政务访问和认证，又可用于对数字文件的电子签名。

丹麦、荷兰、瑞典、德国、西班牙和奥地利等都有相近功能的卡发行，英国、法国和立陶宛也正在作相应筹划，欧盟甚至筹划发行供持卡人上网并数字签名的全欧智能ID卡。

二、中东地区

中东地区由于独特的政治、经济和地理环境，对电子身份证卡亦表现出相当的热情。阿曼、阿拉伯联合酋长国、沙特阿拉伯和以色列已开始向本国公民和合法居民发行，波斯湾周围的其他国家也有类似计划。这些卡不仅存储姓名和出生年月等个人基本信息，而且常常具备生物特征识别和其他多种功能，如驾驶执照、护照和医疗卡甚至电子钱包服务和ATM取款。某些国家还将之作为在线接受政府服务和数字签名的证件。

阿曼是中东第一个发行该类证卡的国家，它的具备前述所有功能的证卡的发放对象为：所有公民和在该国居住时间超过 15 年的居民。该国强制执行该项目的主要目的是：管理控制占该国 300 万总人口 1/3 以上的外国劳工（这类问题在相邻国家同样存在，部分国家甚至 80%以上居民不是本国公民），警察可借助装备有指纹扫描仪的便携式手持读卡器，搜寻通过内陆口岸或海岸线进入的非法劳工。

阿拉伯联合酋长国通过与法国智能卡经销商 Sagem SA 签订的 0.53 亿美元合同，从后者获取指纹识别技术和系统整机，并采用 Gemplus 公司的 32KB 容量 Java 卡。

以色列计划 5 年内发行 250 万张由内务部和财政部共同管理的电子身份证卡。尽管财政部正计划将支持生物特征识别的该卡片用于纳税和支付等在线交易，但项目实施的最紧迫原因还在于取代易于伪造的原有纸质身份证，缓解该国严重的安全问题。

三、亚洲

亚洲是世界人口最密集的地区，也是电子身份证卡的最大应用市场。

1999 年，文莱建立了世界第一个具备生物特征识别技术的国家 ID 智能卡系统。数字化指纹信息记录于 ID 卡，也储存于中央数据库，政府相关部门可据此查询了解每个公民或居民的行为和行踪。

中国澳门特区政府从 2001 年 11 月开始为 40 多万居民换发新的智能身份证，该证卡综合了身份证、驾驶证、选民证和医疗卡等诸多功能。鉴于个人隐私的疑虑，对非法定个人信息将由持卡人自愿选择写入与否。

中国香港特区政府 2001 年拨款 10 亿美元用于该地区智能身份证项目的初期投入，曾计划从 2003 年年中至 2007 年年底分阶段实施，全港 680 万市民可自由选择加入。该证卡采用的中国公安部在《全国公安 IC 卡应用规则》中明确指出：利用 IC 卡技术制作新一代居民身份证，以强化信息化时代的治安管理，已成为公安部门的一项紧迫任务。2001 年 6 月 13 日，国务院关于换发第二代居民身份证有关问题的批复更明确指示："采用非接触式 IC 卡技术和指纹自动识别技术制作第二代居民身份证"。2003 年 6 月 28 日十届全国人大常委会第三次会议通过的居民身份证法规定：居民身份证具备视读和机读两种功能。读取内容为：姓名、性别、民族、出生日期、常住户口所在地住址、公民身份号码、本人相片、证件有效期和签发机关等。与 1985 年开始实施的"一代证"相比，除了在卡片表面采用防伪膜和印刷防伪技术及高分辨率彩色照片外，其内置的符合 3TypeB 标准芯片还为指纹和血型信息预留了存储空间。该项目将由公安部统一归口，统一规划，统一部署，坚持国产芯片、自主版权、注重国产化、立足国内、以我为主和安全可靠等建设原则。

根据国家计划生育委员会曾作过预测，2003 年我国人口将达 13 亿。由于允许 16 岁以下未成年人自愿申请领证，且人民解放军和武警官兵也将拥有身份证，并曾预计到 2008 年"二代证"发放量将超过 10 亿。

作为世界第二人口大国的印度的政府官员已表示，他们计划发行超过 6 亿张电子身份证卡，2005 年内的首批发放量达 160 万张。

四、其他国家

南非曾计划于 2006 年年底开始发行 4 片内置个人照片、指纹、身份证编号和家庭住址等信息的电子身份证，适用范围为所有本国公民和具有合法身份的难民。每年发行 600 万张，并预计 5 年内结束。

美国、加拿大、尼日利亚、委内瑞拉和哥斯达黎加等许多国家和地区都在实施或计划实施电子身份证卡项目。

第二节 电子护照

电子护照又称为智能护照，它是在普通护照的基础上增加芯片而成的；电子护照的功能主要有：存储姓名、性别、出生地和生日等个人基本信息以及虹膜、指纹和脸形等生物特征信息。应用电子护照可以加强入出境管理、简化入出境手续、加快通关速度、防止偷渡、预防外来恐怖等活动。

在 9·11 事件及此后全球持续不断的恐怖活动，则进一步增进了国际社会对此的关注。目前，我国每年有百万公民申领电子护照，而 2008 年北京奥运会和 2010 年上海世博会的召开，更吸引大量外国友人蜂拥而至，因此我国对电子护照及系统的需求量大幅增大，目前国家公安部和信息产业部已对此作出前期规划。在 2004 年年底由公安部出入境管理局和公安部第一研究所共同承担的我国电子护照研制工作已正式启动，该项目将在专用电子护照 COS 系统、满足全球化操作要求的数字防伪技术、面部和指纹识别技术、护照的制作工艺、机具对多制式护照的识别和高速读取以及系统集成等方面进行研究。

电子护照技术的特点类似于电子身份证，但为了更适应国际化的需要，电子护照必须妥善解决以下几个问题：

一、安全问题

目前国际隐私保护组织警告：恐怖分子可能非法窃取护照芯片数据，用于对特定国籍乘客进行攻击。而窃取芯片信息的可能方法有两种：①在读写器与芯片交换数据时进行中途截取；②远距离读取。因此为保护乘客的信息，为阻止恐怖分子的远距离读取，美国正在考虑用一种“基础通道控制技术”，使得只有在护照资料页被打开浏览、读写器产生并发送一密码给芯片且被芯片确认通过时，芯片内容方可被读出。甚至考虑在护照中加入一金属片，干扰远距离读取信号。其中对通信数据加密，则是对抗中途截取威胁的最有效、快捷的办法。

二、准确性

确认出示护照者与护照发行对象是否为同一人是电子护照增加芯片的主要目的之一。为此，芯片内部除了存放护照发行号码、姓名和发行时间等基本信息外，还存入了本人的数码照片，并在护照发行时将芯片内信息锁定，不可更改。旅客过境时，检查人员不仅可以目视判别护照纸质资料页上的照片与持照人是否对应，而且可判别该照片与读卡器读取并在屏幕显示的芯片内数码照片是否相同，以防止罪犯通过更换资料页照片进行伪造冒用。

但是，一些资料表示，人的肉眼对真人与照片这类一对一鉴别的准确度不高，只有

60%。如果采用面部识别软件则是显著改善准确度的较好手段。因此 2002 年开始对澳大利亚 Qantas 航空公司所有职员进行的这类实验测试的准确度已达 98%。指纹和虹膜识别则是对嫌犯和过境人进行一对多鉴别的较好手段，而且往往准确度更高。

三、兼容性问题

为了避免某一供应商提供的读写器不能读取另一供应商提供的芯片问题，各个国家已进行大量实验，ICAO 在 2003 年就曾发起一项研究，旨在保证不同制造商生产的读写器与卡芯片的互用问题。

四、成本和耐用性问题

芯片及相关高新技术的应用势必会导致成本的提高，而造成申照人经济负担、政府在项目实施时的资金投入的增加以及芯片的生命周期等问题，都是政府、企业和技术论坛备受关注的议题。

五、过境时间增加问题

芯片与读写器间的工作，主要指生物特征识别和传输信息加/解密等，将耗费大量时间。为避免乘客因此而等待过长时间，除了应对算法等进行优化完善外，对芯片的数据传输速率也有更高的要求。目前多数非接触 IC 卡芯片拥有的 106kbps 甚至 212kbps 吞吐率已难以满足需求，424kbps 或 848kbps 吞吐率芯片将成为发展方向。

第三节　专业人员从业资格证卡

在 20 世纪初，我国开展了专业人员从业资格电子证书，主要包括会计从业资格证 IC 卡和导游智能卡两方面，它是我国电子证书颁发与应用工作的前奏。这类电子证书将来会成为从事相关专业工作人员的“准入证”，对在全国范围内加强规范化和标准化及相关专业的信息化和网络化管理，鼓励和便利专业人员的合理流动，有重要意义。

一、会计从业资格证 IC 卡

现有会计证转换为会计从业资格证 IC 卡。该卡的主要信息包括：

（1）会计人员基本信息（其部分信息构成向社会公开的社会公用信息部分）；

（2）会计人员继续教育信息；

（3）会计从业资格年检信息；

（4）会计人员职称评定和晋级信息；

（5）会计人员奖惩记录。

二、导游智能卡

2001 年开始，国家旅游局着手开展导游智能卡、旅游企业卡和针对游客的旅游卡三类行业 IC 卡的标准起草和立项工作，在 2002 年 4 月 1 日起，首先在 22 个重点旅游城市发放导游智能卡，继而推广至全国各省市，用以改善和加强对旅游队伍的管理，推进全国旅游市场整顿和行业信息化建设，并充分利用旅游系统现有网络资源，建立覆盖全国的导游信息管理系统。

新版的导游证内，存储了导游人员的姓名、性别、语种、学历、身份证号码、导游资格证号码、发卡时间、所属旅行社、导游证号码、身份证号码、卡号、家庭住址和识别码等个人信息以及导游类别、岗位培训、年度检查、违规记录和扣分等综合业务信息。

导游人员必须在所服务景区和景点的门禁系统上“刷卡”登录，因此，其带队参观的时间和地点等信息将卡机双向记录保存，便于旅游行政管理部门掌握导游工作情况，加强监督管理。

导游人员凭卡服务，游客可以通过卡面颜色区分导游的等级和档次。当地旅游局和景点检查人员则可使用手持 POS 读写导游卡，了解导游者信息，进行黑名单查询和违规处罚的卡机双向记录等。

目前为止，我国已有 1300 万会计从业人员。从全国范围看，31 万导游证的发放量并不算大，且会计证采用的是接触式 IC 卡。

但可以肯定的是：随着导游人员和会计专业从业资格电子证书的颁发使用工作的逐步开展和经验的取得，更多领域和专业的从业资格电子证书也将接踵而出，这类庞大市场的前景将难以估计。

第十章　银行金融信息卡系统

第一节　电子钱包

一、电子钱包的概念

网上支付系统是一个系统工程，它需要银行、商家、消费者和信息技术企业的共同参与，系统中缺少任何一个环节都无法正常运行。人们通常所说的“电子钱包”有两种形式：一种是硬件装置，表现为储值卡，用集成电路芯片来储存电子现金、信用卡等；一种表现为特殊的计算机软件。电子钱包就是帮助消费者完成 SET 交易的支付软件。

中国银行在介绍它的电子钱包产品时，将电子钱包描述为：电子钱包是一个可以由持卡人用来进行安全电子交易和储存交易记录的软件，就像生活中随身携带的钱包一样。持卡人在使用长城卡进行网上购物时，卡户信息（如账号和到期日期）及支付指令可以通过电子钱包软件进行加密传送和有效性验证。

总的来说，电子钱包就是持卡人使用的、通过一系列的安全技术保障网上交易安全进行的计算机软件。

目前表现形式有如下 3 种：

1. 小额支付卡

由于使用方便灵活且较现金安全，电子钱包已成为未来无现金交易的重要发展方向。

自欧洲第一个尝试电子钱包应用的国家——丹麦，于 1993 年将该系统用于自动支付、泊车和公用电话等小额消费以来，全球已建立多种形式的电子钱包服务体系。但遗憾的是，这类系统多建立于接触式 IC 卡，如世界著名的 Modenx 和 VISACASH 等。对安全性的疑虑，使金融界对非接触 IC 卡的采纳始终持谨慎态度。而非接触 IC 卡使用的方便快捷优势，又促使各国不断探索其在电子钱包中的应用可行性。鉴于一般非接触 IC 卡（存储卡和逻辑加密卡）的安全性有限，难以满足金融交易的高安全性要求；而内置 CPU 的双界面卡则因 CPU 甚至 DES 和 RSA 专用加密运算部件的设置具备很强抗攻击能力（在高档产品中，这种高安全性往往表现于接触和非接触两个界面）。因此，双界面卡迅速成为电子钱包的首选载体。

20 世纪末，德国 Infineon 公司的 SLE44R42S 双界面卡即通过德国银行协调委员会 ZKA 的认证，应用于德国 Geldkarte 银行卡项目。消费终端通过非接触端口，可访问卡片内存储空间的特定部分，如电子钱包，且只能扣款；而银行自动柜员机（Automatic Teller Machine）等则通过接触式端口访问更大区域，包括向电子钱包加款。

当今世界正涌动着一股非接触小额支付研究与应用的热潮。2003 年，作为世界两大信用卡巨头之一的万事达卡（Master Card），在美国佛罗里达州奥兰多市的60家商店和16000名持卡人中，开展了它的Paypass卡非接触支付试验，并在达拉斯进行了将Paypass芯片封装于手机后盖内的应用试验。结果证明：Paypass卡持卡人的用卡频率明显上升，消费金额增加，且交易速度比现金快12s～18s。后者对便利店、快餐店等要求快速服务场合特别有价值。据估计，2000年Paypass卡的流通量为400万～500万张。

2004年，世界著名快餐商麦当劳宣布：其在美国的4400个销售网点接受万事达卡，并首先应用于达拉斯和纽约；Sheetz连锁便利店也宣布：从2005年3月1日起，从宾西法尼州到北科罗拉州的305个销售网点将开始接受Paypass卡。

2. 手机付费

21世纪初，手机就已成为移动支付的重要选择手段。但借助短信和WAP等方式实现的这类支付，存在需要记忆手机钱包业务接入码和通过手机屏幕菜单寻找所需信息并输入烦琐的文字信息等弱点，与营运商的来回交互等待时间亦较长。为此，通过非接触智能卡芯片与移动通信设备的一体化实现的“手机付费”，迅速成为以亚洲为首的移动通信商的研究热点。

2003年秋天，日本移动营运商与SONY组建合资公司共同测试将非接触芯片嵌入第三代手机的小额支付应用：将一运行电子钱包的FeliCa芯片和音频天线嵌入特制的DoCoMo手机，芯片内存储个人或企业的确认信息、银行账号及信用卡账号等。用户除可利用手机的Flash进行消费外，还能在手机屏幕读取Edy余额及空中下载。从2004年7月推出该手机钱包业务到2005年4月底的短短9个月，NTT DoCoMo就发展用户300多万，并在2万余家零售店安装相应读写器。但其缺点是：必须预付款并将金额写入芯片，且最高消费限额仅470美元。此后，NTT DoCoMo又与三井住友信用卡公司合作，实现与三井住友信用卡的对接（如图10－1所示），取消最高消费限额，并借助三井住友的网点，将其移动信用卡业务拓展至全日本；2005年9月，日本的另一电信运营商KDDI亦推出采用Felica技术的移动支付业务。除这类RF方式手机付费外，DoCoMo以及韩国的SK公司等还在探索红外方式手机付费。

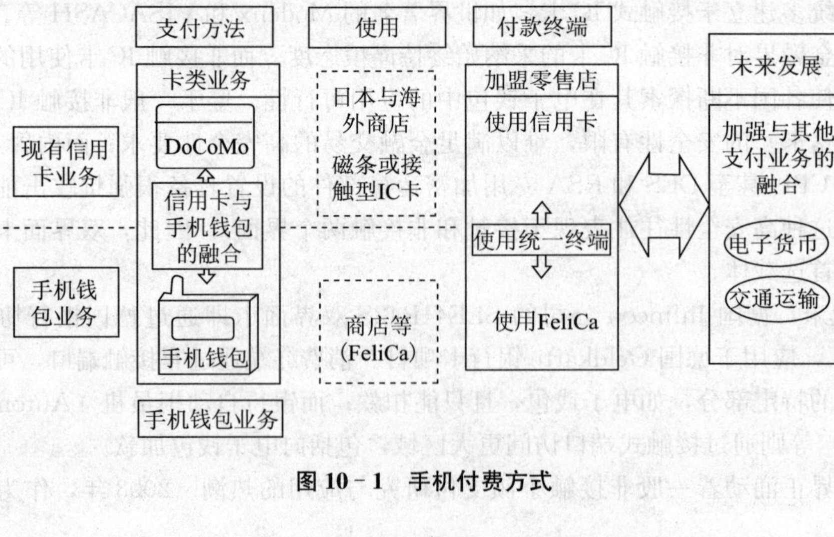

图10－1　手机付费方式

2005 年，中国的重庆结行移动商务公司与日本 SONY、NTT DoCoMo 和日立公司达成协议，共同推动 FeliCa 卡在重庆的发展：在首先推出用于超市、百货店、电影院和景点的千元以下小额支付电子钱包后，并于 2006 年年底进一步实现手机支付。

全球三大移动电话制造商——诺基亚、摩托罗拉和三星都已在自己的产品上测试了用于移动支付的 NFC 芯片，该项技术已进入试用阶段。

手机支付正处于方兴未艾的蓬勃发展阶段，据国外研究机构曾调查预计，到 2006 年，全球手机支付总额将达 370 亿美元；另一咨询机构 BWCS 曾预言，2010 年的全球手机支付总额将超过 3800 亿美元。以电子钱包为首选的手机支付，必将成为未来人类的重要消费形式。

3. 交通卡电子钱包功能

除了构建发行专门的电子钱包卡和采用手机付费外，在公共交通卡上建立电子钱包功能也是实现小额无线支付的较简捷办法，且已在国内外有较多成功应用。

1998 年，韩国釜山市在发放基于 Mifarel 非接触逻辑加密芯片的城市公交卡时，即为之建立一定电子钱包功能。为适应新增业务需要，又于 2000 年开始发行基于 Mifare Pro 双界面 CPU 卡芯片的数字釜山卡，既可利用该卡的非接触端口实现交通付费和电子钱包功能，又可通过接触式端口实现信用卡等银行交易；因交通领域应用需求而分别于 1997 年和 2002 年 4 月推出的中国香港八达通卡和新加坡易通卡也分别于 2000 年和 2004 年 10 月进入非交通小额支付应用，并迅速成为城市居民出行消费的重要支付工具。

首尔（汉城）、悉尼、墨西哥城和中国内地的广州、厦门、上海等都有类似成功应用，大连、沈阳、桂林、苏州和北京的公共交通卡选用双界面 CPU 卡的目的之一也正在此。

毫无疑问，随着技术的发展和应用环境的改善，非接触 IC 卡尤其是双界面卡在包括电子钱包在内的全球电子化交易中的应用将更为广泛。

目前，国内各个大中型城市都在实施公交卡项目，但标准、实施方法都是不一样的。在国外，通用的电子钱包是纳入金融机构监管的，而我国缺乏电子钱包相应的法律规范。因此各种行业卡进入小额支付领域，成为通用电子钱包还无规可循，只能采取逐步渗透的方式。上海的公交一卡通曾用于支付水费、电费、燃气费等，而且还能在部分超市用于购物，餐饮卡、商业卡基本上也是如此。除行业卡之外，各家银行根据人民银行的《中国金融 IC 卡规范》发行的 IC 卡基本上都是符合 PBOC 标准的通用电子钱包，如北京的牡丹交通卡、中行的石化加油卡等。尽管银行电子钱包从 20 世纪 90 年代就开始出现了，但是在实际应用中，却没有得到普遍推广。迄今为止，纯粹的银行电子钱包（不包括联名卡）发行量只有 200 多万张。

从商业银行的整体收益考虑，电子钱包和借记卡一样，可以吸收存款，而且不用付息，不占用银行后台系统、通信资源，是收益较大的卡种。但是，电子钱包的推广仍存在一定的困难。首先，我国和美国一样，通信成本大大低于欧洲，电子钱包离线交易在成本上的优势就显得微不足道。在银行借记卡和贷记卡可以进入的小额支付领域，电子钱包除了交易速度的优势以外，其他方面乏善可陈。其次，目前对交易速度要求比较高的小额支付领域主要有高速公路、停车场、地铁、公交车、出租车以及快餐店等，非接触式卡片比较实用，而银行电子钱包目前还没有非接触标准，因此在一些小额支付领域的应用受到限制。另外，对于纯支付功能的银行电子钱包，各家银行投资很谨慎。当然，出于同业竞争的需要，也有一些行业也开始开放自己的业务平台，充分利用金融电子钱包支付功能的优点，吸引更多的消费者。

二、电子钱包的功能及特点

1. 电子钱包的功能

（1）电子安全证书的管理：包括电子安全证书的申请、存储和删除等。

（2）安全电子交易：进行交易时辨认用户的身份并发送交易信息。

（3）交易记录的保存：保存每一笔交易记录以备日后查询。

（4）加密传送及有效验证。

电子钱包是持卡人进行安全电子交易的工具，负责持卡人端的数据处理人和其他参与方进行消息响应。通过加密技术和证书的使用，电子钱包可以满足重要的网上交易安全需求：

（1）身份确认：交易双方的身份可以被识别。

（2）资料隐秘和完整：网络上传送的个人资料不会被窃取或篡改。

（3）交易的不可否认性：一旦确定发出交易指令，将无法否认。

没有电子钱包，持卡人将不能在SET环境中进行安全支付。

为了推动国内用户使用中国银行电子借记卡进行网上购物，中国银行推出了中银电子钱包，用于基于SET标准的网上购物。中国银行电子钱包（E-wallet）是一个可以由中国银行长城电子借记卡和长城国际卡持卡人用来进行安全网上购物交易并储存交易记录的软件，就像生活中随身携带的钱包一样。中国银行采用了国际公认的安全标准（安全电子交易协议，简称SET）以保证持卡人网上购物的安全性，即涉及交易各方的数据在发送时，均通过加密处理。所以商户只能看到消费者的订单信息，而银行只能看到有关支付信息，最大限度地保证了持卡人交易信息的安全性。此外，每笔交易都需要经过各方进行合法身份验证，确定无误后，才会进行交易。

2. 电子钱包的特点

（1）安全：通过技术手段确保安全，不在个人计算机上存储任何个人资料，从而避免了资料泄露的危险。

（2）自由：当外出旅游或公务时，不用再随身携带电子钱包资料即可进行网上支付。

（3）方便：消费者可通过链接直接进入商户站点进行购物。

（4）快速：完成一笔支付指令的正常处理，只需10s～20s。

三、电子钱包网络支付的基本流程

电子钱包应用的交易流程为卡片插入终端并与终端相互作用后所进行的交易处理过程。消费或取现交易要求终端必须具有安全存取模块。项目中假定终端和PSAM之间是以安全方式进行通信的，因此不定义任何与PSAM通信相关的命令来应对。终端应该具备让持卡人选择交易类型的功能。每次交易最多只能选择一种交易类型。对于电子钱包应用来说，持卡人应能选择如下交易类型：圈存、消费、查询余额。

EP/ED应用的交易流程除了必要的交易预处理以外，还包括圈存、圈提、消费、现金、查询余额、查询明细等流程。下面以消费和查询余额交易为重点进行详细介绍：

1. 电子钱包的消费交易流程

消费交易允许持卡人使用电子存折或电子钱包的余额进行购物或获取服务，其具体处理流程如图 10－2 所示。此交易可以在销售点终端（POS）上脱机进行。使用电子存折进行的消费交易必须提交个人密码（PIN），使用电子钱包则不需要。

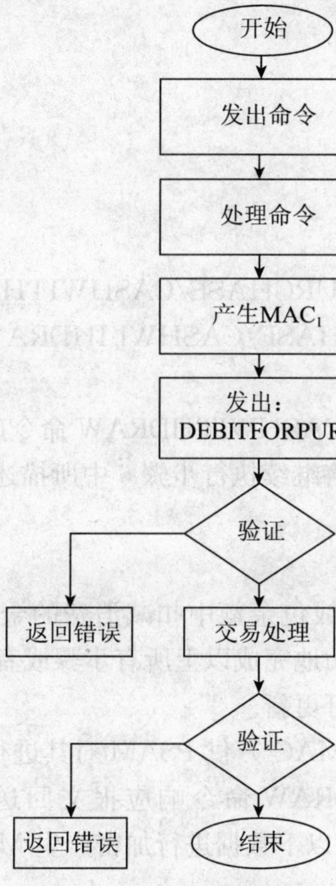

图 10－2　消费交易处理流程

步骤 1　发出 INITIAL I：IZEFORPLIRCHASE 命令

终端发出 INI，ITIA，IZE：PORCHASE 命令启动消费交易。

步骤 2　处理 INITIALIZEFORPJRCHASE 命令

IC 卡收到 INITIAJZEFOR. PURCHASE 命令后，将进行以下操作：

检查是否支持命令中提供的密钥索引号。如果不支持，则回送状态码“9403”（不支持的密钥索引），但不回送其他数据。

检查电子存折余额或电子钱包余额是否大于或等于交易金额。如果小于交易金额，则回送状态码“9401”（资金不足），但不回送其他数据。终端应采取的措施不在本书的范围内。

在通过以上检查之后，IC 卡将在步骤 5 中产生一个伪随机数（ICC）和过程密钥用于验证 MAC_1。过程密钥是利用 DPK 并按照《中国金融集成电路（IC）卡规范》第 1 部分附录 B 所描述的机制产生的。

步骤 3 产生 MAC_1

使用伪随机数（ICC）和 IC 卡回送的电子存折脱机交易序号或电子钱包脱机交易序号，终端的安全存取模块（PSAM）将产生一个过程密钥（SESPK）和一个报文认证码（MAC_1），供 IC 卡来验证 PSAM 的合法性。用 SESPK 对以下数据进行加密产生 MAC_1（按所列顺序）：

- 交易金额；
- 交易类型标识；
- 终端机编号；
- 交易日期（终端）；
- 交易时间（终端）。

步骤 4 发出：DEBITFORPURCHASE/CASHWITHDRAW 命令

终端发出 DEBITFORPLIRCHASE/CASHWI'IHDRAW 命令。

步骤 5 验证 MAC_1

在收到 DEBITPORCHASE/CASHWITHDRAW 命令后，IC 卡将验证 MAC_1 的有效性。如果 MAC_1 有效，交易处理将继续执行步骤 6 中所描述的步骤。否则将向终端回送错误状态码“302”（MAC 无效）。

步骤 6 交易处理

IC 卡从电子存折余额或电子钱包余额中扣减消费的金额，并将电子存折或电子钱包脱机交易序号加 1。IC 卡必须成功地完成以上所有步骤或者一个也不完成。只有余额和序号的更新均成功后，交易明细才可更新。

IC 卡产生一个报文签别码（MAC_2）供 PSAM 对其进行合法性检查，并通过 DEBITFORPURCHASE/CASHWITHDRAW 命令响应报文回送以下数据，作为 PASM 产生 MAC_2 的输入数据。用 SESPK 对以下数据进行加密产生 MAC_2：

- 交易金额

IC 卡按照《中国金融集成电路（IC）卡规范》第 1 部分附录 B 中描述的机制用密钥 DTK 左右 8 位字节抑或运算后的结果产生 TAC。TAC 将被写入终端交易明细，以便于主机进行交易验证。下面是用来生成 TAC 的数据，它们以明文形式通过 CREDTEFORPURCHASE/CASHWITHDRAW 命令的响应报文从 IC 卡传送到终端：

- 交易金额；
- 交易类型标识；
- 终端机编号；
- 终端交易序号；
- 交易日期（终端）；
- 交易时间（终端）。

对于电子存折消费交易和电子钱包消费交易（可选），IC 卡将用以下数据组成的一个记录更新交易明细：

· 电子存折脱机交易序号或电子钱包脱机交易序号；

· 交易金额；

· 交易类型标识；

· 终端机编号；

· 终端交易序号；

· 交易日期（终端）；

· 交易时间（终端）。

步骤 7　验证 MAC_2

在收到 IC 卡（经过终端）传来的 MAC_2 后，PSAM 将验证 MAC_2 的有效性。MAC_2 验证的结果被传送到终端以便采取必要的措施。终端的处理不在本书的范围之内。

2. 电子钱包的查询余额流程

持卡人可以通过终端或其他读卡设备读取电子钱包中的余额，此交易一般脱机进行，在电子钱包应用中进行此交易必须提交个人密码（PIN）。

终端利用 GETBALANCE 命令实现查询余额交易。由于余额查询通过相对固定的命令执行又没有涉及资金的交易，因此不需要烦琐的有效检查。

四、电子钱包的形式

最初使用的电子钱包软件都是将电子钱包的主要功能放在持卡人 PC 上实现，如中国银行采用的 BOC 电子钱包，其模式如图 10-3 所示。

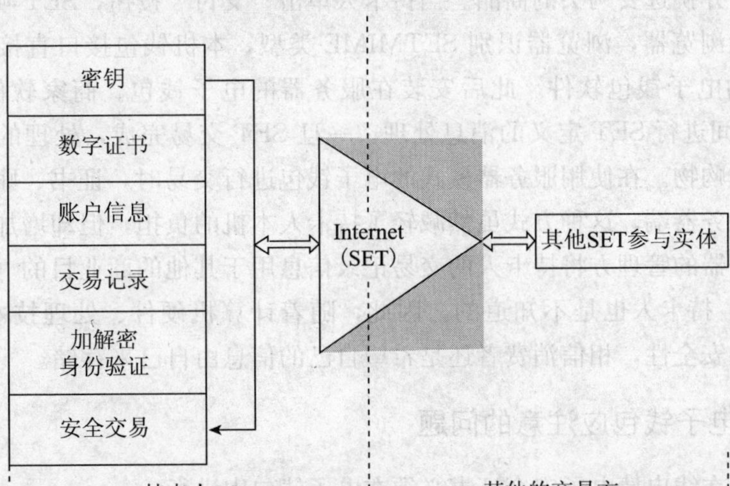

图 10-3　BOC 电子钱包模式

为了减轻持卡人 PC 的负担，人们对图 10-3 模式的电子钱包进行了改进，将电子钱包分为两部分：一部分安装在持卡人计算机中，另一部分安装在一个服务器上。安装在服务器上的被称为钱包引擎。持卡人可以通过安装在本机的钱包软件与商家软件进行通信，输入 SET 购买指示，也可以查看保存在钱包引擎服务器上的信息。安装在服务器端的钱包引擎包含了电子钱包的绝大部分功能，它负责与其他 SET 参与者进行通信，管理 SET 要求的数字密钥和证书、维护账户和交易记录、完成 SET 安全电子交易，其模式如图 10－4所示。

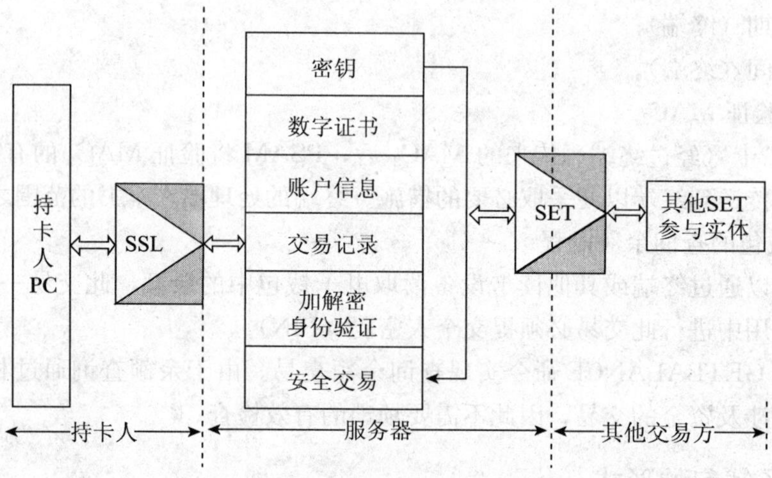

图 10－4　服务器模式的电子钱包

持卡人在采用图 10－4 所示的电子钱包模型进行网上交易时，首先使用浏览器浏览商家的网上商店，并挑选要购买的商品。当持卡人单击“支付”按钮，SET 唤醒消息从商家软件发向持卡人浏览器，浏览器识别 SETMIME 类型，本机钱包接口直接将该消息发向安装在服务器的电子钱包软件。此后安装在服务器的电子钱包、商家软件、支付网关、CA 端的软件之间进行 SET 定义的消息处理。一旦 SET 交易完成，处理的控制权将返回给持卡人，完成购物。在使用服务器模式的电子钱包进行交易时，证书、账户、交易记录信息都存储在服务器端。这种方式虽然减轻了持卡人本机的负担，但却增加了人们对安全的顾虑，若服务器的管理方将持卡人的交易记录信息用于其他的商业目的（如：挖掘消费者的购买喜好），持卡人也是不知道的。因此，随着计算机硬件、处理技术的不断提高，为了电子交易的安全性，相信消费者还是希望自己的信息由自己来存储。

五、使用电子钱包应注意的问题

（1）持卡人在线申请电子安全证书必须在电子钱包中进行。

（2）电子钱包实行密码管理，持卡人每次使用电子钱包都须键入密码，所以持卡人对自己的用户名及口令应该严格保密，以防电子钱包被他人窃取，否则就像生活中钱包丢失一样有可能会带来一定的经济损失。

（3）对于因密码泄露所造成的电子钱包被窃及其他损失均由持卡人承担，银行不承担任何责任。

六、电子钱包的应用现状及扩展

1. 国外的应用状况

自从 SET1.0 发布以来，IBM 率先在其电子商务套件中使用了 SET 规范，目前已在全球很多地方得到应用；著名的 VeriFone 公司提供了与 SET 兼容的电子商务套件已经安装到了很多银行中，POS 也已在很多 Internet 在线商家得到应用；微软公司在其 IE4.0 中已经加入了与 SET 兼容的 MSWALLET 软件。除此之外，符合 SET 规范的产品还有：Cyber Cash、Globalset、Trin Tech、Tellan、Digi Cash、Open Market 等。

这些电子钱包软件可以支持多种支付形式：在 Commerce Point Wallet 管理下，一个电子钱包内可以装入多个信用卡；Wallet 的设计可以支持互联网上所有主要支付形式和响应的各种有关协议；MSWALLET 软件也可以支持多种品牌的银行卡，它的地址信息管理组件使得用户可以添加多个送货地址，并实现商家网站送货地址信息的自动输入，避免了信息的重复录入。

在国外，很多国家都致力于基于安全电子交易协议下统一平台的研究。在美国，除了软件可以支持多种支付卡外，银行在开展网上商家外卡收单时也是对外开放的。在新加坡已有 6 家银行使用统一的基于 SET 协议的电子交易平台。在澳大利亚，金融机构中全面推广 SET 通用电子交易标准的应用。在中国台湾，财金资讯公司于 2000 年研究规划了符合 SET 的“网际网路银行共用系统”，进行跨行账、信用卡购物支付等交易，有 20 多家银行使用。在台湾支持 SET 协议的银行有中国国际商银、中国信托商业银行、富邦银行、上海银行、台新银行等。

2. 国内的应用状况

在国内，中国银行曾推出了基于 SET 协议的网上支付，其他几家商业银行，如招商银行、中国工商银行、农业银行、中国建设银行则使用的是基于 SSL 协议的网上银行，为自己品牌的个人用户提供网上支付。从安全性方面考虑，SET 是电子商务的首选，然而中国银行的电子钱包不支持其他品牌银行卡的网上支付，这大大地降低了网上购物的便捷性。造成这一问题的历史原因主要有：

（1）标准

网上支付是构建在网络平台、安全基础结构和支付业务之上的。各家银行开展网络支付的业务规则、安全政策和其他一些信息技术方面的标准不统一。如：各家银行的网络建设、金融信息化水平不一；在安全协议方面，有的采用安全套接层协议，有的采用安全电子交易协议；在支付业务的流程上不尽相同。

近年来，银联和第三方支付平台集合了各家银行网关，但这只是业务和技术上的集合，而没有进行业务和技术整合，使用界面和用户的方便性都没有改进。

（2）认证

当各商业银行发展网上支付业务时，金融认证中心的建设尚未成熟，因此，大部分银行采用自己的认证体系，这便为统一认证带来了一定的困难。根据调查显示，消费者对大金融机构所发行的电子钱包感觉更安全。因此，如果某些金融机构联合起来，设计一个基于 SET 协议、支持多品牌银行卡的电子钱包方案，那么电子钱包就会被更多的人使用，增加了电子商务的安全性和便捷性。在国外人们一般使用信用卡进行支付，而中国社会的信用体制不健全，信用卡的使用不普及人们大多都使用的是借记卡，用借记卡和信用卡进行支付的主要区别就是信用卡可以透支，而借记卡不能透支，即支付金额不能大于卡内剩余的金额数，并且实行即时转账模式。

3. 电子钱包扩展

中国金融集成电路（IC）卡规范的扩充，旨在为发卡机构提供指导和建议。扩充的两种应用模式如下：

（1）电子钱包复合应用模式：组合电子钱包应用和其他应用。

（2）电子钱包灰锁应用模式：电子钱包锁住和解锁的机制。

第二节　电子支付卡

一、电子支付系统的概念及流程

随着越来越多的商家计划对其企业进行扩展，并进入到电子商务新时代，支付问题就显得越来越突出：如何配套世界范围内的电子商务活动的支付问题？如何处理每日通过信息技术网络产生的成千上万个交易流的支付问题？答案只有一个，即利用电子支付。

1. 电子支付的概念

所谓电子支付，是指单位、个人直接或授权他人通过电子终端发出支付指令，实现货币支付与资金转移的行为。电子支付的类型按电子支付指令发起方式分为网上支付、电话支付、移动支付、销售点终端交易、自动柜员机交易和其他电子支付。与传统的支付方式相比，电子支付具有以下特征：

（1）电子支付是采用先进的技术通过数字流转来完成信息传输的，其各种支付方式都是通过数字化的方式进行款项支付的。

（2）电子支付的工作环境是一个开放的系统平台（即互联网）。

（3）电子支付使用的是最先进的通信手段。电子支付一般要求有联网的计算机、相关的软件及其他一些配套设施。

（4）电子支付具有方便、快捷、高效、经济的优势。用户只要拥有一台上网的计算机，便可足不出户，在很短的时间内完成整个支付过程。

2. 电子支付流程

电子支付的工作流程如图 10－5 所示：

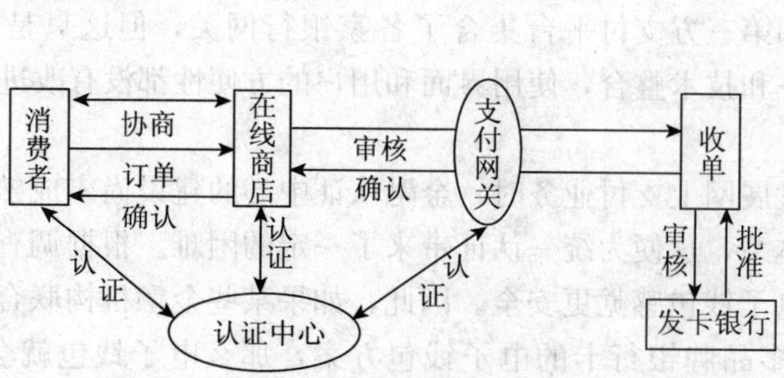

图 10－5　电子支付流程

二、电子支付系统的功能

安全、有效、便捷是各种支付方式追求的共同目标。电子支付系统具有以下的功能：

（1）使用数字签名和数字证书实现对各方的认证：为保证交易的安全性，应对贸易参与各方身份的有效性进行认证，通过认证机构或注册机构向参与各方发放数字证书，以证实其身份的合法性。

（2）使用加密技术对业务进行加密：可以采用单钥体制或双钥体制来进行消息加密，并采用数字信封、数字签名等技术来加强数据传输的保密性，以防止未被授权的第三者获取消息的真正含义。

（3）使用消息摘要算法以确认业务的完整性：为保护数据不被未授权者建立、嵌入、删除、篡改、重放，而是完整无缺地到达接收方，可以采用数据杂凑技术。通过对原文的杂凑生成消息摘要，并传送给接收方，接收方就可以通过摘要来判断所接收的消息是否完整。接收方若发现接收的消息不完整，应要求重新发送以保证其完整性。

（4）当交易双方出现纠纷时，保证对业务的不可否认性：这用于保护通信用户应对来自其他合法用户的威胁，如发送用户否认他所发的消息，接收方否认他已接收的消息等。支付系统必须在交易的过程中生成或提供足够充分的证据来迅速辨别纠纷中的是非，可以用仲裁签名、不可否认签名等技术来实现。

（5）能够处理贸易业务的多边支付问题：由于网上贸易的支付要牵涉客户、商家和银行等多方，其中传送的购货信息与支付指令必须连接在一起，因为商家只有确认了支付指令后才会继续交易，银行也只有确认了支付指令后才会提供支付；但同时，商家不能读取客户的支付指令，银行不能读取商家的购货信息，这种多边支付的关系就可以通过双重签名等技术来实现。

三、电子支付卡的种类

目前，网上支付工具作为支付系统的核心，其种类很多。可以大致分为三类：第一类是电子信用卡，包括银行卡类、借记卡和电话卡等；第二类电子支付卡，如电子现金、电子钱包等；第三类是电子支票类，如电子支票、电子汇款等。从目前各种网上支付系统的发展情况看，银行卡作为网上支付最基本的支付工具，其地位在相当长的一段时间内是不会动摇的。

（一）银行卡

银行卡可被定义为由银行或者是非传统意义的银行发行的，能使得客户获得资金来源的卡片。

1. 银行卡的种类

（1）银行卡和非银行卡

这是按发行主体性质来划分的。银行卡，顾名思义，是由银行独立发行或与合作伙伴联合发行的用于存取款、购物消费、转账结算的信用工具，其中后者称为联名卡或认同卡。非银行信用卡主要有商业信用卡、旅游信用卡等。商业信用卡由商业及零售企业如零售百货公司、石油公司等单位发行，持卡人凭卡在指定的商店购物或在汽车站加油等，定期结账。这种信用卡发行数量较大，但流动区域受到很大限制，发展范围较窄。

（2）信用卡

贷记卡即信用卡，是由银行或信用卡公司向资信良好的个人和机构签发的一种信用凭证，它提供一个有明确信用额度的循环信贷账户，持卡人可支取部分或全部额度，一旦已使用余额得到偿还，该信用额度又重新恢复使用。持卡人凭卡可在自动柜员机办理取款、转账、查询信用额度、更改密码等业务，在特约商户购物消费以及在联网营业网点使用。

对持卡人来说，信用卡可以有如下3种基本用途：从国内外特约商店购物；从参与该信用卡组织的成员金融机构预支现金；在ATM上预支现金。

用信用卡进行交易后，持卡人就在其开户的金融机构（发卡行）产生一笔尚欠账项，届时发卡行向持卡人收取预定条款的利息。在一般情况下，发卡行通常从过账（到商户的开户银行）日期起，用平均日余额法计息。而有些国家的发卡行却规定，持卡人在宽限期内偿还贷款时不收取利息。如英国的信用卡持卡人在56天内无须支付利息，超过期限才由银行按贷款收取利息。不少发卡行还向持卡人提供购物保险，提供24小时咨询、医疗、法律服务，还与大型特约商店联合，高质量服务。银行所以向持卡人提供上述多种优惠条件，目的是鼓励持卡人持卡消费，持卡消费额越多，银行从商户那里收取的手续费也越多。

为了扩大内需，促进我国的信用消费，中国人民银行颁布的《银行卡业务管理办法》规定，贷记卡（信用卡）持卡人作非现金交易时可享受如下优惠条件：①免息还款期待遇。从银行记账日起至发卡银行规定的到期还款日之间为免息还款期。免息还款期最长可为60天。②最低还款额待遇。持卡人在到期还款日前偿还全部银行款项有困难时，可按发卡行规定的最低还款额还款。此时，自银行记账日起，未偿还部分需按规定利率计算利息。贷记卡持卡人预支现金和准贷记卡（复合卡）透支时，不享受上述优惠条件。中国人民银行还规定，贷记卡透支按月计收复利，准贷记卡透支按月计收单利，透支利率为日利率万分之五。

我国的商业银行要向信用卡的持卡人收取40～400元不等的年费。接受信用卡的商店，要同其开户的金融机构（下称商户银行或收单行）签订商业协议。商户银行对商户与持卡人所进行的信用卡交易提供金融服务，每月还为其商业客户提供一个月的全部交易的月结单（对账单）。

（3）借记卡

信用卡的性质使信用卡存在较大的风险、管理过程复杂和服务强度较大等问题，促使金融机构研制一种能替代现金、支票和信用卡的新的银行卡。借记卡（DebitCard）就是继信用卡之后研制出来的这样一种银行卡。

借记卡是指发卡银行所属网点为客户签发的一种多功能的活期储蓄存款凭证和电子支付工具，客户凭储蓄卡可在自动柜员机办理存取款、转账、查询余额、更改密码等业务，可在特约商户购物消费以及在联网营业网点办理存取款业务。

借记卡在外形、用途和用之购物后可快速将资金转账到商户等几个方面，同信用卡相似；不同的是，它不像信用卡那样增加债务，而是将顾客在银行存款账户上的资金直接划拨到商户的账户上。借记卡的这一特点，使借记卡具有低风险和低运行成本等优点，促使金融机构广泛推广借记卡，向几乎所有的存款客户提供借记卡服务，不管其信用级别如何。随着 EFT 系统的发展，借记卡越发重要，有更多的消费者更频繁地使用借记卡。自从 VISA 和 MasterCard 推出他们的借记卡服务后，大大推动了全球借记卡业务的发展。借记卡现在广泛用于 ATM 交易和 POS 交易，是代替现金和支票的一种主要支付手段。

借记卡主要有以下几个重要性质：借记卡是一张银行卡，它标识持卡人是某特定银行的客户，他或她在该银行有存款；借记卡能为电子银行系统中的自助终端（ATM、POS）所识别，是启动这种终端交易的一把钥匙；借记卡向持卡人提供一种方便的支付机制，其办法是直接减少持卡人的资产，而不像信用卡那样增加债务；借记卡同支付体制结合，可在购物交易中代替现金和支票。

(4) 准贷记卡

准贷记卡是由银行向资信良好的个人和机构签发的一种信用凭证，持卡人按发卡银行要求先交存一定金额的备用金，当备用金账户余额不足支付时，可在发卡银行规定的信用额度内透支。持卡人凭卡可在自动柜员机办理存取款、转账、查询信用额度、更改密码等业务，在特约商户购物消费以及在联网营业网点使用。

2. 银行卡的功能

(1) 储蓄和存取款功能

居民储蓄一直是我国各商业银行的主要业务之一，储蓄业务工作量巨大，劳动强度相对较高。为提高业务效率以吸纳更多存款，各发卡银行都发行了具有储蓄功能的借记卡。银行对持卡人开立的银行卡存款账户，按照规定的活期储蓄存款利率和计息办法计付利息。持卡人凭卡可在发卡银行指定的受理网点办理存、取款业务（通存通兑），也可在发卡银行提供的自动柜员机取款和查询账户余额等。随着银行卡跨行通用和境外支付业务的开展，这一服务延伸到了发卡银行以外的其他商业银行以及境外银行的自动柜员机上。

(2) 消费支付功能

持卡人凭卡可在特约商户直接购物消费，无须以现金货币支付账款，只需使用银行卡进行支付结算。由发卡银行扣减持卡人银行卡账户资金后，将持卡人所支付款项划拨给特约商户。支付结算是银行卡最主要的功能，它能为社会提供最广泛的结算服务，方便持卡人与特约商户的购销活动，减少社会的现金流通量，节约社会劳动。

(3) 转账结算功能

持卡人可通过发卡银行约定的卡与卡、卡与账户之间的转账业务，或者在与发卡银行建立合作关系的特约商户如证券公司、基金公司等办理银行卡与对方账户之间的转账结算。通过发卡银行的结算系统完成银行卡账户存款与指定账户之间的款项划转。目前较普遍的银证转账业务，就是发卡银行通过接受证券公司委托，用储蓄卡实现股民储蓄账户与证券保证金账户资金双向实时划转业务的转账结算。转账结算节约了社会劳动，改善了支付结算手段，极大地提高了支付效率。

与此同时，近年来各行针对个人理财需求的上升，发行了具有综合理财功能的理财卡，该卡集多个定活期、本外币存款账户于一卡，不但各账户之间可办理转账，而且还可办理与证券及基金公司之间的买卖股票及基金的资金转账等。另外，凭卡还可办理银行贷款融资，极大地方便了个人的储蓄和理财活动。特别是上述转账交易的完成必须借助私密性很强的个人密码的控制，更是在很大程度保障了个人资产的安全。

(4) 代收代付功能

发卡银行利用自身的营业网点、网络、人员、借记卡账户管理等优势，为政府、企业、个人提供代理资金结算的代理服务、分销服务，以代理人的身份为被代理人办理收付委托事项金融服务，以获取中间业务收入。目前，这些代收代付业务主要有代发工资业务和代收、代付、代扣各种费用以及代销业务。

代发工资是发卡银行网点按照委托单位协议，将单位职工的工资以转账的方式存入营业网点为其职工开立的借记卡账户，职工凭借记卡办理存取款、支付和转账结算等业务。

代收、代付、代扣各种费用是指发卡银行网点按照供水、供电、煤气、税务、房管、电信、保险等行政事业等委托单位的协议，根据其提供的代收清单，通过扣划付款人约定开立的借记卡账户以转账方式划至委托单位账户的有关费用。

代销业务是发卡银行根椐与委托单位签订的代销协议，由营业网点负责分销，并将购买委托单位服务的个人借记卡账户上的资金扣划归集至委托单位账户的服务。

(5) 消费信贷功能

消费信贷功能只专属于贷记卡（包括准贷记卡）。持卡人无须事先在账户中存款，在凭卡支付结算的过程中，即实现了消费信贷功能。前面提到过，客户有了信用卡，就可以自由使用信用额度而不必费力去银行申请贷款，也不必非要每月定期还款。持卡人既可在到期付款日一次还清所使用的信用额度，也可以采用灵活的每月分期付款方式。另外，与固定每月分期付款的贷款不同，当客户所用的额度到还款期时，持卡人可以在一段时间内只偿还到期部分的一个最低还款额，或者偿还大部分甚至是全部额度，而且不会因提前还款而招致罚款。

信用卡还能使持卡人随时获得信贷支持。对于那些难以或是不打算使用自由资金进行一些消费的客户来说，信用卡使其获得了发卡行为其提供的信用支持，即使身在外地也不例外。

以上仅是贷记卡的典型特征功能，而对于准贷记卡而言，消费信贷功能在具体发挥作用时则略有区别。准贷记卡持卡人在消费或支付结算过程中，如果需要支付的款项超过其准贷记卡存款账户余额，发卡行允许持卡人按规定限额进行短期透支，但与贷记卡不同的是，这一短期透支一般金额较小，而且一旦透支即计算透支利息，无免息还款期优惠。

(6) 综合理财功能

客户根据发卡银行为其提供的综合理财卡账户，实现了一卡多账户的关联。持卡人凭卡可在各账户中间办理个人转账，办理贷款融资，完成股票、基金、外汇买卖等投资类产品的购买，从而实现个人资产的保值与增值。

(7) 派生功能

发卡银行通过与合作伙伴合作来拓展并延伸银行卡的服务领域。如前所述，银行卡中的联名卡，可为联名卡持卡人在发卡银行合作单位用卡提供一定比例的折扣优惠或特殊服务；发卡银行还为资信状况较好的金卡持卡人，特别提供旅行保险、机场贵宾等专属服务。

3. 我国主要的银行卡

(1) 我国的银行卡

按性质分为贷记卡（信用卡）、借记卡和准贷记卡（复合卡）；按币种不同分为人民币卡和外币卡（可在境外使用的国际卡）；按发行对象不同分为单位卡（商务卡）、政府公务卡和个人卡；按信息载体不同分为磁卡和集成电路（IC）卡。此外，我国的银行还发行了专用卡和联名或认同卡。专用卡是除百货、餐饮、饭店和娱乐业之外，具有专门用途、在特定区域使用的一种借记卡。联名或认同卡是商业银行与营利性或非营利性机构合作发行的银行卡附属产品，联名或认同卡的持卡人在联名单位持卡消费时，享受一定的折扣优惠或特殊服务。我国主要的银行卡种类如图 10－6 所示。

图 10－6　我国主要的银行卡种类

（2）我国银行卡的主要功能

不同发展水平的银行发行的银行卡，在功能上差异很大。每种银行卡通常具有下述功能中的几种：

①存取现金：持卡人可持卡在各发卡行的营业网点存取款。银行卡账户的存款按活期存款利率计息。异地存取现金收手续费。

②转账消费：可在账户之间进行转账，可在特约商店持卡消费、在医院刷支付药费。

③信用借款：贷记卡和准贷记卡允许适当透支，但需依据透支时间长短、透支金额多少支付利息。有的银行规定，信用卡和国际卡的持卡人在免息还款期内还贷款，无须支付利息。

④自动提款：可在发卡行的 ATM 上取现。

⑤代收代付：发卡行可为持卡人代发工资，代交税费、养路费等。代发养老金，代交电话费、水电煤气费。

⑥通存通兑：持卡人可持卡在已经开通通存通兑的银行营业网点和带有“银联”标识的 ATM 机上存取款。

⑦分期付款：持卡人在买房、买车和购买大件商品时，可用卡分期支付款项。

⑧有奖持卡消费：持卡人持卡消费时有可能获得发卡行提供的各种奖品。

⑨刷卡买电：在 ATM 系统的专用终端上插入银行卡，确认账户和余额后，取出银行卡并插入购电卡，输入买电度数，系统则自动从银行卡账户扣款，实现买电交易。

⑩网上支付：可通过互联网进行网上购物、订票、资金转账和缴纳各种费用。

（二）智能卡

1. 智能卡的概念

智能卡是目前应用最为广泛的电子货币，可在商场、饭店等场合使用，且必须在线使用。智能卡的名称来源于英文名词“smartcard”，又称集成电路卡，即 IC 卡。它将一个集成电路芯片镶嵌于塑料基片中，封装成卡的形式，其外形与覆盖磁条的磁卡相似。如图 10－7 所示。

图 10－7　智能卡

（1）智能卡存储的信息

智能卡一般存储的信息包括：用户身份、用户位置、特定环境参数、用户生理状况及其他统计信息、用户的持币信息和特定的参数（如运动、计时）。

（2）智能卡的应用范围

智能卡主要应用在电子支付（如电话付费）、电子识别（如收银机）和数字存储（如医院病人病历查询）等方面。

（3）智能卡的结构

智能卡的结构如表 10－1 所示。

表 10－1　　智能卡的结构

<table>
<tr><td rowspan="4">智能卡的结构</td><td>程序编制器</td><td>程序编制器在智能卡开发过程中使用，描述了卡的初始化和个人化创建的所有数据</td></tr>
<tr><td rowspan="2">处理操作系统的代理</td><td>智能卡操作系统</td></tr>
<tr><td>智能卡应用程序接口的附属部分</td></tr>
<tr><td>应用程序接口的代理</td><td>应用程序到智能卡的接口</td></tr>
</table>

（4）智能卡的工作流程

第一步：在适当的机器上启动用户的互联网浏览器。

第二步：通过安装在计算机上的读卡机，用户的智能卡登录到为用户服务的银行 Web 站点上，智能卡自动告知银行的账号、密码等信息。

第三步：用户从智能卡中将资金转到对方账户中，或从银行账户中将资金转入智能卡。

2. 智能卡的种类

（1）信用卡卡中预先建立允许透支的限额，即预先设置好可借用的资金额度，承诺到期归还并支付利息的责任。根据持卡人信用程度的不同，有两种信用卡：金卡和普通卡。前者的透支限额高。

（2）现金卡（付款卡）或储蓄卡供储蓄账户使用，持卡使用的资金是客户已经存放在银行中的存款。

（3）ATM 卡是只能在 ATM 中使用的现金卡或信用卡。

（4）预付卡按卡面价值购买，先购买，后使用，例如电话和公共系统用的预付卡、电表预付卡等。另外，还有诸如大饭店内部使用的卡，客人进入饭店后，住宿、用餐、娱乐等都可凭卡记账，离开饭店时结账。

3. 发展智能卡与人有关的因素

参与智能卡操作的相关方面有：持卡人或用户，商店，卡片的发行者及销售部门，卡片的设计者、出售商及安全维护。

（1）持卡人或用户

用户要求：

①使用方便：装置的地点、使用的时间和操作的步骤等力求方便。操作一学就会。

②启用手续简易：发行和基于 PIN 号的卡片个人化处理手续简易。

③加快交易时间：进行一次交易或授权等待时间尽量缩短。

④安全可靠：每次交易正确无误，操作错误后的重新启动方便可靠，卡片的丢失、被窃和 PIN 值的更换等容易处理。

⑤清楚简单的操作提示：卡片上清楚表明接口方向，显示屏幕清楚易读，避免使用计算机术语和复杂的交互式操作。

（2）商店

商店期望：

①人员培养容易，操作过程和例外处理简单。

②故障处理简单：故障处理包括出错后的重新启动、例外情况或交易被拒绝时的处理，以及在正常的解决办法失灵时，其他可供选择的措施。

③安全可靠：对丢失、被窃以及未付账款的卡片处理办法简单且安全，对各类不安全因素易于检测。

（3）卡片的发行者和销售部门

除了满足商店和用户的要求以外，应做好有关方面（银行、商店、用户）之间的信息交换工作，以及用户忘了 PIN 后的处理工作等。

(4) 设计者、出售商及安全维护

设计目标应满足用户及商店的要求。电子设备应保证能够每天 24 小时不间断工作，并能很容易测试判断智能卡是否工作正常。机械设计要保证设备和零件工作可靠。设计好对例外情况的处理办法，并能迅速排除故障。

4. 使用智能卡完成一次购物的操作过程

(1) 客户拿着金融卡和购买的商品（或付款单）来到付款处。并将金融卡插入能输入 PIN 的小键盘设备中。

(2) 售货员通过他本人工作的键盘输入交易金额。

(3) 交易金融显示在小键盘设备的显示板上。

(4) 客户在小键盘上按下某个指定键，表示对交易金额的认可。

(5) 小键盘设备的显示板上指示客户输入 PIN。然后客户输入 PIN。输入后自动与卡中的 PIN 比较，如一致，就将金融卡自身打开，准备受理交易。

(6) 接着接口设备内部进行一连串处理，如查对黑名单、核实资金是否够用、计算交易后的余额，将它登入交易日志记录里并计算出安全校验码，然后加在日志记录中以保证数据的安全。同时把这笔交易记录也写到金融卡中，最后给客户打印收据。

(7) 显示板指示交易结束，客户取走商品和卡。

5. 智能卡的安全问题

智能卡的作用是替代流通领域中的现金或支票，随着智能卡的推广使用，利用它进行欺诈或作弊的行为也会不断增加，对于出现的不安全问题的解决办法需要在提供合理的效果和防护的保证与所需的成本和投资之间进行平衡，从而提出一个折衷的解决办法。

(1) 影响智能卡安全的若干基本问题

在众多智能卡安全问题中有下列基本问题需要解决：

①智能卡和接口设备之间的信息流通。这些流通的信息可以被截取分析，从而可被复制或插入假信号。

②模拟智能卡（或伪造智能卡）。模拟智能卡与接口设备之间的信息，使接口设备无法判断出是合法的还是模拟的智能卡。

③在交易中间更换智能卡。在授权过程中使用的是合法的智能卡，而在交易数据写入之前更换成另一张卡，因此将交易数据写入替代卡中。

④修改信用卡中控制余额、更新的日期。信用卡使用时需要输入当天日期，以供卡判断是否是当天第一次使用，即是否应将有效余额项更新为最高授权余额（也即是前面讲到的，允许一天内支取的最大金额），如果修改控制余额更新的日期（即上次使用的日期），并将它提前，则输入当天日期后接口设备会误认为是当天第一次取款，于是将有效余额更新为最高授权余额，因此，利用窃来的卡可取走最高授权的金额，其危害性还在于（在银行提出新的黑名单之前）可重复多次作弊。

⑤商店雇员的作弊行为接口设备写入卡中的数据不正确，或雇员私下将一笔交易写成两笔交易，因此接口设备不允许被借用、私自拆卸或改装。

(2) 安全措施

为了安全防护，一般采取以下措施：

①对持卡人、卡和接口设备的合法性的相互检验。

②重要数据加密后传送。

③检验数据的完整性。

④卡和接口设备中设置安全区，在安全区中包含有逻辑电路或外部不可读的存储区，任何有害的不合规范的操作，将自动禁止卡的进一步操作。

⑤有关人员明确各自的责任，并严格遵守。

⑥设置止付名单（黑名单）。

（三）电子支票

1. 电子支票的概念

电子支票是一种借鉴纸张支票转移支付的优点，利用数字传递将钱款从一个账户转移到另一个账户的电子付款形式。这种电子支票的支付是在与商户及银行相连的网络上以密码方式传递的，多数使用公用关键字加密签名或个人身份证号码（PIN）代替手写签名。用电子支票支付时，事务处理费用较低，而且银行也能为参与电子商务的商户提供标准化的资金信息，故而可视为最有效率的支付手段。

使用电子支票进行支付，消费者可以通过计算机网络将电子支票发向商家的电子信箱，同时把电子付款通知单发到银行，银行随即把款项转入商家的银行账户。这一支付过程在数秒内即可实现。然而，这里面也存在一个问题，那就是如何鉴定电子支票及电子支票使用者的真伪？因此，就需要有一个专门的验证机构来对此作出认证，同时，该验证机构还应像CA那样能够对商家的身份和资信提供认证。

2. 电子支票的交易过程

电子支票的交易过程可以分为以下几个步骤，如图10-8所示。

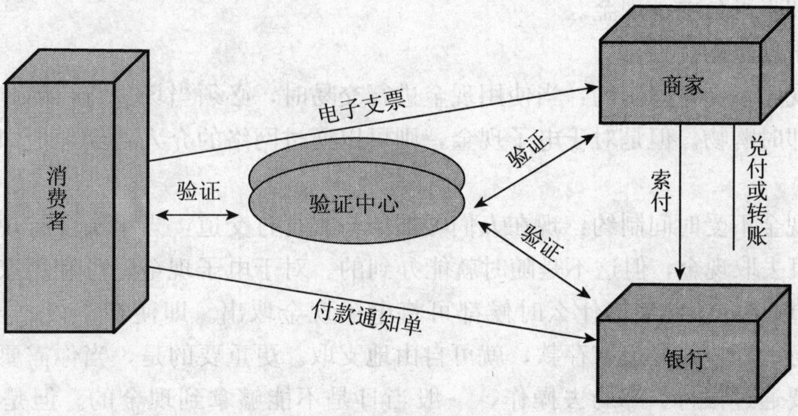

图10-8　电子支票的交易过程

（1）消费者和商家达成购销协议并选择用电子支票支付。

（2）消费者通过网络向商家发出电子支票，同时向银行发出付款通知单。

（3）商家通过验证中心对消费者提供的电子支票进行验证，验证无误后将电子支票送交银行索付。

(4) 银行在商家索付时通过验证中心对消费者提供的电子支票进行验证，验证无误后即向商家兑付或转账。

(四) 电子现金

1. 电子现金的概念

电子现金（Electronic Cash）是一种以数据形式流通的货币。它把现金数值转换成为一系列的加密序列数，通过这些序列数来表示现实中各种金额的币值。用户在开展电子现金业务的银行开设账户，并在账户内存钱后就可以在接受电子现金的商店购物了。电子现金（E－cash）又称为电子货币（E－money）或数字货币（D－cash），是一种非常重要的电子支付系统，它可以被看做是现实货币的电子或数字模拟，电子现金以数字信息形式存在，通过互联网流通，但比现实货币更加方便、经济。它最简单的形式包括三个主体（商家、用户、银行）和四个安全协议过程（初始化协议、提款协议、支付协议和存款协议）。

当用户进入互联网网上银行，使用一个口令和个人识别码来验明身份，直接从其账户中下载成包的低额电子"硬币"时，电子现金才起作用。然后，这些电子现金被存放在用户的硬盘当中，直到用户从网上商店进行购物为止。为了保证交易安全，计算机还为每个"硬币"建立随时选择的序号，并把这个号码隐藏在一个加密的信封中，这样就可以隐藏谁提取或使用了这些电子现金等信息。按这种方式购买实际上可以让买主无迹可寻，提倡个人隐私权的人对此很青睐。

2. 电子现金的分类及优点

(1) 电子现金的分类

电子现金系统根据其交易的载体可分为基于账户的电子现金系统和基于代金券的电子现金系统；根据电子现金在花费时商家是否需要与银行进行联机验证分为联机电子现金系统和脱机电子现金系统；根据一个电子现金是否可以合法地多次支付可将电子现金分为可分电子现金和不可分电子现金。

(2) 电子现金的优点

①电子现金不受空间制约：当使用现金进行交易时，必须当场进行，因此不能用现金亲自在异地即时购物。但是对于电子现金，则可以通过网络的介入，到异地即时购物，进行货币交易。

②电子现金不受时间制约：现在人们习惯于与银行打交道，当手头没有现金时，往往通过 ATM 机去取现金，但这不是随时就能办到的。对于电子现金，可利用家中的计算机及 IC 卡就能取出，因此无论什么时候都可将电子现金取出。即使在半夜，当你需要时，只要你在银行的开户账号上有存款，就可自由地支取。更重要的是，当你需要在异地转送资金时，需要通过银行、邮局去操作，一般当日是不能够拿到现金的。但是对于电子现金，它可以通过在互联网中的地址将钱寄出，并且对方很快就可以收到。

③货币的传递可不通过现钞：一般货币的传递，必须通过现钞这种形式，这给人们带来很大的不安全性。利用电子现金技术，可实现只有本人才能确认属于自己的现金，即使别人捡到，也不能领走。

④钱包原有功能的弱化：在日常购物中，一般是用钱包中的现金去支付。但是在电子现金中，可以用电子现金去支付，因此弱化了钱包的原有功能。通过互联网进行购物，利

用电子现金购物，把商品变成了情报信息。被信息化了的商品，能够跨越时间和空间，通过网络得到。

⑤克服现款交易时的缺点：在百货公司购物时，常常会遇上人们排着长蛇阵去付款的情况。排队的人焦急地等待着，收款人神经紧张地工作着，保安人员不停地在巡视着；而且有时还有被抢的事件发生，但电子现金完全克服了上述缺点。

3. 电子现金的工作原理

（1）消费者必须到银行去开一个账户，并提供可以证明身份的证件。

（2）消费时，可通过互联网访问银行并提供身份证明。人们通常把认证中心颁发的数字证书作为数字身份证明。

（3）银行确认消费者身份后，就会发给消费者一定量的电子现金，并从消费者的账户上减去相同的金额，银行会收取一小笔处理费，费用的金额与消费者消费的电子现金数额成正比。

（4）消费者将电子现金存在其计算机硬盘的电子钱包里或智能卡上就可以使用了。

（5）找到了接受电子现金的商务网站后，消费者就可花费这些电子现金了。消费者将电子现金发给商家以支付购买商品或服务的费用；同时，商家要验证电子现金。

（6）只有当商品送达消费者时，商家才能将电子现金交给相应的银行，银行将金额加进商家的账户中，但要减去一小笔服务费用。

第十一章 大型会展门禁管理系统

随着高科技的蓬勃发展，智能化管理已经走进了人们的社会生活，门禁考勤系统由于其自身的优势，已在国内蓬勃兴起，包括邮电系统、供电系统、银行系统等各类场所都已有使用门禁考勤系统的成功范例。门禁系统的功能早已超过了单纯的门道及钥匙管理，它已经逐渐发展成为一套完整的出入管理系统，它在工作环境安全和人事考勤管理等行政管理工作中发挥着巨大的作用。

出入口门禁系统是对出入口通道进行管理的系统，它是在传统的门锁基础上发展而来的。传统的机械门锁仅仅是单纯的机械装置，无论结构设计多么合理，材料多么坚固，人们总能通过各种手段把它打开，在出入人很多的通道（如办公室、酒店客房），钥匙的管理很麻烦，钥匙丢失或人员更换都需要把锁和钥匙一起更换。电子磁卡锁、电子密码锁解决了这些问题，这两种锁的出现从一定程度上提高了人们对出入口通道的管理程度，使通道管理进入了电子时代，但随着这两种电子锁的不断应用，它们本身的缺陷也逐渐暴露：磁卡锁的问题是信息容易复制、卡片与读卡机具之间磨损大、故障率高、安全系数低；密码锁的问题是密码容易泄露，又无从查起，安全系数很低。同时这个时期的产品由于大多采用读卡部分（密码输入）与控制部分合在一起安装在门外，很容易被人在室外打开锁。这个时期的门禁系统还停留在早期不成熟阶段，因此当时的门禁系统通常被人称为电子锁，应用也不广泛。

为了增加进出住宅小区、停车场车辆的防盗功能，可以给每辆车配备两张 RFID 卡，一张固定在车辆挡风玻璃上（称为车卡），另一张由司机携带（称为司机卡），通过 GAI 系统时，司机可以将它放在车上适当位置（挡风玻璃上或仪表盘上），也可手持对准天线。采用前述双卡识别技术，完成对两张卡的识别和数据信息交换。只有当这两张卡的车牌号完全一致时，该车才能自动放行，否则将被拦截。近年来，随着感应卡技术、生物识别技术的发展，门禁系统得到了飞跃式的发展，进入了成熟期，出现了感应卡式门禁系统、指纹门禁系统、虹膜门禁系统、面部识别门禁系统、乱序键盘门禁系统等各种技术的系统，它们在安全性、方便性、易管理性等方面都各有特长，门禁系统的应用领域也越来越广。

第一节 大型会展活动的公共安全管理

公共安全管理问题始终与人类社会共生，随着人类社会的发展，安全管理问题的重要性与复杂性日趋明显。人类进入 21 世纪以来，不安全因素不断增多，小安全事件不时出现。尤其是我国正处在传统社会向现代社会、计划经济体制向市场经济体制转变的社会转型期，公共安全问题日益突出，公共安全面临的问题越来越复杂，公共安全问题的后果也越来越严重。

虽然，实践证明当经济足够发达，政府的社会管理能力和人们的减灾防灾意识达到一定水平的时候，公共安全事故会逐渐下降，但是，如果不能很好地处理转型期间的公共安全管理问题，那么中国社会在转型期将付出沉重的代价，甚至于影响社会能否最终成功转型。

从国际统计数据观察，人均GDP为1000～3000美元的时候，是公共安全事故的高发期。这个时期，经济进入快速发展的阶段，往往新旧观念相互碰撞，社会结构发生剧烈变动，社会不稳定因素增加。如果城市化滞后于工业化，就会加剧城乡差距、阻碍第三产业的发展，并最终导致整个经济的失调；如果社会管理相对落后，公共服务不能普遍惠及广大群众，就会滋长不满，并导致事故频发、社会无序、行为失范等诸多社会问题；如果收入差距拉大、就业增长缓慢、腐败问题加剧，就很容易引发社会不稳定。与此同时，社会消费结构将登上一个新台阶，人们的物质文化生活水平逐步提高，参加公共活动、出外旅游、私人购车等行为增多，也在一定程度上增加安全事故的发生概率。这些问题在我国已经显露。另外，近几年，我国城镇化和城市现代化进程明显加快。城市因人口集中、生产经营集中，对各类事故、灾害、突发事件往往有"放大"作用，同时城市本身存在很大的脆弱性和安全隐患。城市内部复杂的关键基础设施之间的依赖性越来越强，遇重大安全问题，容易产生连锁反应，造成重大伤亡和巨大经济损失。也就是说，在当代中国转型社会期间，公共安全的内容和性质同样发生了重大"转型"。那么，公共安全管理的理念和机制同样需要相应的转变才能适应形势发展的需要。因此，大力开展对转型期公共安全问题尤其是公共安全管理机制的研究并掌握其规律成为当务之急。

一、大型会展活动定义

大型会展活动是指特定的空间、时间内多人聚集（单次参加人员在1000人以上）围绕特定主题进行交流活动。

二、大型会展活动的特征

大型会展活动呈现出以下特征：

（1）规模大。参加的人员少则上百上千多则数万；活动项目多达十几个或几十个，地点多且分布广，有时几个项目同时在不同的地点展开。

（2）规格高。大型会展活动一般有党政领导参加，有的还有外宾参加。境外敌对势力、恐怖分子总想利用这一机会千方百计进行破坏活动，以此制造轰动效应，一旦发生问题，将无法挽回损失和政治影响。

（3）变数快。大型会展活动事先公开，透明度很高，但为安全起见，组织者往往视情而定，可能不会把具体时间和线路透露给有关单位，尤其涉及重要政要领导人参加的活动会明确得更晚，中间往往还会根据实际情况进行调整或更改预定计划，这都不同程度增加了公共安全管理的难度。

三、大型会展活动的公共安全现状

1. 基本做法

近年来，国家对举办大型会展活动安全工作高度重视，采取了一些比较规范、科学的方法和措施。

（1）采取“谁主办，谁负责”的原则

如今举办的大型会展活动，都有明确的目的性，其中展销类的会展活动具有浓厚的商业气息。在活动的举办过程中，作为主办方，往往考虑更多的是商业利益，期望以最小的投入获取最大的收益。在利益驱使下，往往把活动的安全保卫工作放在第二位，甚至更次要的位置。

（2）坚持“谁审批，谁负责”的原则

“谁审批，谁负责”是把好大型会展活动的第一关，是安全防范的首要环节。公安机关往往是所有大型会展活动的审批机关。

（3）坚持“属地管理为主”的原则

会展活动，根据活动的主要地域和重要性来确定市县（区）的警察比例。而因配套活动会场还包括保安，部分贵宾入住国际大酒店，当地酒店附近的治安等安全保卫工作就由公安局牵头负责。如此能够科学地调动各方积极性和主动性。

（4）前期部署，加大警力的投入

由于举办的会展活动形式多样，参与人数剧增，给公安部门的安全保卫工作带来了很多的困难。像服装、副食品类展销会，由于往来的人员拥挤，容易引发偷窃等治安事件，所以每个摊位附近都有警察或便衣在巡视。

2. 问题分析

（1）管理过程中存在的问题分析

①思想认识上的偏差

无论是大型的文体类活动还是会展活动，一提到活动的公共安全管理工作，自然而然就会联想到公安机关。而政府也同样是存在认识上的偏差，以为公共安全管理就等同于安全保卫工作。所以，在部署大型活动的专题会议上，公共安全管理责任自然落在公安部门头上。而公共安全的含义很广，包括生产安全、公共治安、食品安全、公共卫生安全等各方面。这些工作也并非一个公安机关就能全权担当得了的。

②管理的主体过于单一

由于思想认识上的偏差，也就导致了活动的公共安全管理的主体的单一性。本市举办的大型活动，几乎都是由公安机关负责安全保卫。其实，我们应该可以采取由公安为主，其他单位或者保安、志愿者为辅的协同共管的局面。

③管理的方法过于被动

大型会展活动的安全保卫方案都是千篇一律的从治安安全到消防安全，针对性非常欠缺。

④管理的过程耗费太大

大型会展活动的安全管理主要是以出动众多的警力为主，包括调动各区、县公安局的警力。采取人海战术，人盯人，人防人，或者是干脆以简单粗暴的方法来“堵”、“封”、“截”人流量，但是这与活动举办的初衷——或活跃经济或推广城市形象或丰富人民群众的业余生活等是完全违背的。

(2) 控制机制存在的问题分析

①前馈控制较为薄弱

a. 安全教育培训体系未完备

大型会展活动因涉及的人员众多、活动分布的场景广泛。因此大型会展活动，都需要利用媒体等宣传手段对广大的民众进行事前的风险意识培训及应急情况下的应急常识教育，以防在活动中发生踩踏等突发事件。

b. 相应的法规建设滞后

在行政许可法出台后，政府行政手段的运用受到法律的极大约束。对社会事务的管理以法无明文禁止即为可行的原则。目前虽然《大型群众性活动安全管理条例》已经颁布实施，但是专门针对大型会展活动的法律文本还缺乏。

c. 防范管理力量未能充分整合

会展活动举办前，没有根据会展活动的类型将各部门召集在一起，做到充分防范于未然。

②实时控制手段原始

a. 目标监测手段落后

会展活动举办过程，通常以在会场驻地被动地巡逻、设卡，或者是在某段拥挤的地段封道限制人流量为主要手段，以确保不发生拥挤踩踏等事件。

b. 应急预案的建设自成体系，管理分散，没有建立协作统一的管理平台

c. 应急预案的建设仅考虑事中的具体处置，对事前的预防重视不够

未能坚持预防与应急相结合，常态与非常态相结合，做好应对突发公共事件的思想准备、组织准备以及物资准备等。

(3) 反馈控制未有效开展

会展活动开展到结束，都没有对整个政府管理体系进行评价，然后把评价结果反馈到危机管理体系之中，从而得到改进和提高。预案的可行性和可操作性也没有很好的评价和改进。

3. 公共安全管理机制的对策建议

大型会展活动的频繁举办，对促进城市建设和经济发展、树立良好形象起到了不可低估的积极作用，但同时，活动在公共安全管理过程中出现的安全隐患如果不及时消除，势必给本市带来负面的影响。因此，改善安全管理机制，提高安全管理能力具有十分重要的意义。

(1) 强化力量配置

改善安全管理机制是一项复杂的系统工程，不能单独依靠公安部门来全面保障。政府和群众都要从“社会大型活动的公共安全就是公安部门的职责”这样的观念中转变过来。大型会展活动往往规模大、人员众多、环境复杂，仅靠公安部门的力量只能被动应付，应该加强安全管理力量的配置。采取多元化管理，引入市场机制，让保安队伍广泛参与大型

活动安全保卫。这样既有利于解放警力，又增加就业岗位，促进社会稳定。为此，可根据活动的重要性、热点性和规模、内容等具体情况，并结合本市的实际情况，引进保安公司参与大型活动的安全保卫工作。

(2) 完善分级管理

大型会展活动涉及的种类繁多、量大面广，为使活动的安全管理工作更加条理、科学、规范，需要完善活动的分级管理。

(3) 健全控制机制

随着大型会展活动不断开展，健全危机控制机制迫在眉睫。

①加大前馈控制力度，从源头消除危机产生的各类诱因

a. 进行事前公共安全评估

举办大型会展活动的前期，要充分摸底，应该把所有可能会对公众安全造成潜在威胁和引发公共危机的事件一一列举出来，并从公共危机管理的角度加以分类，考虑其可能造成的后果，设计相应的应对预案，估计预防所用的资源，并对这些信息及时更新。并要对现有社会存在的公共安全状况进行评估并提出相应的处理对策。

b. 完备安全教育培训体系

首先要建立通过针对会展活动的组织者和活动人员的培训制度，严加落实，使其对相关法律法规及危急时刻的求生、救生常识有充分的了解；其次是要有针对广大参与群众的应急知识宣传，增强广大民众的风险意识和应急行为常识。

c. 进一步明确各部门职责

在筹备活动同时，将现在由政府实际承担的行业管理职责分阶段的逐步完成转型，在转型的过程中，要加强以公安为首的各部门的力量投入。

d. 加强应急管理的后勤保障，要科学地统筹整个管理活动需要的工具

会展常存在场所不确定性的特点，往往需要依据不同的活动内容，安排不同的场所；如果举办单位忽视安全、公安机关又监督检查不力，则容易发生活动现场设施塌陷、坠落事故，造成人员恐慌，导致挤压、伤亡事故。在活动过程中也有可能由于各种矛盾的激化，导致群体性事件的发生等。一些展会的地点搭建得非常简单，狭窄的过道是发生火灾时候的隐患处，所以需要及时地在事前做好准备，积极排除危险的同时，还得备好如医药箱、消防栓等工具，以备不时之需。

e. 建立科学的绩效评估体系并加强监督，奖优罚劣，形成明确的组织激励机制

②强化实时控制手段

公共危机发生后，政府应立即启动危机应急预案，让危机管理专职人员去应对已经发生的各类危机，这样可以做到有的放矢，把危机隔离，不让其蔓延到整个社会范围。

首先，政府的主要领导介入，以确保公共危机应对工作的权威性、强制性，有利于政府内部各职能部门、成员之间在应对公共危机时的协调运作。

其次，妥善使用新闻媒体。新闻媒体作为公共危机管理部门的主要合作对象，当公共危机出现时，决策者应该在公共危机信息调查和准确预测基础上迅速作出决策，以稳定秩序。

最后，要合理调度人员。在处理那些因食物中毒和工业技术（如危险物品等）而引起

的公共危机时，应让专业技术人员加入公共危机管理的队伍，用科学的方法应对公共危机，避免因得不到专业人员的支持而加速公共危机的蔓延或引发新的公共危机。

③重视反馈控制

每次的会展活动结束后，应对预案的内容予以详尽的评价，针对管理实际开展情况加以修改完善，并分类存档，以便下次开展类似的会展活动时有个依据，并且按照现实的活动改进和增加新的管理措施和手段，从而提高预案的可行性和可操作性。同时，将下一次类似的管理活动前期的准备工作予以落实。

④重塑应急流程

当发生突发性事件时，科学合理的应急流程能够顺利地规避危机，化险为夷。不了解在公共危机的各阶段应该采取的行动，而做出的错误举措则会加剧危机。因此，应对公共危机需要政府、社会公民共同努力，需要法律和制度保障，更需要做好应急流程的合理安排。

第二节　基于 RFID 技术的门禁管理系统

现代信息识别技术的发展是现代科技发展中最活跃的一部分，自从条码识别技术诞生以来，先后出现了磁条读写技术、接触式 IC 卡读写技术、光电卡读写技术、非接触式 IC 卡读写技术，每一种新技术的诞生都曾经给人民生活带来极大的便利。随着信息时代的到来，计算机在各行业都得到越来越多的应用，作为法院也同样面临着信息时代的巨大挑战。法院信息管理的计算机化、网络化和数据库化将是建设现代化法院必不可少的基本条件。

目前，一些企业、学校、政府机关、金融系统、军事系统等，为了学习、工作的安全与有效，不希望什么人都可以进出，只允许某些有权限的人方可进出，而且在一些场合，需要规定什么时间段可以进出。传统的方法是工作人员对出入人员进行登记放行，上下班采用纸张签到，这种方法费事、费力又存在很多漏洞，不利于管理。

随着技术的进步，门禁考勤系统逐渐由原来钥匙开门、手工登记，到 IC 卡的门禁考勤管理，最后到现在的非接触式 IC 卡门禁考勤系统。非接触式门禁考勤系统采用个人识别卡方式工作，给每个有权进入的人发一张个人识别卡，相当于一把钥匙。系统根据该卡的卡号和当前时间等信息，判断该卡持有人是否可以进出，同时还可以记录每个职工是否按时上下班。门禁考勤系统的另一个优点是可以随时增加和删除某一张卡，不必担心因卡丢失后造成损失。

开发的门禁系统是一种利用自动识别技术的新型现代化人员及保安管理系统，它采用市场上先进的 RFID 技术和定型的产品，并向相关行业标准和暂行规定、工程标准、国家标准、国际标准靠拢。同时为了保证系统的安全和稳定可靠，在系统设计和网络设计方面优先考虑系统的安全可靠性能，并且坚持操作简便、人机界面友好的原则，做到对应用系统的操作尽可能简单。

一、系统结构

门禁考勤系统由控制器、读卡器、电控锁、门磁、开门开关、识别卡、通信管理器管理主机和管理软件等组成。其中，控制器、读卡器、电控锁、门磁、开门开关、识别卡构成基本的门禁考勤控制单元设备。控制器是门禁考勤系统的核心，由一台微处理机相应的外围电路组成。如果将读卡器比作系统的眼睛，将电控锁比作系统的手，那么控制器就是系统的大脑，由它来决定某一张卡是否为本系统已经注册的有效卡，该卡是否符合所限定的时间段和开门权限，从而控制电控锁是否打开。

门禁控制器是整个系统的核心控制部分，对门锁的一切操作均由它来控制完成；并且，主机发送的控制命令，以及门锁的状态和记录信息都经由控制器来传送。因此，门禁考勤系统的智能化程度也就主要取决于这部分的设计。读卡器是系统的前端设备，用来读取卡片的数据，并将数据传输给控制器。门磁感应器则可以反映门的实时状态，实现数据记录等。通过门磁信号，控制器可以判断是否是合法开门。如果是非法开门，同时给予相应的报警信号。

电控锁是门禁考勤系统的执行机构，用来完成开、关门的工作，电锁品种有电插锁、电磁锁、阴极锁、阳极锁、电控锁等，根据实际需要进行选配。识别卡相当于持有人的证件、开门钥匙。磁力线圈产生感应电流向读卡器发射卡内信息，完成读卡工作。

门禁考勤软件主要负责门禁考勤系统的监控、管理、查询等工作。管理人员可通过门禁考勤软件对通道门的状态、门禁考勤系统控制器的工作情况进行监控管理，并可调整扩展完成巡更、考勤、人员定位等功能。员工只需将卡的读卡区对准门禁机上阅读器的红外线射线，门就会自动打开。控制器是门禁系统的核心，由一台微处理机和相应的外围电路组成。

1. 系统设计构造

系统采用客户端服务器（Client/Server）结构，服务器（Server）采用 SQLServer2000，客户端（Client）采用 Windows 平台，系统开发工具使用 Delphi6.0。

2. 数据库的结构概述

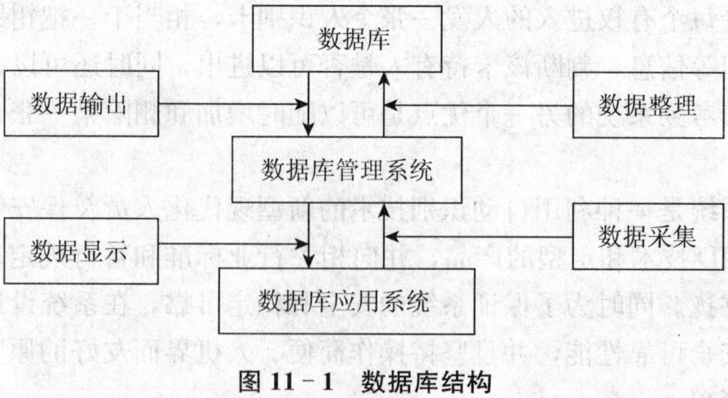

图 11－1　数据库结构

数据库的结构如图 11－1 所示，系统开发的数据库为关系型数据库，包括人员资料表、部门表、卡信息、操作员信息、时段限制信息、星期组信息、进出时间表、门禁机参数、感应卡种类设置、远程开门记录、考勤表、设备表、节假日设置等20多个表。在数据库中建有存储过程，供前台调用。

3. 门禁卡的种类

在系统中，根据管理权限的不同，可以将门禁卡分为三类：星期时段限制卡、工作日组时限卡、特权卡，每一种卡都可以设置使用期限，并可以分组进行管理（系统提供16组以满足用户需要），如普通组、特殊组、星期时限组等。

（1）星期时段限制卡：根据不同的需要，每周的每一天可以进行6个进出时段设置，针对这种设置又提供了16组进行管理。这样，星期时段可以有112种不同的设置，即用户的星期时段限制可以有112种设置，方便了用户对进出人员的管理。

（2）工作组时限卡：该设置提供工作日设置和非工作日设置，而工作日设置又有4个工作日可以选择，每种设置均有4个时段限制的设置，从而有效地实现了对人员的工作日和非工作日同进出的控制。

（3）特权卡：特权卡不受上述设置的限制，通行级别无限制，用户通过对门禁机参数进行设置，从而实现对卡的节假日、休息日、密码等的进出管理。

4. 系统管理功能

门禁卡门禁系统可达到以下目的：

（1）人员可以刷卡进入大门，实现门禁；

（2）灵活设定某张卡在哪些时间段能进出哪些门，可设置卡的使用次数和时间；

（3）对某张卡、某个人、某个进出口、某个时间段、某种报警，可进行动作、状态、操作、权限等的统计查询，并可打印；

（4）节假日管理；

（5）可附加某门进出人的个人资料，形成档案管理；

（6）实现考勤管理；

（7）可与视频监视、大屏幕显示系统联动。

二、系统工作流程

1. 系统的门禁机工作流程

如图11－2所示，当人员进入大门时，将门禁卡在装于门禁旁阅读器的有效距离内（一般为10cm）晃一下，如果是合法卡，则门禁机屏幕上显示“PASS”，并发出清脆的“滴”声，即可开门进入。如果卡已设密码，则必须在阅读器键盘上输入密码后方可进入，同时门禁机记录开门时间。若卡无效（非法卡或已过卡的有效期），则阅读器上会显示“ERROR”，并发出报警声。

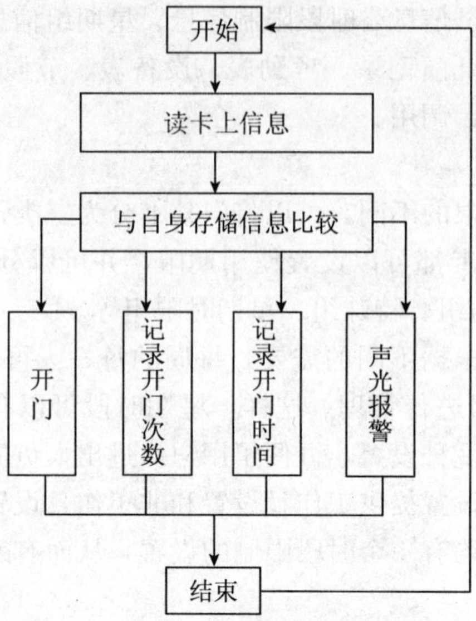

图 11-2　门禁机工作流程

2. 系统软件工作流程

系统软件界面友好，容易使用。计算机初始化端口后，进行数据采集，将刷卡信息实时显示在 CRT 上，并查询数据库中的人员资料相关信息，将进入人员的姓名、性别、照片等显示出来，供用户使用。同时数据库将出入信息进行处理放入数据库进行保存，便于用户掌握员工出勤情况。系统自动完成数据库更新、数据显示等一系列工作。而有关信息如开户信息、换卡、过期用户刷卡、每日出入情况等的统计查询也操作简单，具有按员工姓名查询、按员工号查询、按日期查询、按卡号查询、综合查询、模糊查询等多种查询方式。系统其他功能如员工卡制作、报表打印、员工卡修改、门禁参数修改以及数据库备份及恢复等都可方便地实现，操作员只需几分钟即可掌握全部操作。系统软件工作流程如图 11-3 所示。

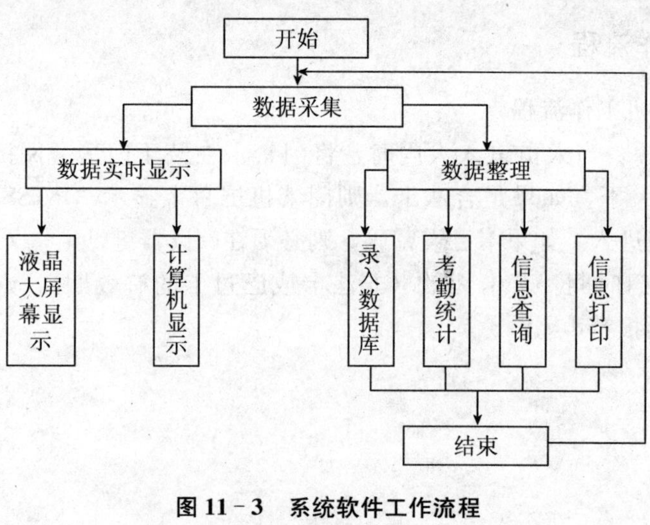

图 11-3　系统软件工作流程

三、系统功能

门禁系统主要对用户信息、进出人员信息、门禁信息进行管理，对系统进行维护及打印相应的报表。用户信息管理主要包括添加用户、修改用户信息、删除用户以及查询用户信息等，每个用户都有详细的资料登记，如姓名、性别、部门、照片等，并根据权限不同发行不同种类的门禁卡。当需要查询时，只要输入用户的任何一项标志，如姓名、部门、卡号、用户 ID 等都可以得到用户的详细信息。进出人员管理是门禁系统的核心，无论是刷卡开门、手动开门还是计算机远程开门，都可以实时地显示在监控计算机的 CRT 上，并存入数据库，可以随时查询何人、何时曾进入大门，如果需要则可以打印详细结果。门禁信息管理设置了三个控制字，实现了门禁机的不同功能。例如，当设置了刷卡加密码有效时，用户只有刷卡有效，而且在门禁机键盘上输入正确密码，门禁机才会发出开门动作。又如，当设置了常闭门有效时，即使合法刷卡，门禁机在常闭门时段也不会动作等。另外，通过对门禁机进行设置，还可以实现它的扩展功能，如当接入摄像机探头时可以实现红外监控等。管理员授权可以实现更改、查询、设置等全部功能，并可以授权不同的操作员，实现不同的功能，从而有效实现门禁系统管理。

成熟的门禁系统能够实现以下几项基本功能：

（1）对通道进出权限的管理

通道的权限，就是对每个通道设置哪些人可以进出，哪些人不能进出；进出通道的方式，就是对可以进出该通道的人进行进出方式的授权，进出方式通常有密码、读卡（或生物识别）、读卡（或生物识别）加密码 3 种方式；进出通道的时段，就是设置通过该通道的人在什么时间范围内可以进出。

（2）实时监控功能

系统管理人员可以通过微机实时查看每个门区人员的进出情况（同时有照片显示）、每个门区的状态（包括门的开关、各种非正常状态报警等）；也可以在紧急状态打开或关闭所有的门区。

（3）出入记录查询功能

系统可储存所有的进出记录、状态记录，可按不同的查询条件查询，配备相应考勤软件可实现考勤、门禁一卡通。

（4）异常报警功能

在异常情况下可以实现微机报警或报警器报警，如：非法侵入、门超时未关等异常报警。

根据系统不同门禁系统可以实现以下特殊功能：

（1）反潜回功能

就是持卡人必须依照预先设定好的路线进出，否则下一通道刷卡无效。本功能是防止持卡人尾随别人进入。

（2）防尾随功能

就是持卡人必须关上刚进入的门才能打开下一个门。本功能与反潜回实现的功能一样，只是方式不同。

(3) 消防报警监控联动功能

在出现火警时门禁系统可以自动打开所有电子锁，让里面的人随时逃生。监控联动通常是指监控系统自动将有人刷卡（有效/无效）时的情况录制下来，同时也将门禁系统出现警报时的情况录制下来。

(4) 网络设置管理监控功能

大多数门禁系统只能用一台微机管理，而技术先进的系统则可以在网络上任何一个授权的位置对整个系统进行设置监控查询管理，也可以通过 Internet 进行异地设置管理监控查询。

(5) 逻辑开门功能

简单地说，就是同一个门需要几个人同时刷卡（或其他方式）才能打开电控门锁。

根据企业的日常门禁管理要求，RFID 系统必须实现以下功能：

(1) 对进入企业的车辆信息进行自动采集，录入数据库。由于某段时间可能进出企业车辆很多，为避免无谓的等待时间，提高效率，系统应实现不停车信息采集，并根据车辆具有的权限让其进入或阻止其进入。整个过程要进行现场监控，尽量减少人为因素介入。

(2) 对进出企业车辆分类，如固定用户和临时用户。固定用户，如企业职工车辆、企业固定用车以及需要经常进出企业运送产品和原料的货车等；临时用户与企业没有长期关系，他们只是在有某种特殊需求时才需要进入企业，如需要临时来企业运送产品，这些车辆是经常变化的。对这两种用户，系统应予以区别对待。

(3) 进入企业的车辆有不同的目的，对每个用户信息要尽量的完整，以方便查询。车辆进入后，管理人员在需要时，能实现便携式的移动信息查询功能，这为企业的安全防范又增加了一道防卫。

(4) 系统应具有完备的门禁信息管理功能，良好的人机界面，操作简单、方便、实用。工作人员能随时对进出情况进行组合查询，并生成不同的打印报表。各种不同类型的用户进出情况要在相应监控计算机界面上清晰地反映出来，对信息管理设定不同的权限，只允许有相应权限的操作人员进行相应操作。

(5) 对企业多个进出口进行统一监控和信息管理，各口采集信息均通过局域网传入主控制室的主控计算机数据库存储。每个进出口监控计算机反映相应进出口信息，主控计算机可监控所有进出口的信息。

四、系统目标

根据企业实际要求，KFID 门禁系统主要考虑实现以下几项目标：

(1) 操作简单，界面标志明显易读

操作人员能在短时间内掌握系统硬件和软件的操作方法。在软件使用上，尽可能减少键盘输入的步骤，特别是经常操作的功能模块，多采用信息选择输入的方式，简化操作。

(2) 系统安全可靠

安全性是衡量系统性能的一项重要指标，不具备较高安全可靠性的系统不仅不能取得满意的运行效果，有时还会给企业带来损失。对企业来说，门禁信息非常重要，它记录了进出企业的车辆信息，为企业提供安全防范功能，也为出现意外时追回损失提供了依据。

门禁信息不能随意修改和删除，因此系统对不同的操作人员设立不同操作权限，操作人员进入系统时需要进行身份验证，对重要功能的操作要有日志记录。在企业内部，系统还允许操作员随时随地检查车辆信息，一旦发现非法车辆立即处理，此功能也可作为意外时的应急措施。此外，系统数据库还要具备数据备份和复制功能，以保证数据安全。

(3) 易于扩展和优化

随着企业经济的发展，规模日益增大，在系统功能上企业可能提出新的需求。

五、主控界面

系统除了登记注册卡和删除注册卡、设置注册卡的准进时段、对进出按照需要进行特殊的设置外，最重要的是实现对进出的管理。这项功能是用户最关心的。对用户而言，实现对进出的管理就是实现管理读卡信息并控制门的开关。

当有人读卡后，控制器读入阅读器上输入的信号，并根据卡号、当前时间和登记信息进行判断，以确定该卡是否有效，进而控制开锁，同时也将卡号和时间记录下来。门禁管理系统通过RS－485联网，将系统设置成实时监测状态，这时每读一次卡，控制器记录的卡号、是否注册以及有效、无效等信息会立即显示在计算机上，即可在门禁管理系统主界面上显示出来。门禁管理系统要处理的记录包括开门记录：刷卡开门记录、用户ID号＋用户密码开门记录、手动按键开门放行记录、RS－485远程命令开门记录；监控记录：控制器工作参数被修改记录、红外监控开启与关闭的起始记录、授权用户刷卡不进入或进入不按时关门记录、无效卡刷卡（非授权卡尝试刷卡进入）、无效权限（用户有效期已过或无权限准进时间）尝试进入记录；报警记录：红外感应器报警（非法闯入）记录、门非正常打开（非法闯入）记录。这些记录在采集过程中可以按照要求和相应的格式写入数据库，以备日后查询或形成报表。

六、系统设计方案

以企业大门车辆进出管理为例，对整个系统的实现目标及功能进行仔细研究分析后，在系统设计中采用了以下的设计：

第一，对不同用户分类，固定用户和临时用户。每个固定用户分配一张射频标签卡，可以固定安装在车辆上，用于用户进出企业。标签卡不仅是用户的唯一标识，也是用户信息的电子载体。临时用户进入企业前先停车在进口监控室申请标签卡并登记，凭此卡进入企业，离开时在出口处归还临时卡。

第二，在企业每个进出口处安装固定射频识别设备，车辆进入或离开时识别标签卡并采集其上的用户信息。此信息传输到进出口监控室的监控计算机，显示给操作员的同时，通过局域网将该记录自动录入主控计算机数据库。此处对数据库的访问采用客户—服务器模式。射频识别设备根据此标签卡状态，控制栏杆机动作，表现为对该车辆放行或阻止。主控制室的主控计算机可以通过局域网监控到各个进出口的车辆进出情况。

第三，采用由PDA和手持射频识别设备组成移动信息管理方式，在固定射频识别设备涉及不到的范围内对已经进入企业的车辆进行检查，发现非法车辆可立即处理。该信息可同步给上位机做记录保存，以备以后查询。

第四，监控室操作人员可根据其权限通过监控计算机对用户信息进行输入、修改等操作，对于车辆进出记录，不允许操作员修改或删除。主控制室的管理人员除可以进行以上操作外，还可对各个进出口的车辆进出记录查询、导出和打印，以及对操作人员进行管理等。

根据以上分析，可以看出，整个系统集射频识别技术、计算机通信与管理技术、数据库技术、网络技术等多种信息技术于一体，主要的硬件构成设备有射频识别设备、监控计算机、主控计算机、PDA、栏杆机、地感线圈和打印机等，其中核心为射频识别设备。

上海海事大学 RFID 课题组根据自己对 RFID 技术的掌握和对车辆管理业务过程的充分认识，将 RFID 技术应用于车辆智能管理流程中，从而解决了停车刷卡的传统车辆放行方式，大大提高了车辆放行效率，保证了停车场出入口通行顺畅。通过正确设计、安装，可以在多车道上同时完成车辆不停车通行而互不干扰。

在上述解决方案中，主要有以下关键技术：车载电子标签（远距离卡）、远距离读写器、车道控制器等关键设备。只要把远距离标签与汽车紧密结合，智能车场管理系统就能在较大范围内有效、准确地对进出停车场的车辆信息进行采集、记录并按需上传、处理。

七、门禁系统硬件设计

系统的电子标签采用 TEMIC 半导体公司的用于射频识别、具有可读/写功能的 IDI (识别集成电路)，阅读器由专用芯片和微控制器芯片组成。电控锁选用宏泰公司的电控/机械两用电控锁。系统工作时，阅读器发出 RF 信号，产生电子标签所需的电源，电子标签产生应答信号。当电子标签中的数据如用户密码、使用权限（时间、次数）等与阅读器中存储的数据相符时，门禁系统开启。系统工作时，电子标签与阅读器的通信有两个信号通道：一个是能量传输通道，另一个是信号传输通道。能量传输通道是单向的，由阅读器产生给电子标签供电的电磁场；信号传输通道是双向的，由阅读器向电子标签传输的信息为“写”，反方向为“读”。

1. 嵌入式微控制器 MCU

硬件选型的好坏将直接影响着产品设计进度，同时也决定了产品的性能，还可能会影响到产品成型后的生产。因此，针对一定的用途，选择合适的主控芯片是十分重要的。选择功能过少的单片机，无法完成系统功能；选择功能过强的单片机，则会造成资源浪费。选择的原则一般主要有以下几点：

（1）单片机对应用系统的适用性。例如：是否有足够的 I/O 引脚、是否含有所需的外围部件、极限性能是否满足要求等。

（2）单片机的可购买性。

（3）单片机的可开发性。例如：程序下载工具、调试工具、开发工具等。

（4）技术支持。

（5）语言体系与熟悉程度。

由于 08 系列 MCU 指令系统相同，可以根据实际需要选用不同型号的 MCU 担任读写模块的主控 MCU，实现其硬件的通用性。可以在编写程序时，将与硬件相关的内容集成在一个头文件中，做到源程序仅与头文件相关。当在应用中，需要改换 MCU 时，读写模块的软件只需更改头文件部分就可以移植到新的 MCU 中，具有较强的可移植性。作者采用该系列中资源比较丰富的 MC68HC908GB60MCU 作为互联系统的主控芯片。

2. 射频读写芯片

不同类型的非接触 IC 卡，由于采用的通信协议不同，相应的射频读写芯片也不同。目前在中国的市场上，非接触式 IC 卡主要的厂商有：中国的华虹、复旦微电子以及荷兰 PhiliPs、瑞士 LEGCI、法国意法半导体（ST）、日本索尼等，其中基于 PhiliPs 公司 Mifre 芯片的产品在市场上占有绝对的优势。鉴于国内市场上遵循 150/EIC1443A 协议的 Mifirie 芯片卡应用广泛，我们采用 Phinlis 公司生产的射频读写芯片 MFRC500 作为射频处理基站芯片。MFRC500 作为 13.56MHz 非接触式通信中高集成读写芯片的一员，支持 SI 以 EC14443A 所有的层。

3. 系统设计注意的问题

在设计系统时应注意以下几个问题：

（1）频率匹配

在 RFID 系统中有两个 LC 电路，即阅读器线圈和连接电容组成的 LC 电路以及电子标签线圈和连接电容组成的 LC 电路。在单线圈系统中，要求两个 LC 电路调谐在相同的谐振频率上。如果阅读器和电子标签的谐振频率不匹配，零调制就会产生，从而降低系统的性能，因为在系统设计成型后，天线的电感是固定的，增加和减少 LC 电路中的电容可以调整电路的谐振频率。

（2）优化耦合因子

耦合因子为阅读器的电磁场产生线圈和电子标签线圈之间的耦合，耦合因子取决于系统的结构参数，如线圈直径、距离和线圈方向。优化耦合因子对能最传输通道和信号传输通道有利。

阅读器天线是由一个电感、一个电容和一个电阻组成的串联谐振电路，其特性用谐振频率 F0 和 Q 因子表示，F0 是 RFID 系统的工作频率；Q 因子（OR）与天线的带宽 B 和谐振频率存在如下关系：较高的 Q 值会得到较高的阅读器天线电压，因而可增加电子标签的能量传输。较高 Q 值的缺点是减小了天线带宽，较小的天线带宽可能会减小感应电子标签的数据信号电压。耦合因子直接影响阅读器与电子标签的读写距离。为确定耦合因子，可利用 TEMIIC 公司提供的试验应答线圈及电路进行测试。

（3）电子标签的设置

利用 TEMIC 公司提供的 IDIC 演示板和 IDIC 演示软件（IDS）能够完成 IDIC 的设置，演示板和演示软件需要 PC 支持。IDS 适用于 TEMIC 公司所有类型的电子标签，电子标签的性能以及功能均可通过一个程序进行控制。确定电子标签型号后，软件可自动地选出被那种电子标签支持的性能。用演示板可以读电子标签、写数据到电子标签中、设置电子标签的不同工作模式。设计者可根据 PC 显示器下的提示完成所需的操作。例如，选择“Settings Setup”命令即可弹出 e5550 设置对话框，该框允许设置比特率、特征位、用户首标、调制编码和时钟频率等参数。应该注意的是，设置 O 区的锁定位可将调制类型、比特率等锁定，不可再改变。

选择“Write Transpondel Programmemory”命令，则弹出 e5550 设置对话框，e5550 所有存储器均可被编程，输入数据用十六进制。应该注意的是，编程时需要高的场强，电子标签应尽量靠近阅读器线圈。为保护数据不被改写，可利用锁定特性，应注意，锁定特性是不可逆的。

e5550 的口令功能能保护存储的数据，避免未经许可或意外的编程。选择“Setting Setup-password”命令，将电子标签放置在阅读器线圈附近，并选择“Configure”命令，电子标签就被设置在口令模式下。选择“write Transponder Password mode-Password enable”命令，即可激活口令模式，输入电子标签的有效口令。应该注意的是，在系统设计期间，要小心使用这一功能。

第三节　门票管理与支付系统

门禁是一种以 CPU 处理器为核心的控制器、信息采集器和电控锁等组成的控制网络系统，通过系统的信息读取、处理，实现对各种门锁开关的自动控制。按信息读取的方式可分为：插卡式、感应式、图像识别式、眼睛虹膜识别式等。门禁考勤系统属于楼宇自动化系统部分，能有效地提高管理的层次和效果，具有对门户出入控制、考勤、安保防盗、报警等多种功能，既方便了内部人员的自由出入，又杜绝了外来人员随意进出。它将结束钥匙时代，成为现代社会进出管理的新潮流。由于法院工作性质的特殊性，在一些法院内部的公用空间，如法庭、接待室等，既有法官又有律师和当事人，律师和当事人与法官私下会面或者当事人缠讼的现象时有发生，为了科学的管理法院的出入权限，及时、准确地监控法院公用空间的情况，保证法院正常的审判秩序，防止各种人为失误，建立一套现代化的、符合法院实际的门禁考勤系统是必不可少的。

开发门禁考勤系统不只是作为进出和考勤管理，而且还有助于内部的有序化管理。法官从专用通道进入，使用双向读卡门，进出均须刷卡，而当事人和律师凭借临时卡从单向读卡门进入，他们无法通过法官通道进入法院办公区。院领导动态掌握每一个持卡人的情况，极大地提高了法院的管理水平，真正实现公开、公平、公正。

下面对大型活动 RFID 门票系统、金融 RFID 票证系统、RFID 火车票系统作介绍。

一、大型活动 RFID 门票系统

大型活动 RFID 门票是一种将 RFID 芯片嵌入纸质门票等介质中，用于快捷检票/验票，并能实现对持票人进行实时定位跟踪和查询管理的新型门票。其核心是利用 RFID 技术，将具有一定存储容量的芯片和特制的天线连接在一起构成电子标签，然后将电子标签封装在特定的票卡中，即构成 RFID 门票。

RFID 门票系统主要由 RFID 门票、读写器（Read/Write Device）、现场控制器、集中控制器和数据交换/管理中心（配软件）等组成，门票系统示意如图 11－4 所示。

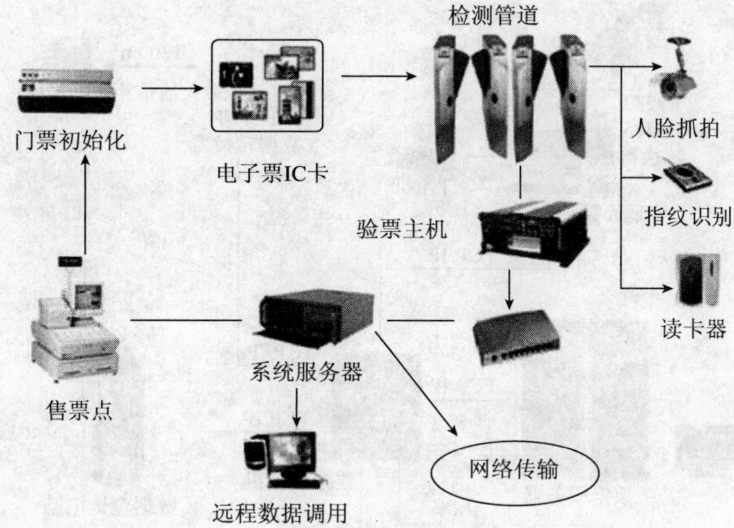

图 11－4　门票系统示意

读写器发出射频信号给 RFID 门票提供工作能量，在一定的识读范围内，凭此能量 RFID 门票就可以将其 ID 号发给读写器；读写器读取 RFID 门票内的数据，通过传输通道（线缆、光缆等）传送给现场控制器，现场控制器负责解密、识别、判断 RFID 门票内的数据的有效性和安全性，并将 RFID 门票的信息传递到数据管理中心；数据管理中心通过自动数据汇总、分析、判断，就可立即知晓门票所处的具体位置，从而达到对持票人的识别、定位和跟踪。

RFID 门票系统功能如图 11－5 所示，RFID 门票作为数据载体，能起到标识识别、信息采集、人员跟踪的作用。RFID 门票与读写器、现场控制器和应用软件等构成的 RFID 系统直接与相应的管理信息系统相连。每一位人员（包括观众、嫌疑犯、工作人员等）都可以被准确地跟踪。

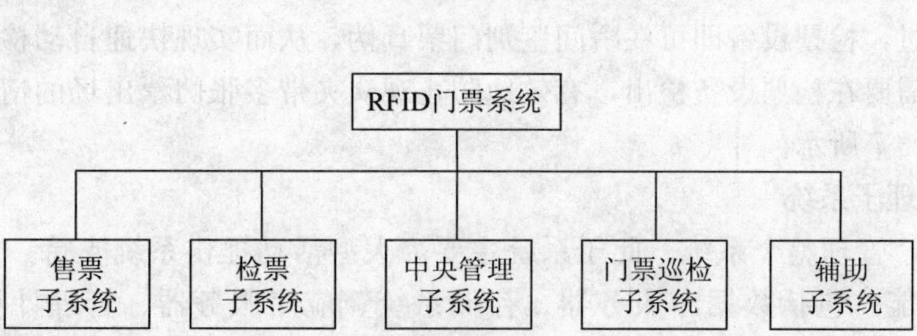

图 11－5　RFID 门票系统功能

下面分别对各子系统进行叙述：

1. 售票子系统

售票子系统主要是完成门票销售、退票、修改门票信息等操作，包括售票计算机、RFID 读写器、照片打印机、扫描仪、摄像机等设备。售票子系统示意如图 11－6 所示。

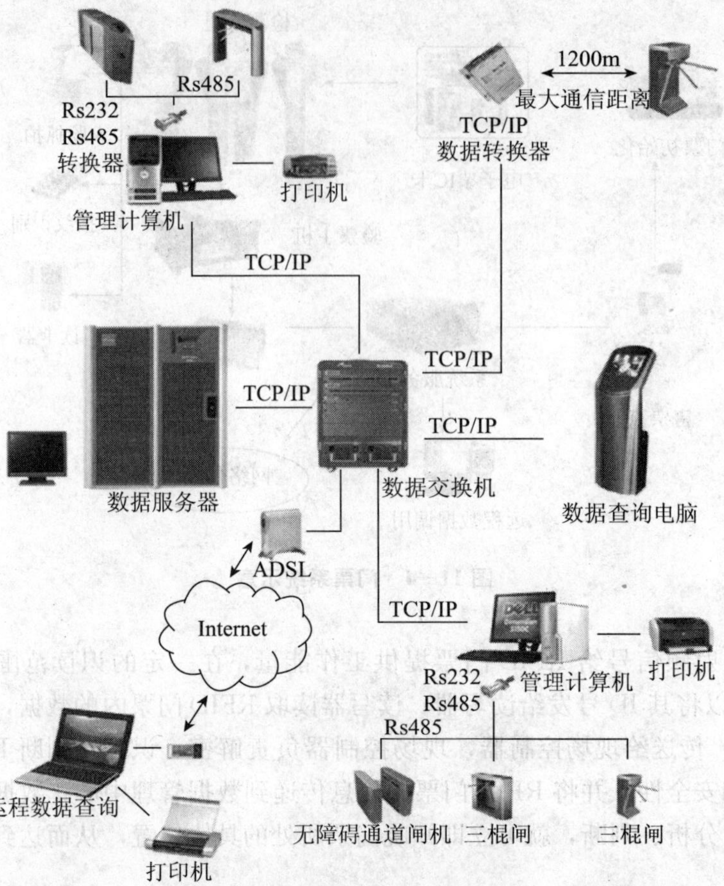

图 11-6　售票子系统

2. 检票子系统

验证门票合法性，指纹识别，人脸拍照识别。持有 RFID 门票的人员入场时，只需在检票设备前通过，检票设备即可在瞬间鉴别门票真伪，从而实现快速自动检票。观众临时出场时，同样需要在检票设备检出，有效地防止观众夹带多张门票出场的情况。检票子系统流程如图 11-7 所示。

3. 中央管理子系统

统计报表，管理整个系统。此子系统主要为大型活动提供系统支持、系统管理、数据库存储等功能。包括数据库服务器、存储系统、应用服务器、管理计算机及网络等设备。

4. 门票巡检子系统

此子系统用于对人员进入场地后的查票，由巡检人员完成。当巡检人员发现可疑人员时，使用手持验票机稽查。手持验票机具有 RFID 读取功能，如发现门票有问题（有些场合是使用者身份不符），则要求票证使用者配合，进行进一步检查和验证，使假票无处藏身。手持验票机如图 11-8 所示。

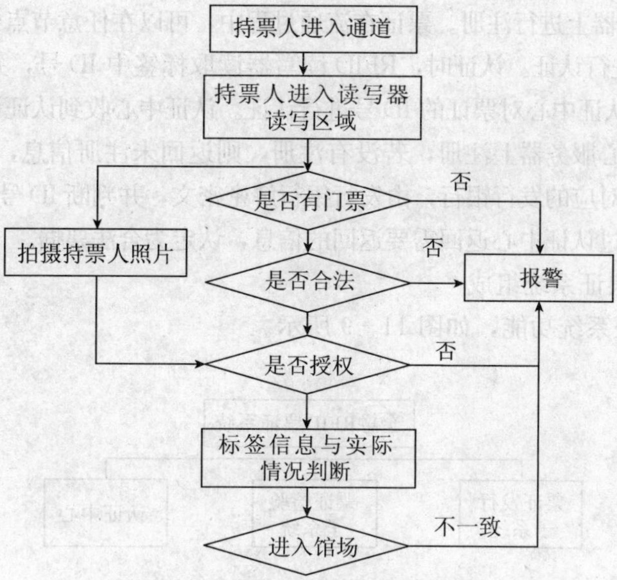

图 11－7　检票子系统流程

图 11－8　手持验票机

5. 辅助子系统

辅助子系统主要功能是对系统应用过程中的工作电压进行监测，同时还具有对系统安全进行管理的功能。

二、金融 RFID 票证系统

金融 RFID 票证是金融活动的重要凭证，金融 RFID 票证主要包含汇票、本票、支票；委托收款凭证、汇款凭证、银行存单等其他银行结算凭证；信用证或者附随的单据、文件；信用卡等。金融 RFID 票证是一种将 RFID 芯片嵌入以上金融票证中，实现票务防伪目的的票证。

1. 金融 RFID 票证系统概述

金融 RFID 票证系统中，票证由各节点银行发行。发行时，从 RFID 票证中读出唯一 ID 号，并将此 ID 号和金融信息经过加密算法一起加密成密文写入 RFID 标签中，同时将此标签的

ID号在认证中心服务器上进行注册。票证在流通过程中，可以在任意节点银行或者节点公司的RFID读写器终端上进行认证。认证时，RFID读写器读取标签中ID号，并通过无线通信网络或Internet实时访问认证中心对票证的ID号进行认证。认证中心收到认证请求后，首先判断ID号是否已经在认证中心服务器上注册，若没有注册，则返回未注册信息，即表明为非法票证；若已经注册，则找到对应的发行银行，由发行银行解密密文，并判断ID号及金融信息与系统中对应的是否一致，经过认证中心返回需要返回的信息，认定为合法票据。

2. 金融RFID票证系统组成

金融RFID票证系统功能，如图11－9所示。

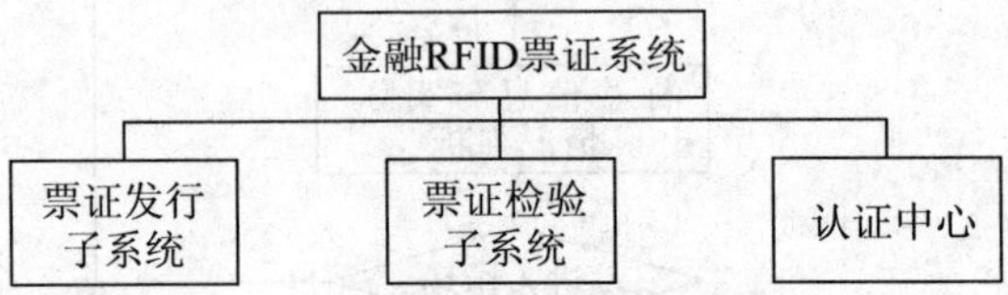

图11－9　金融RFID票证系统功能

下面分别对各子系统进行叙述：

(1) 票证发行子系统

将票证内电子标签内的ID号与办理票证方的金融信息通过加密算法加密成密文写入电子标签，并将此信息在认证中心注册。

(2) 票证检验子系统

当持票人使用电子票证时，只需用RFID读写器扫描即可在瞬间鉴别票证真伪。票证检验子系统流程如图11－10所示。

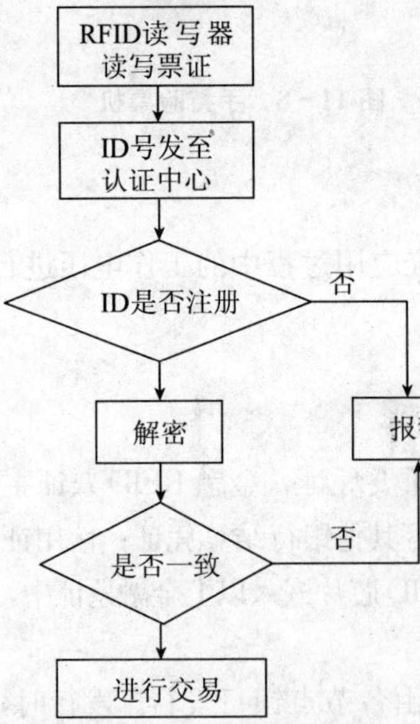

图11－10　票证检验子系统流程

(3) 认证中心

统计数据，管理整个金融 RFID 票证系统。接受各节点新 ID 号的注册信息并储存；当有人使用金融票证时，接收各节点发送过来的 ID 号，通过数据库检测 ID 号是否注册，若注册，通知发行此票证节点银行进行解密，将发行节点的信息返回交易节点。

三、大型活动电子门票系统

这里所说的大型活动电子门票是一种将 RFID 芯片嵌入纸质门票等介质中，用于快捷检票/验票并能实现对持票人进行实时精准定位跟踪和查询管理的新型门票。其核心是利用 RFID 技术，将具有一定存储容量的芯片和特制的天线连接在一起构成电子标签，然后将电子标签封装在特定的票卡中，即构成了先进的 RFID 电子门票（以下简称电子门票）。

1. 电子门票与传统门票的区别

传统门票根据其使用的介质来分，主要有普通纸票、条码纸票、磁卡和 IC 卡门票等几种形式。与传统门票相比，电子门票具有以下优势：

(1) 存储容量大。可根据需求存储持票者的多种信息。

(2) 三维的读写方式。读写距离远，读写时不受光线、温度、湿度和声音等因素的影响。

(3) 验证方便、快速，便于人员通过检票口。允许同时读取多张电子门票，这对于十分拥挤的公共场合是非常重要的。

(4) 有数据锁定功能。有唯一的 ID 号，更安全可靠，避免持假票者混入活动场馆内；同时可以鉴别门票使用次数，以防止门票被偷递出来再次使用，做到“次数防伪”。

(5) 方便。即使是放在手提包或钱包中的电子门票也可识读。管理人员可用手持验票机随时随地对发生争议的门票进行现场验证，可轻松实现二次检票，方便实时系统管理。

(6) 防冲撞技术。与条码相比，无须对准扫描，读写速度快，可多目标识别和运动中识别。

(7) 使用寿命长，可在恶劣环境下使用。

2. 电子门票系统工作原理及组成

电子门票系统工作原理：读写器发出的射频脉冲给电子门票提供工作能量，凭此能量电子门票解调出 EEPROM 中存储的数据并送到控制逻辑。控制逻辑接受指令完成存储、发送数据或其他操作。读写器读取电子门票内的数据，通过传输通道（线缆、光缆等）传送给现场控制器，现场控制器负责解密、识别、判断电子门票内的数据的有效性和安全性并将电子门票的信息传递到数据管理中心。数据管理中心通过自动数据汇总、分析和判断，就可立即知晓票卡所处的具体位置，从而达到对持票人的定位和跟踪。

电子门票系统主要由电子门票、读写器、现场控制器、集中控制器和数据交换/管理中心（配软件）等组成。电子门票系统如图 11 - 11 所示。

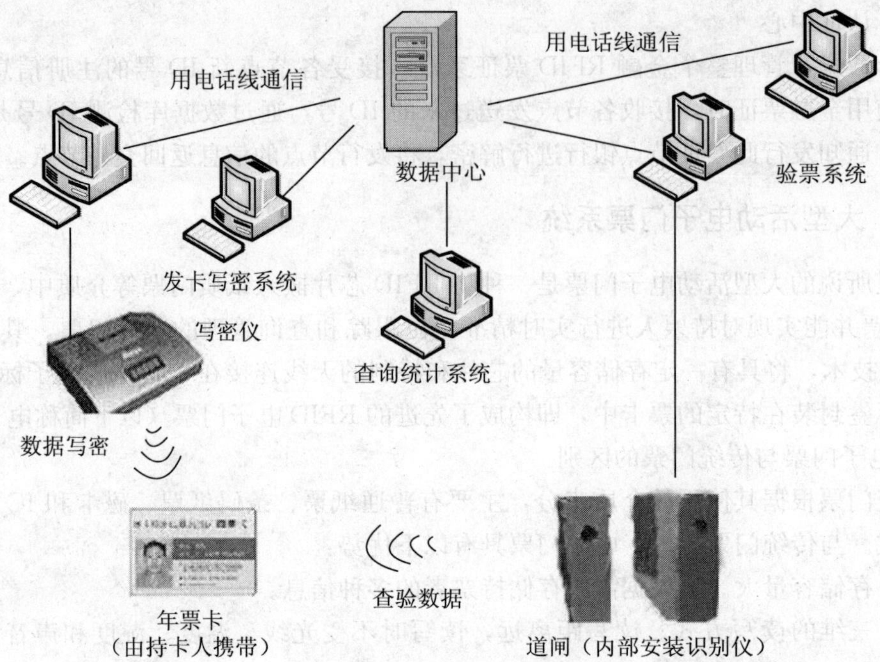

图 11－11　电子门票系统

电子门票系统功能如图 11－12 所示：

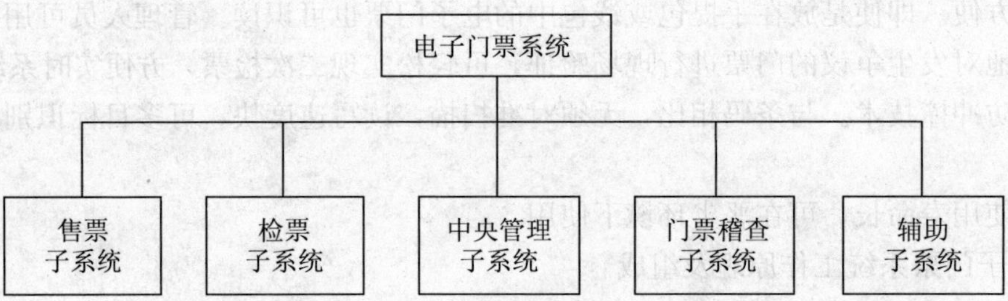

图 11－12　电子门票系统功能

下面分别对各子系统进行叙述：

（1）售票子系统

售票子系统：售票子系统主要完成门票销售、退票、修改门票信息等操作，包括售票计算机、RFID 读写器、照片打印机、扫描仪和摄像机等设备。售票子系统如图11－13 所示。

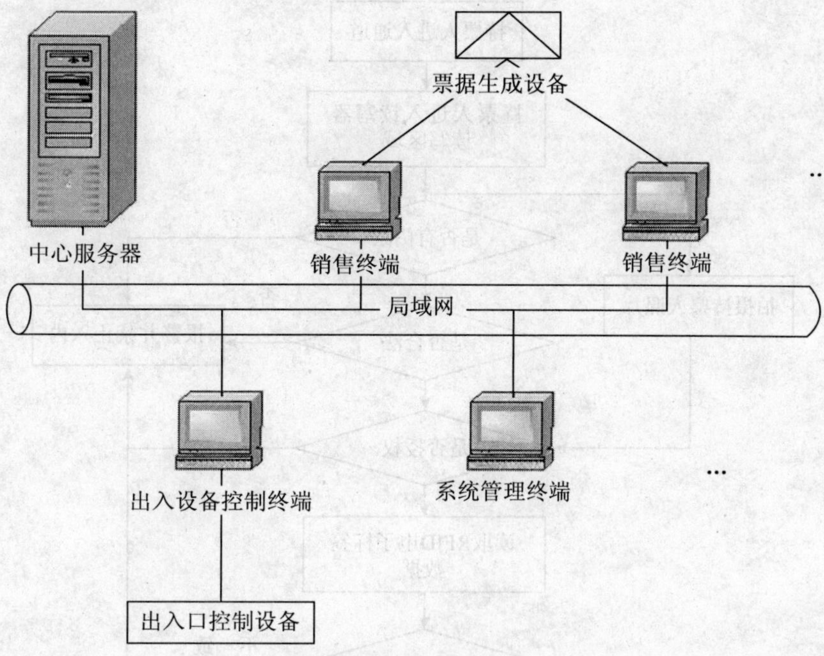

图 11－13　售票子系统

售票流程如下：

①查验购票人的相关证件（根据情况，此步骤为可选项）。

②输入购票人的个人信息（根据情况，此步骤为可选项）。

③采集购票人的照片。可以通过摄像机拍摄、扫描仪扫描或者购票人提供电子版照片等方式（根据情况，此步骤为可选项）。

④读取一张门票，将门票上的唯一序列号与购票人个人信息对应并存储，然后打印门票。

⑤门票制成，交给购票人。

以上是针对购票者是使用者的情况，如果是一个人为多人代买门票的话，就要查验这些人的证件，记录每个人的个人信息，并与门票一一对应。

（2）检票子系统

该子系统用于验证门票合法性，常用指纹识别和人脸拍照识别。持有 RFID 门票的人员入场时，只需在检票设备前通过，检票设备即可在瞬间鉴别门票真伪，从而实现快速自动检票。观众临时出场时，同样需要经检票设备检出，有效地防止观众夹带多张门票出场的情况。检票子系统流程如图 11－14 所示。

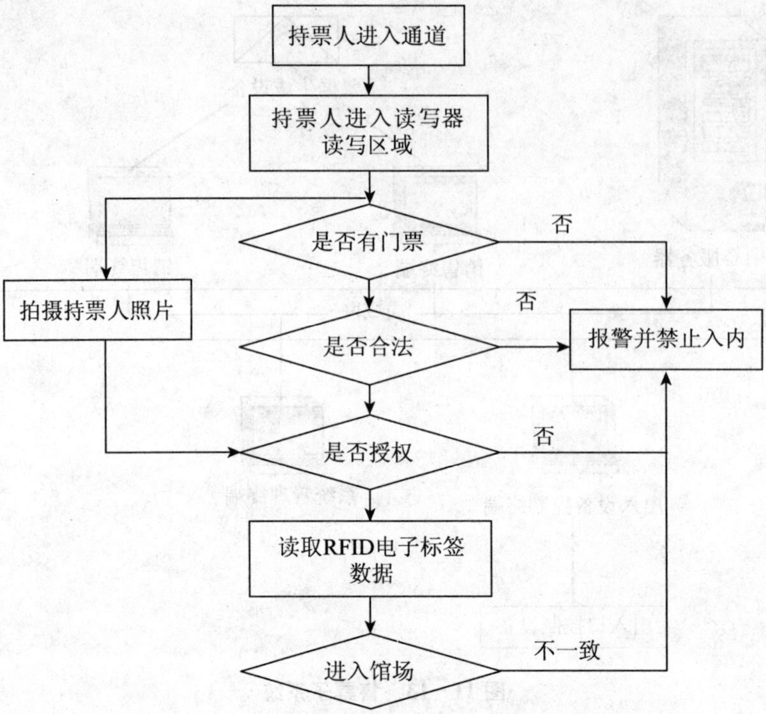

图 11－14　检票子系统流程

（3）中央管理子系统

中央管理子系统用于统计报表，管理整个系统。此子系统主要为大型活动提供系统支持、系统管理、数据库存储等功能。包括数据库服务器、存储系统、应用服务器、管理计算机及网络等设备。

（4）门票稽查子系统

门票稽查子系统用于对人员进入场地后的查票，由巡检人员完成。当巡检人员发现可疑人员时使用手持验票机稽查。手持验票机带有 RFID 读取头，可以远距离读取。手持验票机可以是一种专用的掌上电脑，可以读取和显示门票购票人的照片，巡查人员可以通过手持验票机上的照片与其本人进行比较，如发现不一致，则要求票证使用者配合，进一步检查和验证。这样避免了以往人工门票稽查需要打扰票证使用者的问题。另外在有证据的情况下再要求票证使用者配合检查，这种检查的准确率较高，票证使用者也容易接受。

（5）辅助子系统

辅助子系统主要包括 LIPS 电源和摄像监控等。

3. 电子门票系统的功能

电子门票作为数据载体，能起到标识识别、信息采集和人员跟踪的作用。电子门票与读写器、现场控制器和应用软件等构成的 RFID 系统直接与相应的管理信息系统相连。每一位人员（包括观众、嫌疑犯、工作人员等）都可以被准确地跟踪。其具体操作如下：

（1）对一般观众的跟踪定位与查询

通过对电子门票进行授权，从而限定观众在活动场馆中各个区域的准入范围，当观众进入某区域时，其所处附近安装的读写器将立即读取（无线通信形式）其所携带的票卡信息。

该信息通过传输通道传入管理中心，主控室工作人员通过管理软件上的电子地图就可确定观众所处的位置。如果观众进入了禁入的区域，监控人员可以通过电话或对讲机通知其附近巡检人员或工作人员出面制止，或进行连续跟踪。

如果某个观众多次出现在禁入的区域或位置，监控人员可启动管理软件的监控，观众后处区域的摄像设备所抓拍的图像就立即进入监控人员的视野之内。通过观察其活动情况来判断观众是否有犯罪嫌疑。必要时采取果断措施，制止犯罪行为发生，快速排除危险。这对于大型活动场馆的反恐是非常重要的。

当电子门票系统与报警设备、显示设备（如报警喇叭、电子显示屏等）配合使用时，人员一旦到达禁入区域或位置时，报警器就会自动提示当事人离开，或者通过电子显示屏的方式告知当事人进入了受限区域或位置。

（2）对于重点区域进行安全控制

通过对局部重点区域所获取的票卡信息进行汇总和分析，从而分析进入该区域人员的情况、时间、频率及相互间的关联等，从而判断该区域的安全状况。如果发现有潜在的不安全因素时，可以加大监控力度或及时调整防范手段。

（3）对某个区域（或通道）的人员流动和活动情况的数据进行汇总

可及时分析该区域的拥挤程度、人员的类型、人员流动速率、流动时间及规律等，从而判断该区域是否存在因人流过度集中、区域空间狭窄等原因而引起混乱等不安全隐患，从而作出增派工作人员或启用其他通道进行人流疏散的应变决定。

如果与警示设备、显示设备（如电子显示屏、喇叭等）配合使用，一旦某区域的拥挤度达到安全警戒线时，就可通过电子显示屏提示语句或紧急广播方式告知观众离开该区域或改用其他的通道通行。

（4）防止各种破坏活动的措施

防止犯罪人员破坏活动场馆内的设施（诸如报警、监控设施）或采用其他科技手段干扰、躲避报警、监控设备的控制，从而达到犯罪或恐怖活动的目的。将电子门票系统的读写器全部安装在建筑设施的墙体内，这样犯罪人员的行动就完全处于无形的跟踪范围中。

（5）犯罪事件调查和定位

当活动场馆的某区域发生盗窃、斗殴、爆炸或枪击等违法犯罪行为后，可以调出数据中心的所有数据，同时结合所抓取的视频图像资料进行分析、考证，可以迅速查明犯罪人员和肇事者。

（6）对安保人员的活动情况进行跟踪、查询

为配合管理系统设备使用，可通过票卡授权、数据读取和查阅等方式实时监控安保人员在体育场馆各区域的巡逻情况。

（7）对工作人员进行定位管理

由于电子门票的可追踪特性，系统可以实现对工作人员做到精确定位管理，以便于及时与相关人员联系。

四、人员管理方面的应用

电子标签具有优异的物理性能，可以应用在门禁、各种门票和证件上，对特殊资格证件实现电子化管理，加强人员管理。RFID人员管理系统的一般流程如图11－15所示，读写器读取附近的电子标签，并将信息传递到后台服务器中，服务器对数据进行处理并作出相应响应。

人员管理系统中采用RFID技术的优点有：将电子标签复合于各种证件中，每个证件均拥有一个全球唯一序列号，防伪性能良好；采用计算机网络技术和数据处理技术，自动化程度高，识别准确；发行证件迅速，方便用户使用；识别过程由台式读写器或手持读写器完成，失误率趋于零；安装和调试简单方便，易于维护；系统性能稳定，使用可靠。

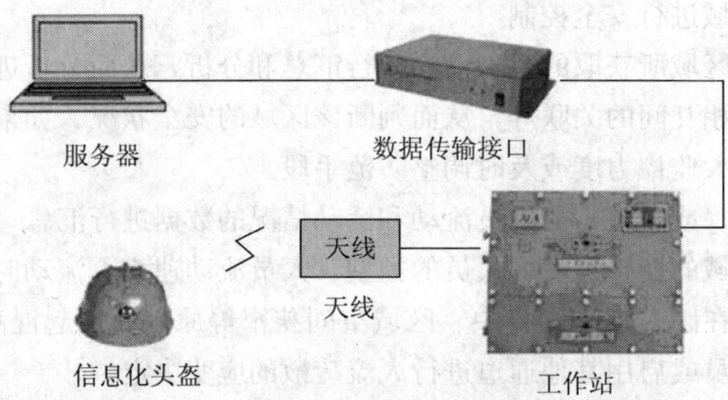

图11－15　人员管理系统

下面以景区公园管理为例对RFID人员管理系统加以说明。

将封装的电子标签作为景区公园的门票，利用读写器作为识别设备，结合计算机信息处理系统，可以很好地解决景区公园门票的防伪和管理，以及景点的统计管理问题。并且使用可回收的电子标签，节省了门票的成本，提高了景区公园的现代化管理水平。

此外，景区公园内的安全维护也是一项非常重要的任务，特别要注意对儿童的保护措施，而使用RFID跟踪则可以很大程度上解决这样的问题。这种解决方案具有双重防护功能：第一重防护功能是在各个不被注意的地方加强安全，这对家长来说是很重要的；第二重防护则是针对个别特定区域的人员跟踪。在RFID技术没有采用之前，景区公园的管理部分需要采用传统的观察方式，运用大量人力来巡逻，以确保园内的安全。即使如此，还是会经常发生儿童走失的情况，通过有限距离的无线对讲机在偌大的园区内寻找人，需要大量的人力，而使用RFID跟踪技术则可以很快地确定儿童的位置。

当游客进入园区，每个人就会得到一个嵌入有源电子标签的腕带，腕带会不断发出信号，其中导游或家长的腕带会有特别的标识号码。分布在景区公园内的天线能够接收到信号，管理部门据此可以知道游客所处的位置。数据管理软件通过分布于整个景区公园内的公用触摸屏，供游客获取这些信息。当游客接近接触屏时，读写器会自动认证并扫描腕带内嵌入的电子标签，并在屏幕上标识其家庭成员或团队成员在景区公园内位置。家长也可以查看自己的位置，以及每个儿童一整天去哪里玩过的信息。游客们可以更好定位在主题公园内的团队成员、寻找娱乐设施和行程推荐路线、天气和特殊服务的信息和通告，并与团队成员联络。当丢失的小孩经过公用触摸屏的时候，系统会自动显示家长的留言，同时丢失的儿童也无法独自离开景区公园。

景区公园的目标就是为旅客提供周到的服务以及安全、舒适的环境，采用RFID技术能够在很大程度上帮助实现这个目标。例如：荷兰 Apenheul Primate 公园随着游客流量的不断增加，公园的吸纳能力就无法充分满足要求，需要重新对场地、设施及游玩流程等进行规划和设计。不过，在改进设施和程序之前，公园管理人员需要弄清楚公园客流量最大的区域以及每天客流拥挤的地点、时间和原因。从 2005 年 7—10 月，公园一共发放了 5000 多个绿色帆布包，在其中的 200 件里嵌入了有源电子标签。通过安装在公园各处的 RFID 读写器采集电子标签信息以判断游客人流拥挤出现的时间和地点，从而获得详细客流数据。在分析相关数据信息后，公园管理人员就可以对园内设施等作适当的调整，如增加部分走道、提高互动性介绍的播放频率等，以保证游客流更畅通。

第四节 应用举例

一、上海“大师杯”使用 RFID 电子门票杜绝假票

2005 中国上海 ATP 网球大师赛首次使用了 RFID 智能电子门票，成功杜绝了假票，并提高了赛事的服务水平。2005 年 11 月 20 日中国上海 ATP 网球大师赛在旗忠森林网球中心完美落幕，观众们在享受大师们的高超球艺之前，不用再像往常一样为所购门票的真伪而担忧了。为了防止此次“大师杯”的假票，ATP 和上海“大师杯”组委会与一些系统集成商协同工作，为此次的“大师杯”赛事会场安装 RFID 票务系统。采用 RFID 高频标签让门票管理变得更高效，同时有助于打击假票。这是 RFID 技术首次应用于我国的重大体育赛事。

此次“大师杯”所售的 10 万张门票，每一张都包含了来自德州仪器的 ISO/IEC 15693 高频 RFIDInlay，由上海申博智能标识技术有限公司提供标签印制封装，并采用了上海华申智能卡应用系统有限公司提供读/写设备和系统软件，最后由上海东方票务有限公司负责发行。球票中包含详细的信息，例如相应的区域、排号和座位号等，并通过加密技术确保标签不能被仿造。当观众持票进入旗忠体育馆的 16 个装有 RFID 读写器的大门中的任何一个，在自动门前简单地挥动一下门票，含有芯片标签的门票与 RFID 读写器天线通过工作在 13.56MHz 的空中接口协议建立通信应答，验证通过计算机屏幕会显示欢迎信息，观众就可进入，这一切在不到 2s 完成。

在使用 RFID 之前，观众需要先购买预售票，然后再去体育馆售票处换成正式门票。这套新的系统不仅提供购买球票的真实性概念，并且将球票更快地交到购买者手中，同时使得开场前进入球场变得高效。

通过RFID标签的唯一ID和加密技术，系统信息与票面和标签信息可以进行快速校验，杜绝了大师杯假票的出现，而且观众2s就可以完成验票过程。除了加快进场效率之外，根据网球比赛一票可看一天且最多四场比赛的特点，观众要多次出、入赛场，RFID“大师杯”电子门票可以快速识别已到场的观众，避免重复发放纪念品。

二、北京“帕瓦罗蒂”演唱会使用RFID电子门票

2005年12月10日，“帕瓦罗蒂告别舞台全球巡演北京演唱会”在北京首都体育馆隆重举行，万余名观众井然有序地进入演唱会现场，聆听了这位世界大师的精彩演唱。

为了杜绝假票和实现观众的快速入场，此次世界级大师演唱会的门票采用了航天信息股份有限公司提供的RFID门票，实现了门票非接触检票，不但减轻了检票人员的工作量，同时，极大地提高了门票的防伪能力，实现了观众流量的动态实时监控，使演唱会的安全性大幅度提高。

通过现场调查，观众们给予了此门票检验手续很高的评价，认为此次门票检验，不仅入场速度比以往有了显著提高，使观众免受天气寒冷之苦，而且有效地避免了假票给观众带来的不必要的麻烦，真正享受到了大师级的服务。

采用RFID电子门票，可以真正实现唯一ID号码、数据加密安全认证机制和非接触的门票识别，极大地提高了真假票的识别能力，从根本上杜绝假票并大大提高了检票效率。

三、票证应用总结及应用前景

据了解，目前如何实现门票的有效防伪和快速识别是广大演唱会主办方、体育比赛组织者最关注的问题之一。采用RFID技术对门票进行防伪，可以实现人员通行的快速识别和检验；还可以在人员进、出时，对门票进行标识，以防止门票被偷递而多次入场，有效减少因假票给经营者带来的经济损失。对于重要赛事，根据安全管理的需要，甚至可以监控持票人是否进入指定位置。此外，RFID票证还可以对人员信息数据进行统计分析，为类似活动开展提供潜在客户群资源，节约票务公司的公关成本，并且可以根据以往经验，形成黑名单，减少因为不良客户造成的不必要损失。

RFID技术已经比较成熟了，在国内外广泛应用于学校、公交等行业的收费系统，以及物流、制造业的产品跟踪和管理系统，在信息采集系统方面具有重要的作用。如党的十五大以来的代表证大都采用了非接触IC卡，许多省市的人大、政协会议的代表证多年来也都采用了RFID技术。应用RFID与电子票证中也有一定的风险存在，如人员数据的泄露，这会导致两个明显的问题：一个是身份窃贼；另一个是追踪个人的活动表。所以把RFID应用于电子票证时，关于信息安全及隐私问题也是要着重注意研究并解决的问题。

参考文献

[1] 宁焕生．RFID与物联网—射频、中间件、解析与服务［M］．北京：电子工业出版社，2009.

[2] 韩朝．智能建筑的物业管理［M］．北京：清华大学出版社，2008.

[3] 陆永宁．非接触IC卡原来与应用［M］．北京：电子工业出版社，2006.

[4] 王爱英．智能卡技术［M］．北京：清华大学出版社，2000.

[5] 赵军辉．射频识别技术与应用［M］．北京：机械工业出版社，2008.

[6] 徐文学，刘弈，裴大菊．高速公路与区域社会经济发展［M］．北京：中国铁道出版社，2009.

[7] 李艇．计算机网络管理与安全技术［M］．北京：高等教育出版社，2009.

[8] 李剑．信息安全产品与方案［M］．北京：北京邮电大学出版社，2008.

[9] 张大伟．Java智能卡原来与应用开发［M］．北京：电子工业出版社，2007.

[10] 宁焕生．RFID重大工程与国家物联网［M］．北京：机械工业出版社，2008.

[11] 张同光．信息安全技术实用教程［M］．北京：电子工业出版社，2008.

[12] 单承赣，单玉峰，姚磊．射频识别原理与应用［M］．北京：电子工业出版社，2008.

[13] 杨永川，黄淑华，魏春光．网络安全技术［M］．北京：机械工业出版社，2010.

[14] 林胜利，路宗强，王坤茹．Java智能卡开发关键技术与实例［M］．北京：中国铁道出版社，2006.

[15] 王爱英．智能卡技术——IC卡与RFID标签［M］．北京：清华大学出版社，2009.

[16] 胡道元，闵京华．网络安全［M］．北京：清华大学出版社，2004.

[17] 赵安军．网络安全技术与应用［M］．北京：北京邮电大学出版社，2007.

[18] 宋红，吴建军．计算机安全技术［M］．北京：中国铁道出版社，2003.

[19] 张友生，米安然．计算机病毒与木马程序剖析［M］．北京：人民邮电大学出版社，2003.

[20] 张传生．信息传输基础［M］．西安：西安交通大学出版社，2006.

[21] 辛树森．银行卡［M］．北京：中国金融出版社，2006.

[22] 张铎．自动识别技术产品与应用［M］．武汉：武汉大学出版社，2007.

[23] 孙颖，郭富春．银行卡业务［M］．北京：中国金融出版社，2008.

[24] 胥莉．联网通用与国际化发展［M］．北京：人民出版社，2007.

[25] 黄梯云．管理信息系统［M］．北京：高等教育出版社，2005.

[26] 冯登国．信息安全［M］．北京：电子工业出版社，2009.

[27] 杨志芳．信息管理基础［M］．西安：西安交通大学出版社，2008.

[28] 张一梅．银行电子化业务［M］．北京：机械工业出版社，2008.

[29] 康东，石喜勤，李永鹏．射频识别核心技术与典型应用开发案例［M］．北京：人民邮电出版社，2008.

[30] 张同光．信息安全技术实用教程［M］．北京：电子工业出版社，2008.

[31] 孙洵．射频识别（RFID）技术及产业发展现状研究［J］．金卡工程，2007（7）．

[32] 严守军，等．RFID在药品供应链中的应用［J］．财经界，2007（5）．

[33] 王春飞．浅谈医院药房信息化和自动化建设［J］．医疗卫生装备，2007，28（6）．

[34] 李建军，等．射频识别在物流管理领域的应用［J］．电脑与信息技术，2006，14（5）．

[35] 孙利民．物联网关键技术和应用［EB/OL］．http：//wireless. people. com. cn/GB/10422251. html.

[36] 文浩．RFID、EPC与物联网［J］．中国电子商情（RFID技术与应用），2009（5）．

[37] 项有建．从互联到物联：物联网本质初探［J］．软件工程师，2009（12）．

[38] 王文洋．基于RFID技术的物联网探析［J］．科技信息，2009（26）．

[39] 胡清，詹宜巨，黄小虎．基于RFID企业物联网及中间件技术研究［J］．微计算机信息，2009，25（7-2）：158-160.

[40] 沈苏彬，范曲立，宗平，等．物联网的体系结构与相关技术研究［J］．南京邮电大学学报：自然科学版，2009，29（6）：1-11.

[41] 刘兆元．物联网业务关键技术与模式探讨［J］．广东通信技术，2009，29（12）：2-7.

[42] 梁浩．基于物联网的EPC接口技术研究［D］．武汉：武汉理工大学，2006.

[43] 周圆．基于物联网管理系统的EPC规范研究［D］．成都：西南交通大学，2007.

[44] 肖慧彬．物联网中企业信息交互中间件技术开发研究［D］．北京：北方工业大学，2009.

[45] 孔宁．物联网资源寻址关键技术研究［D］．北京：中国科学研究院，2008.

[46] 周健雄．RFID技术在证件中的应用研究［J］．中国防伪报道，2009（8）：41-44.

[47] 电子身份证件数字安全技术发展与展望［J］．中国防伪报道，2009（5）：36-37.

[48] 李坤．电子证件及其防伪安全性的实现［J］．中国防伪报道，2005（8）：15-20.

[49] 申小飞，刘辉．电子证件技术研究现状与展望［J］．技术研究，2009（8）：7-11.